北京市高等学校优质本科教材
面向新工科普通高等教育系列教材

电气控制与 S7-1200 PLC 应用技术

第 2 版

王淑芳　主　编
张东波　副主编
席　巍　李　博　参　编

机 械 工 业 出 版 社

本书将国际工程认证教育理念、课程改革目标和大学生认知能力相结合，提出通过一个实际工程项目的调研、设计、实施和总结的全过程来培养学生系统思维、工程意识、质量与标准以及创新意识。教学需要与项目驱动行为引导教学方法相配合。

本书是自动化系列基础教材之一，是"工业自动化""电气控制"和"PLC应用"三门课程主要内容的有机结合。内容包括工业自动化项目设计流程、电气控制系统设计和S7-1200系列PLC控制系统设计。在内容安排上，以项目为主线，力求逻辑性强，按照从硬件设计到软件设计的顺序安排内容，从易到难，由浅至深，循序渐进。在知识面上，本书不仅包括电气控制技术、可编程控制技术，还包括网络通信技术、人机界面监控技术，以拓展学生知识面，加快知识更新。

本书既可作为高等院校自动化、电气控制、机械工程及自动化及其相关专业的教材，也可以供相关专业技术人员参考使用。

本书配套微课视频、电子课件等教学资源，扫描二维码可观看微课视频，其他教学资源可登录机械工业出版社教育服务网（www.cmpedu.com）免费注册、审核通过后下载，或联系编辑索取（微信：18515977506，电话：010-88379753）。

图书在版编目（CIP）数据

电气控制与S7-1200 PLC应用技术 / 王淑芳主编. 2版. -- 北京：机械工业出版社，2025.7. --（面向新工科普通高等教育系列教材）. -- ISBN 978-7-111-78504-0

Ⅰ. TM571.2；TM571.61

中国国家版本馆CIP数据核字第2025J5V793号

机械工业出版社（北京市百万庄大街22号 邮政编码100037）
策划编辑：李馨馨　　　　　　　　责任编辑：李馨馨　汤　枫
责任校对：高凯月　王小童　景　飞　责任印制：常天培
北京联兴盛业印刷股份有限公司印刷
2025年8月第2版第1次印刷
184mm×260mm・20.25印张・526千字
标准书号：ISBN 978-7-111-78504-0
定价：69.80元

电话服务　　　　　　　　　　　　网络服务
客服电话：010-88361066　　　　　机　工　官　网：www.cmpbook.com
　　　　　010-88379833　　　　　机　工　官　博：weibo.com/cmp1952
　　　　　010-68326294　　　　　金　书　网：www.golden-book.com
封底无防伪标均为盗版　　　　　机工教育服务网：www.cmpedu.com

前　言

制造业是国民经济的主体，是立国之本、兴国之器、强国之基。我国是制造大国，正在向制造强国迈进。党的二十大报告提出，"推进新型工业化，加快建设制造强国、质量强国"。我国一批智能制造标杆企业凭借自动化生产线、智能工厂、网络运维平台等优势，为市场平稳运转提供了坚实的保障，充分体现了智能制造强大的潜力。PLC自动控制系统具有逻辑控制、定时控制、动作顺序控制、系统计数等多项功能，可以应用在智能型制造装置系统中的各类工业自动化控制场景，是智能制造的基础和关键。

新工科和工程教育专业认证要求都更强调人文、社会及科学素养和社会责任感的培养，与课程思政要求一致。在此背景下，电气控制与PLC教材也面临新的挑战和机遇。本教材应时而变，构建了项目驱动、多维育人的教学体系：以灌装自动生产线项目为主线进行内容的编排，以培养学生系统思维；通过实际工程项目任务调动学生学习兴趣；通过每个流程需要提交成果并最终完成一个完整项目报告，培养学生工程意识；通过项目范例，树立学生质量与标准意识；通过开放式项目，培养学生创新意识；通过团队合作完成项目任务，培养学生团队合作能力。最终实现工程能力输出和育人效果输出。

本教材共9章，详细介绍了工业自动化项目设计理念、流程以及实现过程，包括PLC控制系统总体设计、硬件设计、软件设计、网络通信设计和人机界面设计等方面的内容。并以西门子S7-1200系列PLC为主要对象，以灌装自动生产线的控制项目为主线，以项目任务卡的方式贯穿始终，突出实践，强调应用。本次改版在第1版基础上做了以下修订：①采用双色印刷，突出重点；②修正有误图文；③在第7章PLC的网络通信技术及应用中增加了无线通信技术，在第8章改用ITP1000平板PC作为HMI设备；④教材更新资源，整体增加了大量原创多媒体资源体系，分为动画篇、知识篇、应用篇、效果篇和思政篇，内容涵盖电气控制线路的运行动画、理论知识的介绍、指令应用、项目完成的效果。所有资源可以通过扫描书中的二维码获得。

本教材获得"北京联合大学教材资助项目""北京联合大学人才强校优选计划项目"的资助。北京联合大学王淑芳任主编，编写了第1、3、6章内容并制作相应视频，副主编张东波编写了第7、8章内容并制作相应视频，参编席巍编写了第2、5章内容并制作相应视频，参编李博编写了第4、9章内容并制作相应动画。本教学团队中门森、李军、李明海、郭洪红参与了编写和校对工作，李超、郭宝昆、鲍风歌、张作鹏、余建兴、李菲、谢子轩等同学也完成了部分视频制作和任务效果展示。西门子（中国）有限公司的元娜、李冰冰、蒙文强等提供了技术支持，在此一并表示真挚的谢意。由于编者水平有限，书中难免存在不足和错误之处，恳请读者批评指正。

编　者

目 录

前言
第1章 工业自动化控制系统概述 ……… 1
1.1 工业自动化的概念 ……… 1
1.2 电气控制的历史与发展 ……… 2
1.3 PLC控制的历史与发展 ……… 2
第2章 工业自动化项目设计 ……… 4
2.1 工业自动化项目设计要求 ……… 4
2.2 工业自动化项目设计流程 ……… 5
任务一 灌装自动生产线项目调研及整体方案设计 ……… 7
第3章 工业自动化项目的电气控制 ……… 10
3.1 电气控制要求 ……… 10
3.2 电气设备 ……… 11
3.3 常用低压电器设备 ……… 11
3.3.1 低压配电电器 ……… 11
3.3.2 低压主令电器 ……… 12
3.3.3 低压控制电器 ……… 13
3.3.4 低压保护电器 ……… 16
3.3.5 低压执行电器 ……… 18
3.3.6 低压信号电器 ……… 21
3.4 电气控制线路设计规范及读图方法 ……… 22
3.4.1 电气控制系统线路设计要求及规范 ……… 22
3.4.2 电气控制线路读图方法 ……… 26
3.5 常用电气控制线路及其保护环节 ……… 31
3.5.1 三相异步电动机起保停线路及其保护环节 ……… 32
3.5.2 三相异步电动机正反转控制线路及其保护环节 ……… 33
3.5.3 他励直流电动机串三级电阻起动及其保护环节 ……… 34
任务二 灌装自动生产线电气控制部分设计与实现 ……… 35
第4章 PLC基础 ……… 39
4.1 PLC的产生和定义 ……… 39
4.2 PLC的特点和应用 ……… 40
4.3 PLC的分类 ……… 41
4.4 PLC的组成和工作特点 ……… 42
4.4.1 PLC的组成 ……… 42
4.4.2 PLC的工作特点 ……… 45
第5章 工业自动化项目的PLC控制硬件设计 ……… 49
5.1 PLC系统硬件设计步骤与要求 ……… 49
5.1.1 计算输入/输出设备 ……… 50
5.1.2 PLC机型选择 ……… 50
5.1.3 PLC容量估算 ……… 51
5.1.4 设计电气原理图和接线图 ……… 53
5.2 S7-1200 PLC基本介绍 ……… 53
5.2.1 S7-1200 PLC硬件模块 ……… 54
5.2.2 CPU模块 ……… 54
5.2.3 信号板及信号模块 ……… 58
5.2.4 集成通信接口及通信模块 ……… 60
5.2.5 S7-1200 PLC硬件安装及规范 ……… 61
5.2.6 安装和拆卸CPU ……… 62
5.2.7 安装和拆卸信号模块 ……… 63
5.2.8 安装和拆卸通信模块 ……… 64
5.2.9 安装和拆卸信号扩展板 ……… 65
5.2.10 拆卸和安装端子板连接器 ……… 66
任务三 灌装自动生产线PLC控制系统设计 ……… 67
5.3 S7-1200 PLC硬件接线规范 ……… 68
5.3.1 安装现场的接线 ……… 68
5.3.2 使用隔离电路时的接地与电路参考点 ……… 69
5.3.3 数字量输入接线 ……… 69

5.3.4 数字量输出接线 ·················· 70
5.3.5 模拟量接线 ······················ 71
任务四 灌装自动生产线 PLC 控制系统
硬件设计及接线 ·············· 71

第 6 章 工业自动化项目的 PLC 控制软件设计 ················· 74

6.1 自动化项目设计软件——TIA 博途 ························· 74
 6.1.1 TIA 博途 V15 的功能 ········ 75
 6.1.2 TIA 博途 V15 的安装环境与安装方法 ············· 75
 6.1.3 STEP 7 中项目的创建过程 ······· 76
 6.1.4 新建项目过程中容易出现的问题及解决办法 ········· 89
 6.1.5 S7-1200 CPU 的密码保护功能 ······················ 91
 6.1.6 程序块的复制保护功能 ········· 92
 6.1.7 STEP 7 中程序的上传功能 ··· 93
 6.1.8 STEP 7 在线帮助功能 ········· 98
 任务五 在 STEP 7 软件中建立灌装生产线项目并进行硬件组态 ··················· 99
6.2 STEP 7 编程基础 ················ 102
 6.2.1 数制和编码 ··················· 102
 6.2.2 数据类型及表示格式 ········· 103
 6.2.3 存储区的寻址方式 ············ 105
 6.2.4 STEP 7 编程语言 ············ 107
 6.2.5 STEP 7 指令系统 ············ 109
6.3 PLC 的程序结构与编程方法 ······ 110
 6.3.1 组织块 OB ··················· 110
 6.3.2 组织块 OB 的优先级 ········ 112
 6.3.3 功能块 FB 和功能 FC ······ 113
 6.3.4 数据块 DB ··················· 113
 6.3.5 程序块的编辑 ················ 115
 6.3.6 程序块的编译和下载 ········· 117
 6.3.7 程序块的监视与程序的调试 ······ 118
 6.3.8 块的调用 ······················ 120
 6.3.9 PLC 的编程方法 ············ 121
6.4 工业自动化项目程序结构及符号表 ······················· 124
 6.4.1 设计项目程序结构 ············ 124
 6.4.2 创建用户程序结构 ············ 125
 6.4.3 建立项目变量表 ··············· 126
 任务六 灌装自动生产线 PLC 控制系统程序结构及变量表 ··············· 131
6.5 工业自动化项目中数字量的处理 ························· 134
 6.5.1 触点的逻辑关系 ··············· 135
 任务七 设计灌装自动生产线 PLC 控制系统手动运行程序 ··············· 137
 6.5.2 置位输出/复位输出指令 ······ 139
 6.5.3 边沿检测指令 ················ 139
 6.5.4 复位优先 SR 锁存/置位优先 RS 锁存指令 ··················· 141
 任务八 设计急停复位等程序和调用功能 ······················· 145
6.6 工业自动化项目中时间控制方法 ························· 148
6.7 工业自动化项目中计数功能 ······ 156
 任务九 设计灌装自动生产线 PLC 控制系统手动和自动运行程序 ······ 161
6.8 工业自动化项目中数据处理方法 ························· 164
 6.8.1 移动操作指令 ················ 164
 6.8.2 数学函数指令 ················ 166
 6.8.3 比较器操作指令 ··············· 168
 6.8.4 转换操作指令 ················ 171
 任务十 灌装自动生产线 PLC 控制系统统计程序设计 ··············· 173
6.9 故障诊断与程序调试方法 ········· 176
 6.9.1 CPU 的在线和诊断功能 ····· 177
 6.9.2 使用程序编辑器调试程序 ····· 183
 6.9.3 使用变量表调试程序 ········· 184
 6.9.4 采用监控与强制表监视、修改和强制变量 ····················· 184
 6.9.5 工具的使用 ··················· 188
6.10 工业自动化项目中模拟量的处理 ························· 192
 6.10.1 模拟量输入信号的采集 ······ 192
 6.10.2 模拟量输入信号的处理 ······ 195
 任务十一 灌装自动生产线 PLC 控制系统合格检验程序设计 ············ 195
6.11 顺序控制编程方法 ··············· 197
 任务十二 灌装自动生产线顺序控制

　　　　　　自动运行程序设计 …………… 203
6.12　使用 PLCSIM 软件进行程序
　　　　调试 ……………………………… 205

第 7 章　PLC 的网络通信技术及应用 ………………………………… 210

7.1　通信基础知识 ………………………… 210
　　7.1.1　数据传输方式 ………………… 210
　　7.1.2　西门子工业网络通信 ………… 210
7.2　S7-1200 支持的通信 ………………… 212
　　7.2.1　PROFINET 通信 ……………… 212
　　7.2.2　PROFIBUS 通信 ……………… 212
　　7.2.3　简易通信模块 ………………… 212
7.3　PROFINET 通信 ……………………… 213
　　7.3.1　PROFINET 简介 ……………… 213
　　7.3.2　构建 PROFINET 网络 ………… 215
7.4　PROFIBUS 通信 ……………………… 217
　　7.4.1　PROFIBUS 简介 ……………… 217
　　7.4.2　PROFIBUS DP ………………… 218
7.5　MODBUS 通信 ………………………… 221
　　7.5.1　MODBUS 简介 ………………… 221
　　7.5.2　MODBUS 无线通信实例 ……… 222

第 8 章　工业自动化项目上位监控系统设计 ……………………………… 223

8.1　人机界面概述 ………………………… 223
　　8.1.1　HMI 的主要任务 ……………… 223
　　8.1.2　HMI 项目设计方法 …………… 224
　　8.1.3　SIMATIC 的 HMI 设备 ………… 224
　　8.1.4　WinCC（TIA Portal）简介 …… 226
8.2　建立一个 WinCC 项目 ………………… 227
　　8.2.1　直接生成 PC 系统作为 HMI
　　　　　设备 ……………………………… 227
　　8.2.2　建立 PLC 和 PC 站 HMI 设备
　　　　　之间的连接 …………………… 228
　　8.2.3　WinCC 项目组态界面 ………… 230
8.3　ITP1000 平板 PC 的外观介绍及
　　　通信连接 ……………………………… 231
　　8.3.1　ITP1000 平板 PC 的外观及
　　　　　接口 ……………………………… 231
　　8.3.2　ITP1000 平板 PC 的驳接站外观及
　　　　　接口 ……………………………… 233
　　8.3.3　设置 ITP1000 平板 PC 的操作
　　　　　控制及状态显示 ………………… 233
　　8.3.4　设置 ITP1000 平板 PC 的通信
　　　　　参数 ……………………………… 234
　　任务十三　建立灌装自动生产线上位监控
　　　　　　　项目 ……………………… 236
8.4　定义变量 ……………………………… 236
　　8.4.1　变量的分类 …………………… 236
　　8.4.2　变量的数据类型 ……………… 237
　　8.4.3　编辑变量 ……………………… 237
8.5　组态画面 ……………………………… 240
　　8.5.1　设计画面结构与布局 ………… 240
　　8.5.2　创建画面 ……………………… 241
　　8.5.3　画面管理 ……………………… 242
　　8.5.4　组态初始画面 ………………… 248
　　8.5.5　组态运行画面 ………………… 253
　　8.5.6　组态参数设置画面 …………… 273
　　8.5.7　组态趋势视图画面 …………… 281
　　任务十四　组态灌装自动生产线监控
　　　　　　　画面 ……………………… 283
8.6　报警 …………………………………… 284
　　8.6.1　报警的概念 …………………… 284
　　8.6.2　组态报警 ……………………… 288
　　8.6.3　显示报警信息 ………………… 291
　　任务十五　组态灌装自动生产线中的
　　　　　　　报警 ……………………… 294
8.7　用户管理 ……………………………… 294
　　8.7.1　用户管理的概念 ……………… 294
　　8.7.2　用户管理的组态 ……………… 294
　　8.7.3　用户管理的使用 ……………… 297
　　任务十六　组态用户管理系统 ………… 301
8.8　组态功能键 …………………………… 301
　　任务十七　组态画面中的功能键 ……… 307
8.9　WinCC 项目的模拟调试 ……………… 307

第 9 章　项目文件整理 …………………… 311

9.1　灌装自动生产线项目报告 …………… 311
　　任务十八　灌装生产线项目报告
　　　　　　　撰写 ……………………… 312
9.2　灌装自动生产线项目使用
　　　说明书 ………………………………… 312
　　任务十九　灌装生产线项目使用说明书
　　　　　　　撰写 ……………………… 312

参考文献 ……………………………………… 317

第1章　工业自动化控制系统概述

本章主要介绍工业自动化技术的产生、发展和未来。

本章学习要求：

1) 了解工业自动化的概念。
2) 了解人类为什么要搞自动化。

1.1 工业自动化的概念

工业自动化是机器设备或生产过程在不需要人工直接干预的情况下，按预期的目标实现测量、操纵等信息处理和过程控制的统称。自动化技术就是探索和研究实现自动化过程的方法和技术。它是涉及机械、微电子、计算机和机器视觉等技术领域的一门综合性技术。采用自动化技术不仅可以把人从繁重的体力劳动、部分脑力劳动以及恶劣甚至危险的工作环境中解放出来，而且能扩展人的器官功能，极大地提高劳动生产率，增强人类认识世界和改造世界的能力。因此，自动化是工业、农业、国防和科学技术现代化的重要条件和显著标志。工业革命是自动化技术的助产士。正是由于工业革命的需要，自动化技术才冲破了卵壳，得到了蓬勃发展。同时自动化技术也促进了工业的进步，如今自动化技术已经被广泛地应用于机械制造、电力、建筑、交通运输和信息技术等领域，成为提高劳动生产率的主要手段。而电气与PLC控制技术与工业自动化技术一同成长。

微课：工业自动化技术系统概述

正如人类产生的300万年在地球46亿年生命史上只是短短的一瞬间，人类6000年文明史在人类历史中也是短短的一瞬间，从18世纪60年代开始的第一次工业革命（蒸汽时代）距今只有200多年，19世纪70年代开始的第二次工业革命（电气时代）距今只有短短的100多年，20世纪四五十年代以来的第三次工业革命（信息时代）距今不过几十年。

电气与PLC控制跨越电气时代和信息时代，伴随计算机、信息技术和网络技术的发展而发展，在人类工业控制领域发挥着不可替代的作用。以智能制造为主导的第四次工业革命旨在通过充分利用信息通信技术和网络空间虚拟系统——信息物理系统（Cyber-Physical System）相结合的手段，将工业向智能化转型。而工业自动化的发展也必将在此过程中发展出新的硬件设备与软件，从而顺应工业4.0的潮流，并发挥重要作用。

1.2 电气控制的历史与发展

电气控制技术是通过对各类传动装置（以电动机为动力）和系统的继电接触器控制，以实现工业生产过程自动化的控制技术。电气控制系统是其中的主干部分，在国民经济各行业的众多部门得到广泛应用，是实现工业生产自动化的重要技术手段。随着科学技术的不断发展、生产工艺的不断改进，特别是计算机技术的应用以及新型控制策略的出现，电气控制技术的面貌正在不断发生变化。在控制方法上，从手动控制发展到自动控制；在控制功能上，从简单控制发展到智能化控制；在操作上，从笨重烦琐发展到信息化处理；在控制原理上，从单一的有触点硬接线继电器逻辑控制系统发展到以微处理器或微计算机为中心的网络化自动控制系统。现代电气控制技术综合应用了计算机技术、微电子技术、检测技术、自动控制技术、智能技术、通信技术和网络技术等先进的科学技术成果。继电器-接触器控制系统至今仍是许多生产机械设备广泛采用的基本电气控制形式，也是学习更先进电气控制系统的基础。它主要由继电器、接触器、按钮和行程开关等组成，由于其控制方式是断续的，故称为断续控制系统。它具有控制简单、方便实用、价格低廉、易于维护以及抗干扰能力强等优点。但由于其接线方式固定，灵活性差，难以适应复杂和程序可变的控制对象的需要，且工作频率低，触点易损坏，可靠性差。工业控制要求呼唤新技术的产生以解决电气控制自身的问题。

1.3 PLC 控制的历史与发展

在新时代背景下，特别是在"十四五"规划期间及二十大报告精神的指引下，大力发展工业自动化已成为推动传统产业高端化、智能化、绿色化改造，提升企业整体素质和竞争力，增强国家整体实力，优化工业结构，以及快速激发大中型国有企业活力的关键举措。国家正积极响应"十四五"规划中关于加快构建新发展格局、推进新型工业化、深化国资国企改革等战略部署，通过实施一系列工业过程自动化高技术产业化专项，利用信息化、智能化技术深度赋能传统工业，推动工业自动化技术的持续创新与发展。

在这一进程中，PLC（Programmable Logic Controller，可编程序逻辑控制器）作为工业自动化技术的核心组件，也必将随着工业自动化技术的新要求日新月异。它以软件手段实现各种控制功能、以微处理器为核心，解决了继电-接触器系统自身的缺点。它具有通用性强、可靠性高、能适应恶劣的工业环境，指令系统简单、编程简便易学、易于掌握，体积小、维修工作量少、现场连接安装方便等一系列优点，正逐步取代传统的继电器控制系统，广泛应用于冶金、采矿、建材、机械制造、石油、化工、汽车、电力、造纸、纺织、装卸和环保等各个行业的控制中。在自动化领域，PLC 与 CAD/CAM、工业机器人并称为现代工业自动化的三大支柱，其应用日益广泛。PLC 技术是以硬接线的继电器-接触器控制为基础，逐步发展为既有逻辑控制、计时、计数，又有运算、数据处理、模拟量调节、联网通信等功能的控制装置。它可通过数字量或者模拟量的输入、输出满足各种类型机械控制的需要。PLC 及有关外部设备，均按既易于与工业控制系统联成一个整体，又易于扩充其功能的原则设计，已成为生产机械设备中开关量控制的主要电气控制装置。

PLC 的发展可以追溯到 1969 年，美国数字设备公司研制出第一台可编程序控制器 PDP-14，并在美国通用汽车公司的生产线上试用成功，首次将程序化的手段应用于电气控制，这是第一代可编程序控制器，称 Programmable，是世界上公认的第一台 PLC。1971 年，日本研制出第一台 DCS-8。1973 年，德国研制出第一台 PLC。1974 年，中国研制出第一台 PLC。20 世纪 70 年代初出现了微处理器,人们很快将其引入可编程序控制器,使 PLC 增加了运算、数据传送及处理等功能,成为真正具有计算机特征的工业控制装置。此时的 PLC 为微机技术和继电器常规控制概念相结合的产物。个人计算机发展起来后,为了方便和反映可编程序控制器的功能特点,它被定名为 Programmable Logic Controller(PLC)。20 世纪 70 年代中后期,PLC 进入实用化发展阶段,计算机技术已全面引入 PLC 中,使其功能产生了飞跃。更高的运算速度、超小型体积、更可靠的工业抗干扰设计、模拟量运算、PID 功能及极高的性价比奠定了 PLC 在现代工业中的地位。20 世纪 80 年代初,PLC 在先进工业国家中获得广泛应用。世界上生产 PLC 的国家日益增多,产量日益上升。这标志着 PLC 已步入成熟阶段。20 世纪 80 年代至 90 年代中期,是 PLC 发展最快的时期,年增长率一直保持为 30%~40%。在这段时期,PLC 在处理模拟量、数字运算、人机接口和网络能力上得到大幅度提高,逐渐进入了过程控制领域,在某些应用上取代了在过程控制领域处于统治地位的 DCS。20 世纪末期,PLC 的发展特点是更加适应于现代工业的需要。这个时期发展了大型机和超小型机,诞生了各种各样的特殊功能单元,生产了各种人机界面单元和通信单元,使应用 PLC 的工业控制设备的配套更加容易。

以西门子公司的自动化技术为例,图 1-1 展示了其工业自动化控制系统的组成。图中 SIMATIC 是 SIEMENS AUTOMATIC 的缩写。在一个全集成自动化(Totally Integrated Automation,TIA)平台中,以控制器 PLC 为核心,通过网络技术向下可以连接远程 I/O 从站,向上可以与 HMI 设备进行信息传输,实现了高度一致的数据管理、统一的编程和组态环境以及标准化的网络通信体系结构,为从现场级到控制级的生产及过程控制提供了统一的全集成系统平台。

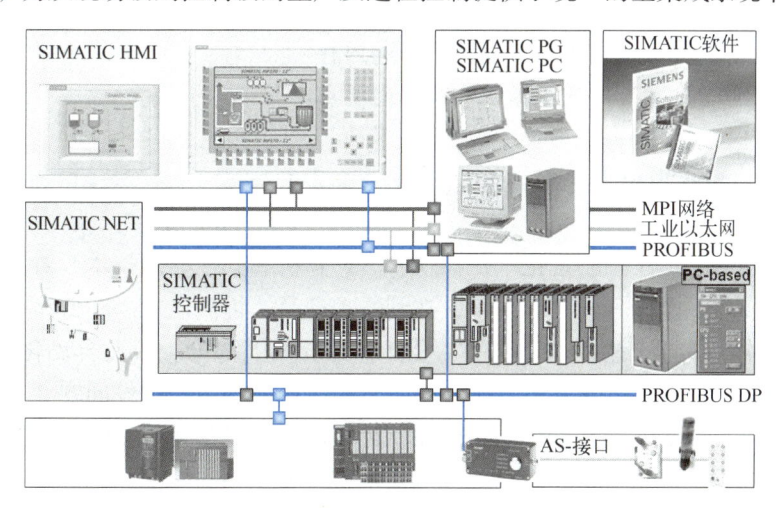

图 1-1 西门子工业自动化控制系统的组成

随着技术的发展,PLC 技术发展呈现新的动向:①产品规模向大、小两个方向发展。大的方面,I/O 点数达 14336 点、32 位微处理器、多 CPU 并行工作、大容量存储器、扫描速度高速化;小的方面,由整体结构向小型模块化结构发展,增加了配置的灵活性,降低了成本;②PLC 在闭环过程控制中的应用日益广泛;③不断加强通信功能;④新器件和模块不断推出。高档的 PLC 除了主要采用 CPU 以提高处理速度外,还有带处理器的 EPROM 或 RAM 的智能 I/O 模块、高速计数模块和远程 I/O 模块等专用化模块;⑤编程工具丰富多样,功能不断提高,编程语言趋向标准化。有各种简单或复杂的编程器及编程软件,采用梯形图、功能图和语句表等编程语言,亦有高档的 PLC 指令系统;⑥发展容错技术。采用热备用或并行工作、多数表决的工作方式;⑦追求软硬件的标准化。

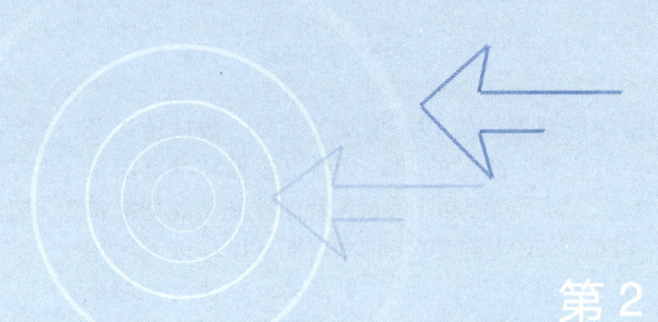

第 2 章 工业自动化项目设计

本章主要介绍工业自动化项目的设计要求和设计流程、规范和标准。结合现代工业应用成果，以工业生产中典型的灌装自动生产线项目为例，对该项目进行调研并给出整体设计方案。

本章学习要求：

1) 了解工业自动化项目概念。
2) 掌握工业自动化项目设计流程。
3) 明确每个流程需要提交成果，包括文件和图样。
4) 理解工业自动化项目对质量意识和标准的要求。

2.1 工业自动化项目设计要求

工业自动化是一种运用控制理论、仪器仪表、计算机和其他信息技术，对工业生产过程实现检测、控制、优化、调度、管理和决策，达到增加产量、提高质量、降低消耗、确保安全等目的的综合性技术，包括工业自动化软件、硬件和系统三大部分。工业自动化技术作为20世纪现代制造领域中最重要的技术之一，主要用于解决生产效率与一致性问题。无论高速大批量制造企业，还是追求灵活、柔性和定制化企业，都必须依靠自动化技术的应用。自动化系统本身并不直接创造效益，但它对企业生产过程起着明显的提升作用：①提高生产过程的安全性；②提高生产效率；③提高产品质量；④减少生产过程的原材料、能源损耗。据国际权威咨询机构统计，对自动化系统投入和企业效益方面提升产出比在1:4~1:6之间。特别在资金密集型企业中，自动化系统占设备总投资10%以下，起到"四两拨千斤"的作用。传统的工业自动化系统即机电一体系统主要是对设备和生产过程的控制，即由机械本体、动力部分、测试传感部分、执行机构、驱动部分、控制及信号处理单元、接口等硬件元素组成，在软件程序和电子电路逻辑的有目的的信息流引导下，相互协调、有机融合和集成，形成物质和能量的有序规则运动，从而组成工业自动化系统或产品。

工业自动化项目依托一定的工业生产背景，根据设计目标提出要求。自动化领域应用范围涉及生产、生活的方方面面，农业、林业、矿业、地质、电力、新能源和制造等行业都离不开自动化技术。面对国际化的竞争和自动化技术的持续发展，企业为适应这一形势，需要随之进行生产系统的升级改造或研发新生产系统，就成为自动化工程项目。

2.2 工业自动化项目设计流程

自动化控制项目的被控对象一般为机械加工设备、电气设备、生产线或生产过程。控制方案设计主要包括确定系统控制任务与设计要求、确定系统总体控制方案、确定电气控制方案、确定控制系统的输入输出信号、硬件选型与配置、I/O分配、硬件设计、软件程序设计、施工设计及现场调试等几部分内容。自动化项目设计流程如图 2-1 所示。其步骤通过箭头转移表示，右边方框内是每一步骤的阶段性成果。

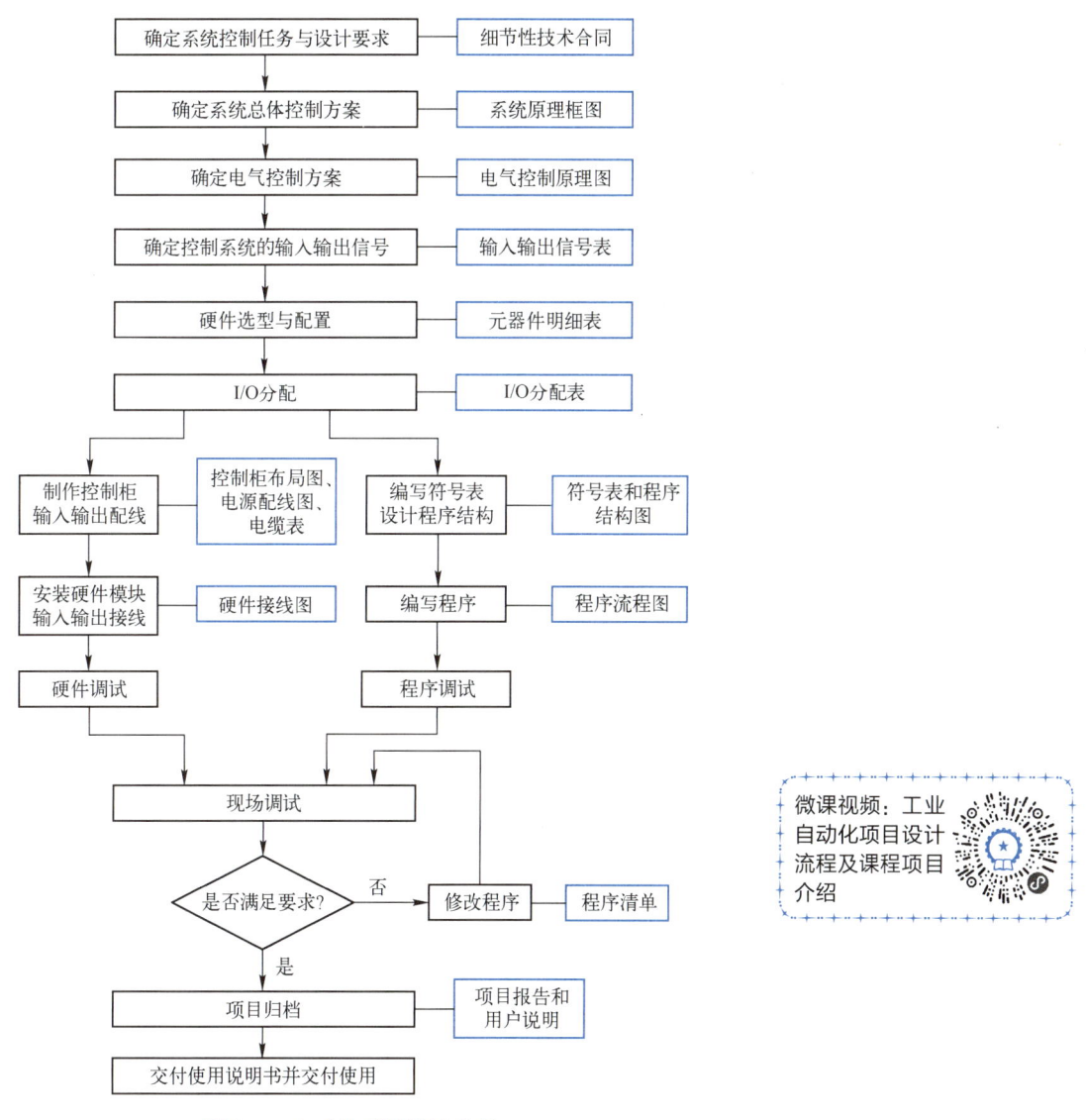

图 2-1 自动化项目设计流程

1. 确定系统总体控制方案

接手一项控制工程项目后，需要通过文献调研弄清楚该控制工程的目的、应用对象、需要的工艺流程及设备，提出几种可行性技术方案；与项目合同的甲方进行沟通，弄清楚具体的细节和对方的各种需求，如成本需求、控制可靠性需求，制定明确的系统控制方案并签订甲方认可的细节性技术合同。

接下来还需进一步研究控制工艺，详细分析被控对象的工艺过程及工作特点，理解被控对象机、电、液之间的配合，明确各项任务的要求、约束条件及控制方式。对于较复杂的控制系统，还可将控制任务分成几个独立的部分，从而化繁为简。

2. 制定电气控制方案

根据生产工艺和机械运动的控制要求，需确定控制系统的工作方式，例如全自动、半自动、手动、单机运行或多机联线运行等。还要确定控制系统应有的其他功能，例如故障诊断与显示报警、紧急情况的处理、管理功能和网络通信等。对于执行电器的控制，需要绘制标准的电气控制原理图，包括主电路和控制电路。

3. 确定控制系统的输入输出信号

根据被控对象对控制系统的功能要求，需明确控制对象输入输出信号的类型、数值范围和数量，并用表格统计。

（1）控制对象的类型

控制对象的类型有数字（开关）量型和模拟量型。

数字量输入对象有按钮、选择开关、行程开关、限位开关和光电开关等各种开关型传感器。数字量输出对象有继电器、电磁阀、电动机起动器、指示灯和蜂鸣器等。

模拟量输入对象有温度、压力、流量、液位和电动机电流等各种模拟量传感器。模拟量输出对象有电动调节阀、变频器等执行机构。

（2）控制对象的数值范围

数字（开关）量型的外部输入信号电压等级有 DC 24V、DC 48~125V、AC 120/230V。外部负载电压等级有 DC 24/48V、DC 48~125V、AC 120/230V。

模拟量型的数值范围可根据外部输入传感器信号的类型（如电压、电流、电阻等）及测量的量程范围，以及外部负载的类型（如电压或电流）及其对应的输出值范围来确定。

4. 硬件选型与配置

硬件选型与配置的依据主要有以下几点。

1）输入输出信号：已经确定的输入输出信号的类型、信号数值范围以及点数。

2）特殊功能需求：例如现场有高速计数或高速脉冲输出要求、位置控制要求等。

3）网络通信模式：控制系统要求的信号传输方式所需要的网络接口形式，例如现场总线网络、工业以太网络或点到点通信等。

4）考虑到生产规模的扩大、生产工艺的改进、控制任务的增加以及维护重接线的需要，在选择硬件模块时要留有适当的余量。例如选择 I/O 信号模块时预留 10%~15% 的余量。

据此选择系统所需的全部输入设备（如按钮、位置开关、转换开关及各种传感器等）、输出设备（如接触器、电磁阀、信号指示灯及其他执行器等）以及控制系统硬件模块（包括 CPU、信号模块及通信模块等）。

5. I/O 分配

通过对输入输出设备的分析、分类和整理，进行相应的 I/O 地址分配，应尽量将相同类型的信号、相同电压等级的信号地址安排在一起，以便施工和布线，并绘制 I/O 接线图。

6. PLC 控制系统硬件设计

硬件设计需要将选好的元器件与 PLC 模块通过电缆与端子排建立连接，完成硬件接线和调试。

根据项目需要绘制控制柜布局图、控制面板布局图、端子排接线图、PLC 模块接线图和控制面板接线图等。按照各种图样完成实际接线后必须进行硬件调试。

7. PLC 控制系统软件设计

按照控制系统的要求进行 PLC 程序设计是工程项目设计的核心。程序设计时应将控制任务进行分解，编写完成不同功能的程序块，包括循环扫描主程序、急停处理子程序、手动运行子程序、自动运行子程序和故障报警子程序等。

编写的程序要在实验室进行模拟运行与调试，检查逻辑及语法错误，观察在各种可能的情况下各个输入量、输出量之间的变化关系是否符合设计要求，发现问题及时修改设计。

8. 上位监控系统设计

上位监控部分是甲方验收项目首先接触到的部分，这部分更能突出工程师的审美素养、系统思维和工程意识。画面的美观大方、操作的方便合理、设计的人性化都会给项目加分。花较多的心思在这部分是事半功倍的。项目设计过程中读者可在符合工程标准的前提下发挥自己的能动性。

上位监控系统设计应先分析信号检测和控制需求，采用画面实现运行过程的可视化。上位监控部分也要先在实验室进行模拟运行与调试，编译参数属性设置，观察在各种可能的情况下是否按照设定情景进行显示、动作、报警等，发现问题及时修正以满足要求。

9. 现场运行调试

在工业现场所有的设备都安装到位、所有的硬件连接都调试好以后，要进行程序的现场运行与调试。在调试过程中，不仅要进行正常控制过程的调试，还要进行故障情况的测试，应尽量将全部可能出现的情况加以测试，以避免程序存在缺陷，确保控制程序的可靠性。只有经过现场运行的检验，才能证明设计是否成功。

10. 项目归档

在设计任务完成后，要编制工程项目的技术文件。技术文件是用户将来使用、操作和维护的依据，也是这个控制系统档案保存的重要材料，包括总体说明、电气原理图、电器布置图、硬件组态参数、符号表、软件程序清单及使用说明等。

微课视频：工业自动化项目具体实施步骤

任务一　灌装自动生产线项目调研及整体方案设计

自动生产线控制系统设计涵盖 PLC 控制技术、网络通信技术和 HMI 监控技术。为了使读者能够从理论到实践融会贯通地掌握工业自动化技术，本书用一个简化的灌装生产线项目贯穿始终。项目是开放式的，读者可在此基础上完善，使设计更合理、更人性化。

生产线由传送部分和灌装部分组成。传送带由电动机驱动，3 个光电开关用于检测位置，灌装罐布置在灌装光电开关上方，1 个称重传感器用于检测重量。灌装自动生产线实物模型如图 2-2 所示。

1. 任务要求

1）通过调研，了解灌装生产线工艺流程。结合工程实际，确定系统整体方案。
2）确定传统电气控制（继电接触器控制）和 PLC 控制系统的整体方案。
3）明确 PLC 和上位监控系统的通信方式。
4）画出整体方案系统框图。

2. 分析与讨论

该部分主要采用文献调研的方法来明确灌装自动生产线的设计目的、发展历程、采用的技术以及需要的功能。

经调研，灌装生产线包含产品从原料进入灌装设备开始，经过加工、输送、灌装和检验等一系列生产活动所构成的工作流程。灌装生产线具有较大的灵活性，能适应多品种生产的需要。其可以帮助食品、医药和日化等生产企业实现高速生产。

灌装自动生产线的工作流程为：空瓶由传送带送到洗瓶机消毒和清洗，经瓶子检验机检验合格后被传送带送到灌装位置进行灌装，经称重检验灌装合格后由封盖机加盖并传送到贴标机贴标装箱。其中的核心工作流程为空瓶传送、灌装和灌装检测。其状态包括初始状态和运行状态，控制方式包括远程控制和就地控制，工作模式包括手动控制和自动控制，控制功能包含模式选择、自动运行、手动运行、急停和复位等。

图2-2 灌装自动生产线实物模型

灌装生产线采用PLC、变频器、人机界面等技术保障其高速、精准、可视化、远程化和用途多样化。

3. 解决方案示例

（1）确定系统整体方案

经调研，灌装自动生产线的控制工艺要求实现就地和远程控制功能，远程控制需要上位监控系统实现，采用控制面板进行现场运行情况的监视与控制。要求实现手动调试和自动运行功能，工作过程中要有故障报警、急停和复位等功能。系统使用选择开关和确认按钮来切换手动模式和自动模式，两种模式均有指示灯进行指示。手动模式为调试功能，自动模式为运行功能。手动模式用于调试；自动运行要求完成自动灌装、产量统计和产品合格检验等功能。

要实现上述功能，需要有起动按钮、停止按钮、就地/远程选择开关、手动/自动选择开关、传送带的点动正转按钮、传送带的点动反转按钮、球阀手动按钮、模式选择确认按钮、报警确认按钮、复位按钮、急停按钮、传送带位置传感器、称重传感器。要显示的状态包括系统运行指示灯、急停指示灯、报警指示灯、复位完成指示灯、手动模式指示灯、自动模式指示灯、正转指示灯、反转指示灯和报警蜂鸣器。其输出控制包括传送带正转、传送带反转和灌装球阀。其中，传送带电动机的正反转、球阀的开闭均需要继电器实现。

灌装生产线具体控制工艺如下：

1）系统初始状态为传送带停止，传送带上无瓶，球阀关，急停取消，所有指示灯灭，蜂鸣器不响。

2）系统使用选择开关和确认按钮切换手动模式和自动模式，两种模式均有指示灯进行指示。

3）手动模式下，通过点动向前按钮和点动向后按钮调试传送带传输方向，可以按下球阀动作按钮调试球阀打开和关闭。手动状态按下复位按钮则所有数据存储区清零，所有输出停止。

4) 自动模式下，按下起动按钮，系统进入运行状态，运行指示灯亮；按下停止按钮，系统退出运行状态。在系统运行状态下，传送带正转；当空瓶到达灌装位置时，传送带停止并且灌装阀门打开，开始灌装；灌装 2 s 后，灌装阀门关闭，传送带正转；空瓶和满瓶计数，并计算废瓶率和箱数；灌装瓶重量高于 100 g 低于 150 g 为合格，否则不合格，不合格则蜂鸣器响 1 s 报警。若经过空瓶位置 10 s 后检测不到空瓶则传送带停。再次检测到有空瓶时，按下起动按钮重新开始运行；若废瓶率超过 10%，报警灯闪亮；按下报警确认按钮，若故障仍存在则报警灯常亮，若故障消除则报警灯熄灭。

5) 急停按钮按下，则急停灯亮，系统传送带停止运行，灌装阀门关闭，其他指示灯灭。

6) 取消急停，按下复位按钮，系统恢复到初始状态。

经分析，该系统输入信号包括按钮 8 个，急停蘑菇头 1 个，模式选择开关 2 个，位置传感器 3 个，称重传感器 1 个；输出信号包括指示灯 8 个，蜂鸣器 1 个，灌装球阀继电器 1 个，传送带电动机正反转继电器 2 个。系统共 15 个输入信号、12 个输出信号。

(2) 确定传统电气控制和 PLC 控制系统的整体方案

灌装自动生产线需要大规模生产，对动作的可靠性要求非常高。而 PLC 技术功能性好、可靠性与通用性较高，同时，其操作、编程也比较便捷。在存储控制过程中，只需改变程序就能实现逻辑控制。设计 PLC 过程中，通过接地环节、隔离与滤波环节，在模板机箱中设计电磁兼容性，并在系统中配备冗余装置，大幅度提高其诊断故障能力与抗干扰能力，可以进行 2 万~5 万 h 的可靠运行。PLC 功能强大，可进行生产监控、数据传输、位置控制和逻辑运算等功能。在工业实际应用中，PLC 技术既能控制一条生产线，同时还能对不同类型、不同厂家的 PC 联网，全面提升工业自动化程度。因此，选择 PLC 作为控制核心实现灌装自动生产线的控制。该生产线输入输出点数少，小型 PLC 即可实现控制功能。西门子新推出的 S7-1200 具有结构紧凑、功能强大的优点，因此被选择作为控制器。

(3) 明确 PLC 和上位监控系统的通信方式

不同 PLC 与上位监控之间的通信方式不同。对于 S7-1200 而言，PROFINET 以太网通过 TCP/IP 协议在 PLC 与编程器、PLC 与上位监控系统之间进行通信。

(4) 画出灌装自动生产线整体控制方案系统框图

据分析，灌装自动生产线输入输出信号通过 PROFINET 与 PLC 通信，PLC 通过 PROFINET 与触摸屏通信。其控制系统框图如图 2-3 所示。

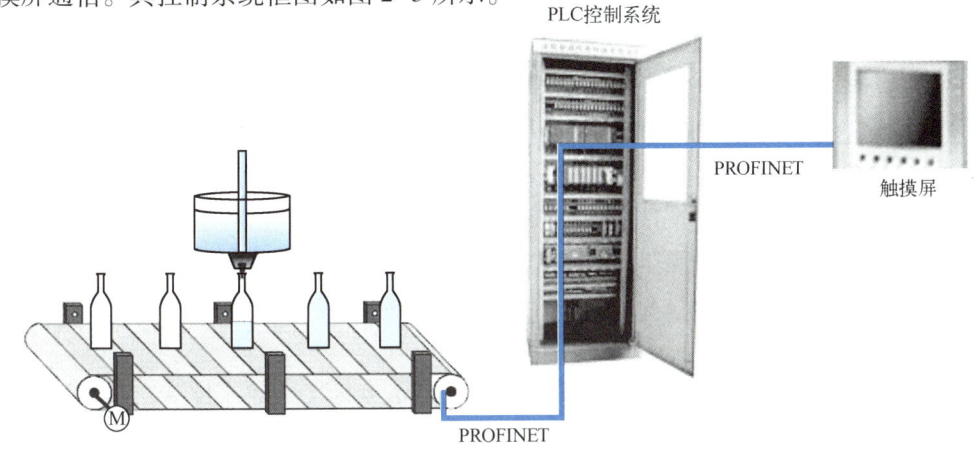

图 2-3 灌装自动生产线整体控制系统框图

第 3 章　工业自动化项目的电气控制

本章主要介绍工业自动化项目设计中电气控制部分的要求和规范，包括常用电气符号、常用电气设备、常用低压电器设备、电气控制线路设计规范及读图方法。最后结合灌装自动生产线电气控制要求实例，设计其电气控制系统方案。

本章学习要求：

1) 明确项目电气控制系统设计要求。
2) 了解常用电气设备及其工作原理。
3) 熟悉常用低压电器及其接线方法。
4) 明确电气控制系统设计规范。
5) 掌握电气控制读图方法。
6) 学会设计工业自动化项目的电气控制方案。

3.1　电气控制要求

电气控制系统是由若干电器元件按照一定控制要求连接而成，从而实现机电设备的某种控制目的。为了便于对控制系统进行设计、分析研究、安装调试、使用维护以及技术交流，需要将控制系统中的各电器元件及其相互连接关系用一个统一的标准来表达，这个统一的标准就是国家标准。用标准符号按照标准规定方法表示的电气控制系统控制关系就称为电气控制系统图。

电气控制系统图包括电气系统图和框图、电气原理图以及电气接线图三种形式。每种图都有其不同的用途和规定的表达方式，电气系统图主要用于表达系统的层次关系、系统内各子系统或功能部件的相互关系，以及系统与外界的联系；电气原理图主要用于表达系统控制原理、参数、功能及逻辑关系，是最详细表达控制规律和参数的工程图；电气接线图主要用于表达各电器元件在设备中的具体位置分布情况以及连接导线的走向，包括电器布局图和端子排接线图。对于一般的机电设备而言，电气原理图是必需的，而其余两种图则根据需要绘制。

参照国际电工委员会（IEC）颁布的标准，国家标准委制定了国家标准。有关的国家标准有 GB/T 24340—2009（工业机械电气图用图形符号）、GB/T 24341—2009（工业机械电气设备电气图、图解和表的绘制）、行业标准 JB/T 2739—2015（机床电气图用图形符号）等。

3.2 电气设备

电气是一个抽象的概念，不是具体指某个设备或器件，而是涉及整个系统或系统集成。电气设备是在电力系统中对发电机、变压器、电力线路和断路器等设备的统称，它由电源和用电设备两部分组成。其中电源部分包括发电机、变压器等设备，用电设备则主要是电动机、电炉、电磁阀和电灯等设备。凡是能够自动或手动接通和断开电路，以及能够对电路或非电路现象进行切换、控制、保护、检测、变换和调节的元件统称为电器。根据电压电流的不同，将电器分为高压电器和低压电器。其中低压电器是指交流电压为 1000 V 或直流电压为 1200 V 以下的电器，它是电力拖动自动控制系统的基本组成元件，是本课程研究、使用的对象。

3.3 常用低压电器设备

低压电器的作用是对供用电系统进行控制、保护和调节。它一般由感受部件和执行部件组成。在自动切换电器中，感受部件大多由电磁机构组成；在手动电器中，感受部件通常为操作手柄、按钮等。执行部件是根据指令，执行电路的接通、切断等任务，如触点和灭弧系统。对于自动开关类的低压电器，通常还有中间（传递）部分，它的任务是把感受部件和执行部件两部分连接起来，使它们协调一致，按一定的规律动作。

根据功能，可将低压电器分为低压配电电器、低压主令电器、低压控制电器、低压保护电器、低压执行电器和低压信号电器。其中，低压配电电器主要用于低压配电系统和动力回路，它具有工作可靠、热稳定性和动力稳定性好、能承受一定电动力作用等优点，常用低压配电电器包括刀开关、隔离开关和低压断路器等；低压主令电器用于控制系统中发出指令，如按钮、开关等；低压控制电器主要用于控制电器设备动作，包括交流接触器、中间继电器、速度继电器和时间继电器等；低压保护电器主要用于保护电路的正常工作，包括热继电器、电流继电器和电压继电器等；低压执行电器主要用于执行控制任务，包括电动机、电磁炉、电磁铁和电磁阀等；低压信号电器用于产生指示信号，表明控制系统或电器设备的状态，包括指示灯、蜂鸣器等。

3.3.1 低压配电电器

低压配电电器的主要功能是分配电能，包括刀开关、低压断路器等。随着电力技术的发展，带有熔断器的刀开关已经淘汰，这里不再赘述。

低压断路器又称空气开关或自动开关，相当于刀开关、熔断器和过电流继电器的组合。它负责负载电流的开闭，在过负载以及短路事故时可自动切断电路。它可用来分配电能、不频繁地起动异步电动机、对电动机及电源进行保护，既有手动开关作用又能自动进行欠电压、失电压、过载和短路保护。

低压断路器的使用方法是将电网上的三根相线接入电源接线端，用电器的电源线接入负载接线端。接线完毕推上操作手柄，电源接通。拉下操作手柄，电源断开。低压断路器的结构主要包括操作部分及漏电保护、动静触点、脱扣系统和灭弧系统等部分。其具体接线方法和结构如图 3-1 所示。其中脱扣系统与低压断路器的功能相对应，包括过电流脱扣器、欠电压脱扣器、热脱扣器和分励脱扣器。低压断路器的主触点是靠手动操作合闸的。主触点闭合后，自由脱扣机构将主触点锁在合闸位置上。过电流脱扣器的线圈和热脱扣器的热元件与主电路串联，欠电压脱扣器的线圈和电源并联。当电路发生短路或严重过载时，过电流脱扣器的衔铁吸合，使自由脱扣机构动作，主触点断开主电路。当电路过载时，热脱扣器的热元件发热使双金属片上弯曲，推动自由脱扣机构动作。当电路欠电压时，欠电压脱扣器的衔铁释放，也使自由脱扣机构动作。分励脱扣器则作为远距离控制用，在正常工作时，其线圈失电。在需要远距离控制时，按下起动按钮，使线圈得电，衔铁带动自由脱扣机构动作，使主触点断开。漏电保护可以检测到线路异常，并在电流强度和时间尚未达到伤害程度前，就立即跳闸，切断电源主回路，充分保证了人身安全。灭弧部分将触点分离时在触点之间产生的电弧吸入灭弧栅片内，由灭弧栅片将电弧在运动中分割成若干小段，在每小段的栅片上都形成一阴极，这样多片电压降的积累使总的电弧电压降增加到不足以使电源电压再维持电弧燃烧，从而达到灭弧目的。

低压断路器的文字符号为 QF，其图形符号如图 3-2 所示。

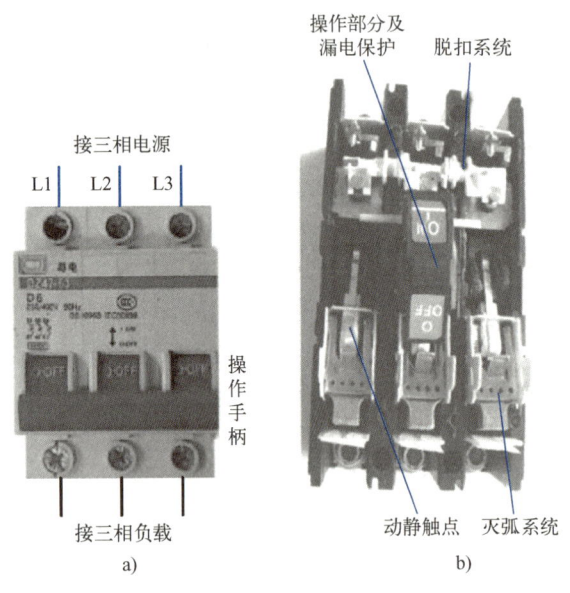

图 3-1 低压断路器的接线方法和结构
a）低压断路器的接线方法
b）低压断路器的结构

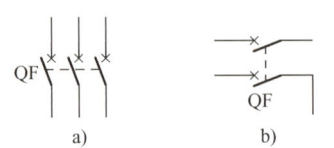

图 3-2 低压断路器的图形符号
a）三相低压断路器的图形符号
b）单相低压断路器的图形符号

3.3.2 低压主令电器

低压主令电器主要包括按钮、开关、拨动开关、限位开关、微动开关和组合开关等，功能是接通或断开控制回路。

按钮可以分为动合按钮、动断按钮和复合按钮。以动合按钮为例，主要由 1—按钮帽、2—复位弹簧、3—动触点、4—动断静触点和 5—动合静触点五部分组成，如图 3-3 所示。自然状态按钮帽未被按下，复位弹簧处于松弛状态，按钮的动触点与动断静触点接触，电流不能通过。当按下按钮帽时，复位

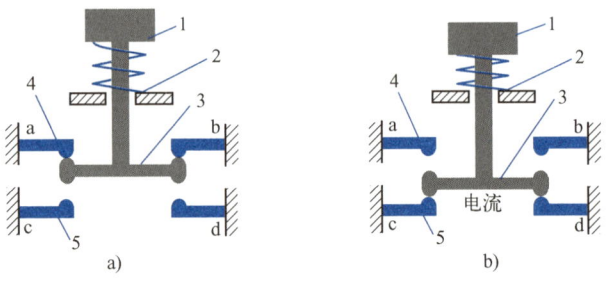

图 3-3 动合按钮的结构与工作原理
a）按钮未按下的状态 b）按钮按下的状态

弹簧处于压缩状态，按钮的动触点与动断静触点断开，与动合静触点接触，电流通过；当松开按钮帽时，复位弹簧复位，带动按钮的静触点与动合静触点断开，与动断静触点接触，断开电流。

开关的类型较多，各种按压选择开关、旋转开关和行程开关的外形如图 3-4 所示。

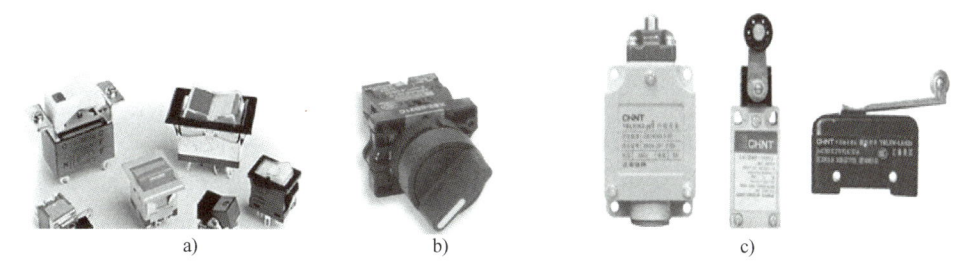

图 3-4　各种开关按钮的外形
a）按压选择开关　b）旋转开关　c）行程开关

按钮、开关和行程开关的文字符号分别为 SB、SA、ST，其动合、动断触点图形符号如图 3-5 所示。

图 3-5　按钮、开关和行程开关的图形符号

为了便于操作人员识别，避免发生误操作，生产中用不同的颜色和符号标志来区分按钮的功能及作用。常用的按钮颜色与含义见表 3-1。

表 3-1　常用按钮的颜色与含义

颜　　色	含　　义	说　　明	举　　例
红	紧急	危险或紧急情况时操作	急停
黄	异常	异常情况时操作	干预、制止异常情况； 干预、重新起动中断了的自动循环
绿	安全	安全情况或为正常情况准备时操作	起动/接通
蓝	强制性的	要求强制动作情况下的操作	复位功能
白、灰、黑	未赋予特定含义	除急停以外的一般功能的起动	起动/接通；停止/断开

3.3.3　低压控制电器

低压控制电器是用于控制电路和控制系统的电器，主要有接触器、继电器等。此类电器有较强的通断能力和较高的操作频率，要求具有较长的电气和机械寿命。

1. 接触器

交流接触器可接通和分断负荷电流，用于控制电动机、电焊机和电容器组等设备，具有低压释放的保护功能，适用于频繁操作和远距离控制。它由电磁系统、触点系统、灭弧系统及其他部分组成，其核心部分是电磁机构。当电磁线圈得电时产生磁场，使得动、静铁心磁化并互相吸引，当动铁心被吸引向静铁心时，与动铁心相连的动触点也被拉向静触点，令其闭合，接通电路。电磁线圈失电后，磁场消失，动铁心在复位弹簧作用下，回到原位，并牵动动触点回到原位，动静触点分开分断电路。以 NC1 系列交流接触器为例，线圈是 A1、A2；3 组主触点分别是 1L1 和 2T1、3L2 和 4T2、5L3 和 6T3；1 组辅助动合（NO）触点 13 和 14。NO 是英文 Normal Open 的简称，表示动合（常开）；NC 是英文 Normal Close 的简称，表示动断（常闭）。交流接触器的线圈和辅助触点接在控制回路中，主触点接在主回路中。线圈得电则主触点和辅助动合触点闭合，辅助动断触点断开；线圈失电则主触点和动合触点断开，动断触点闭合。使用过程中一定注意不能把主电路接到辅助触点上，否则会引起火花烧坏接触器。交流接触器的文字符号为 KM，图形符号包括线圈、主触点、辅助动合触点和辅助动断触点。其工作原理、接线方法和图形符号如图 3-6 所示。

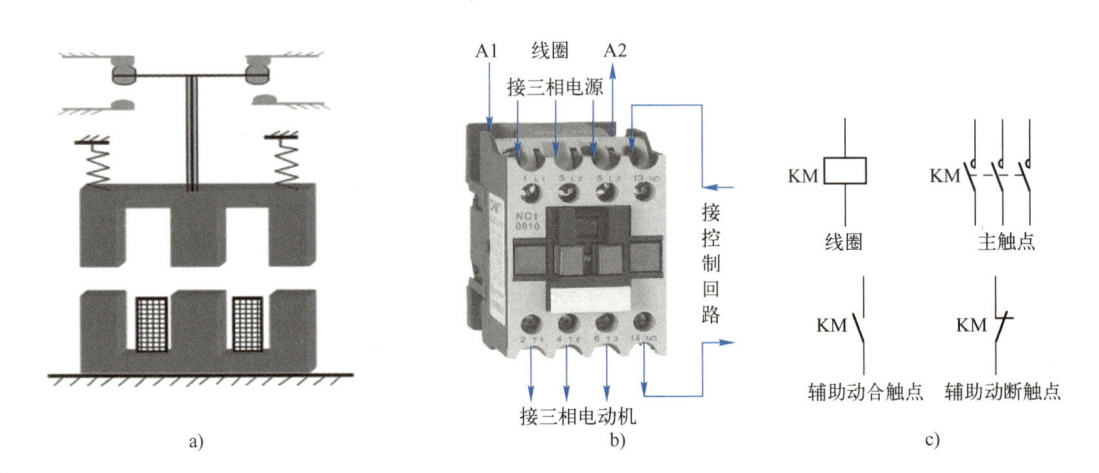

图 3-6 接触器的工作原理、接线方法以及图形符号

a）电磁机构工作原理　b）NC1 交流接触器的接线图　c）接触器的图形符号

2. 继电器

继电器是一种根据电量（电流、电压）或非电量（时间、速度、温度、压力等）的变化自动接通和断开控制电路，以完成控制和保护任务的电器。

虽然继电器和接触器都用来自动接通或断开电路，但是它们仍有很多不同之处。继电器可以对各种电量或非电量的变化做出反应，而接触器只有在一定的电压信号下动作；继电器用于切换小电流的控制电路，而接触器则用来控制大电流电路，因此继电器触点容量较小（不大于 5 A），且无灭弧装置。

根据功能，继电器可分为中间继电器、时间继电器、电压继电器、电流继电器、速度继电器、热继电器和温度继电器等。其中电压继电器、电流继电器和热继电器可以保护电路，将其编排到低压保护电器一节。

（1）时间继电器

时间继电器是指当加入（或去掉）输入的动作信号后，其输出电路需经过规定的准确时间才产生跳跃式变化（或触点动作）的一种继电器。它是一种使用在较低电压或较小电流的电路上，用来接通或切断较高电压、较大电流的电路的电器元件。同时，时间继电器也是一种利用电磁原理或机械原理实现延时控制的控制电器。从功能上说，时间继电器可分为通电延时继电器和断电延时继电器。

通电延时继电器在线圈得电后,延时一段时间后才动作,断电后马上复位。它的结构包括1—线圈、2—铁心、3—衔铁、4—反力弹簧、5—推板、6—活塞杆、7—杠杆、8—塔形弹簧、9—弱弹簧、10—橡皮膜、11—空气室壁、12—活塞、13—调节螺杆、14—进气孔和(15,16)—微动开关。定时器未得电时处于自然状态,反力弹簧、塔形弹簧和弱弹簧都处于松弛状态,微动开关与静触点接触,通电延时触点处于断开状态。线圈得电后,线圈与铁心变成电磁铁,克服反力弹簧的作用力将微动开关慢慢向上移动与通电延时触点接通;推板带着活塞杆一起向上,带动杠杆一头克服塔形弹簧作用力上移,将微动开关慢慢向上移动与通电延时触点接通,从而实现通电延时功能。通电延时继电器的文字符号为KT,图形符号包括线圈、动合触点和动断触点。其动作前后的状态和图形符号如图3-7所示。

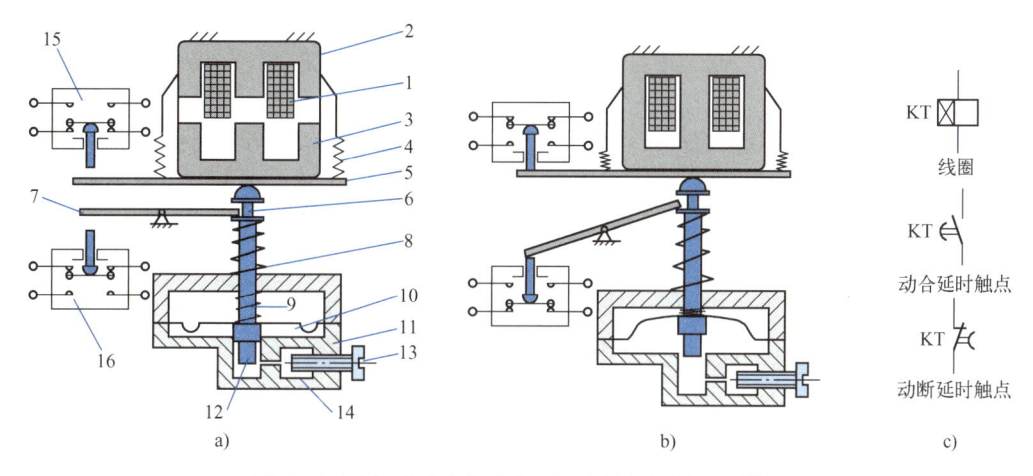

图 3-7　通电延时继电器动作前后状态以及图形符号
a)动作前的状态　b)动作后的状态　c)图形符号

断电延时继电器的时间触点在线圈得电后马上改变状态,线圈断电后,延时一段时间才恢复常态。其结构组成和工作原理与通电延时继电器类似,这里不再赘述。断电延时继电器的文字符号为KT,图形符号包括线圈、动合触点和动断触点,如图3-8所示。

图 3-8　断电延时继电器图形符号

(2)速度继电器

速度继电器可用来监测船舶、火车的内燃机引擎以及气体、水和风力涡轮机,还可用于造纸业和纺织业等生产过程中。

速度继电器是根据电磁感应原理制成的,其文字符号为KS,其结构原理图和图形符号如图3-9所示。图中1—调节螺钉,2—反力弹簧,3—动断触点,4—动合触点,5—动触点,

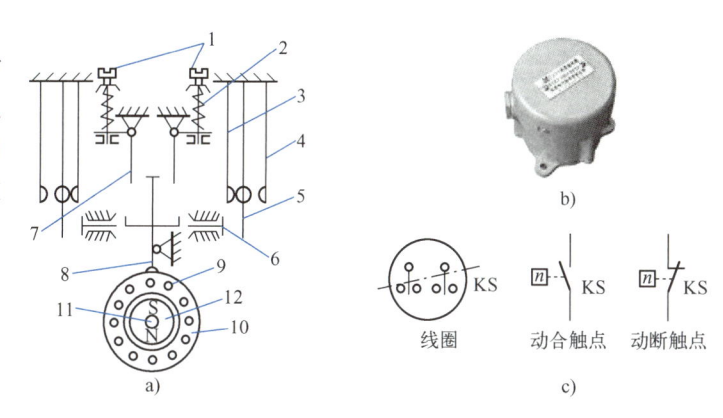

图 3-9　速度继电器的结构原理图、外形图以及图形符号
a)结构原理图　b)外形图　c)图形符号

6—推杆，7—返回杠杆，8—摆杆，9—笼型导条，10—圆环，11—转轴，12—转子。当电动机旋转时，与电动机同轴的速度继电器也随之旋转，笼型导条会产生感应电动势和电流，此电流与磁场作用产生电磁转矩，圆环 10 带动摆杆 8 在此电磁转矩的作用下顺着电动机偏转一定角度，导致速度继电器的动断触点断开，动合触点闭合。电动机反转时就会使另一对触点动作。当电动机转速下降到一定数值时，电磁转矩减小，返回杠杆 7 使摆杆 8 复位，各触点也随之复位。

3.3.4 低压保护电器

低压电器中的很多器件本身具有多种功能，比如低压断路器本身可以分配电能，同时又能起到失压保护、短路保护和过电流保护的功能。本节着重介绍一些电路中的保护继电器，如起过电流保护作用的热继电器、起过电压保护的电压继电器和欠励磁保护的电流继电器。

1. 热继电器

热继电器是用于电动机或其他电气设备、电气线路过载保护的保护电器。在实际运行中，若机械故障或电路异常使电动机过载，则其转速下降、绕组中的电流增大，绕组温度升高。若过载电流不大且过载的时间较短，电动机绕组不超过允许温升，这种过载是允许的。但若过载时间长，过载电流大，电动机绕组的温升超过允许值，使其绕组老化，缩短使用寿命，严重时甚至会烧毁绕组。热继电器就是利用电流的热效应原理，在出现电动机不能承受的过载时切断电动机电路，为电动机提供过载保护。热继电器的基本结构包括加热元件、主双金属片、动作机构和触点系统以及温度补偿元件。电阻丝做成的热元件，其电阻值较小，工作时将它串接在电动机的主电路中，电阻丝所围绕的双金属片是由两片线膨胀系数不同的金属片压合而成，左端与外壳固定。当热元件中通过的电流超过其额定值而过热时，由于双金属片的上层热膨胀系数小于下层，受热后向上弯曲，导致扣板脱扣，扣板在弹簧的拉力下将动断触点断开。由于动断触点串接在电动机的控制电路中，导致控制电路中接触器线圈失电，从而切断电动机的主电路。热继电器的文字符号是 FR，图形符号包括线圈、动合触点和动断触点。其结构原理图、实际接线图以及图形符号如图 3-10 所示。

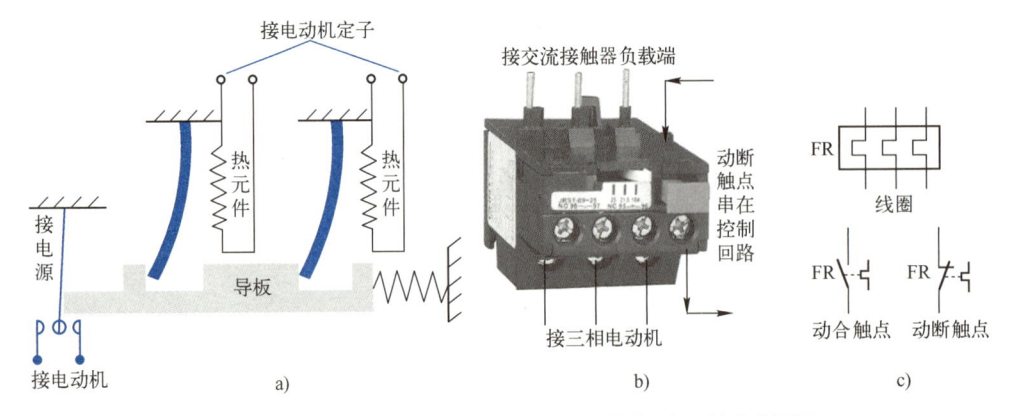

图 3-10 热继电器的结构原理图、实际接线图以及图形符号
a) 结构原理图 b) 实际接线图 c) 图形符号

2. 电压继电器

电压继电器实际上是一种用较小电流去控制较大电流的"自动开关"，故在电路中起着自

动调节、安全保护和转换电路等作用。主要用于发电机、变压器和输电线的继电保护装置中起过电压保护或低电压闭锁作用。根据电源性质分为交流电压继电器和直流电压继电器,根据电压设定值分为过电压继电器和欠电压继电器。过电压继电器用于过电压保护,利用动断触点断开需保护的电路的负荷开关;欠电压继电器用于欠电压保护,利用动合触点断开控制电路。

目前有很多数显交直流过、欠电压继电器。当检测电压正常时,输出继电器不动作,当检测电压超过过电压设定值时,输出继电器动作;欠电压及失电压输出类型为同一个继电器,当检测电压正常时,输出继电器动作,当检测电压低于欠电压设定值或失电压时,输出继电器释放。如JSZD-2B直流电压继电器有四位液晶显示,可实现过、欠电压阈值在线显示,粗、细双电位器整定;最高输入电压可达到DC450V。过电压继电器和欠电压继电器的文字符号都为KV,图形符号包括线圈、动合触点和动断触点。其外形图、接线图和图形符号如图3-11所示。图形符号中加U>的为过电压继电器,加U<的为欠电压继电器。

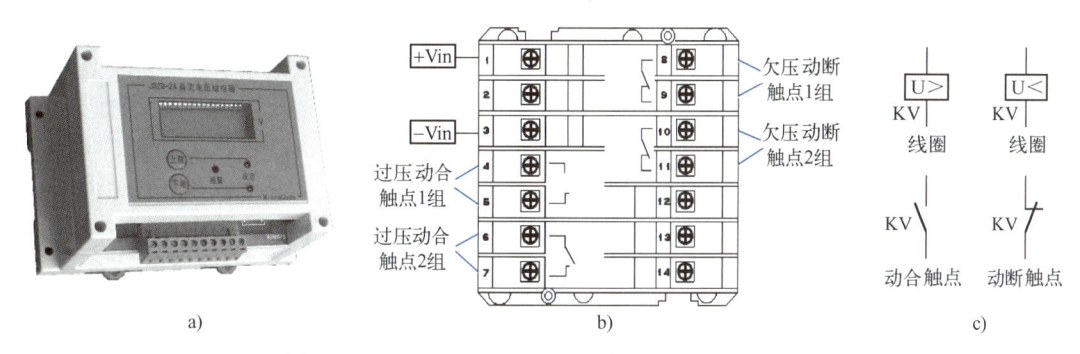

图3-11 电压继电器外形图、接线图以及图形符号
a) 外形图 b) 接线图 c) 图形符号

3. 电流继电器

电流继电器是一种常用的电磁式继电器,反映的是电流信号,可用于电力拖动系统的电流保护和控制。根据电源性质分为交流电流继电器和直流电流继电器,根据电流设定值分为过电流继电器和欠电流继电器。其线圈串联接入主电路,用来感测主电路的线路电流;触点接于控制电路,为执行元件。欠电流继电器用于电路欠电流保护,吸引电流为线圈额定电流的30%~65%,释放电流为额定电流的10%~20%,因此,在电路正常工作时,衔铁是吸合的,只有当电流降低到某一整定值时,继电器释放,控制电路失电流使接触器及时分断电路;过电流继电器在电路正常工作时不动作,整定范围通常为额定电流的1.1~4倍,当被保护线路的电流高于额定值,达到过电流继电器的整定值时,衔铁吸合,触点机构动作,控制电路失电使接触器及时分断电路,对电路起过电流保护作用。

CME420-D多功能AC交流电流继电器是监测电流用的数显电流继电器。它可以监测过电流、欠电流以及在这两个理论范围内的任意值,并在CME420面板的LED显示屏上实时显示正常的电流值。电流继电器的文字符号为KA,图形符号包括线圈、动合触点和动断触点。电流继电器外形和图形符号如图3-12所示。图形符号中加A>的为过电流继电器,加A<的为

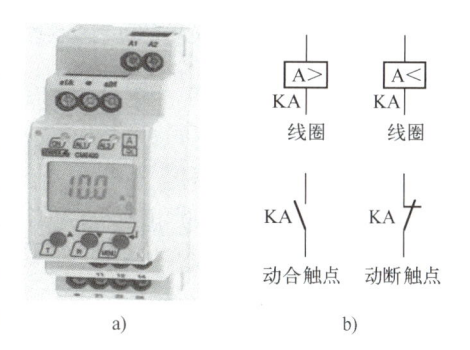

图3-12 电流继电器外形图和图形符号
a) 外形图 b) 图形符号

欠电流继电器。

3.3.5 低压执行电器

低压执行电器用来完成某种动作或传递功率，如电动机、电磁铁、电磁阀和电炉丝等。这里举两个常用的执行电器：电动机和电磁阀。

1. 电动机

电动机是一种把电能转换成机械能的设备，按使用电源不同可分为直流电动机和交流电动机。电力系统中的交流电动机可以是同步电动机或者异步电动机（电动机定子磁场转速与转子旋转转速不保持同步）。电动机主要由定子与转子组成，它利用通电线圈（也就是定子绕组）产生旋转磁场并作用于转子（如笼型闭合铝框）形成磁电动力旋转扭矩，使电动机转动。电动机应用遍及信息处理、音响设备、汽车电气设备、国防、航空航天、工农业生产和日常生活的各个领域。电动机的类型非常多，按工作电源可分为直流电动机和交流电动机。

直流电动机按结构及工作原理可分为无刷直流电动机和有刷直流电动机。有刷直流电动机可分为永磁直流电动机和电磁直流电动机。永磁直流电动机可分为稀土永磁直流电动机、铁氧体永磁直流电动机和铝镍钴永磁直流电动机，电磁直流电动机分为串励直流电动机、并励直流电动机、他励直流电动机和复励直流电动机。其中永磁式无刷直流电动机非常经济实用，广泛应用于汽车、家用电器、医疗器械、计算机外设、便携设备以及玩具。他励直流电动机由于其良好的调速性能被广泛应用于造纸、印刷、纺织和冶金等调速范围宽、机械特性硬的场合。电动机的文字符号都为 M，不同类型的电动机有不同的图形符号不同。不同直流电动机的结构图和图形符号如图 3-13 所示。

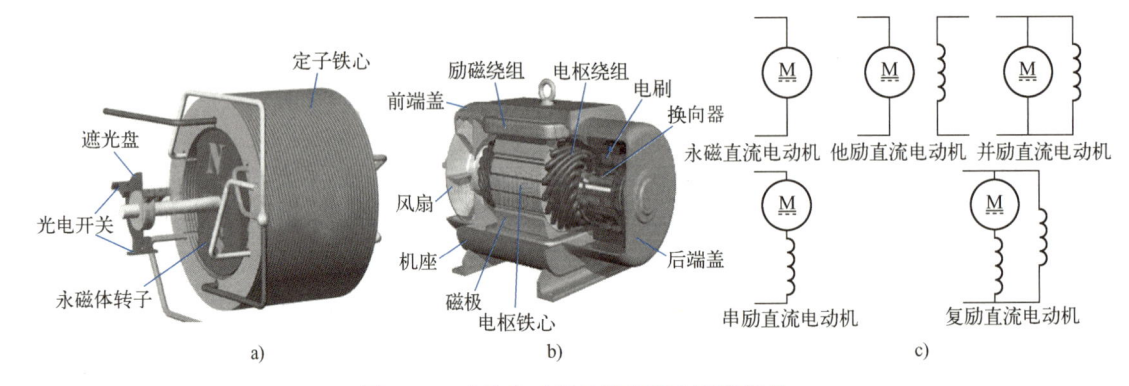

图 3-13 直流电动机的结构图和图形符号
a) 永磁式无刷直流电动机结构示意 b) 他励直流电动机结构示意 c) 图形符号

交流电动机可分为单相电动机和三相电动机。单相电动机分为单相电阻起动异步电动机、单相电容起动异步电动机、单相电容运转异步电动机、单相电容起动和运转异步电动机以及单相罩极式异步电动机五种。单相电动机的基本结构包括定子和转子，定子上有一个单相工作绕组和一个起动绕组（串联电容器）。只需在定子绕组中通以单相交流电源供电，就能自动旋转起来，起动后自行断开起动绕组。它被广泛应用于小型机床、轻工设备、医疗器械、电动工具和农用水泵等场合。其结构拆分图、正反转接线图和图形符号如图 3-14 所示。

三相电动机又可分为三相同步电动机和三相异步电动机。同步电动机转子的转速和电网频率之间遵循严格的同步关系；异步电动机转子的转速不仅取决于电网的频率而且与负载大小相关。根据励磁方式不同，同步电动机可以分为电励磁同步电动机和永磁同步电动机。图 3-14

所示为一台三相 4 极同步电动机的结构示意和拆分图。三相同步电动机具有定子对称的三相绕组，它的转子则是由与定子绕组有相同极数的固定极性磁极组成，该固定极性磁极是由励磁机中励磁绕组通入直流电流产生的，如图 3-15 中的励磁机和励磁绕组。当该电动机定子上的对称三相绕组流过对称三相电流时，就会在电动机的气隙中产生一个与转子同极数的旋转磁场，旋转磁场的磁极将根据异磁极相吸的原理吸引转子磁极以相同的同步转速旋转。由于三相同步电动机具有在电源电压波动或负载转矩变化时，仍可保持其转速恒定不变的良好特性，因而被广泛用来驱动不要求调速和功率较大的机械设备中，如轧钢机、透平压缩机、鼓风机、各种泵和变流机组等；或者用于驱动功率虽不大但转速较低的各种磨机和往复式压缩机；还可用于驱动大型船舶的推进器等。

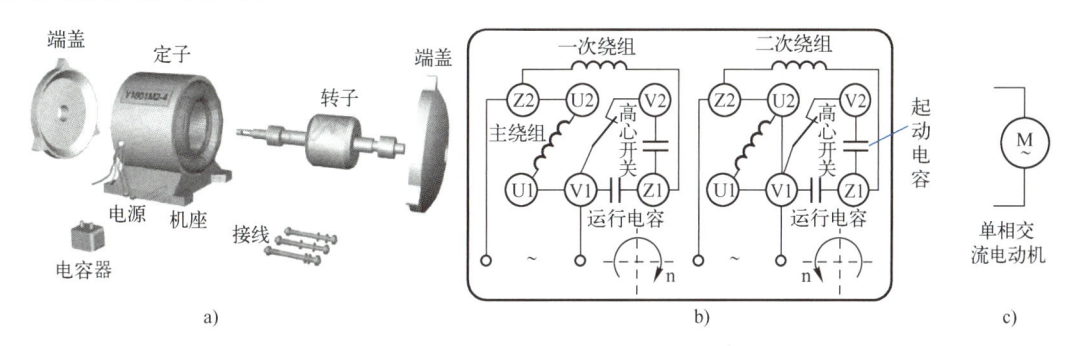

图 3-14 单相电动机的结构拆分图、正反转接线图和图形符号
a）单相电动机结构拆分示意 b）单相电动机正反转接线图 c）图形符号

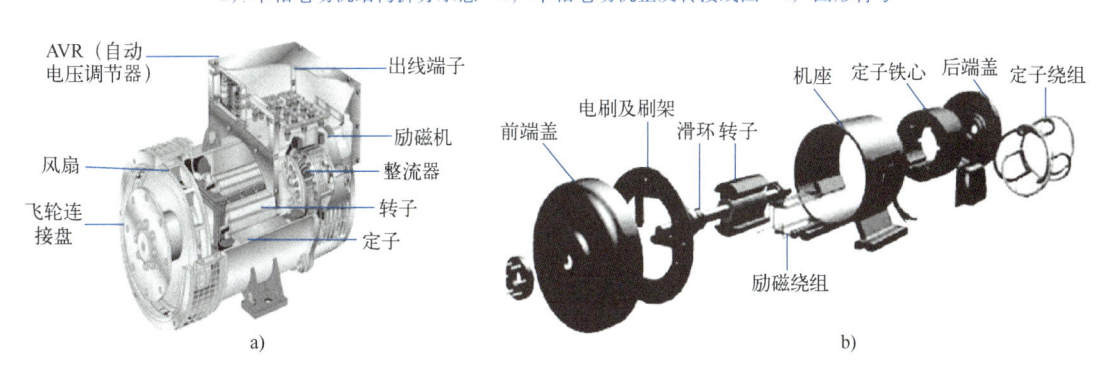

图 3-15 三相同步电动机的结构示意图和结构拆分图
a）三相同步电动机结构示意 b）三相同步电动机结构拆分示意

根据转子结构的不同，三相异步电动机又分为绕线转子三相异步电动机和笼型三相异步电动机。绕线转子三相异步电动机的转子和定子一样，也设置了三相绕组并通过集电环、电刷与外部变阻器连接，调节变阻器电阻可以改善电动机的起动性能和调节电动机的转速。笼型三相异步电动机的转子绕组由插入转子槽中的多根导条和两个环形的端环组成，若去掉转子铁心，整个绕组的外形像一个鼠笼，故称笼型绕组。它具有结构简单、运行可靠、重量轻和价格便宜等特点，因而得到了广泛的应用。三相异步电动机的结构示意和结构拆分如图 3-16 所示。

三相电动机接线盒引出线一般有 6 个出线头，并用 U1、V1、W1 和 U2、V2、W2 作标记，如果连成 Y 联结，即将 U2、V2、W2 连在一起；如果连成 △ 联结，即 U2-V1、V2-W1、W2-U1 出三个接线头。三相电动机接线盒内部接线图、不同接线方法以及三相电动机图形符号如图 3-17 所示。

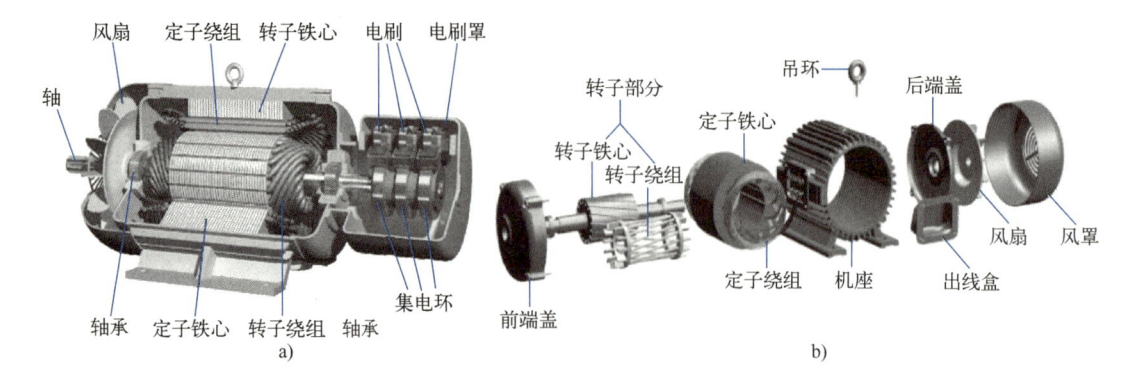

图 3-16 三相异步电动机的结构示意和结构拆分
a) 绕线转子三相异步电动机结构示意图 b) 笼型三相异步电动机结构拆分图

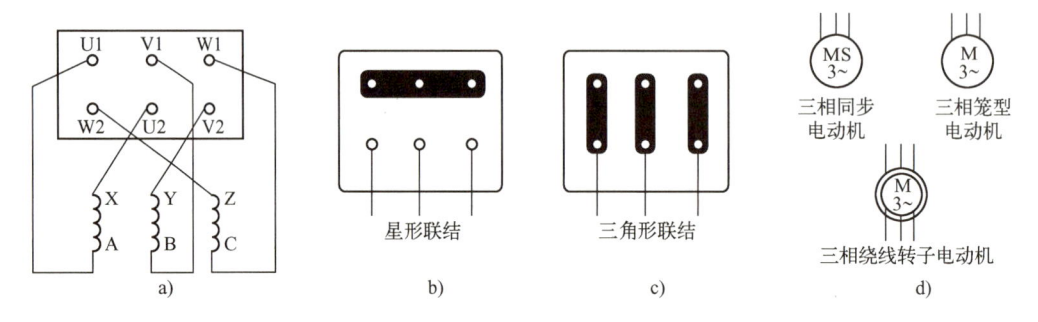

图 3-17 三相电动机的接线盒内部接线图、不同接线方法以及图形符号
a) 三相电动机接线盒内部接线图 b) 星形联结 c) 三角形联结 d) 图形符号

2. 电磁阀

电磁阀是用电磁控制流体的自动化基础元件，在工业控制系统中用来调整介质的方向、流量、速度和其他参数。电磁阀可以配合不同的电路来实现预期的控制，而且控制的准确度和灵活性都能够保证。电磁阀有很多种，不同的电磁阀在控制系统的不同位置发挥作用，最常用的是单向阀、安全阀、方向控制阀和速度调节阀等。图 3-18 为 FESTO 公司的两位三通电磁阀外形和图形符号。两位三通电磁阀通常与单作用气动执行机构配套使用，两位是指两个位置可控（开-关），三通是有三个通道通气，一般情况下一个通道与气源连接，一个与执行机构的进气口连接，最后一个与执行机构排气口连接。当电磁阀得电时，执行机构伸出；当电磁阀失电时，执行机构缩回。

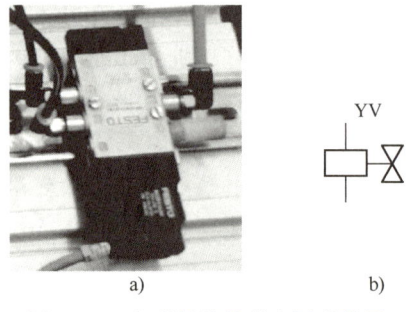

图 3-18 电磁阀的外形和图形符号
a) 电磁阀外形 b) 图形符号

3.3.6 低压信号电器

低压信号电器主要功能是发出各种信号，提示当前系统运行状态以及报警，主要包括信号指示灯和蜂鸣器等。

1. 指示灯

指示灯安装在控制面板或仪表板上，数量和颜色多少根据设计而定，用于指示有关电源、照明、启停和故障等工作系统的技术状况，以光亮指示的方式引起操作者注意或者指示操作者进行某种操作，并作为某一种状态或指令正在执行或已被执行的指示，对异常情况发出警报灯光信号。指示灯的颜色有很多种，国标 GB/T 14048.5—2016《低压开关设备和控制设备的电气特性 第5部分：指示器、信号灯和按钮》对指示灯的颜色和含义进行了规定。指示灯用红、黄、绿三种颜色。其具体颜色与含义见表3-2。

表3-2 指示灯的颜色与含义

颜 色	含 义	说 明	举 例
红	警告	电气设备遇到了故障或异常情况	压力/温度超越安全状态、因保护器件动作而停机、有触及带电或运动的部件的危险或电器过载或短路时红色指示灯亮起
黄	异常	电气设备遇到了一些不紧急但需要警惕的问题	压力/温度超过正常范围、保护装置释放、当仅能承受允许的短时过载或电器即将达到颜定功率时黄色指示灯亮起
绿	正常	电气设备处于开启或正在使用的状态	压力/温度在正常状态、自动控制系统运行正常或电器接通时绿色指示灯亮起

在一般工作运用中常将红色指示灯作为电源指示，绿色指示灯作为合闸指示。但在不可逆控制回路中，根据标准化的要求，应该使用白色指示灯作为电源状态指示，绿色指示灯作为正常运行指示；对于只有合闸的指示要求，应采用绿色指示灯。指示灯的文字符号为 HL，指示灯的内部结构、标准五色指示灯和图形符号如图3-19所示。

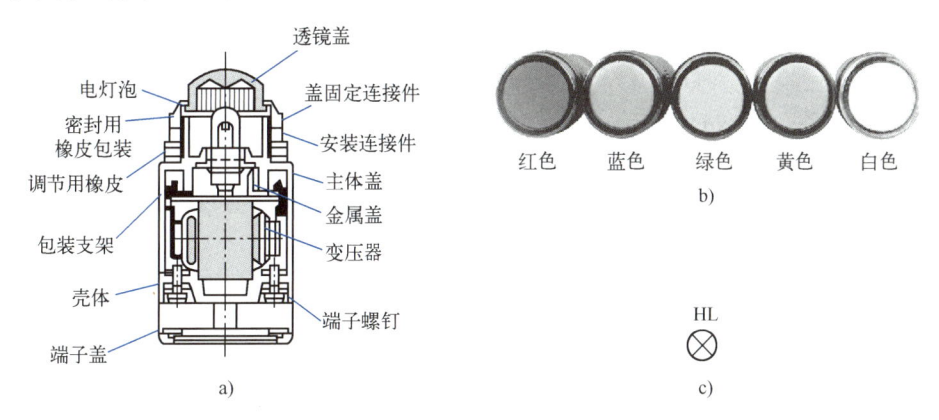

图3-19 指示灯的内部结构、标准五色指示灯和图形符号
a) 指示灯的内部结构　b) 标准五色指示灯　c) 图形符号

2. 蜂鸣器

蜂鸣器是一种一体化结构的电子讯响器，采用直流电压供电，广泛应用于计算机、打印机、复印机、报警器、电子玩具、汽车电子设备、电话机和定时器等电子产品中作发声器件。

蜂鸣器主要分为压电式蜂鸣器和电磁式蜂鸣器两种类型。蜂鸣器在电路中的文字符号为 HA，其外形、图形符号如图 3-20 所示。

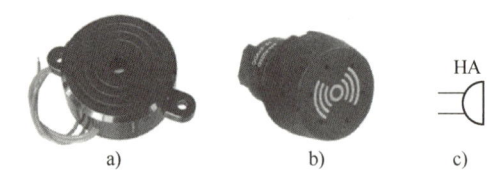

图 3-20　蜂鸣器的外形和图形符号
a）压电式蜂鸣器　b）电磁式蜂鸣器　c）图形符号

3.4　电气控制线路设计规范及读图方法

3.4.1　电气控制系统线路设计要求及规范

电气控制系统设计的一般原则是：①最大限度地满足生产机械和生产工艺对电气控制的要求；②设计方案要合理；③机械设计与电气设计应相互配合；④确保控制系统安全可靠地工作。

电气控制系统的设计包括两个基本内容：电气原理图设计和电气工艺设计。电气原理图设计是为了满足生产机械和工艺的控制要求进行的电气控制电路设计，决定着生产机械设备的合理性与先进性，是电气控制系统设计的核心。其设计步骤包括：①拟订电气设计任务书；②确定电力拖动方案和控制方式；③根据选定的拖动方案及控制方式设计系统的原理框图，拟订出各部分的主要技术要求和主要技术参数；④设计电气控制总原理图，按系统框图结构将各部分联成一个整体；⑤根据各部分的要求，设计出原理框图中各个部分的具体电路，对于每一部分的设计总是按主电路→控制电路→辅助电路→联锁与保护→总体检查→反复修改与完善的步骤进行；⑥选择电器元件，制订元器件明细表。

电气工艺设计是为电气控制装置的制造、使用、运行及维修的需要进行的生产施工设计，决定着电气控制系统生产可行性、经济性、美观性和使用维修的便利性。其设计步骤包括：①设计电气总布置图、总安装图与总接线图；②设计组件布置图、安装图和接线图；③设计电气箱、操作台及非标准元件；④列出元器件清单；⑤编写使用维护说明书。

只有各个独立部分都达到技术要求，才能保证总体技术要求的实现，保证总装调试的顺利进行。

1. 电气控制系统图的标准和规范

电气控制系统图包括电气系统原理框图、电气原理图和电气接线图等。鉴于电气原理图是必需的，在这里重点说明。

（1）目的和用途

电气原理图就是详细表示电路、设备或装置的全部基本组成部分和连接关系的工程图。主要用于详细理解电路、设备或装置及其组成部分的作用原理；为测试和故障诊断提供信息；为编制接线图提供依据。

（2）绘制电气原理图的基本原则

根据简单清晰的原则，电气原理图采用电器元件展开的形式绘制。它包括所有电器元件的导电部件和接线端点，但并不按照电器元件的实际位置来绘制，也不反映电器元件的大小。因此，绘制电路图时一般要遵循以下基本规则：

1) 图中所有的元器件都应使用国家统一的图形和文字符号。

2) 主电路绘制在图面的左侧或上方，辅助电路绘制在图面的右侧或下方。电器元件按功能布置，尽可能按动作顺序排列，按从左到右、从上到下的方式布局，避免线条交叉。

3) 所有电器的可动部分均以自然状态画出。所谓自然状态是指各种电器在没有通电或没有外力作用时的状态。

4) 同一元器件的各个部分可以不画在一起，但必须使用统一的文字符号；对于多个同类元器件，需要在其文字符号后加上一个数字序号，以示区别，如 KM1、KM2 等。

5) 根据图面布局的需要，可以将图形符号旋转 90°、180° 或 45° 绘制，画面可以水平布置，或者垂直布置。

6) 原理图的绘制要层次分明，通过合理安排各元器件，在保证线路运行可靠的前提下，力求所用元器件最少、耗能最少、连接导线最少，同时兼顾施工、维修便利性等。

(3) 图面区域的划分

为了便于检索电路，方便阅读，可以在各种幅面的图样上进行分区。按照规定，分区数应该是偶数，每一分区的长度一般不小于 25 mm，不大于 75 mm。每个分区内竖边方向用大写拉丁字母，横边方向用阿拉伯数字分别编号。应从标题栏相对的左上角开始顺序编号。编号写在图样的边框内。

在编号下方和图面的上方设有功能、用途栏，用于注明该区域电路的功能和作用。

(4) 符号位置索引

符号位置的索引使用的是图号、页次和图区编号的组合索引法，格式如下：图号/页号·图区号，图号是指当某设备的电气原理图按功能多册装订时，每册的编号，一般用数字表示。当某一元件相关的各符号元素出现在不同图号的图样上，而每个图号又仅有一页图样时，索引代号中可省略"页号"及分隔符"·"。当某一元件相关的各符号元素出现在同一图号的图样上，而该图号有几张图样时，可省略"图号"和分隔符"/"。当某一元件相关的各符号元素出现在只有一张图样的不同图区时，索引代号只用"图区"表示。

对于比较复杂的电气原理图，接触器、继电器线圈和触点比较多，为便于查找，在线圈下方给出触点的图形符号，并在下面标明相应触点的索引代码。

2. 电气工艺设计的标准和规范

电气工艺设计包括电气控制设备总体布置、总接线图设计、各部分的电器装配图与接线图、各部分的元件目录、进出线号、主要材料清单及使用说明书等。

(1) 电气设备的总体布置设计

电气设备总体布置设计的任务是根据电气控制原理图，将控制系统按照一定要求划分为若干个部件，再根据电气设备的复杂程度，将每一部件划分成若干单元，并根据接线关系整理出各部分的进线和出线号，调整它们之间的连接方式。单元划分的原则如下：

1) 功能类似的元件组合在一起。如按钮、控制开关、指示灯和指示仪表可以集中在操作台上；接触器、继电器、熔断器和控制变压器等控制电器可以安装在控制柜中。

2) 接线关系密切的控制电器划为同一单元，以减少单元间的连线。

3) 强弱电分开，以防干扰。

4）需经常调节、维护和易损元件组合在一起以便于检查与调试。

电气控制设备的不同单元之间的接线方式通常有以下几种：

1）控制板、电器板和机床电器的进出线一般采用接线端子，可根据电流大小和进出线数选择不同规格的接线端子。

2）被控制设备与电气箱之间采用多孔接插件，便于拆装、搬运。

3）印制电路板及弱电控制组件之间的连接采用各种类型的标准接插件。

（2）绘制电器元件布置图

同一部件或单元中电气元件按下述原则布置：

1）一般监视器件布置在仪表板上。

2）体积大和较重的电气元件应安装在电器板的下方，发热元件安装在电器板的上方。

3）强弱电应分开，弱电部分应加装屏蔽和隔离，以防干扰。

4）需要经常维护、检修和调整的电器元件安装不宜过高或低。

5）电器布置应考虑整齐、美观、对称。尽量使外形与结构尺寸类似的电器安装在一起，便于加工、安装和配线。

6）布置电气元件时，应预留布线、接线和调整操作的空间。

（3）绘制电气控制装置的接线图

电气控制装置的接线图表示整套装置的连接关系，绘制原则如下：

1）接线图的绘制应符合 GB/T 18135—2008《电气工程 CAD 制图规则》中的规定。

2）在接线图中，各电器元件的外形和相对位置要与实际安装的相对位置一致。

3）电气元件及其接线座的标注与电气原理图中标注应一致，采用同样的文字符号和线号。

4）接线图应将同一电气元件的各带电部分（如线圈、触点等）画在一起，并用细实线框住。

5）接线图采用细线条绘制，应清楚地表示出各电气元件的接线关系和接线去向。接线图的接线关系有两种画法：直接接线法和符号标注。接线图中要标注出各种导线的型号、规格、截面积和颜色。接线端子板上各接线点按线号顺序排列，并将动力线、交流控制线和直流控制线分类排开。元件的进出线除大截面导线外，都应经过接线板，不得直接进出。

（4）电气控制系统图的基本知识

1）图形符号：图形符号通常用于图样或其他文件，以表示一个设备或概念的图形、标记或字符。电气控制系统图中的图形符号必须按国家标准绘制。

2）文字符号：文字符号分为基本文字符号和辅助文字符号。文字符号适用于电气技术领域中技术文件的编制，也可表示在电气设备、装置和元件上或其近旁以标明其名称、功能、状态和特征。

3）主电路各接点标记：三相交流电源引入线采用 L1、L2、L3 标记；电源开关之后的三相交流电源主电路分别按 U、V、W 顺序标记，如电动机三相电源需要用 U、V、W 来标记；分级三相交流电源主电路采用三相文字代号 U、V、W 的后边加上阿拉伯数字 1、2、3 等来标记，如 U1、V1、W1、U2、V2、W2 等。

4）符号位置索引：接触器、继电器触点索引如图 3-21 所示。在图样中线圈的下方，给出触点的图形符号，并在下面标明相应触点的索引代码，且对未使用的触点用"×"表明，有时也可采用如符号位置索引的省略方法来省略触点。

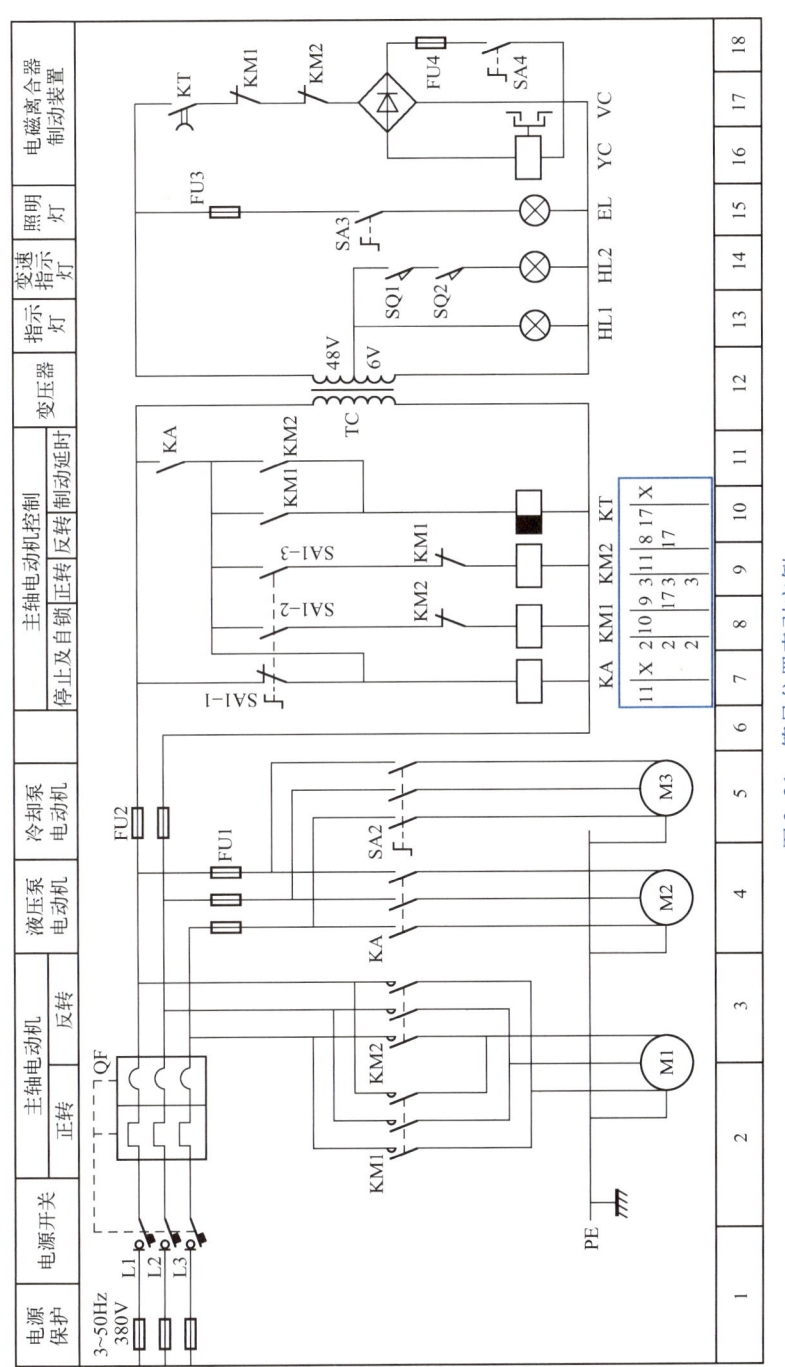

图 3-21 符号位置索引实例

对于接触器，其线圈与触点的从属关系中各栏的含义从左至右分别表示如下：主触点所在的图区号，辅助动合触点所在的图区号，辅助动断触点所在的图区号。例如图 3-21 中接触器 KM1 的 3 个主触点在图区 2 主电路中主轴电动机正转区域，1 个辅助动合触点在图区 10，2 个动断触点分别在图区 9、17；接触器 KM2 的 3 个主触点在图区 3 主电路中主轴电动机反转区域，1 个辅助动合触点在图区 10，2 个动断触点分别在图区 8、17。

对于继电器，其线圈与触点的从属关系中各栏的含义从左至右分别表示如下：动合触点所在的图区号，动断触点所在的图区号。例如图 3-21 中继电器 KA 的动合触点在图区 11，未使用动断触点；时间继电器 KT 的动合延时触点在图区 17，未使用动断触点。

(5) 电控柜和非标准零件图的设计

电气控制系统比较简单时，控制电器可以安装在生产机械内部；控制系统比较复杂或操作需要时，要有单独的电气控制柜。

电气控制柜设计要考虑以下几方面问题：

1) 根据控制面板和控制柜内各电器元件的数量确定电气控制柜总体尺寸。
2) 电气控制柜结构要紧凑，便于安装、调整及维修，外形美观，并与生产机械相匹配。
3) 在柜体的适当部位设计通风孔或通风槽，便于柜内散热。
4) 应设计起吊钩或柜体底部带活动轮，便于电气控制柜的移动。

电气控制柜结构常设计成立式或工作台式，小型控制设备则设计成台式或悬挂式。电气控制柜的品种繁多，结构各异。设计中要吸取各种形式的优点，设计出适合的电控柜。

3.4.2 电气控制线路读图方法

电气控制线路图是电工领域中最主要的提供信息的方式，它以电动机或生产机械的电气控制装置为主要的研究对象，提供的信息内容可以是功能、位置、设置、设备制造及接线等。包括电气原理图、电气接线图和电气布置图。电气原理图表示电气设备和元器件的用途、作用和工作原理，由主电路和辅助电路组成。其中辅助电路包括控制电路、照明电路、显示电路和保护电路。本节先介绍读图方法，然后以 C650 型卧式车床控制系统电气原理图为例展示如何读图。

1. 电气控制原理图的读图方法

电气原理图读图的一般原则是：化整为零、顺藤摸瓜、先主后辅、集零为整、安全保护和全面检查。通常，阅读电气控制系统时，要结合有关技术资料将控制线路"化整为零"，即以某一电动机或电器元件（如接触器或继电器线圈）为对象，从电源开始，自上而下，自左而右，逐一分析其接通及断开的关系（逻辑条件），并区分出主令信号、联锁条件和保护要求等。根据图区坐标标注的检索可以方便地分析出各控制条件与输出的因果关系。

要读懂项目的电气控制原理图，可以采取如下步骤：

(1) 理解控制工艺

在阅读电气线路之前，应该了解生产设备要完成哪些动作，这些动作之间又有什么联系，即熟悉生产设备的工艺情况。必要时可以画出简单的工艺流程图，明确各个动作的关系。例如，车床主轴转动时，要求油泵先给齿轮箱供油润滑，即应保证在润滑泵电动机起动后才允许主拖动电动机起动，也就是控制对象对控制线路提出了按顺序工作的联锁要求。此外，还应进一步明确生产设备的动作与电路中执行电器的关系，给分析电器线路提供线索和方便。

(2) 阅读主电路

在阅读电气线路时，一般应先从主电路着手，看主电路由哪些控制元件构成，从主电路的构成可分析出电动机或执行器的类型、工作方式、起动、转向、调速和制动等基本控制要求。如是否有正反转控制、是否有起动制动要求、是否有调速要求等。这样，在分析控制电路的工作原理时，就能做到心中有数，有的放矢。

(3) 阅读控制电路

阅读控制电路一般是按照由上往下或由左往右的顺序。设想按动了操作按钮（应记住各信号元件、控制元件或执行元件的原始状态），依各电器的得电顺序查对线路（跟踪追击），观察有哪些元件受控动作。逐一查看这些动作元件的触点又是如何控制其他元件动作的，进而驱动被控机械或被控对象有何运动。还要继续追查执行元件带动机械运动时，会使哪些信号元件状态发生变化，再查对线路，看执行元件如何动作。在读图过程中，特别要注意相互间的联系和制约关系，直至将线路全部看懂为止。

无论多么复杂的电气线路，都是由一些基本的电气控制环节构成的。在分析线路时，要善于运用"化整为零""顺藤摸瓜"的方法。可以按主电路的构成情况，把控制电路分解成与主电路相对应的几个基本环节，逐一进行分析，还应注意那些满足特殊要求的特殊部分，最后把各环节串起来，就不难读懂全图了。

(4) 分析辅助电路、联锁环节、保护环节和特殊控制环节

在电气控制线路中，还包括诸如工作状态显示、电源显示、参数设定、照明和故障报警等部分的辅助电路，需要结合控制电路来分析；对于安全性、可靠性要求较高的生产设备的控制，在分析电气线路图过程中，还需要考虑电气联锁和电气保护环节；在某些控制线路中，还有如产品计数、自动检测和自动调温等装置的控制电路，相对于主电路、控制电路比较独立，可参照上述分析过程逐一分析。

(5) 理解全部电路

经过"化整为零"，逐步分析局部电路的工作原理以及各部分之间的控制关系之后，还必须用"集零为整"的方法，检查整个控制线路，看是否有遗漏。特别要从整体角度去进一步检查和理解各控制环节之间的联系，以达到清楚地理解原理图中每一个电气元器件的作用、工作过程及主要参数，理解全部电路实现的功能。

2. 阅读 C650 卧式车床电气控制原理图

(1) 理解 C650 卧式车床控制工艺

卧式车床通常由一台主电动机拖动，经由机械传动链，实现切削主运动和刀具进给运动的输出，其运动速度由变速齿轮箱通过手柄操作进行切换。刀具的快速移动、冷却泵和液压泵等常采用单独的电动机驱动。

C650 卧式车床属于中型车床，可加工的最大工件回转直径为 1020 mm，最大工件长度为 3000 mm，机床的结构形式如图 3-22 所示。

C650 卧式车床主要由床身、主轴、刀架、溜板箱和尾架等部分组成。该车床有两种主要运动：一种是安装在床身主轴箱中的主轴转动，称为主运动；另一种是溜板箱中的溜板带动刀架的直线运动，称为进给运动。刀具安装在刀架上，

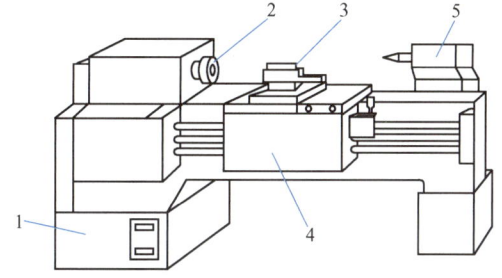

图 3-22 C650 卧式车床结构简图
1—床身 2—主轴 3—刀架 4—溜板箱 5—尾架

与滑板一起随溜板箱沿主轴轴线方向实现进给移动,主轴的转动和溜板箱的移动均由主电动机驱动。

由于加工的工件比较大,加工时其转动惯量也比较大,需停车时不易立即停止转动,因此必须有停车制动的功能,较好的停车制动是采用电气制动方法。为了加工螺纹等工件,主轴需要正反转,主轴的转速应随工件的材料、尺寸、工艺要求及刀具的种类不同而变化,所以要求在相当宽的范围内可进行速度调节。

在加工过程中,还需提供切削液,并且为减轻工人的劳动强度和节省辅助工作时间,要求带动刀架移动的溜板能够快速移动。

从车床的加工工艺出发,对拖动控制有以下要求:

1)主电动机 M1 完成主轴主运动和溜板箱进给运动的驱动,电动机采用直接起动的方式起动,可正反两个方向旋转,并可进行正反两个旋转方向的电气停车制动。为加工调整方便,还应具有点动功能。

2)电动机 M2 拖动冷却泵,在加工时提供切削液;采用直接起动及停止方式,并且为连续工作状态。

3)主电动机和冷却泵电动机应具有必要的短路和过载保护。

4)快速移动电动机 M3,拖动刀架快速移动。其电动机可根据使用需要,随时手动控制起停。

5)应具有安全的局部照明装置。

C650 卧式车床要实现其功能需要的执行电器包括主电动机 M1、冷却泵电动机 M2 和快速移动电动机 M3。要实现主电动机 M1 的正反转,就需要主电动机正转接触器、主电动机反转接触器。对于冷却泵电动机和快速移动电动机而言只需要起动功能,需要起动接触器。控制功能中要求实现必要的短路和过载保护,因此需要熔断器和热继电器。整个控制系统需要的全部电气元件符号及功能见表 3-3。C650 卧式车床的电气控制系统线路如图 3-23 所示。

表 3-3 电气元件符号、名称及用途说明表

符号	名称及用途	符号	名称及用途
M1	主电动机	SB1	总停按钮
M2	冷却泵电动机	SB2	主电动机正向点动按钮
M3	快速移动电动机	SB3	主电动机正向起动按钮
KM1	主电动机正转接触器	SB4	主电动机反向起动按钮
KM2	主电动机反转接触器	SB5	冷却泵电动机停止按钮
KM3	短接限流电阻接触器	SB6	冷却泵电动机起动按钮
KM4	冷却泵电动机起动接触器	TC	控制变压器
KM5	快移电动机起动接触器	FU1~6	熔断器
KA	中间继电器	FR1	主电动机过载保护热继电器
KT	通电延时时间继电器	FR2	冷却泵电动机保护热继电器
ST	快移电动机点动行程开关	R	限流电阻
SA	开关	EL	照明灯
KS	速度继电器	TA	电流互感器

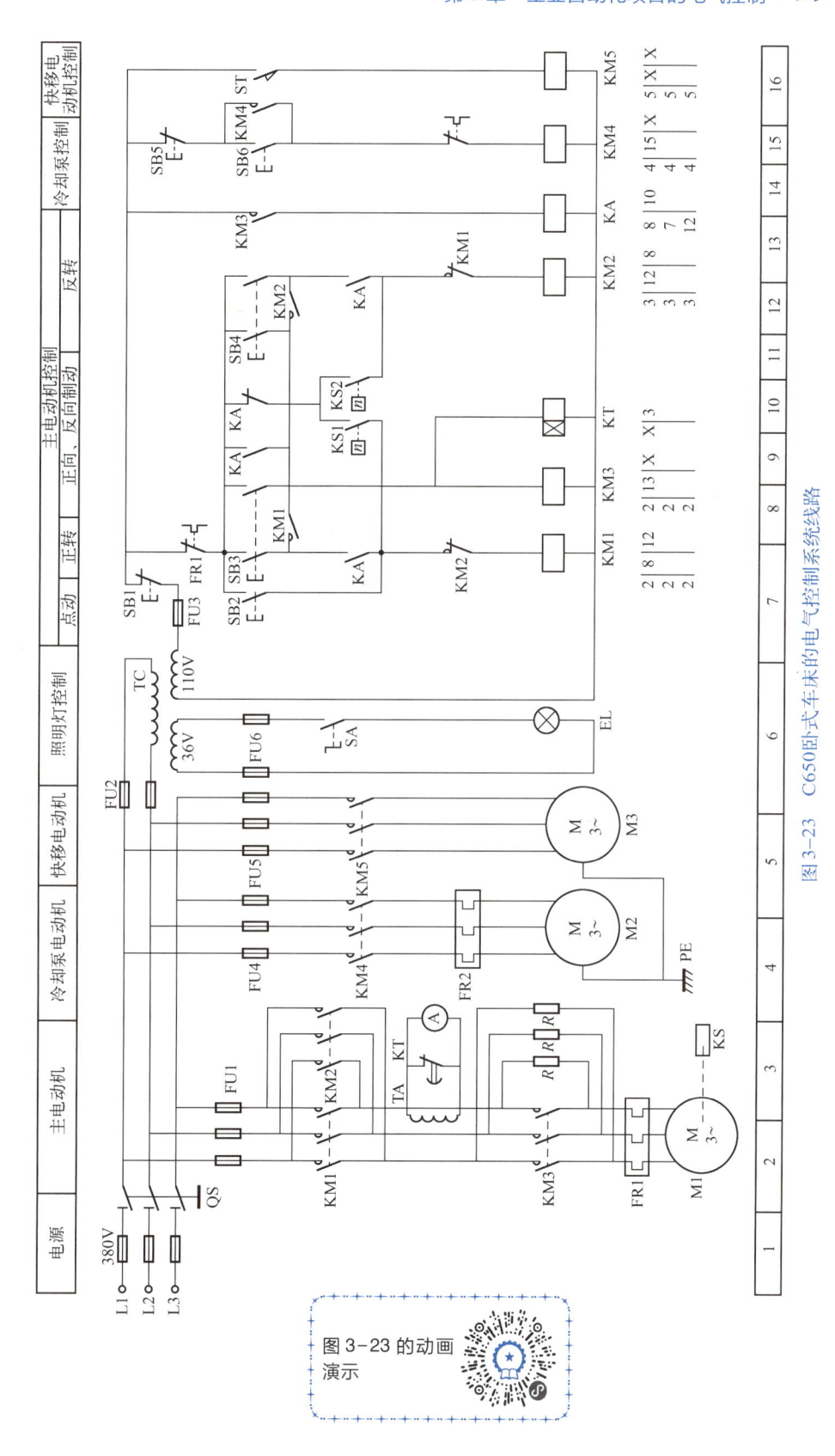

第 3 章　工业自动化项目的电气控制

图 3-23　C650 卧式车床的电气控制系统线路

(2) 阅读主电路

主电路分析如下：图 3-23 所示的主电路中有三台电动机，隔离开关 QS 将 380 V 的三相电源引入。电动机 M1 的电路接线分为三部分：第一部分由正转控制交流接触器 KM1 和反转控制交流接触器 KM2 的两组主触点构成电动机的正反转接线。第二部分为电流表 A 经电流互感器 TA 接在主电动机 M1 的主回路上以监视电动机绕组工作时的电流变化。为防止电流表被起动电流冲击损坏，利用时间继电器的延时动断触点，在起动时间内将电流表暂时短接掉。第三部分为串联电阻控制部分，交流接触器 KM3 的主触点控制限流电阻 R 的接入和切除，在进行点动调整时，为防止连续的起动电流造成电动机过载，串入限流电阻 R，以保证电路设备正常工作。

速度继电器 KS 的速度检测部分与电动机的主轴同轴相连，在停车制动过程中，当主电动机转速低于 KS 的动作值时，其动合触点可将控制电路中反接制动的相应电路切断，完成停车制动。

电动机 M2 由交流接触器 KM4 的主触点控制其主电路的接通和断开，电动机 M3 由交流接触器 KM5 的主触点控制。

为保证主电路的正常运行，主电路中还设置了熔断器的短路保护环节和热继电器的过载保护环节。

(3) 阅读控制电路

控制电路可分为主电动机 M1 的控制电路和电动机 M2、M3 的控制电路两部分。由于主电动机控制电路比较复杂，因而还可进一步将主电动机控制电路分为正、反转起动，点动和停车制动等局部控制电路，它们的控制电路如图 3-24 所示。下面对各部分控制电路进行分析。

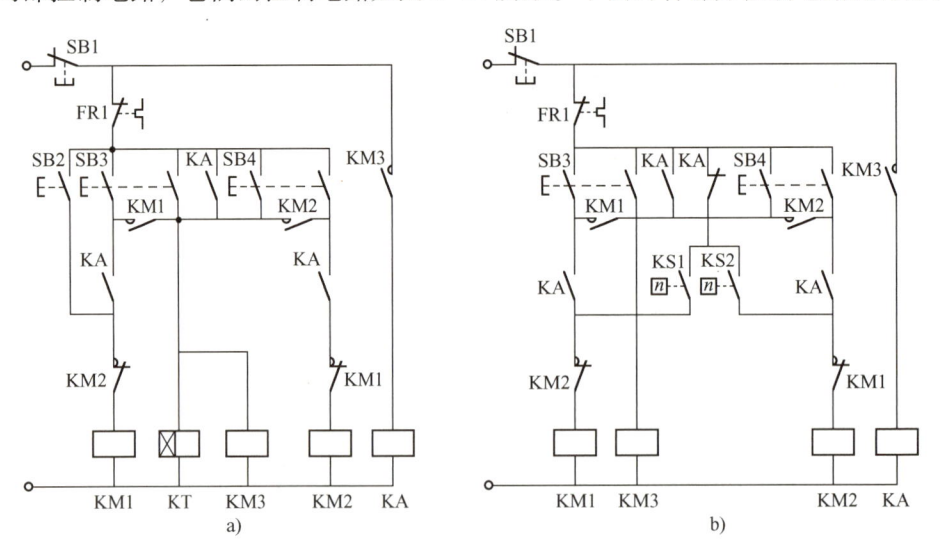

图 3-24 主电动机的基本控制电路
a) 主电动机正、反转起动及点动控制电路　b) 主电动机反接制动控制电路

1) 主电动机正反转起动及点动控制电路。由图 3-24a 可知，按下正转起动按钮 SB3，其两动合触点同时闭合，一动合触点接通交流接触器 KM3 的线圈和时间继电器 KT 的线圈，KT 的动断触点在主电路中短接电流表 A，以防止电流对电流表的冲击，经延时断开后，电流表接入电路正常工作；KM3 的主触点将主电路中限流电阻短接，其辅助动合触点同时将中间继电器 KA 的线圈电路接通，KA 的动断触点将停车制动的基本电路切除，其动合触点与 SB3 的动

合触点均在闭合状态，控制主电动机的交流接触器 KM1 的线圈电路得电工作并自锁，其主触点闭合，电动机正向直接起动并结束。KM1 的自锁回路由它的辅助动合触点和 KM3 线圈上方的 KA 动合触点组成，用来维持 KM1 的得电状态。反向直接起动控制过程与其相似，只是起动按钮为 SB4。

SB2 为主电动机点动控制按钮。按下 SB2 点动按钮，直接接通 KM1 的线圈电路，电动机 M1 正向直接起动，这时 KM3 线圈电路并没有接通，因此其主触点不闭合，限流电阻 R 接入主电路限流，其辅助动合触点不闭合，KA 线圈不能得电工作，从而使 KM1 线圈电路形不成自锁，松开按钮，M1 停转，实现了主电动机串联电阻限流的点动控制。

2）主电动机反接制动控制电路。图 3-24b 所示为主电动机反接制动控制电路的构成。C650 型卧式车床采用反接制动的方式进行停车制动，停车按钮按下后开始制动过程。当电动机转速接近零时，速度继电器的触点打开，结束制动。以原工作状态为正转时进行停车制动过程为例，说明电路的工作过程。当电动机正向转动时，速度继电器 KS1 的动合触点闭合，制动电路处于准备状态，按下停车按钮 SB1，切断控制电源，KM1、KM3、KA 线圈均失电，此时控制反接制动电路工作与否的 KA 动断触点恢复原状闭合。它与 KS2 触点一起，将反向起动交流接触器 KM2 的线圈电路接通，电动机 M1 接入反向序电流，产生的反向转矩将平衡正向惯性转矩，强迫电动机迅速停车。当电动机速度趋近于零时，速度继电器触点 KS2 复位打开，切断 KM2 的线圈电路，完成正转的反接制动。在反接制动过程中，KM3 失电，所以限流电阻 R 一直起限制反接制动电流的作用。反转时的反接制动工作过程相似，此时反转状态下，KS1 触点闭合，制动时，接通交流接触器 KM1 的线圈电路，进行反接制动。

另外，接触器 KM3 的辅助触点数量是有限的，故在控制电路中使用了中间继电器 KA，因为 KA 没有主触点，而 KM3 辅助触点又不够，所以用 KM3 带一个 KA，这样解决了在主电路中使用主触点，而控制电路辅助触点不够的问题。

（4）刀架的快速移动和冷却泵电动机的控制电路

刀架快速移动是由转动刀架手柄压动位置开关 SQ，接通快速移动电动机 M3 的控制接触器 KM5 的线圈电路，KM5 的主触点闭合，M3 电动机起动运行，经传动系统驱动溜板带动刀架快速移动。

冷却泵电动机 M2 由起动按钮 SB6、停止按钮 SB5 和 KM4 辅助触点组成自锁回路，并控制接触器 KM4 线圈电路的通断，来实现电动机 M2 的控制。

开关 SA 可控制照明灯 EL，EL 的电压为 36 V 安全照明电压。

（5）理解全部电路

上述 C650 卧式车床电气控制线路的功能如下：

1）主轴与进给电动机 M1 主电路具有正、反转控制，点动控制以及监视电动机绕组工作电流变化的电流表和电流互感器。

2）该机床采用反接制动的方法控制 M1 的正、反转制动。

3）能进行刀架的快速移动。

3.5 常用电气控制线路及其保护环节

要根据控制系统要求设计相应的电气控制电路，需要首先理解经典控制电路。在此基础上才能根据生产机械的工作性质和加工工艺设计相应的控制线路。

要使电动机按照生产机械的要求正常安全地运转，必须配备一定的电器，组成相应的控制线路，才能达到目的。在生产实践中，一台生产机械的控制线路可以比较简单，也可能相当复杂，但任何复杂的控制线路总是由一些基本控制线路有机地组合起来的。电动机常见的基本控制线路有以下几种：三相异步电动机的起保停控制线路、三相异步电动机的正转控制线路、他励直流电动机的单相运转起动电路。

3.5.1　三相异步电动机起保停线路及其保护环节

三相异步电动机的起保停线路由主电路和控制电路组成，主电路在左边，控制电路在右边，如图3-25所示。其中主电路包括三相低压断路器QF1、交流接触器KM的主触点、热继电器FR的线圈和三相异步电动机M；辅助电路包括单相低压断路器QF2、热继电器FR的动断触点、停止按钮SB1、起动按钮SB2、交流接触器KM的辅助动合触点以及交流接触器KM的线圈。

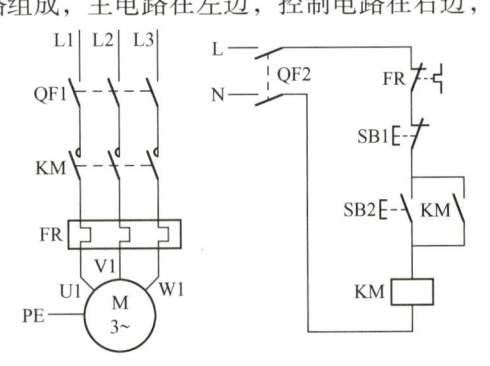

该电路的工作原理为：合上QF2和QF1，按下SB2，则KM线圈得电。KM的主触点接通主电路使M运转，KM的辅助动合触点并在SB2两端起到自锁作用，松开SB2仍能保证电动机M连续运转；按下SB1按钮，KM线圈失电。KM的主触点和辅助触点断开使电动机M停转。

图3-25　三相异步电动机的起保停线路

图3-25的动画演示

这个电路中有几个方面值得注意，电路中存在自锁和几种保护电路的方式。

1. 自锁电路

起保停线路中松开起动按钮SB1后接触器KM仍能通过自身辅助动合触点而使线圈保持得电的作用称为自锁。与起动按钮SB1并联起自锁作用的辅助动合触点称为自锁触点。

2. 欠电压保护

欠电压是指线路电压低于电动机应加的额定电压。欠电压保护是指当线路电压下降到某一数值时，电动机能自动脱离电源停转，避免电动机在欠电压下运行的一种保护。采用接触器自锁控制线路就可避免电动机欠电压运行。因为当线路电压下降到一定值（一般指低于额定电压85%以下）时，接触器线圈两端的电压也同样下降到此值，从而使接触器线圈磁通减弱，产生的电磁吸力减小。当电磁吸力减小到小于反作用弹簧的拉力时，动铁心被迫释放，主触点、自锁触点同时分断，自动切断主电路和控制电路，电动机失电停转，达到了欠电压保护的目的。

3. 失电压（或零电压）保护

失电压保护是指电动机在正常运行中，由于外界某种原因引起突然断电时，能自动切断电动机电源；当重新供电时，保证电动机不能自行起动的一种保护。接触器自锁控制线路也可实现失电压保护。因为接触器自锁触点和主触点在电源断电时已经断开，使控制电路和主电路都不能接通，所以在电源恢复供电时，电动机就不会自行起动运转，保证了人身和设备的安全。

4. 过载保护

电动机在运行过程中，如果长期负载过大，或起动操作频繁，或缺相运行等原因，都可能使电动机定子绕组的电流增大，超过其额定值。而在这种情况下，熔断器往往并不熔断，从而引起定子绕组过热，使温度升高，若温度超过允许温升就会使绝缘损坏，缩短电动机的使用寿命；严重时甚至会使电动机的定子绕组烧毁。在接触器自锁正转控制线路中，如果电动机在运行过程中，由于过载或其他原因使电流超过额定值，那么经过一定时间，串接在主电路中热继电器的热元件因受热发生弯曲，通过动作机构使串接在控制电路中的动断触点分断，切断控制电路，接触器 KM 的线圈失电，其主触点、自锁触点分断，M 停转，达到了过载保护目的。

但是，热继电器在三相异步电动机控制线路中只能作过载保护，不能作短路保护。因为热继电器的热惯性大，即热继电器的双金属片受热膨胀弯曲需要一定的时间。当电动机发生短路时，由于短路电流很大，热继电器还没来得及动作，供电线路和电源设备可能已经损坏。

5. 短路保护

低压断路器本身具有欠电压、失电压、过载和短路保护功能，尤其发生短路情况时能立即跳闸，保护电路中的电器不受损坏。

3.5.2 三相异步电动机正反转控制线路及其保护环节

正转控制线路只能使电动机朝一个方向旋转，带动生产机械的运动部件朝一个方向运动。但许多生产机械往往要求运动部件能向正反两个方向运动。如机床工作台的前进与后退、万能铣床主轴的正转与反转、起重机的上升与下降等，这些生产机械要求电动机能实现正反转控制。

当改变接入电动机定子绕组的三相电源相序，即把接入电动机三相电源进线中的任意两相对调接线就可以实现反转。

图 3-26 为三相异步电动机双重联锁的正反转控制线路图。其中主电路包括三相低压断路器 QF1，交流接触器 KM1、KM2 的主触点，热继电器 FR 的线圈和三相异步电动机；辅助电路包括单相低压断路器 QF2，热继电器 FR 的动断触点，停止按钮 SB1、正转按钮 SB2、反转按钮 SB3，正反转交流接触器 KM1、KM2 的辅助动合触点，正反转交流接触器 KM1、KM2 的辅助动断触点，正反转交流接触器 KM1、KM2 的线圈。其中，正转按钮 SB2、反转按钮 SB3 的联锁动断触点、KM2 线圈的辅助动断触点和正转交流接触器 KM1 线圈组成正转支路；反转按钮 SB3、正转按钮 SB2 的联锁动断触点、KM1 线圈的辅助动断触点和正转交流接触器 KM2 线圈组成反转支路。

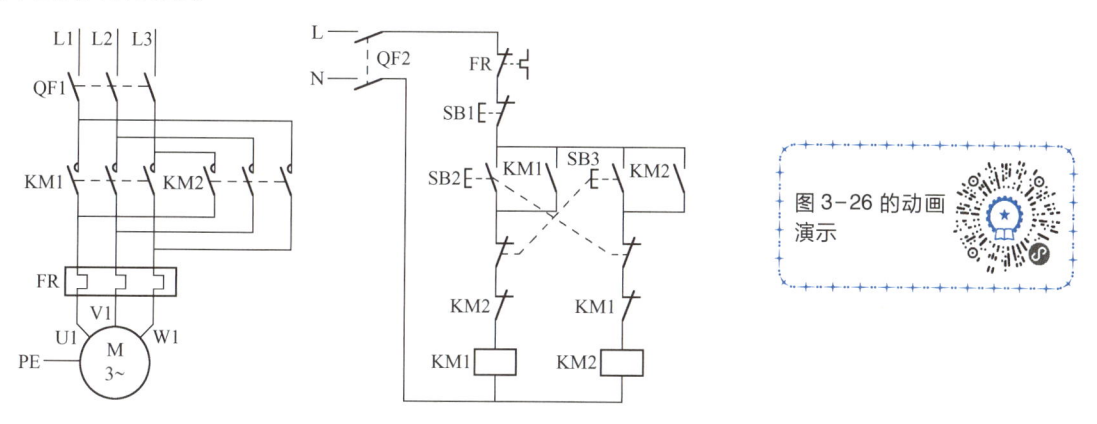

图 3-26 三相异步电动机双重联锁的正反转控制线路

该电路的工作原理：合上 QF2 和 QF1，按下 SB2，KM1 线圈得电，KM1 的主触点接通主电路使 M 正转；SB2 的联锁动断触点断开，切断反转控制支路；KM1 的辅助动合触点并在 SB1 两端起到自锁作用，松开 SB1 仍能保证 M 连续正转；KM1 的辅助动断触点串在反转支路中起到互锁的作用，保证 KM1 线圈得电时 KM2 线圈不得电。

按下 SB3，KM2 线圈得电，KM2 的主触点接通主电路使 M 反转；SB3 的联锁动断触点断开，切断正转控制支路；KM2 的辅助动合触点并在 SB3 两端起到自锁作用，松开 SB3 仍能保证 M 连续反转；KM2 的辅助动断触点串在正转支路中起到互锁的作用，保证 KM2 线圈得电时 KM1 线圈不得电。

按下 SB3，KM1、KM2 线圈失电，M 停转。

该电路中的保护电路同三相异步电动机的起保停控制线路，其典型环节是双重联锁，包括按钮互锁和接触器互锁。

1. 按钮互锁

在电路中采用了控制按钮操作的正反转控制电路，按钮 SB2、SB3 都具有一对动合触点和一对动断触点，这两个触点分别与 KM1、KM2 线圈回路连接。例如 SB2 的动合触点与 KM2 线圈串联，而动断触点与 KM1 线圈回路串联；SB3 的动合触点与 KM1 线圈串联，而动断触点与 KM2 线圈回路串联。这样当按下 SB2 时只有 KM2 线圈得电而 KM1 失电；按下 SB3 时只有 KM1 线圈得电而 KM2 失电；如果同时按下 SB2 和 SB3 则 KM1、KM2 线圈都失电，这样就起到了互锁的作用。

2. 接触器互锁

KM1 线圈回路串入 KM2 的辅助动断触点，KM2 线圈回路串入 KM1 的动断触点。若 KM1 线圈得电，其辅助动断触点分断 KM2 线圈回路。欲使 KM1 得电，必须先使 KM2 线圈失电，其辅助动断触头复位。接触器互锁防止 KM1、KM2 同时吸合造成相间短路。

3.5.3 他励直流电动机串三级电阻起动及其保护环节

他励和并励直流电动机在弱磁或零磁时会产生飞车现象。在施加电枢电源前，应先接入或至少同时施加额定励磁电压，同时励磁回路中采用欠电流继电器实现欠励磁保护。直流电动机起动时为避免起动冲击电流过大导致换向器和电枢绕组损坏，常采取电枢回路串接电阻的起动方式。图 3-27 所示为直流电动机电枢回路串三级电阻并按时间原则起动控制线路。图中 KA1 为过电流继电器，KA2 为欠电流继电器，KM 为起动接触器，KM1、KM2、KM3 为短接起动电阻接触器，KT1、KT2、KT3 为通电延时时间继电器，R_{st1}、R_{st2}、R_{st3} 为串入起动电阻。

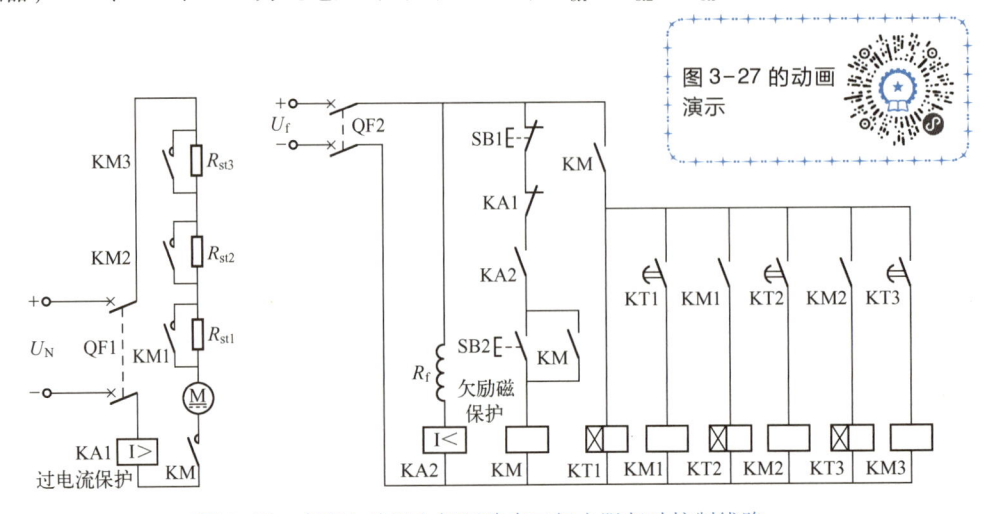

图 3-27 直流电动机电枢回路串三级电阻起动控制线路

首先，合上低压断路器 QF2 和 QF1，励磁回路中 KA2 得电，其动合触点闭合，为起动做好准备。当按下起动按钮 SB2，KM 线圈得电，KM 一个辅助触点自锁而主触点闭合，接通电动机电枢回路串入三级起动电阻 R_{st1}、R_{st2}、R_{st3} 起动，对应转矩为 T_{st1}。KM 另一辅助触点接通 KT1 线圈，为 KM1、KM2、KM3 得电短接电枢回路电阻做准备。KT1 延时时间到，其延时动合触点闭合使 KM1 线圈得电。KM1 动合主触点闭合短接电阻 R_{st1}，电动机加速运行，KM1 的辅助动合触点闭合使 KT2 线圈得电。KT2 延时时间到，其延时动合触点闭合使 KM2 线圈得电。KM2 动合主触点闭合短接电阻 R_{st2}，电动机加速运行，KM2 辅助动合触点闭合使 KT3 线圈得电。KT3 延时时间到，其延时动合触点闭合使 KM3 线圈得电。KM3 动合主触点闭合短接电阻 R_{st3}。此时三级电阻都被切除，电动机加速进入全压运行，起动过程结束。当电动机发生过载和短路时，主电路过电流继电器 KA1 的动断触点动作，使 KM、KM1、KM2 和 KM3 线圈均失电，电动机停转。如果励磁线圈短路，KA2 线圈失电，其动合触点断开使 KM、KM1、KM2 和 KM3 线圈失电，电动机停转。

该电路中的保护电路有采用过电流继电器实现过电流保护，采用低压断路器实现短路保护。该电路中的典型环节是采用时间继电器实现依次短接起动电阻。

任务二 灌装自动生产线电气控制部分设计与实现

第 2 章任务中完成了控制系统整体方案设计，并选择 PLC 作为控制器实现灌装自动生产线的控制功能。

可能读者会感到疑惑的一点是，现在已经有 PLC 了，为什么还要设计项目的电气控制系统呢？PLC 和电气控制的关系是什么呢？

自动化项目系统的控制任务中都包括手动调试和自动控制功能、就地控制和远程控制功能。那么手动控制线路、主电路和就地控制面板（控制柜）都必须提前设计出来才能与 PLC 控制系统相配合完成相应的功能。

设计灌装自动生产线的电气控制系统方案的基本任务是根据控制要求设计、编制出必需的图样、资料等。图样包括灌装自动生产线手动调试电气原理图、控制面板布局图和控制面板图等。

1. 任务要求

根据灌装自动生产线电气控制要求设计其电气控制系统。

1) 确定灌装自动生产线控制系统所需电器设备，并列表记录。
2) 设计灌装自动生产线控制系统控制面板，并绘制控制面板电器布局图。
3) 设计使用继电接触器控制方式驱动传送带电动机点动正反转控制电气原理图。
4) 接线完成传送带电动机点动正反转控制，调试电路。

2. 分析与讨论

该部分主要通过文献调研方式确定灌装自动生产线的控制工艺，根据控制工艺要求明确需要哪些主令电器和指示灯。然后进行控制面板的设计，包括控制面板布局图和控制面板接线图。传送带电动机的控制需要绘制电气原理图，鉴于控制任务简单，用到的电气元件少，可根据原理图接线。

3. 解决方案示例

（1）确定灌装自动生产线控制系统控制面板上所需电器设备，并列表记录

灌装自动生产线控制要求实现就地/远程控制、手动/自动控制的选择，需要 2 个选择开

关；系统需要 8 个普通按钮：起动、停止、模式选择确认、复位、手动传送带电动机正转、手动传送带电动机反转、手动球阀开和报警确认，选型时为便于功能扩展，多增加 2 个按钮，共 10 个按钮；还 1 个急停按钮。系统需要指示的状态包括系统运行、急停、复位完成、报警、手动传送带电动机正转、手动传送带电动机反转、手动模式和自动模式，因此需要 8 个指示灯；还需要报警用蜂鸣器 1 个；为了便于实验中调试模拟量，增加了 2 个电位计。控制面板上的电器设备表见表 3-4。

表 3-4 灌装自动生产线控制面板上的电器设备

序 号	器件名称	数 量	选 型
1	普通按钮	10	WYQY LA128A
2	急停按钮	1	WYQY LA128A
3	选择开关	2	SA16
4	指示灯	8	APT AD16-16C
5	蜂鸣器	1	SHSHAO SAD16-16M
6	电位计	2	WH5-1A 2K2-A

(2) 设计灌装自动生产线控制系统控制面板，并绘制控制面板电器布局图

选择控制面板盒，并设计控制面板上电器的布局，如图 3-28 所示。其中图左边为左视图，中间为主视图，右边为右视图。左视图中是 2 个电位器，主视图中左边是 8 个指示灯，右边是 10 个普通按钮、2 个选择开关和 1 个急停按钮。

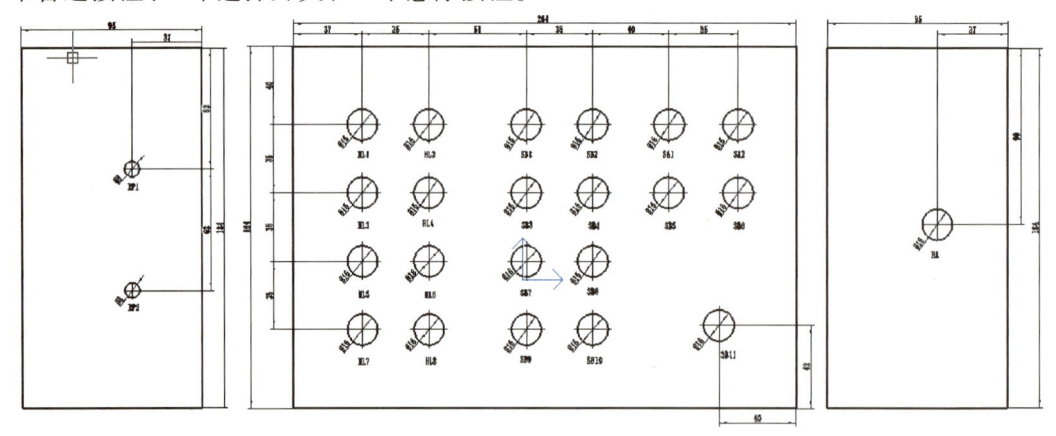

图 3-28 控制面板上电器布局图

完成接线后的控制面板如图 3-29 所示。控制面板上包括 13 个按钮、8 个指示灯、1 个蜂鸣器和 2 个电位器。

(3) 完成传送带电动机运行正反转的控制线路设计，画出电气控制原理图

为避免出错，可以先设计传送带电动机点动正转电气原理图，如图 3-30 所示。调试成功后再设计点动正反转电气原理图。

图 3-30 中，主电路中包括三相低压断路器 QF1、交流接触器的主触点 KM、热继电器 FR 和三相异步电动机 M。控制电路包括单相低压断路器 QF2、热继电器 FR 的动断触点、起动按钮 SB2 和交流接触器 KM 线圈。

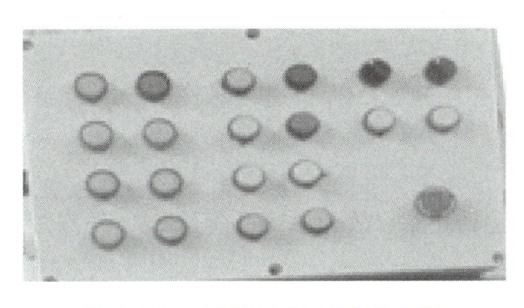

图 3-29 完成接线后的控制面板图 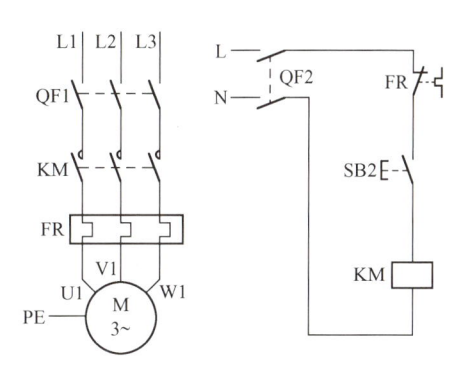　　图 3-30 传送带电动机点动正转电气原理图

闭合 QF1 和 QF2 后，按下 SB2，KM 线圈得电，其主触点接通主电路，M 运转。松开 SB2，则 KM 线圈失电，其主触点分断主电路，M1 停转。

传送带电动机点动接线要注意的是，原则上要求尽量使用三色导线，做到横平竖直，整洁美观。

传送带电动机点动正反转控制电气原理图如图 3-31 所示。主电路中包括三相低压断路器 QF1、正转交流接触器 KM1 的主触点、反转交流接触器 KM2 的主触点、热继电器 FR 的线圈和三相异步电动机 M。控制电路包括单相低压断路器 QF2，热继电器 FR 的动断触点，正反转按钮 SB2、SB3，正反转交流接触器 KM1、KM2 线圈。控制电路主要由正转控制支路和反转控制支路组成，二者采用按钮和接触器双重联锁。

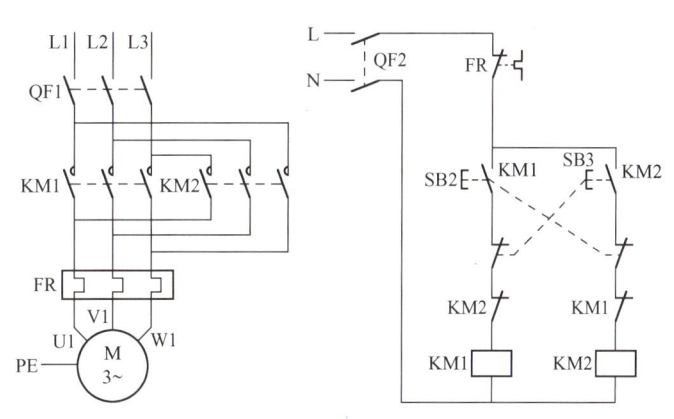

图 3-31 传送带电动机点动正反转控制电气原理图

闭合 QF1 和 QF2 后，按下 SB2，则 KM1 线圈得电，其主触点接通主电路，M 正转；松开 SB2，则 KM1 线圈失电，其主触点分断主电路，M 停转。按下 SB3，则 KM2 线圈得电，其主触点接通主电路，M 反转；松开 SB3，则 KM2 线圈失电，其主触点分断主电路，M 停转。同时按下 SB2 和 SB3，M 不动。

传送带电动机点动正反转接线注意事项：

1) 主电路换相时，先保持一相不动，任意对调其他两相即可，但通常做法是保持中间一相不动，对调其余两相。一定要细心，千万不能接错，否则电动机只能单相运行，其至会烧毁。

2) 不能将正反转接触器做互锁的动断触点接错，否则起不到互锁的作用。

3) 不能将正反转按钮的互锁触点接错，否则起不到互锁的作用。

4) 支路节点多时，应考虑分散接线，同一接线柱上不能超过三根导线。

5) 原则上要求尽量使用三色导线，做到横平竖直，整洁美观。

（4）接线完成传送带电动机的点动正反转控制，调试电路

传送带电动机点动正反转调试电路注意事项：

1) 调试电路时，合上 QF2 调试控制电路，控制电路正常再合上 QF1 调试主电路。

2) 调试控制电路时，分别按下 SB2 和 SB3，都能听到接触器线圈吸合声说明基本没问题。如果接线错误发生短路，QF2 会自动跳闸。

3) 合上 QF1，调试主电路。按下 SB2 时 M 正转，松开 SB2 时 M 停转；按下 SB3 时 M 反转，松开 SB3 时 M 停转；同时按下 SB2 时 M 不动。

传送带电动机正反转电路的常见故障及排除：

1) 按下 SB2，电动机不转；按下 SB3，电动机运转正常。故障原因可能是 KM1 线圈短路或 SB2 损坏产生断路。

2) 按下 SB2 电动机正常运转，但按下 SB3 后电动机不反转，接通电源后，电动机转个不停，SB3 按钮不起作用。故障原因可能是 KM2 线圈短路或 SB3 损坏产生断路。

3) 按下 SB2 或 SB3 时，控制电路中听到接触器线圈吸合声，电动机不转且有火花，原因是将主电路接在接触器辅助触点上，辅助触点容量不够带动电动机。此时需要切断电源将主电路接到接触器的主触点上。

第 4 章 PLC 基础

本章主要介绍 PLC 的基本概念、发展历程、特点、应用及工作原理，并介绍 S7-1200 PLC 的特点，为灌装自动生产线控制系统硬件选型提供依据。

本章学习要求：

1) 了解 PLC 的概念及其发展历程。
2) 明确 PLC 的工作原理。

4.1 PLC 的产生和定义

PLC 是工业自动化的基础平台，在工业现场用于对大量的数字量和模拟量进行检测与控制，例如电磁阀的开/闭，电动机的起/停，温度、压力、流量等参数的 PID 控制等。在进行自动化控制系统设计之前，首先要了解 PLC 的基础知识。

可编程控制器是将计算机技术、自动化技术和通信技术融为一体，专为工业环境下应用而设计的新型工业控制装置。

20 世纪 60 年代，生产过程及各种设备的控制主要是继电器控制系统。继电器控制简单、实用，但存在着明显的缺点：控制设备体积大，动作速度慢，可靠性低，特别是由于它是靠硬连线逻辑构成的系统，接线复杂，一旦动作顺序或生产工艺发生变化时，就必须进行重新设计、布线、装配和调试，所以通用性和灵活性都较差。生产企业迫切需要一种使用方便灵活、性能完善、工作可靠的新一代生产过程自动控制系统。

1968 年，美国最大的汽车制造商通用汽车公司（GM），为了适应汽车型号不断更新的需要，想寻找一种方法，尽可能减少重新设计系统和接线的工作量，降低成本。为此，美国通用汽车公司公开招标，提出需要一种新型的工业控制装置，既保留继电器控制系统的简单易懂、操作方便和价格便宜等优点，又具有较强的控制功能性、灵活性和通用性。

1969 年，美国数字设备公司（DEC）根据招标的要求研制出了世界上第一台 PLC，并在通用公司汽车生产线上首次应用成功。初期的 PLC 仅具备逻辑控制、定时和计数等功能，只是用它来取代继电器控制。

20 世纪 70 年代中期，由于计算机技术的迅猛发展，PLC 采用通用微处理器为核心，不再局限于逻辑控制，而具有了函数运算、高速计数、中断技术和 PID 控制等功能，并可与上位机通信、实现远程控制，故改称为可编程控制器（Programmable Controller，PC）。但由于 PC 已成为个人计算机（Personal Computer）的代名词，为了不与之混淆，人们习惯上仍将可编程控制器简称为 PLC。经过短短的几十年发展，可编程控制器已经成为自动化技术的三大支柱（PLC、机器人和 CAD/CAM）之一。

1982 年 11 月国际电工委员会（IEC）制定了 PLC 的标准，在 1987 年 2 月颁布的第三稿中，对可编程控制器的定义是："可编程控制器是一种数字运算操作的电子系统，专为在工业环境下应用而设计，它采用可编程序的存储器，用来在其内部存储执行逻辑运算、顺序控制、定时、计数和算术运算等操作命令，并通过数字式或模拟式的输入和输出，控制各种类型的机械或生产过程。可编程控制器及其有关的设备，都应按照易于与工业控制系统联成一个整体，易于扩充功能的原则而设计。"

由 PLC 的定义可以看出：PLC 具有与计算机相似的结构，是一种工业通用计算机；PLC 为适应各种较为恶劣的工业环境而设计，具有很强的抗干扰能力，这也是 PLC 区别于一般微机控制系统的一个重要特征；PLC 必须经过用户二次开发编程才能使用。

4.2 PLC 的特点和应用

1. PLC 的特点

PLC 具有如下特点：

（1）可靠性高，抗干扰能力强

微型计算机虽然具有很强的功能，但抗干扰能力差，工业现场的电磁干扰、电源波动、机械振动、温度和湿度的变化等都可以使一般通用微机不能正常工作。而 PLC 是专为工业环境应用而设计的，已在 PLC 硬件和软件的设计上采取了措施，使 PLC 具有很高的可靠性。

在硬件方面，采用严格的生产工艺制造，内部电路采取了先进的抗干扰技术，对易受干扰影响工作的部件采取了电和磁的屏蔽，对 I/O 口采用了光电隔离。因此，对于可能受到的电磁干扰、高低温及电源波动等影响，PLC 具有很强的抗干扰能力。

在软件方面，采用故障检测、诊断、信息保护和恢复等手段，一旦发生异常 CPU 立即采取有效措施，防止故障扩大，使 PLC 的可靠性大大提高。

（2）结构简单，应用灵活

PLC 发展到今天，已经形成了大、中、小各种规模的系列化产品，并且已经标准化、系列化、模块化，配备各种输入输出信号模块、通信模块及一些特殊功能模块。针对不同的控制对象，用户能灵活方便地进行系统配置，组成不同功能、不同规模的控制系统。当生产工艺要求发生变化时，不需要重新接线，通过编写应用软件，就可以实现新工艺要求的控制功能。

（3）编程方便，易于使用

PLC 采用了与继电器控制电路有许多相似之处的梯形图作为主要的编程语言，程序形象直观，指令简单易学，编程步骤和方法容易理解和掌握，不需要具备专门的计算机知识，只要具有一定的电工和电气控制工艺知识的人员都可在短时间内学会。

（4）功能完善，适用性强

PLC 具有对数字量和模拟量很强的处理功能，如逻辑运算、算术运算和特殊函数运算等。PLC 具有常用的控制功能，如 PID 闭环回路控制、中断控制等。PLC 可以扩展特殊功能，如高速计数、电子凸轮控制、伺服电动机定位和多轴运动插补控制等。PLC 可以组成多种工业网络，实现数据传送、HMI 监控等功能。

2. PLC 的应用

由于 PLC 自身的特点和优势，在工业控制中已得到广泛应用，包括机械、冶金、化工、电力、运输和建筑等众多行业。PLC 主要的应用领域包括以下几个方面：

（1）逻辑控制

逻辑控制是 PLC 最基本的应用，它可以取代传统的继电器控制装置，如机床电气控制、各种电动机控制等，可实现组合逻辑控制、定时控制和顺序逻辑控制等功能。PLC 的逻辑控制功能既可以用于单机控制，也可以用于多机群控制以及自动生产线控制，其应用领域已遍及各行各业。

（2）运动控制

PLC 使用专用的运动控制模块，可对直线运动或圆周运动的位置、速度和加速度进行控制，实现单轴、双轴和多轴联动控制。PLC 的运动控制功能可用于各种机械，如金属切削机床、金属成型机械、机器人和电梯等，可方便地实现机械设备的自动化控制。

（3）闭环过程控制

过程控制是指对温度、压力和流量等连续变化的模拟量的闭环控制。PLC 通过其模拟量 I/O 模块以及数据处理和数据运算等功能，实现对模拟量的闭环控制。

（4）工业网络通信

PLC 的通信包括主机与远程 I/O 之间的通信、多台 PLC 之间的通信和 PLC 与其他智能设备（如计算机、HMI 设备、变频器、数控装置等）之间的通信。PLC 与其他智能控制设备一起，可以组成"集中管理、分散控制"式的分布式控制系统。

4.3 PLC 的分类

为满足工业控制要求，PLC 的生产制造商不断推出具有不同性能和内部资源的 PLC，形式多样。在对 PLC 进行分类时，通常采用以下三种方法：

1. 按照 I/O 点数容量分类

按照 PLC 的 I/O 点数、存储器容量和功能分类，可将 PLC 分为小型机、中型机和大型机。

（1）小型机

小型 PLC 的功能一般以开关量控制为主，其输入/输出总点数一般在 256 点以下，用户存储器容量在 4KB 以下。现在的高性能小型 PLC 还具有一定的通信能力和少量的模拟量处理能力。这类 PLC 的特点是价格低廉，体积小巧，适用于单机或小规模生产过程的控制。例如，西门子的 S7-200 系列和新型的 S7-1200 系列 PLC 属于小型机。

（2）中型机

中型 PLC 的输入/输出总点数在 256~1024 点之间，用户存储器容量为 2~64 KB。中型 PLC 不仅具有开关量和模拟量的控制功能，还具有更强的数字计算能力，它的网络通信功能和模拟量处理能力更强大。中型机的指令比小型机更丰富，适用于复杂的逻辑控制系统以及连续生产过程的过程控制场合。例如，西门子的 S7-300 系列 PLC 属于中型机。

（3）大型机

大型 PLC 的输入/输出总点数在 1024 点以上，用户存储器容量为 32 KB～几 MB。大型 PLC 的性能已经与工业控制计算机相当，具有非常完善的指令系统，且具有齐全的中断控制、过程控制、智能控制和远程控制功能，网络通信功能十分强大，向上可与上位监控机通信，向下可与下位计算机、PLC、数控机床和机器人等通信，适用于大规模过程控制、分布式控制系统和工厂自动化网络。例如，西门子的 S7-400 系列 PLC 和新型的 S7-1500 系列 PLC 属于大型机。

以上划分没有一个十分严格的界限，随着 PLC 技术的飞速发展，某些小型 PLC 也具有中型或大型 PLC 的功能，这也是 PLC 的发展趋势。

2. 按照结构形式分类

根据 PLC 结构形式的不同，PLC 主要可分为整体式和模块式两类。

（1）整体式结构

整体式结构的特点是将 PLC 的基本部件，如 CPU、输入/输出部件和电源等集中于一体，装在一个标准机壳内，构成 PLC 的一个基本单元（主机）。为了扩展输入输出点数，主机上设有标准端口，通过扩展电缆可与扩展模块相连，以构成 PLC 不同的配置。

整体式结构的 PLC 体积小，成本低，安装方便。一般小型 PLC 为整体式结构。

（2）模块式结构

模块式结构的 PLC 由一些独立的标准模块构成，如 CPU 模块、输入模块、输出模块、电源模块、通信模块和各种功能模块等。用户可根据控制要求选用不同档次的 CPU 和各种模块，将这些模块插在机架或基板上，构成需要的 PLC 系统。

模块式结构的 PLC，配置灵活，装配和维修方便，便于功能扩展。大中型 PLC 通常采用这种结构。

3. 按照使用情况分类

按照使用情况分类，PLC 可分为通用型和专用型。

（1）通用型

通用型 PLC 可供各工业控制系统选用，通过不同的配置和应用软件的编写可满足不同的需要。

（2）专用型

专用型 PLC 是为某类控制系统专门设计的 PLC，如数控机床专用型 PLC。

4.4 PLC 的组成和工作特点

4.4.1 PLC 的组成

PLC 是一种以微处理器为核心的专用于工业控制的特殊计算机，其硬件配置与一般微型计算机类似，虽然 PLC 的具体结构多种多样，但其基本结构相同，即主要由中央处理单元（CPU）、存储单元、输入单元、输出单元、电源、通信接口、I/O 扩展接口及外部设备等部分构成。整体式 PLC 的结构形式如图 4-1 所示。

模块式 PLC 的结构形式如图 4-2 所示。

1. 中央处理单元（CPU）

与一般的计算机控制系统相同，CPU 是 PLC 的控制中枢。PLC 在 CPU 的控制下有条不紊地协调工作，实现对现场各个设备的控制。CPU 的主要任务如下：

1）接收与存储用户程序和数据。

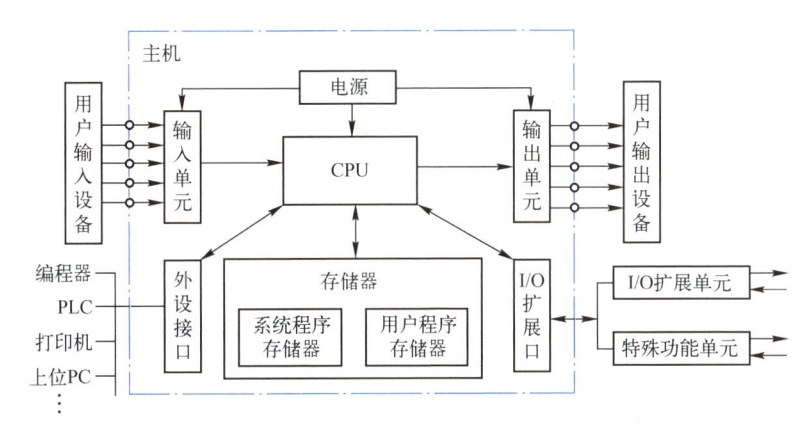

图 4-1 整体式 PLC 的结构形式

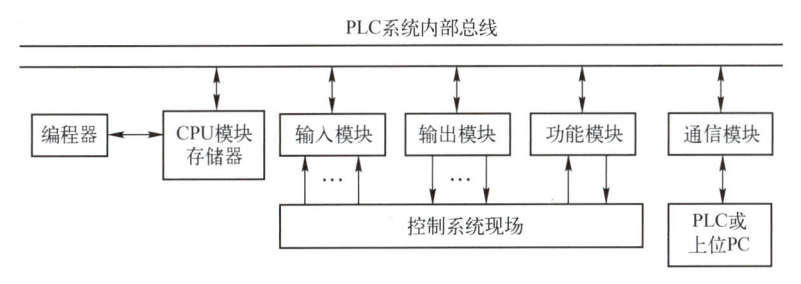

图 4-2 模块式 PLC 的结构形式

2）以扫描的方式通过输入单元接收现场的状态或数据，并存入相应的数据区。
3）诊断 PLC 的硬件故障和编程中的语法错误等。
4）执行用户程序，完成各种数据的处理、传送和存储等功能。
5）根据数据处理的结果，通过输出单元实现输出控制、制表打印或数据通信等功能。

2. 存储单元

PLC 的存储空间一般可分为 3 个区域：系统程序存储区、系统 RAM 存储区和用户程序存储区。

系统程序存储区用来存放由 PLC 生产厂家编写的操作系统，包括监控程序、功能子程序、管理程序和系统诊断程序等，并固化在 ROM 内。它使 PLC 具有基本的智能，能够完成 PLC 设计者规定的各项工作。

系统 RAM 存储区包括 I/O 映像区、计数器、定时器和数据存储器等，用于存储输入/输出状态、逻辑运算结果和数据处理结果等。

用户程序存储区用于存放用户自行编制的用户程序。该区一般采用 EPROM、E^2PROM 或 Flash Memory（闪存）等存储器，也可以有带备用电池支持的 RAM。

系统 RAM 存储区和用户程序存储区容量的大小关系到 PLC 内部可使用的存储资源的多少和用户程序容量的大小，是反映 PLC 性能的重要指标之一。

3. 输入/输出单元

输入/输出单元是 PLC 与外部设备连接的接口。根据处理信号类型的不同，分为数字量（开关量）输入/输出单元和模拟量输入/输出单元。数字量信号只有"接通"（"1"信号）和"断开"（"0"信号）两种状态，而模拟量信号的值则是随时间连续变化的量。

（1）数字量输入/输出单元

数字量输入单元用来接收按钮、选择开关、行程开关、限位开关、接近开关、光电开关和压力继电器等开关量传感器的输入信号。

数字量输出单元用来控制接触器、继电器、电磁阀、指示灯、数字显示装置和报警装置等输出设备。

常见的开关量输入单元有直流输入单元和交流输入单元。图 4-3 为开关量直流输入单元的典型电路，图 4-4 为开关量交流输入单元的典型电路。图中点画线框中的部分为 PLC 内部电路，框外为用户接线。从图中可以看到，直流和交流输入电路中均采用光电耦合器件将现场与 PLC 内部在电气上隔离开。当输入开关闭合时，光电耦合器中的发光二极管发光，光电耦合晶体管从截止状态变为饱和导通状态，从而使 PLC 的输入数据发生改变，同时输入指示灯 LED 亮。

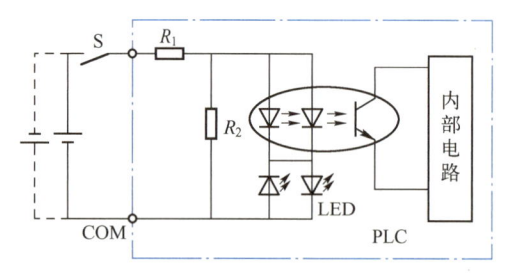

图 4-3　开关量直流输入单元的典型电路

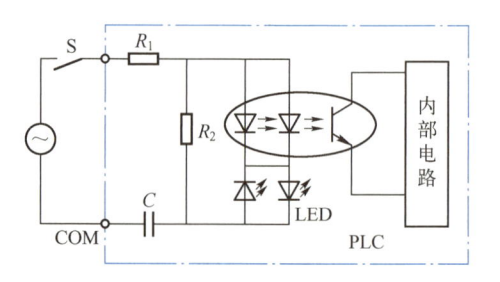

图 4-4　开关量交流输入单元的典型电路

图中电路是对应于一个输入点的电路，同类的各点电路内部结构相同，每点分输入端和公共端（COM），输入端接输入设备，公共端接电源一极。

常见的开关量输出单元有晶体管输出型、双向晶闸管输出型和继电器输出型。图 4-5 为晶体管输出型的典型电路，图 4-6 为双向晶闸管输出型的典型电路，图 4-7 为继电器输出型的典型电路。

图中点画线框中的电路是 PLC 的内部电路，框外是 PLC 输出点的驱动负载电路，各种输出电路均带有输出指示灯 LED。晶体管型和

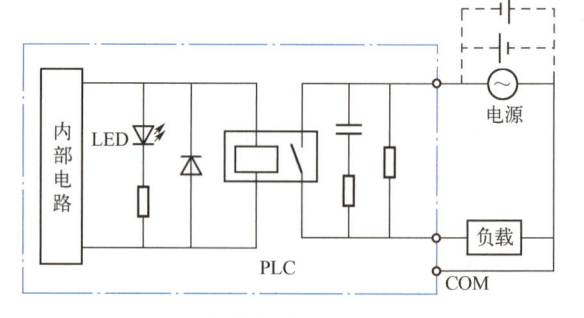

图 4-5　晶体管输出型的典型电路

双向晶闸管型为无触点输出方式，它们的可靠性高，响应速度快，寿命长，但是负载能力有限。晶体管型适用于高频小功率直流负载，双向晶闸管型适用于高速大功率交流负载。继电器型为有触点输出方式，既可带直流负载又可带交流负载，电压适用范围宽，导通电压降小，承受瞬时过电压和过电流的能力较强，但动作速度较慢，寿命较短，适用于低频大功率直流或交流负载。

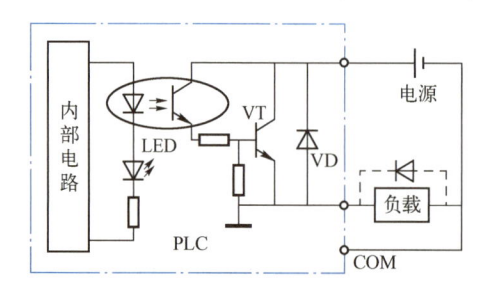

图 4-6　双向晶闸管输出型的典型电路

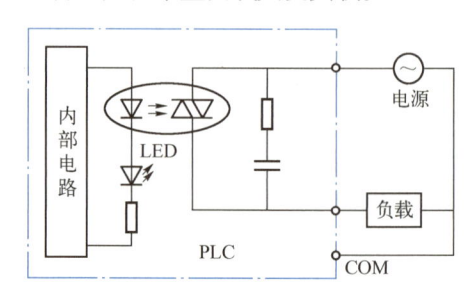

图 4-7　继电器输出型的典型电路

(2) 模拟量输入/输出单元

模拟量输入单元用来接收压力、流量、液位、温度和转速等各种模拟量传感器提供的连续变化的输入信号。常见的模拟量输入信号有电压型、电流型、热电阻型和热电偶型等。

模拟量输出单元用来控制电动调节阀、变频器等执行设备，进行温度、流量、压力和速度等 PID 回路调节，可实现闭环控制。常见的模拟量输出信号有电压型和电流型。

4. 电源

PLC 配有一个专用的开关式稳压电源，将交流电源转换为 PLC 内部电路所需的直流电源，使 PLC 能正常工作。对于整体式 PLC，电源部件封装在主机内部，对于模块式 PLC，电源部件一般采用单独的电源模块。

此外，传送现场信号或驱动现场执行机构的负载电源需另外配置。

5. I/O 扩展接口

I/O 扩展接口用于将扩展单元与主机或 CPU 模块相连，以增加 I/O 点数或增加特殊功能，使 PLC 的配置更加灵活。

6. 通信接口

PLC 配有多种通信接口，通过这些通信接口，可以与编程器、监控设备或其他的 PLC 相连接。当与编程器相连时，可以编辑和下载程序；当与监控设备相连时，可以实现对现场运行情况的上位监控；当与其他 PLC 相连时，可以组成多机系统或联成网络，实现更大规模的控制。

7. 智能单元

为了增强 PLC 的功能，扩大其应用领域，减轻 CPU 的数据处理负担，PLC 厂家开发了各种各样的功能模块，以满足更加复杂的控制功能的需要。这些功能模块一般都内置了 CPU，具有自己的系统软件，能独立完成一项专门的工作。功能模块主要用于时间要求苛刻、存储器容量要求较大、数据运算复杂的过程信号处理任务，例如用于位置调节需要的位置闭环控制模块，对高速脉冲进行计数和处理的高速计数模块等。

8. 外部设备

PLC 还可配有编程器、可编程终端（触摸屏等）、打印机和 EPROM 写入器等其他外部设备。其中编程器是供用户进行程序的编写、调试和监视功能使用，现在许多 PLC 厂家为自己的产品设计了计算机辅助编程软件，安装在 PC 上，再配备相应的接口和电缆，则该 PC 就可以作为编程器使用。

4.4.2 PLC 的工作特点

尽管 PLC 是在继电器控制系统基础上产生的，其基本结构又与微型计算机大致相同，但是其工作过程却与二者有较大差异。PLC 的工作特点是采用循环扫描方式，理解和掌握 PLC 的循环扫描工作方式对于学习 PLC 是十分重要的。

1. PLC 的循环扫描工作过程

PLC 的一个循环扫描工作过程主要包括执行 CPU 自诊断、处理通信请求、读输入、执行程序和写输出 5 个阶段，如图 4-8 所示。整个过程扫描一次所需的时间称为扫描周期。

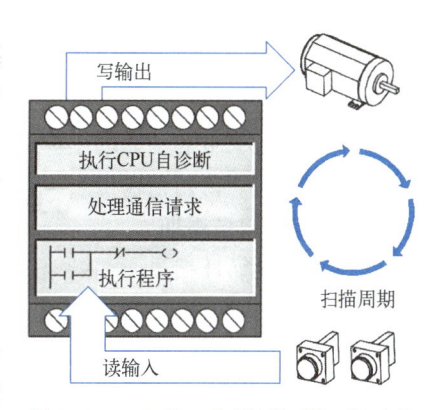

图 4-8 PLC 的一个循环扫描工作过程

(1) CPU 自检阶段

CPU 自检阶段包括 CPU 自诊断测试和复位监视定时器。

在自诊断测试阶段，CPU 检测 PLC 各模块的状态，如出现异常立即进行诊断和处理，同时给出故障信号，点亮 CPU 面板上的 LED 指示灯。当出现致命错误时，CPU 被强制为 STOP 方式，停止执行程序。CPU 的自诊断测试将有助于及时发现或提前预报系统的故障，提高系统的可靠性。

监视定时器又称看门狗定时器（Watch Dog Timer，WDT），它是 CPU 内部的一个硬件时钟，是为了监视 PLC 的每次扫描时间而设置的。CPU 运行前设定好规定的扫描时间，每个扫描周期都要监视扫描时间是否超过规定值。这样可以避免由于 PLC 在执行程序的过程中进入死循环，或者由于 PLC 执行非预定的程序造成系统故障，从而导致系统瘫痪。如果程序运行正常，则在每次扫描周期的内部处理阶段对 WDT 进行复位（清零）。如果程序运行失常进入死循环，则 WDT 得不到按时清零而触发超时溢出，CPU 将给出报警信号或停止工作。采用 WDT 技术也是提高系统可靠性的一个有效措施。

(2) 通信处理阶段

在通信处理阶段，CPU 检查有无通信任务，如有则调用相应进程，完成与其他设备（如带微处理器的智能模块、远程 I/O 接口、编程器和 HMI 装置等）的通信处理，并对通信数据做相应处理。

(3) 读取输入阶段

在读取输入阶段，PLC 扫描所有输入端子，并将各输入端的通/断状态存入对应的输入映像寄存器中，刷新输入映像寄存器的值。此后，输入映像寄存器与外界隔离，无论外设输入情况如何变化，输入映像寄存器的内容也不会改变。输入端状态的变化只能在下一个循环扫描周期的读取输入阶段才被拾取。这样可以保证在一个循环扫描周期内使用相同的输入信号状态。由此，要注意输入信号的宽度要大于一个扫描周期，否则很可能造成信号的丢失。

(4) 执行程序阶段

PLC 的用户程序由若干条指令组成，指令在存储器中按顺序排列。当 PLC 处于运行模式时，CPU 对用户程序按顺序进行扫描。如果程序用梯形图表示，则按先上后下，从左至右的顺序逐条执行程序指令。每扫描到一条指令，所需要的输入信号的状态均从输入映像寄存器中读取，而不是直接使用现场输入端子的通/断状态。在执行用户程序过程中，根据指令做相应的运算或处理，每一次运算的结果不是直接送到输出端子立即驱动外部负载，而是将结果先写入输出映像寄存器中。输出映像寄存器中的值可以被后面的读指令所使用。

(5) 刷新输出阶段

执行完用户程序后，进入刷新输出阶段。PLC 将输出映像寄存器中的通/断状态送到输出锁存器中，通过输出端子驱动用户输出设备或负载，实现控制功能。输出锁存器的值一直保持到下次刷新输出。在刷新输出阶段结束后，CPU 进入下一个循环扫描周期。

2. PLC 的扫描周期

PLC 每一次循环扫描所用的时间称为扫描周期或工作周期。PLC 的扫描周期是一个较为重要的指标，它决定了 PLC 对外部变化的响应时间，直接影响控制信号的实时性和正确性。在 PLC 的一个扫描周期中，读取输入和刷新输出的时间是固定的，一般只需要 1~2 ms，通信任务的作业时间必须控制在一定范围内，而程序执行时间则因程序的长短而不同，所以扫描周期主要取决于用户程序的长短和扫描速度。一般 PLC 的扫描周期在 10~100 ms 之间。

3. 输入/输出映像寄存器

PLC 对输入和输出信号的处理采用了将信号状态暂存在输入/输出映像寄存器中的方式。由 PLC 的工作过程可知,在 PLC 的程序执行阶段,即使输入信号的状态发生了变化,输入映像寄存器的状态值也不会变化,要等到下一个扫描周期的读取输入阶段其状态值才能被刷新。同样,暂存在输出映像寄存器中的输出信号要等到一个扫描周期结束时,集中送给输出锁存器,这才成为实际的 CPU 输出。

PLC 采用输入/输出映像寄存器的好处如下:

1) 在 CPU 一个扫描周期内,输入映像寄存器向用户程序提供的过程信号保持一致,这样保证 CPU 在执行用户程序过程中数据的一致性。

2) 在 CPU 扫描周期结束时,将输出映像寄存器的最终结果送给外设,避免了输出信号的抖动。

3) 由于输入/输出映像寄存器区位于 CPU 的系统存储器区,访问速度比直接访问信号模块要快,缩短了程序执行时间。

4. PLC 的输入/输出滞后

PLC 以循环扫描的方式工作,从 PLC 的输入端信号发生变化到 PLC 输出端对该输入变化做出反应,需要一段时间,这种现象称为 PLC 输入/输出响应滞后。扫描周期越长,滞后现象就越严重。但是 PLC 的扫描周期一般为几十 ms,对于一般的工业设备(状态变化的时间约为数秒以上)不会影响系统的响应速度。

在实际应用中,这种滞后现象可起到滤波的作用。对慢速控制系统来说,滞后现象反而增加了系统的抗干扰能力。这是因为输入采样阶段仅在输入刷新阶段进行,PLC 在一个工作周期的大部分时间是与外设隔离的,而工业现场的干扰常常是脉冲、短时间的,因此误动作将大大减小。即使在某个扫描周期干扰侵入并造成输出值错误,由于扫描周期时间远远小于执行器的机电时间常数,因此当它还没有来得及使执行器发生错误的动作,下一个扫描周期正确的输出就会将其纠正,使 PLC 的可靠性显得更高。

对于控制时间要求较严格、响应速度要求较快的系统,必须考虑滞后对系统性能的影响,在设计中应采取相应的处理措施,尽量缩短扫描周期。例如,选择高速 CPU 提高扫描速度,采用中断方式处理高速的任务请求,选择快速响应模块、高速计数模块等。对于用户来说,要提高编程能力,尽可能优化程序。例如,选择分支或跳转程序等,都可以减少用户程序执行时间。

5. PLC 的工作模式

PLC 有三种工作模式:STOP(停止)、STARTUP(启动)模式和 RUN(运行)模式。CPU 的状态 LED 指示灯显示其工作模式。

在 STOP 模式下,CPU 处理所有通信请求并执行自诊断,但不执行用户程序,过程映像也不会自动更新。只有在 CPU 处于 STOP 模式时,才能下载项目。

在 STARTUP 模式下,执行一次启动组织块。在 RUN 模式的启动阶段,不处理任何中断事件。

在 RUN 模式下,重复执行扫描程序,即重复执行程序循环组织块 OB1。中断事件可能会在程序循环阶段的任何点发生并进行处理。处于 RUN 模式下时,无法下载项目。CPU 支持通过暖启动进入 RUN 模式,在暖启动时,所有非保持性系统及用户系统数据都将被复位为来自装载存储器的初始值,保留保持性用户数据。

6. PLC 的技术性能指标

下面以西门子系列产品为例介绍 PLC 的性能指标。西门子的 PLC 经历了 S5 系列和 S7 系列,目前 S7 系列 PLC 广泛应用于自动化领域,其产品主要有 S7-200 SMART、S7-300/400(已逐步被淘汰)、S7-1200 和 S7-1500 系列。其中,S7-1200 系列 PLC 是西门子公司新推出的面向离散自动化系统和独立自动化系统的紧凑型自动化产品,定位在原有的 S7-200 PLC 和 S7-300 PLC 之间。S7-1500 则主要定位于取代 S7-400 PLC。

表 4-1 给出了 S7-1200 系列 PLC 不同型号 CPU 的性能指标。

表 4-1 S7-1200 系列 PLC 不同型号 CPU 性能指标

CPU 特征	CPU 1211C	CPU 1212C	CPU 1214C
类型	DC/DC/DC,AC/DC/RLY,DC/DC/RLY		
集成的工作存储区/KB	25	25	25
集成的装载存储区/KB	1	1	2
集成的保持存储区/KB	2	2	2
内存卡件	可选 SIMATIC 记忆卡		
集成的 DI/DO/个	6/4	8/6	14/10
集成的 AI/AO/个	2/-		
过程映像区	1024/1024		
信号扩展板	最多 1 个		
信号扩展模块	不含	最多 2 个	最多 8 个
最大本地数字量 I/O	14	82	284
最大本地模拟量 I/O	3	15	51
高速计数器/个	3	4	6
单相	3 个 100 kHz	3 个 100 kHz 1 个 30 kHz	3 个 100 kHz 3 个 30 kHz
正交相	3 个 80 kHz	3 个 80 kHz 1 个 30 kHz	3 个 80 kHz 3 个 30 kHz
脉冲输出/个	2 个 100 kHz,直流输出/2 个 1 Hz,继电器输出		
脉冲捕捉输入/个	6	8	14
时间继电器/循环中断	共 4 个,1 个达到 ms 精度		
边沿中断/个	6 上升沿/6 下降沿	8 上升沿/8 下降沿	12 上升沿/12 下降沿
精确的实时时钟/(s/月)	±60		
实时时钟保持时间	40℃ 环境下典型 10 天/最小 6 天,免费维护超级电容		
布尔量运算执行速度	0.1 μs/指令		
动态字符运算执行速度	12 μs/指令		
数学运算执行速度	18 μs/指令		
扩展通信模块	最多 3 个		

7. S7-1200 PLC 的特点

S7-1200 PLC 设计紧凑、组态灵活且具有功能强大的指令集,这些特点的组合使它成为控制各种应用的完美解决方案。CPU 将微处理器、集成电源、输入电路和输出电路组合到一个设计紧凑的外壳中以形成功能强大的 PLC。在下载用户程序后,CPU 将包含监控应用中的设备所需的逻辑。CPU 根据用户程序逻辑监视输入并更改输出,用户程序可以包含布尔逻辑、计数、定时、复杂数学运算以及与其他智能设备的通信。CPU 提供一个 PROFINET 端口用于通过 PROFINET 网络通信,还可使用通信模块通过 RS-485 或 RS-232 网络通信。同时,S7-1200 PLC 的编程软件 TIA Portal STEP 7 提供了一个易用集成的工程框架,可用于 S7-1200 PLC 和精简 HMI 的组态。

鉴于此,本书选择 S7-1200 PLC 作为控制系统核心进行项目的设计与实现。

第 5 章　工业自动化项目的 PLC 控制硬件设计

本章主要介绍工业自动化项目设计流程中 PLC 控制系统硬件设计。首先介绍硬件设计包含的内容、设计过程中需要考虑的因素、规范和标准，然后以灌装自动生产线为例介绍具体设计方法和步骤。

本章学习要求：

1）了解工业自动化项目硬件设计概念。
2）掌握工业自动化项目硬件选型、I/O 分配、硬件接线和硬件测试方法。
3）理解工业自动化项目对质量意识和标准的要求。

首次接触工业自动化项目的读者可能会认为，PLC 具有灵活、通用的特点，全部控制要求均可以通过软件解决，因此设计时只要进行 PLC 与输入/输出信号间的简单连接即可。实际上 PLC 控制系统的硬件设计直接关系到控制系统的安全性、可靠性与生产制造成本等诸多重要问题。而且，硬件设计一旦完成，它不可以像软件设计那样可以随时随地进行修改。因此，它是决定控制系统设计成败的关键问题，必须引起设计者的高度重视。

虽然 PLC 是专门为工业环境设计的控制装置，其本身的安全性、可靠性已经得到了良好的保证，但如果外部条件不能满足 PLC 的基本要求，同样可能影响系统的正常运行，造成设备运行的不稳定，甚至危及设备与人身安全。因此，在系统硬件设计阶段，就必须考虑到系统的安全性与可靠性，并始终将其放在最为重要的位置。

5.1　PLC 系统硬件设计步骤与要求

硬件设计是对系统进行的原理、安装、施工、调试和维修等方面的具体技术设计，设计必须认真、仔细；确保全部图样与技术文件的完整、准确、齐全、系统和统一，并贯彻国际、国内有关标准。

一般来说，PLC 控制系统硬件设计应包括如下内容：
1）明确控制要求后了解被控对象的生产工艺过程并计算输入/输出设备。
2）PLC 选型及容量估算。
3）设计电气原理图和硬件接线图。
4）根据图样完成接线并进行硬件测试。

其中硬件接线设计包括控制系统主回路设计、控制回路设计、安全电路和 PLC 输入/输出回路等方面的设计；控制柜、操纵台的机械结构设计；控制柜、操纵台的电器元件安装设计；电气连接设计等。需要根据输入/输出设备选择 PLC 机型及输入/输出（I/O）模块，之后设计出 PLC 系统总体配置图，参照具体的 PLC 相关说明书或手册将输入信号与输入点、输出控制信号与输出点一一对应，画出 I/O 接线图即 PLC 输入/输出电气原理图。

5.1.1 计算输入/输出设备

明确控制要求后熟悉被控对象的生产工艺过程并设计工艺布置图，这一步是系统设计的基础。首先应详细了解被控对象的工艺过程和它对控制系统的要求，各种机械、液压、气动、仪表、电气系统之间的关系，系统工作方式（如自动、半自动、手动等），PLC 与系统中其他智能装置之间的关系，人机界面的种类，通信联网的方式，报警的种类与范围，电源停电及紧急情况的处理等。

此阶段，还要选择用户输入设备（按钮、操作开关、限位开关和传感器等）、输出设备（继电器、接触器和信号指示灯等执行元件），以及由输出设备驱动的控制对象（电动机、电磁阀等）。

同时，还应确定哪些信号需要输入给 PLC，哪些负载由 PLC 驱动，并分类统计出各输入量和输出量的性质及数量，是数字量还是模拟量，是直流量还是交流量，以及电压的大小等级，为 PLC 的选型和硬件配置提供依据。

最后，将控制对象和控制功能进行分类，可按信号用途或控制区域进行划分，确定检测设备和控制设备的物理位置，分析每一个检测信号和控制信号的形式、功能、规模和互相之间的关系。信号点确定后，设计出工艺布置图或信号图。

5.1.2 PLC 机型选择

随着 PLC 的推广普及，PLC 产品的种类和数量越来越多。近年来，从国外引进的 PLC 产品、国内厂家或自行开发的产品已有几十个系列，上百种型号。PLC 的品种繁多，其结构形式、性能、容量、指令系统、编程方法和价格等各有不同，使用场合也各有侧重。因此，合理选择 PLC 对于提高 PLC 控制系统的技术经济指标起着重要作用。

PLC 机型的选择是在满足控制要求的前提下，保证可靠、维护使用方便以及最佳的性能价格比。具体应考虑以下几方面：

1. 性能与任务相适应

对于小型单台、仅需要数字量控制的设备，一般的小型 PLC（如西门子公司的 S7-200 系列、OMRON 公司的 CPM1/CPM2 系列、三菱的 FX 系列等）都可以满足要求。

对于以数字量控制为主，带少量模拟量控制的应用系统，如工业生产中常遇到的温度、压力和流量等连续量的控制，应选用带有 A-D 转换的模拟量输入模块和带 D-A 转换的模拟量输出模块，配接相应的传感器、变送器（对温度控制系统可选用温度传感器直接输入的温度模块）和驱动装置，并选择运算、数据处理功能较强的小型 PLC（如西门子公司的 S7-200 SMART 系列、OMRON 的公司的 CQM1/CQM1H 系列等）。

对于控制比较复杂，控制功能要求更高的工程项目，例如要求实现 PID 运算、闭环控制或通信联网等功能时，可视控制规模及复杂程度，选用中档或高档机（如西门子公司的 S7-1500 系列、OMRON 的公司的 C200H@ 或 CV/CVM1 系列、A-B 公司的Control Logix 系列等）。

2. 结构上合理、安装要方便、机型上应统一

按照物理结构，PLC 分为整体式和模块式。整体式每一 I/O 点的平均价格比模块式的便宜，所以人们一般倾向于在小型控制系统中采用整体式 PLC。但是模块式 PLC 的功能扩展方便灵活，I/O 点数的多少、输入点数与输出点数的比例、I/O 模块的种类和块数以及特殊 I/O 模块的使用等方面的选择余地都比整体式 PLC 大得多，维修时更换模块、判断故障范围也很方便。因此，对于较复杂的和要求较高的系统一般应选用模块式 PLC。

根据 I/O 设备距 PLC 之间的距离和分布范围确定 PLC 的安装方式为集中式、远程 I/O 式还是多台 PLC 联网的分布式。

对于一个企业，控制系统设计中应尽量做到机型统一。因为同一机型的 PLC，其模块可互为备用，便于备品备件的采购与管理；其功能及编程方法统一，有利于技术力量的培训、技术水平的提高和功能的开发；其外部设备通用，资源可共享。同一机型 PLC 的另一个好处是，在使用上位计算机对 PLC 进行管理和控制时，通信程序的编制比较方便。这样，容易把控制各独立的多台 PLC 联成一个多级分布式系统，相互通信，集中管理，充分发挥网络通信的优势。

3. 是否满足响应时间的要求

由于现代 PLC 有足够快的速度处理大量的 I/O 数据和解算梯形图逻辑，因此对于大多数应用场合来说，PLC 的响应时间并不是主要的问题。然而，对于某些个别的场合，则要求考虑 PLC 的响应时间。为了减少 PLC 的 I/O 响应延迟时间，可以选用扫描速度高的 PLC，使用高速 I/O 处理这一类功能指令，或选用快速响应模块和中断输入模块。

4. 对联网通信功能的要求

近年来，随着工厂自动化的迅速发展，企业内小到一块温度控制仪表的 RS-485 串行通信、大到一套制造系统的以太网管理层的通信，应该说一般的电气控制产品都有了通信功能。PLC 作为工厂自动化的主要控制器件，大多数产品都具有通信联网能力。选择时应根据需要选择通信方式。

5. 其他特殊要求

考虑被控对象对于模拟量的闭环控制、高速计数、运动控制和人机界面（HMI）等方面的特殊要求，可以选用有相应特殊 I/O 模块的 PLC。对可靠性要求极高的系统，应考虑是否采用冗余控制系统或热备份系统。

5.1.3 PLC 容量估算

PLC 的容量指 I/O 点数和用户存储器的存储容量两方面的含义。在选择 PLC 型号时不应盲目追求过高的性能指标，但是在 I/O 点数和存储器容量方面除了要满足控制系统要求外，还应留有余量，以做备用或系统扩展时使用。

1. I/O 点数的确定

PLC 的 I/O 点数的确定以系统实际的输入输出点数为基础确定。在 I/O 点数的确定时，应留有适当余量。通常 I/O 点数可按实际需要的 10%~15% 考虑余量；当 I/O 模块较多时，一般按上述比例留出备用模块。

2. 存储器容量的确定

用户程序占用多少存储容量与许多因素有关，如 I/O 点数、控制要求、运算处理量和程序结构等，因此在程序编制前只能粗略地估算。

3. I/O 模块的选择

在 PLC 控制系统中，为了实现对生产过程的控制，要将对象的各种测量参数，按要求的方式送入 PLC。PLC 经过运算、处理后，再将结果以数字量的形式输出，此时也要把该输出变换为适合于对生产过程进行控制的量。所以，在 PLC 和生产过程之间，必须设置信息的传递和变换装置。这个装置就是输入/输出（I/O）模块。不同的信号形式，需要不同类型的 I/O 模块。对 PLC 来讲，信号形式可分为四类。

（1）数字量输入信号

生产设备或控制系统的许多状态信息，如开关、按钮和继电器的触点等，它们只有两种状态：通或断，对这类信号的拾取需要通过数字量输入模块来实现。输入模块最常见的为 DC 24 V 输入，还有 DC 5 V、12 V、48 V、AC 115/220 V 等。按公共端接入正负电位不同分为漏型和源型。有的 PLC 既可以源型接线，也可以漏型接线，比如 S7-200 SMART。当公共端接入负电位时，就是源型接线；接入正电位时，就是漏型接线。有的 PLC 只能接成其中一种。

（2）数字量输出信号

还有许多控制对象，如指示灯的亮和灭、电动机的起动和停止、晶闸管的通和断、阀门的打开和关闭等，对它们的控制只需通过二值逻辑"1"和"0"来实现。这种信号通过数字量输出模块来驱动。数字量输出模块按输出方式不同分为继电器输出型、晶体管输出型和晶闸管输出型等。此外，输出电压值和输出电流值也各有不同。

（3）模拟量输入信号

生产过程的许多参数，如温度、压力、液位和流量都可以通过不同的检测装置转换为相应的模拟量信号，然后再将其转换为数字信号输入 PLC。完成这一任务的就是模拟量输入模块。

（4）模拟量输出信号

生产设备或过程的许多执行机构，往往要求用模拟信号来控制，而 PLC 输出的控制信号是数字量，这就要求有相应的模块将其转换为模拟量。这种模块就是模拟量输出模块。

典型模拟量模块的量程为 -10~10 V、0~10 V、4~20 mA 等，可根据实际需要选用，同时还应考虑其分辨率和转换精度等因素。一些 PLC 制造厂家还提供特殊模拟量输入模块，可用来直接接收低电平信号（如热电阻 RTD、热电偶等信号）。

此外，有些传感器如旋转编码器输出的是一连串的脉冲，并且输出的频率较高（20 kHz 以上），尽管这些脉冲信号也可算作数字量，但普通数字量输入模块不能正确地检测值，应选择高速计数模块。

不同的 I/O 模块，其电路和性能不同，它直接影响着 PLC 的应用范围和价格，应该根据实际情况合理选择。

PLC 机型选择完后，输入/输出点数的多少是决定控制系统价格及设计合理性的重要因素，因此在完成同样控制功能的情况下可通过合理设计以简化输入/输出点数。

安全回路是保护负载或控制对象以及防止操作错误或控制失败而进行联锁控制的回路。在直接控制负载的同时，安全保护回路还给 PLC 输入信号，以便于 PLC 进行保护处理。安全回路一般考虑以下几个方面：

1）短路保护。在 PLC 外部输出回路中装上熔断器，进行短路保护。最好在每个负载的回路中都装上熔断器。

2）互锁与联锁措施。除在程序中保证电路的互锁关系，PLC 外部接线中还应该采取硬件的互锁措施，以确保系统安全可靠地运行。

3）失压保护与紧急停车措施。PLC 外部负载的供电线路应具有失压保护措施，当临时停电再恢复供电时，不按下"启动"按钮，PLC 的外部负载就不能自行启动。这种接线方法的另一个作用是，当特殊情况下需要紧急停机时，按下"急停"按钮就可以切断负载电源，同时"急停"信号输入 PLC。

4）极限保护。在有些如提升机类，超过限位就有可能产生危险的情况下，设置极限保护，当极限保护动作时直接切断负载电源，同时将信号输入 PLC。

5.1.4 设计电气原理图和接线图

电气原理图是系统软件设计、安装与连接设计、系统调试与维修的基础，它完整地体现了系统的设计思想与要求，系统中所使用的任何电器元件以及它们之间的连接要求、主要规格参数等，均在电气原理图上得到了全面、准确、系统的反映，因此，它是电气控制系统最为重要的技术资料。

电气原理图设计应遵循国际、国家或行业的标准与规范。在国外，一般来说，除涉及安全性、可靠性的准则决不可违背外，对其他方面的要求（如图形符号、元器件代号等的表示方法）通常较灵活，因此，在阅读进口设备图样时应注意。

在 PLC 电气原理图设计中，PLC 的 I/O 连接设计相对来说是系统中最为简单的部分，只需要根据 PLC 输入/输出的类型，按照 PLC 的连接要求进行连接即可。然而，控制系统的 PLC 外围电路设计，往往是影响系统运行安全性、可靠性，决定系统成败的关键，尤其应引起设计者的重视。

控制柜、操纵台的机械结构设计，控制柜、操纵台的电器元件安装设计，电气连接设计等属于安装与连接设计的范畴。设计的目的是用于指导、规范现场生产与施工，为系统安装、调试和维修提供帮助，并提高系统的可靠性与标准化程度。

5.2 S7-1200 PLC 基本介绍

SIMATIC S7-1200 是西门子公司推出的一款 PLC，主要面向简单而高精度的自动化任务。它集成了 PROFINET 接口，采用模块化设计并具备强大的工艺功能，适用于多种场合，满足不同的自动化需求。SIMATIC S7-1200 系列的 PLC 可广泛应用于物料输送机械、输送控制、金属加工机械、包装机械、印刷机械、纺织机械、水处理厂、石油/天然气泵站、电梯和自动升降机设备、配电站、能源管理控制、锅炉控制、机组控制、泵控制、安全系统、火警系统、室内温度控制、暖通空调、灯光控制、安全/通路管理、农业灌溉系统和太阳能跟踪系统等独立离散自动化系统领域。

西门子公司的可编程控制器有逻辑模块 LOGO、SIMATIC S7-200 SMART、SIMATIC S7-1200、SIMATIC S7-1500、SIMATIC S7-300 和 SIMATIC S7-400。S7-1200 PLC 在西门子控制器产品家族中的定位如图 5-1 所示。

SIMATIC S7-1200 控制器的可扩展设计源于它的模块化设计理念。控制器具有高度的灵活性，能够最大限度地满足不同的客户需求。用户可根

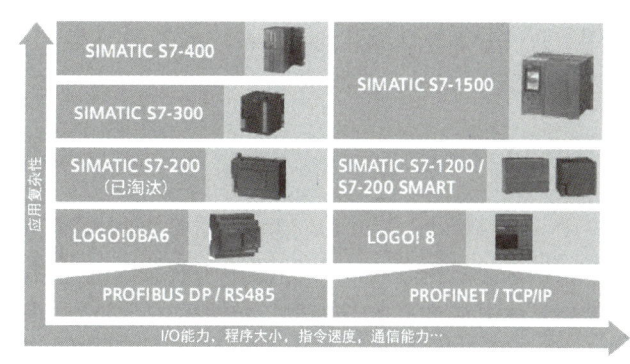

图 5-1 S7-1200 PLC 在西门子控制器产品家族中的定位

据自身需要确定控制器系统，后续的系统扩展也十分便捷。

所有的 CPU 都可以内嵌一块信号板，为控制器添加数字量或模拟量输入/输出通道，从而可以在不改变体积的情况下量身订制 CPU。SIMATIC S7-1200 控制器的模块化设计允许用户按照实际的应用需求准确地设计控制系统。扩展能力最高的 CPU 可连接多达 8 个信号模块，以支持更多的数字量和模拟量输入/输出信号连接。

快速、简单、灵活的工业通信能够满足不同的组网要求。集成的 PROFINET 接口可以用于编程、HMI 通信和 PLC 间的通信。此外它还通过开放的以太网协议支持与第三方设备的通信。该接口带一个具有自动交叉网线功能的 RJ-45 连接器，提供 10/100 Mbit/s 的数据传输速率，支持下列协议：TCP/IP native、ISO-on-TCP 和 S7 通信。SIMATIC S7-1200 CPU 最多可以添加 3 个通信模块。RS-485 和 RS-232 通信模块为点到点的串行通信提供连接。对通信的组态和编程采用了扩展指令或库功能、USS 驱动协议、MODBUS RTU 主站和从站协议。

5.2.1　S7-1200 PLC 硬件模块

S7-1200 控制器使用灵活、功能强大，可用于控制各种各样的设备以满足自动化需求。S7-1200 设计紧凑、组态灵活且具有功能强大的指令集，这些特点的组合使它成为控制各种应用的完美解决方案。

SIMATIC S7-1200 CPU 有五种不同型号，分别为 CPU 1211C、CPU 1212C、CPU 1214C、CPU 1215C 和 CPU 1217C。其中的每一种模块都可以进行扩展，以完全满足系统需要。可在 CPU 的前端面加入一个信号板，轻松扩展数字或模拟量 I/O，同时不影响控制器的实际大小。除了 CPU 1211C 外，还可将信号模块连接至 CPU 的右侧，进一步扩展数字量或模拟量 I/O 容量。CPU 1212C 可连接 2 个信号模块，CPU 1214C、CPU 1215C 和 CPU 1217C 可连接 8 个信号模块。在控制器的左侧均可连接多达 3 个通信模块，便于实现端到端的串行通信。

S7-1200 系列提供了各种模块和插入式板，用于通过附加 I/O 或其他通信协议来扩展 CPU 的功能，如图 5-2 所示。

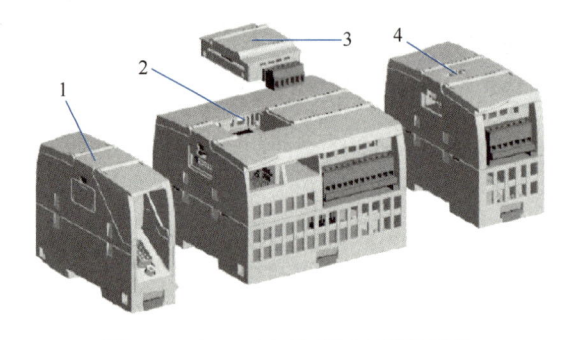

图 5-2　S7-1200 系列 PLC 硬件模块
1—通信模块（CM）、通信处理器（CP）或 TS 适配器　2—CPU
3—信号板（SB）、通信板（CB）或电池板（BB）
4—信号模块（SM）

5.2.2　CPU 模块

在 PLC 控制系统中，CPU 模块相当于人的大脑和心脏，它不断地采集输入信号，执行用户程序，刷新系统的输出；存储器用来存储程序和数据。CPU 的主要技术指标有内存空间、运算速度、内部资源（如计数器、定时器的个数）、中断处理能力和通信方式等。

S7-1200 现在有 5 种型号的 CPU 模块，其特性见表 5-1。

表 5-1 S7-1200 CPU 模块特性

特 性	CPU 1211C	CPU 1212C	CPU 1214C	CPU 1215C	CPU 1217C
本机数字量 I/O 点数	6 入/4 出	8 入/6 出	14 入/10 出	14 入/10 出	14 入/10 出
脉冲捕获输入点数	6	8	14	14	14
扩展模块个数	—	2	8	8	8
上升沿/下降沿中断点数	6/6	8/8	12/12	12/12	12/12
工作存储器/KB	30	30	75	100	125
高速计数器点数/最高频率	3 点/100 kHz	3 点/100 kHz	3 点/100 kHz	3 点/100 kHz	4 点/1 MHz
高速脉冲输出点数/最高频率	最多 4 路，CPU 本体 100 kHz，通过信号板可输出 200 kHz（CPU 1217 最多支持 1 MHz）				
操作员监控功能	无	有	有	有	有
传感器电源输出电源/mA	300	300	400	400	400
外形尺寸	90 mm×100 mm×75 mm	90 mm×100 mm×75 mm	110 mm×100 mm×75 mm	130 mm×100 mm×75 mm	150 mm×100 mm×75 mm

1. CPU 的共性

S7-1200 系列 CPU 的共性如下：

1）集成的 24 V 传感器/负载电源可供传感器和编码器使用，也可以用作输入回路的电源。

2）2 点集成的模拟量输入（0~10 V），输入电阻为 100 kΩ，10 位分辨率。

3）2 点脉冲输出（PTO）或脉宽调制（PWM）输出，最高频率为 100 kHz。

4）每条位运算、字运算和浮点数数字运算指令的执行时间分别为 0.1 μs、12 μs 和 18 μs。

5）最多可以设置 2048B 有掉电保持功能的数据区（包括位存储器、功能块的局部变量和全局数据块中的变量）。通过可选的 SIMATIC 存储卡，可以方便地将程序传输到其他 CPU。存储卡还可以用来存储各种文件或更新 PLC 系统的固件。

6）过程映像输入、输出各 1024B。

数字量输入电路的电压额定值为 DC 24 V，输入电流为 4 mA。1 状态允许的最小电压/电流为 DC 15 V/2.5 mA，0 状态允许的最大电压/电流为 DC 5 V/1 mA。可组态输入延迟时间（0.2~12.8 ms）和脉冲捕获功能。在过程输入信号的上升沿或下降沿可以产生快速响应的中断输入。

继电器输出的电压范围为 DC 5~30 V 或 AC 5~250 V，最大电流为 2 A，白炽灯负载为 DC 30 W 或 AC 200 W。DC/DC 型 MOSFET 的 1 状态最小输出电压为 DC 20 V，输出电流为 0.5 A。0 状态最大输出电压为 DC 0.1 V，最大白炽灯负载为 5 W。

7）可以扩展 3 块通信模块和一块信号板，CPU 可以用信号板扩展一路模拟量输出或高速数字量输入/输出。

8）时间延迟与循环中断，分辨率为 1 ms。

9）实时时钟的缓存时间典型值为 10 天，最小值为 6 天，25℃时的最大误差为 60 s/月。

10）带隔离的 PROFINET 以太网接口，可使用 TCP/IP 和 ISO-on-TCP 两种协议。支持 S7 通信，可以作服务器和客户机，传输速率为 10 Mbit/s、100 Mbit/s，可建立最多 16 个连接。自动检测传输速率，RJ-45 连接器有自协商和自动交叉网线（Auto Cross Over）功能。后者是指用一条直通网线或者交叉网线都可以连接 CPU 和其他以太网设备或交换机。

11）用梯形图和功能块图这两种编程语言。

12）可选的 SIMATIC 存储卡扩展存储器的容量和更新 PLC 的固件，还可以用存储卡来方便地将程序传输到其他 CPU。

13）参数自整定的 PID 控制器。

14）可采用数字量开关板为数字量输入点提供输入信号来测试用户程序。

2. CPU 的技术规范

S7-1200 的 5 种 CPU 有着不同电源电压和输入、输出电压的版本，见表 5-2。

表 5-2　S7-1200 CPU 的版本

版本	电源电压	DI 输入电压	DO 输出电压	DO 输出电流
DC/DC/DC	DC 24 V	DC 24 V	DC 24 V	0.5 A，MOSFET
DC/DC/Relay	DC 24 V	DC 24 V	DC 5~30 V，AC 2~250 V	2 A，DC 30 W/AC 200 W
AC/DC/Relay	AC 85~264 V	DC 24 V	DC 5~30 V，AC 2~250 V	2 A，DC 30 W/AC 200 W

3. CPU 集成的工艺功能

S7-1200 集成了高速计数与频率测量、高速脉冲输出、PWM 控制、运动控制和 PID 控制功能。

（1）高速计数器

S7-1200 的 CPU 最多有 6 个高速计数器，用于对来自增量式编码器和其他设备的频率信号计数，或对过程事件进行高速计数。3 点集成的高速计数器的最高频率为 100 kHz（单相）或 80 kHz（互差 90°的 AB 相信号）。其余各点的最高频率为 30 kHz（单相）或 20 kHz（互差 90°的 AB 相信号）。

（2）高速脉冲输出

S7-1200 集成了最多 4 路高速脉冲输出，组态为 PTO 时，它们提供最高频率为 100 kHz 的 50% 占空比的高速脉冲输出，可以对步进电动机或伺服驱动器进行开环速度控制和定位控制，通过两个高速计数器对高速脉冲输出进行内部反馈。组态为 PWM 输出时，将生成一个具有可变占空比、周期固定的输出信号，经滤波后，得到与占空比成正比的模拟量，可以用来控制电动机速度和阀门位置等。

（3）PLCopen 运动功能块

S7-1200 支持使用步进电动机和伺服驱动器进行开环速度控制和位置控制。通过一个轴工艺对象和 STEP 7 中通用的 PLCopen 运动功能块，就可以实现对该功能的组态。除了返回原点和点动功能以外，还支持绝对位置控制、相对位置控制和速度控制。

STEP 7 中的驱动调试控制面板简化了步进电动机和伺服驱动器的起动和调试过程。它为单个运动轴提供了自动和手动控制，以及在线诊断信息。

（4）用于闭环控制的 PID 功能

S7-1200 支持多达 16 个用于闭环过程控制的 PID 控制回路。

这些控制回路可以通过一个 PID 控制器工艺对象和 STEP 7 中的编辑器轻松地进行组态。除此之外，S7-1200 还支持 PID 参数自调整功能，可以自动计算增益、积分时间和微分时间的最佳调节值。

STEP 7 中的 PID 调试控制面板简化了控制回路的调节过程，可以快速精确地调节 PID 控制回路。它除了提供自动调节和手动控制方式之外，还提供用于调节过程的趋势图。

4. CPU 面板

S7-1200 系列的 CPU 面板如图 5-3 所示。

（1）存储卡

S7-1200 使用的存储卡为 SD 卡，有如下四种功能：①作为 CPU 的预装载存储区，用户项目文件仅存储在卡中，CPU 中没有项目文件，离开存储卡将无法运行；②在有编码器的情况下，作为向多个 S7-1200 系列 PLC 传送项目文件的介质；③忘记密码时，清除 CPU 内部项目文件和密码；④更新 S7-1200 CPU 的固件版本（只限 24 MB 卡）。

值得注意的有如下 5 项：①对于 S7-1200 CPU，存储卡不是必需的；②将存储卡插入一个处于运行状态的 CPU 上，会造成 CPU 停机；③S7-1200 CPU 仅支持由西门子制造商预先格式化过的存储卡；④如果使用 Windows 格式化程序对存储卡进行格式化，CPU 将无法使用该存储卡；⑤目前 S7-1200 还无法配合存储卡实现配方和数据归档的高级功能。

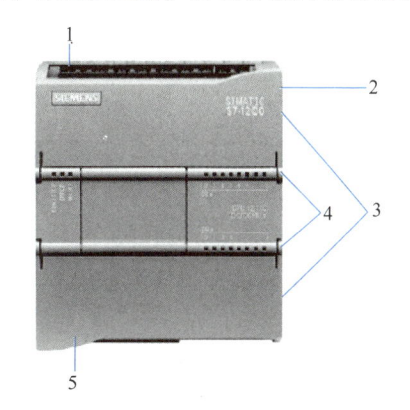

图 5-3 S7-1200 系列的 CPU 面板
1—电源接口；2—存储卡插槽（上部保护盖下面）；
3—可拆卸用户接线连接器（保护盖下面）；
4—板载 I/O 的状态 LED；
5—PROFINET 连接器（CPU 的底部）

（2）状态指示灯

CPU 有三类状态指示灯，分别是 STOP/RUN 指示灯、ERROR 指示灯和 MAINT 指示灯，用于显示当前 CPU 模块的运行状态，其显示见表 5-3。

表 5-3 CPU 指示灯的显示

说　明	STOP/RUN 指示灯	ERROR 指示灯	MAINT 指示灯
断电	灭	灭	灭
启动、自检或固件更新	闪烁（黄色和绿色交替）	—	灭
停止模式	亮（黄色）	—	—
运行模式	亮（绿色）	—	—
取出存储卡	亮（黄色）	—	闪烁
出错	亮（黄色或绿色）	闪烁	—
请求维护	亮（黄色或绿色）	—	亮
硬件出现故障	亮（黄色）	亮	灭
LED 测试或 CPU 固件出现故障	闪烁	闪烁	闪烁

1）STOP/RUN 指示灯：当该指示灯的颜色为橙色时，CPU 处于 STOP 模式；当该指示灯的颜色为绿色时，CPU 处于 RUN 模式；当该指示灯以绿色和橙色交替闪烁时，CPU 处于正在启动阶段。

2）ERROR 指示灯：当该指示灯为红色闪烁时，表示有错误，例如 CPU 内部错误、存储卡错误或组态错误等；当该指示灯显示为红色时，表示硬件出现故障。

3）MAINT 指示灯：该指示灯在每次插入存储卡时闪烁。

（3）板载 I/O 状态指示灯

CPU 模块上的 I/O 状态指示灯用来指示各个数字量输入或输出的信号状态。

（4）PROFIBUS 连接

CPU 模块上提供一个以太网通信接口用于实现以太网通信，还提供两个指示灯来显示以太网通信状态。当"Link"指示灯显示为绿色时，表示连接成功；当"Rx/Tx"指示灯显示为黄色时，表示传输活动。

5.2.3 信号板及信号模块

信号板及信号模块是控制系统的眼、耳、手和脚，是联系外部现场设备与 CPU 模块的桥梁，通过输入模块将各类传感器的输入信号传送到 CPU 进行运算和处理，然后将逻辑结果和控制命令通过输出模块送出，达到控制生产过程的目的。

S7-1200 信号模块连接到 CPU 的右侧，以扩展其数字量或模拟量 I/O 的点数，并且每一个正面都可以增加一块信号板，以扩展数字量或模拟量 I/O。CPU 1212C 只能连接两个信号模块，CPU 1214C、CPU 1215C 和 CPU 1217C 可以连接 8 个信号模块。

1. 信号板

信号板可以用于只需要少量附加 I/O 的情况。所有的 S7-1200 CPU 模块都可以安装一块信号板，并且不会增加安装的空间。在某些情况下使用信号板，可以提高控制系统的性能价格比。只需要添加一块信号板，就可以根据需要增加 CPU 的数字量或模拟量 I/O 点。

安装时将信号板直接插入 S7-1200 CPU 正面的槽内即可。信号板有可拆卸的端子，因此可以很容易地更换信号板。

常见的信号板有两种：

1）SB 1223 数字量输入/输出信号板如图 5-4 所示。它的两点 DC 24 V 输入有上升沿、下降沿中断和脉冲捕获功能。输入参数与 CPU 集成的输入点基本相同。用作高速计数器的时钟输入时，最高输入频率为 30 kHz。

图 5-4 SB 1223

两个 DC 24 V MOSFET 输出点的最大输出电流为 0.5 A，最大白炽灯负载为 DC 5 W，可以输出最高 20 kHz 的脉冲序列。

2）SB 1232 模拟量输出信号板如图 5-5 所示。其输出分辨率为 12 位的-10~10 V 电压，负载阻抗大于等于 1000 Ω；或输出分辨率为 11 位的 0~20 mA 电流信号，负载阻抗小于等于 600 Ω，不需要附加的放大器。25℃满量程的最大误差为±0.5%，0~55℃满量程的最大误差为±1.0%。有超上限/超下限、电压模式对地短路和电流模式断线的诊断功能。

2. 信号模块

S7-1200 系列 PLC 提供了各种信号模块，用于扩展其 CPU 能力，信号模块分为数字量输入模块、数字量输出模块、数字量输入/输出模块以及模拟量输入模块、模拟量输出模块、模拟量输入/输出模块，如图 5-6 所示。

图 5-5 SB 1232

图 5-6 S7-1200 的信号模块

每个信号模块上有 DIAG 指示灯和 I/O Channel 指示灯，其显示见表 5-4。

表 5-4　信号模板信号显示

说　　明	DIAG（红色/绿色）	I/O Channel（红色/绿色）
现场侧电源关闭	呈红色闪烁	呈红色闪烁
没有组态或更新在进行中	呈绿色闪烁	灭
模块已组态且没有错误	亮（绿色）	亮（绿色）
错误状态	呈红色闪烁	—
I/O 错误（启用诊断时）	—	呈红色闪烁
I/O 错误（禁用诊断时）	—	亮（绿色）

（1）数字量模块

数字量模块上除了为各路数字量的输入输出提供 I/O 状态指示灯外，还有指示模块状态的诊断指示灯。当其显示绿色时，表示该模块处于运行状态；当其显示红色时，表示该模块有故障或处于非运行状态。用户可以选用 8 点、16 点和 32 点的数字量输入/输出模块，来满足不同的控制需要，具体见表 5-5。

表 5-5　数字量输入/输出模块

型　　号	各组输入点数	各组输出点数
SM 1221 8×DC 24 V 输入	4，4	—
SM 1221 16×DC 24 V 输入	4，4，4，4	—
SM 1222 8×继电器输出	—	3，5
SM 1222 8×继电器双态输出	—	4，4，2，6
SM 1222 8×DC 24 V 输出	—	4，4
SM 1222 16×继电器输出	—	4，4，4，4
SM 1222 16×DC 24 V 输出	—	4，4，4，4
SM 1223 8×DC 24 V 输入/8×继电器输出	4，4	4，4
SM 1223 8×DC 24 V 输入/8×DC 24 V 输出	—	—
SM 1223 16×DC 24 V 输入/16×继电器输出	8，8	4，4，4，4
SM 1223 16×DC 24 V 输入/16×DC 24 V 输出	4，4	4，4
SM 1223 8×AC 120/230 V 输入/8×继电器输出	8，8	8，8

（2）模拟量模块

在工业控制中，某些输入量（如压力、温度、流量和转速等）是模拟量，某些执行机构（如电动调节阀和变频器等）要求 PLC 输出模拟量信号，而 PLC 的 CPU 只能处理数字量。模拟量首先被传感器和变送器转换为标准量程的电流或电压，例如 4~20 mA、1~5 V 或 0~10 V，PLC 用模拟量输入模块的 A-D 转换器将它们转换成数字量。带正负号的电流或电压在 A-D 转换后用二进制补码来表示。

模拟量输出模块的 D-A 转换器将 PLC 中的数字量转换为模拟量电压或电流，再去控制执行机构。模拟量 I/O 模块的主要任务就是实现 A-D 转换（模拟量输入）和 D-A 转换（模拟量输出）。

A-D 转换器和 D-A 转换器的二进制位数反映了它们的分辨率，位数越多，分辨率越高。

模拟量输入/输出模块的另一个重要指标是转换时间。

S7-1200现在有5种模拟量模块,分别是模拟量输入模块、热电阻模拟量输入模块、热电偶模拟量输入模块、模拟量输出模块和模拟量输入/输出模块。模拟量模块为各路模拟量输入和输出提供I/O状态指示灯,当其显示绿色时,表示该通道已组态且处于激活状态,当其显示红色时,表示该通道模拟量处于错误状态。此外,还有指示模块状态的诊断指示灯,当其显示绿色时,表示该模块处于运行状态;当其显示红色时,表示该模块有故障或处于非运行状态。

1) 4通道模拟量输入模块 SM 1231 AI 4×13 bit:此模块的模拟量输入可选±10 V、±5 V 和 ±2.5 V电压,或0~20 mA电流。分辨率为12位加上符号位,电压输入的输入电阻大于或等于9 MΩ,电流输入的输入电阻为250 Ω,模块有中断和诊断功能,可监视电源电压和断线故障。所有通道的最大循环时间为625 μs。

额定范围的电压转换后对应的数字为−27648~27648。25℃或0~55℃满量程的最大误差为±0.1%或±0.2%。可按弱、中和强3个级别对模拟量信号做平滑(滤波)处理,也可以选择不做平滑处理。模拟量模块的电源电压均为DC 24 V。

2) 2通道模拟量输出模块 SM 1232 AO 2×14 bit:此模块的输入电压为−10~10 V时,分辨率为14位,最小负载阻抗为10000 Ω;输出电流为0~20 mA时,分辨率为13位,最大负载阻抗为600 Ω有中断和诊断功能,可监视电源电压、短路和断线故障。数字−27648~27648被转换为−10~10 V的电压,数字0~27648被转换为0~20 mA的电流。

电压输出负载为电阻时转换时间为300 μs,负载为1 μF电容时转换时间为750 μs。电流输出负载为1 mH电感时转换时间为600 μs,负载为10 mH电感时转换时间为2 ms。

3) 4通道模拟量输入/2通道模拟量输出模块:模块SM 1234的模拟量输入和模拟量输出通道的性能指标分别与SM 1231 AI 4×13 bit和SM 1232 AO 2×14 bit的相同,相当于这两种模块的组合。

5.2.4 集成通信接口及通信模块

1. 集成的 PROFINET 接口

实时工业以太网是现场总线发展的趋势,PROFINET是基于工业以太网的现场总线(IEC 61158现场总线标准的类型10),是开放式的工业以太网标准,它使工业以太网的应用扩展到了控制网络最底层的现场设备。通过TCP/IP标准,S7-1200提供的集成PROFINET接口可用于与编程软件STEP 7通信,如图5-7所示;可与SIMATIC HMI精简系列面板通信,或与其他PLC通信,如图5-8所示。此外它还通过开放的以太网协议TCP/IP和ISO-on-TCP支持与第三方设备的通信。该接口的RJ-45连接器具有自动交叉网线功能,数据传输速率为10 Mbit/s、100 Mbit/s,支持最多16个以太网连接。该接口能实现快速、简单、灵活的工业通信。

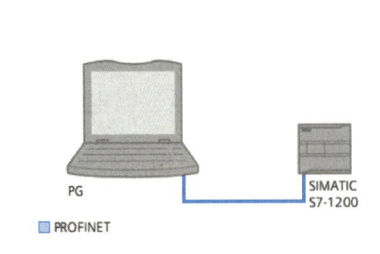

图5-7　S7-1200与编程软件的通信 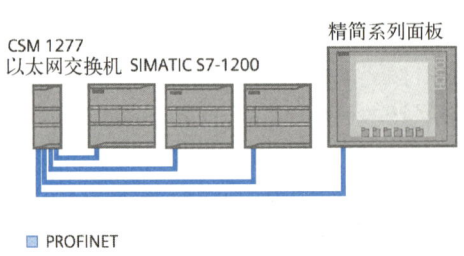　　图5-8　S7-1200与面板、PLC的通信

S7-1200 可以通过成熟的 S7 通信协议连接到多个 S7 控制器和 HMI 设备。将来还可以通过 PROFINET 接口将分布式现场设备连接到 S7-1200，或将 S7-1200 作为一个 PROFINET IO 设备，连接到作为 PROFINET IO 主控制器的 PLC。它将为 S7-1200 系统提供从现场级到控制级的统一通信，以满足当前工业自动化的通信需求。

STEP 7 中的网络视图使用户能够轻松地对网络进行可视化组态。

为了使布线最少并提供最大的组网灵活性，可以将紧凑型交换机模块 CSM 1277 和 S7-1200 一起使用，以便组建成一个具有线形、树形或星形拓扑结构的网络。

CSM 1277 是一个 4 端口的紧凑型交换机，用户可以通过它将 S7-1200 连接到最多 3 个附加设备。除此之外，如果将 S7-1200 和 SIMATIC NET 工业无线局域网组件一起使用，还可以构建一个全新的网络。

2. 通信模块

S7-1200 最多可以增加 3 个通信模块，它们安装在 CPU 模块的左边。

RS-485 和 RS-232 通信模块为点到点（P2P）的串行通信提供连接，如图 5-9 所示。STEP 7 工程组态系统提供了扩展指令或库功能、USS 驱动协议、Modbus RTU 主站协议和 Modbus RTU 从站协议，用于串行通信的组态和编程。

此外还有 PROFINET（控制器/I/O 设备）模块和 PROFINET 主站/从站模块。

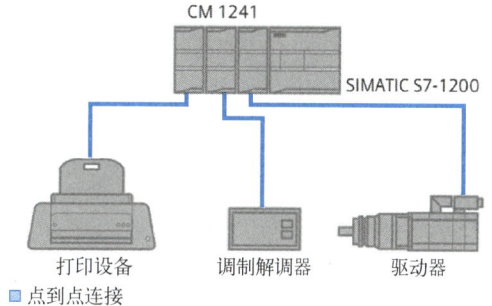

图 5-9　S7-1200 点到点连接

5.2.5　S7-1200 PLC 硬件安装及规范

S7-1200 PLC 尺寸较小，易于安装，可以有效地利用空间。用户可以将 S7-1200 PLC 水平或垂直安装在面板或标准导轨上，如图 5-10 所示。

S7-1200 PLC 安装时要注意以下几点：

1）在安装或拆卸 S7-1200 模块时，确保没有电源连接在模块上，还要确保已关闭所有相关设备的电源。

2）将 S7-1200 PLC 与热辐射、高压和电噪声设备隔离。

3）S7-1200 PLC 采用自然对流冷却方式。为了保证适当冷却，要确保其安装位置的上下部分与邻近设备之间至少留出 25 mm 的空间，并且 S7-1200 PLC 与控制柜外壳之间的距离至少为 25 mm（安装深度）。

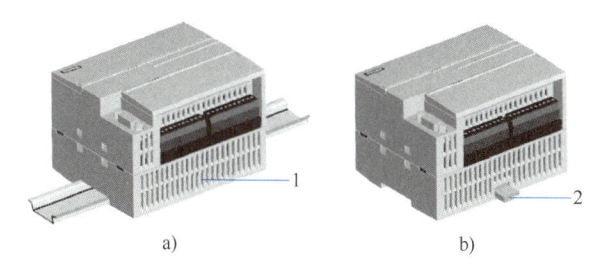

图 5-10　S7-1200 PLC 的安装方式
a) DIN 导轨安装　b) 面板安装
1—DIN 导轨卡夹处于锁紧位置
2—卡夹处于伸出位置用于面板安装

4）当采用垂直安装方式时，其允许的最大环境温度要比水平安装方式降低 10℃，此时要确保 CPU 被安装在最下面。

5）在规划 S7-1200 PLC 系统布局时，要留出足够的空隙以方便接线和通信电缆连接。

安装 S7-1200 PLC 的预留空间如图 5-11 所示。

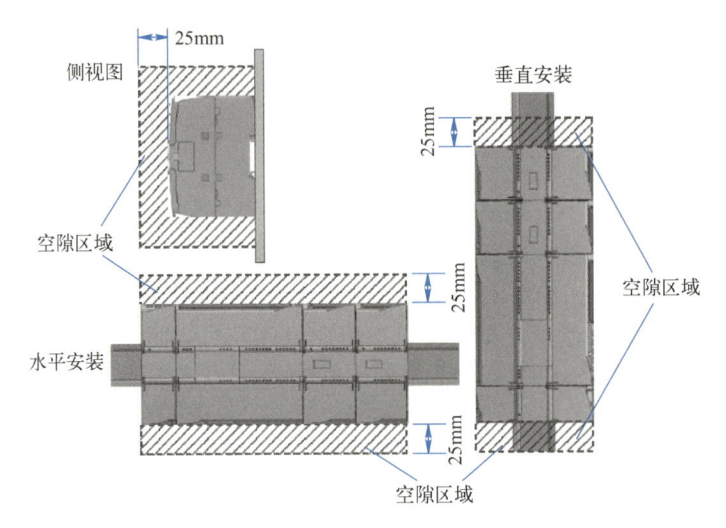

图 5-11　安装 S7-1200 PLC 的预留空间

5.2.6　安装和拆卸 CPU

CPU 可以安装在 DIN 导轨上。安装 CPU 的具体步骤如下（见图 5-12）：
1）确保 CPU 和所有 S7-1200 设备都与电源断开。
2）安装 DIN 导轨，按照每隔 75 mm 将导轨固定到安装板上。
3）将 CPU 挂到 DIN 导轨上方。
4）拉出 CPU 下方的 DIN 导轨卡夹以便将 CPU 安装到导轨上。
5）向下转动 CPU 使其在导轨上就位。
6）推入卡夹将 CPU 锁定到导轨上。

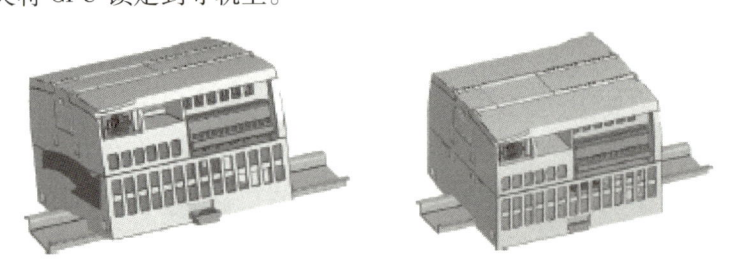

图 5-12　在 DIN 导轨上安装 CPU

若要准备拆卸 CPU，先断开 CPU 的电源及其 I/O 连接器、接线或电缆。将 CPU 和所有相连的通信模块作为一个完整单元拆卸。所有信号模块应保持安装状态。如果信号模块已连接 CPU，则需要先缩回总线连接器。

拆卸 CPU 的具体步骤如下（见图 5-13）：
1）确保 CPU 和所有 S7-1200 设备都与电源断开。
2）将螺钉旋具放到信号模块上方的小接头旁。
3）向下按压螺钉旋具使连接器与 CPU 相分离。
4）将小接头完全滑到右侧。
5）拉出 DIN 导轨卡夹，从导轨上松开 CPU。
6）向上转动 CPU 使其脱离导轨，从系统中卸下 CPU。

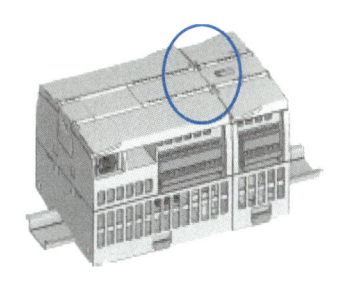

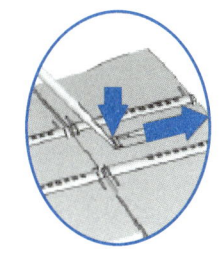

图 5-13 拆卸 CPU

5.2.7 安装和拆卸信号模块

在安装 CPU 之后安装信号模块。安装 S7-1200 信号模块的具体步骤如下（见图 5-14）：

1）确保 CPU 和所有 S7-1200 设备都与电源断开。

2）卸下 CPU 右侧的连接器盖。将螺钉旋具插入盖上方的插槽中，将其上方的盖轻轻撬出并卸下盖，收好盖以备再次使用。

3）将 SM 挂到 DIN 导轨上方，装在 CPU 旁边，拉出下方的 DIN 导轨卡夹以便将 SM 安装到导轨上。

4）向下转动 CPU 旁的 SM 使其就位并推入下方的卡夹将 SM 锁定到导轨上。

5）将螺钉旋具放到 SM 上方的小接头旁。将小接头滑到最左侧，使总线连接器伸到 CPU 中。

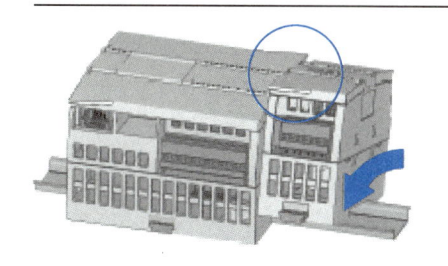

图 5-14 安装 S7-1200 信号模块

可以在不卸下 CPU 或其他 SM 处于原位时卸下任何 SM。

拆卸 S7-1200 信号模块的具体步骤如下（见图 5-15）：

1）确保 CPU 和所有 S7-1200 设备都与电源断开。

2）将 I/O 连接器和接线从 SM 上卸下。

3）缩回总线连接器。将螺钉旋具放到 SM 上方的小接头旁。向下按压螺钉旋具使连接器与 CPU 相分离。将小接头完全滑到右侧。

4）拉出下方的 DIN 导轨卡夹从导轨上松开 SM。向上转动 SM 使其脱离导轨。从系统中卸下 SM。如有必要，用盖子盖上 CPU 的总线连接器以避免污染。

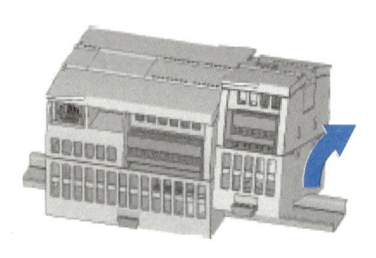

图 5-15　拆卸 S7-1200 信号模块

5.2.8　安装和拆卸通信模块

每个 S7-1200 CPU 最多可以支持 3 个通信模块，通信模块必须安装在 CPU 的左侧。将 CM 连接到 CPU 上，然后再将整个组件作为一个单元安装到 DIN 导轨或面板上。

安装 S7-1200 通信模块的具体步骤如下（见图 5-16）：

1）确保 CPU 和所有 S7-1200 设备都与电源断开。

2）卸下 CPU 左侧的总线盖，将螺钉旋具插入总线盖上方的插槽中，轻轻撬出上方的盖。

3）使 CM 的总线连接器和接线柱与 CPU 上的孔对齐。用力将两个单元压在一起直到接线柱卡入到位。

4）将 CPU 和 CP 安装到 DIN 导轨或面板上。

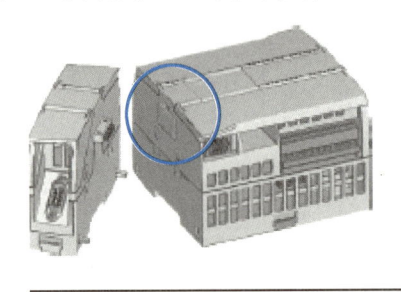

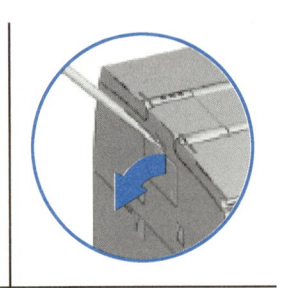

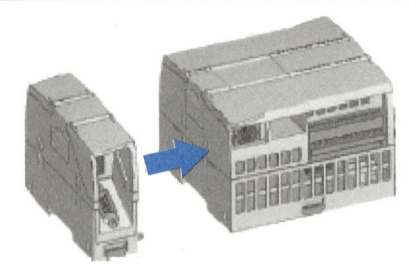

图 5-16　安装 S7-1200 通信模块

将 CPU 和 CM 作为一个完整单元从 DIN 导轨或面板上卸下。

拆卸 S7-1200 信号模块的具体步骤如下（见图 5-17）：

1）确保 CPU 和所有 S7-1200 设备都与电源断开。

2）拆除 CPU 和 CM 上的 I/O 连接器和所有接线及电缆。
3）对于 DIN 导轨安装，将 CPU 和 CM 上的下部 DIN 导轨卡夹掰到伸出位置。
4）从 DIN 导轨或面板上卸下 CPU 和 CM。用力抓住 CPU 和 CM，并将它们分开。

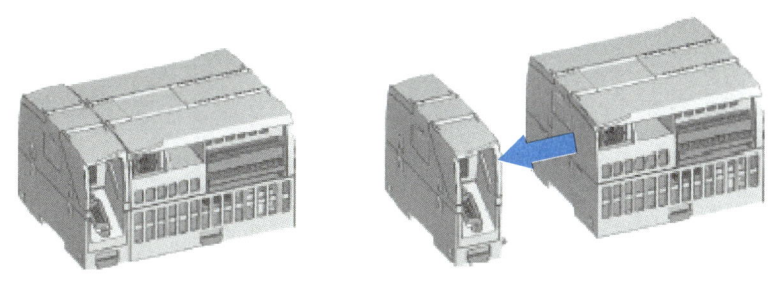

图 5-17　拆卸 S7-1200 通信模块

5.2.9　安装和拆卸信号扩展板

安装 S7-1200 信号扩展板的具体步骤如下（见图 5-18）：
1）确保 CPU 和所有 S7-1200 设备都与电源断开。
2）卸下 CPU 上部和下部的端子板盖板。
3）将螺钉旋具插入 CPU 上部接线盒盖背面的槽中。
4）轻轻将盖撬起并从 CPU 上卸下。
5）将模块直接向下放入 CPU 上部的安装位置中。
6）用力将模块压入该位置直到卡入就位。
7）重新装上端子板盖子。

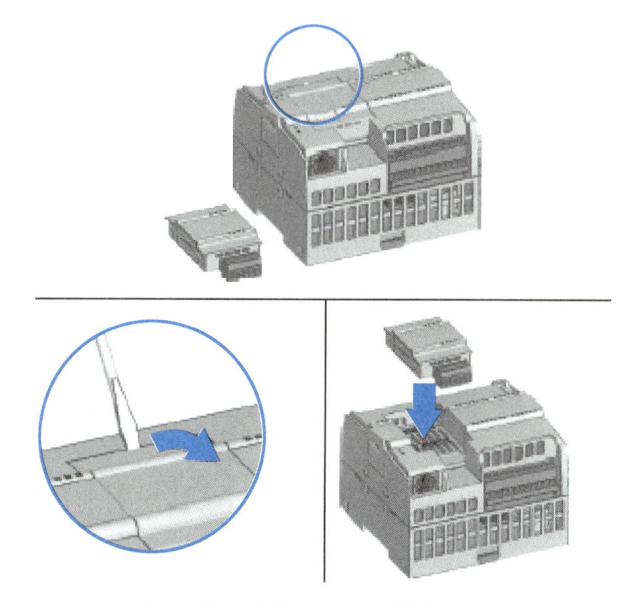

图 5-18　安装 S7-1200 信号扩展板

拆卸 S7-1200 信号扩展板的具体步骤如下（见图 5-19）：
1）确保 CPU 和所有 S7-1200 设备都与电源断开。

2）卸下 CPU 上部和下部的端子板盖板。
3）将螺钉旋具插入模块上部的槽中。
4）轻轻将模块撬起使其与 CPU 分离。
5）将模块直接从 CPU 上部的安装位置中取出。
6）将盖板重新装到 CPU 上。
7）重新装上端子板盖子。

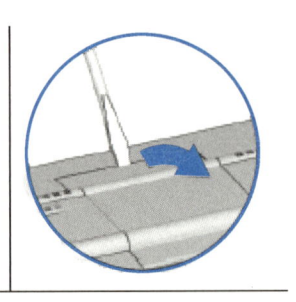

图 5-19　拆卸 S7-1200 信号扩展板

5.2.10　拆卸和安装端子板连接器

S7-1200 系列 PLC 的 CPU、SB 和 SM 模块都提供了方便接线的可拆卸连接器。

拆卸 S7-1200 端子板连接器的具体步骤如下（见图 5-20）：

1）确保 CPU 和所有 S7-1200 设备都与电源断开。
2）打开 CPU 连接器上的盖子，查看连接器的顶部并找到可插入螺钉旋具头的槽。
3）将螺钉旋具插入槽中。
4）轻轻撬起连接器顶部使其与 CPU 分离。连接器从夹紧位置脱离。
5）抓住连接器并将其从 CPU 上卸下。

图 5-20　拆卸 S7-1200 端子板连接器

通过断开 CPU 的电源并打开连接器的盖子，准备端子板安装的组件。
安装 S7-1200 端子板连接器的具体步骤如下（见图 5-21）：
1）确保 CPU 和所有 S7-1200 设备都与电源断开。
2）使连接器与单元上的插针对齐。
3）将连接器的接线边对准连接器座沿的内侧。
4）用力按下并转动连接器直到卡入到位。仔细检查以确保连接器已正确对齐并完全啮合。

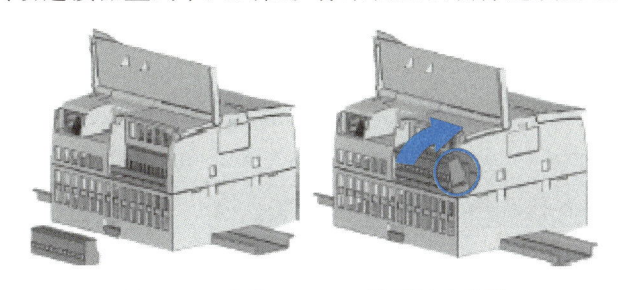

图 5-21　安装 S7-1200 端子板连接器

任务三　灌装自动生产线 PLC 控制系统设计

1. 任务要求
使用 S7-1200 系列 PLC 进行灌装自动生产线控制系统设计。
1）分析任务，明确输入/输出信号类型及点数。
2）对输入输出信号的设备进行选型并列表记录。
3）根据控制任务和输入输出点数选择合适的 CPU 型号及相应的信号模块。

2. 分析与讨论
该任务是工业自动化项目中最重要的部分，此部分的合理性与可操作性决定了项目的成败，需要精心设计反复推敲。可以采用多人讨论的方式寻找设计方案是否满足控制功能。

3. 解决方案示例
（1）分析任务，明确输入/输出信号类型及点数

1）就地/远程选择开关：灌装自动生产线要求就地和远程两种控制方式。就地控制是用操作面板上的按钮和开关来控制设备的运行。远程控制是通过网络用 HMI 的监控系统来控制设备的运行。

2）手动/自动选择开关：灌装自动生产线要求手动和自动两种工作模式。手动模式用于设备的调试和系统复位，包括：允许通过点动按钮使传送带正向或反向运行，按下球阀点动按钮使球阀开闭，从而调试设备；允许按下计数值清零按钮对计数统计值进行复位。自动模式下允许起动生产线自动运行。

注意：只有在设备停止运行的状态下，才允许切换手动/自动模式。

3）起动按钮：在自动模式下，按下起动按钮，起动生产线运行。灌装工艺流程为：按下起动按钮，电动机正转，传送带正向运行；空瓶子到达灌装位置时电动机停止转动，灌装阀门打开，开始灌装；灌装时间到，灌装阀门关闭，电动机正转，传送带继续运行，直到下一个空瓶子到达灌装位置。

4）停止按钮：在自动模式下，按下停止按钮，停止生产线运行，电动机停止转动，传送带停止运行，灌装阀门关闭。

5）急停按钮：当设备发生故障时，按下急停按钮停止生产线的一切运行。此时要求急停灯亮，系统传动带停止运行，灌装阀门关闭，其他指示灯灭。

6）复位按钮：取消急停，急停灯灭。按下复位按钮，系统恢复到初始状态。

7）系统初始状态：传送带停，球阀关，急停取消，所有指示灯灭，蜂鸣器不响。

经分析，需要开关2个，按钮8个，急停按钮1个，位置传感器3个，称重传感器1个，指示灯8个，蜂鸣器1个，继电器3个。

8）上位监控：就地运行实现自动运行状态监视和报警，远程控制可进行用户登录、上位启停和参数设置等功能。

（2）对灌装自动生产线控制系统中的输入/输出信号的设备进行选型并列表记录（见表5-6）

表5-6　灌装自动生产线控制系统中的输入/输出信号

序号	器件名称	数量	选型
1	真空断路器	1	SCHNEIDER
2	普通按钮	8	WYQY LA128A
3	急停按钮	1	WYQY LA128A
4	选择开关	2	SA16
5	指示灯	8	APT AD16-16C
6	蜂鸣器	1	SHSHAO SAD16-16M
7	光电开关位置传感器	3	OMKQN E3F-DS30P1
8	称重传感器及其变送器	1	SCH-I(V)-ST
9	继电器	3	Honeywell GR-2C-DC24V
10	接线端子	200	
11	各色导线	若干	

（3）根据控制任务和输入输出点数选择合适的CPU型号及相应的信号模块

根据控制要求考虑系统扩展共需要17个输入信号，12个输出信号。其中输入信号中16个数字量，1个模拟量。12个输出信号全部为数字量。根据控制要求选择S7-1200中的CPU模块以及1个8入8出的数字量模块和1个4入2出的模拟量模块，灌装自动生产线控制系统模块选型见表5-7。

表5-7　灌装自动生产线控制系统模块选型

序号	器件名称	数量	选型
1	CPU模块	1	6ES7 214-1BG31-0XB0
2	数字量输入输出模块	1	6ES7 223-1PH32-0XB0
3	模拟量输入输出模块	1	6ES7 224-4HE32-0XB0
4	工业平板 PCITP1000	1	6AV7676-1AB00-OASO

5.3　S7-1200 PLC硬件接线规范

5.3.1　安装现场的接线

在安装和移动S7-1200系列PLC模块及其相关设备之前，一定要切断所有的电源。

S7-1200 系列 PLC 设计安装和现场接线的注意事项如下：
1) 使用正确的导线，采用芯径为 0.5~1.5 mm² 的导线。
2) 尽量使用短导线（最长 500 m 屏蔽线或 300 m 非屏蔽线），导线要尽量成对使用。
3) 将交流线和高能量快速开关的直流线与低能量的信号线隔开。
4) 针对闪电式浪涌，安装合适的浪涌抑制设备。
5) 外部电源不要与 DC 输出点并联用作输出负载，这可能导致反向电流冲击输出，除非在安装时使用二极管或其他隔离栅。

5.3.2 使用隔离电路时的接地与电路参考点

使用隔离电路时的接地与电路参考点应遵循以下几点：
1) 为每一个安装电路选一个合适的参考点（0 V）。
2) 隔离元件用于防止安装中不期望的电流产生。应考虑到哪些地方有隔离元件，哪些地方没有，同时要考虑相关电源之间的隔离以及其他设备的隔离等。
3) 选择一个接地参考点。
4) 在现场接地时，一定要注意接地的安全性，并且要正确地操作隔离保护设备。

5.3.3 数字量输入接线

数字量输入类型有源型和漏型两种。S7-1200 系列 PLC 集成的输入点和信号模板的所有输入点既支持源型输入又支持漏型输入，而信号模板的输入点只支持源型输入或漏型输入。

对于源型输入，对应的输入器件为 NPN 型，低电平有效，共阳极，电流从输入点流出，将"+"连接到 M，如图 5-22 所示。

对于漏型输入，对应的输入器件为 PNP 型，高电平有效，共阴极，电流向输入点流入，将"-"连接到 M，如图 5-23 所示。

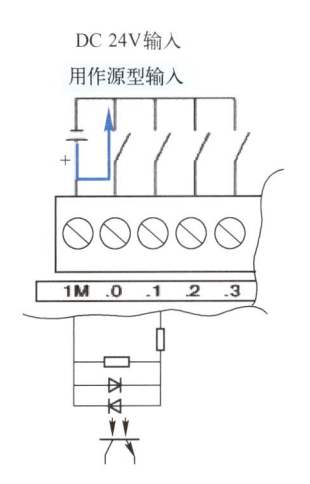

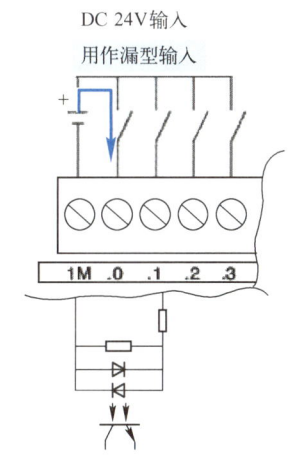

图 5-22　源型输入接线示意图　　图 5-23　漏型输入接线示意图

支持源型输入的信号板有 6ES7 221-3BD30-0XB0、6ES7 221-3AD30-0XB0、6ES7 223-3BD30-0XB0 和 6ES7 223-3AD30-0XB0，其接线示意图如图 5-24 所示。

支持漏型输入的信号板有 6ES7 223-0BD30-0XB0，其接线示意图如图 5-25 所示。关于 S7-1200 系列 PLC 数字量输入模块接线的更多详细内容可参考系统手册。

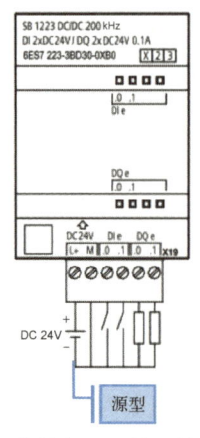

图 5-24 信号板源型输入接线示意图 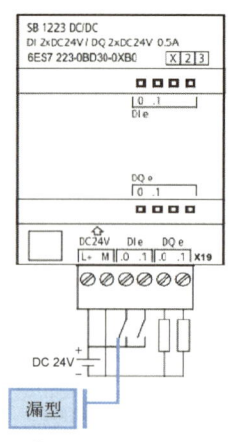　　图 5-25 信号板漏型输入接线示意图

5.3.4 数字量输出接线

S7-1200 系列 CPU 集成 DO 与 SM 数字量输出分为晶体管输出和继电器输出。

晶体管输出形式的 DO 负载能力较弱（小型的指示灯、小型继电器线圈等），响应相对较快，其接线示意图如图 5-26 所示。

继电器输出形式的 DO 负载能力较强（能驱动接触器等），响应相对较慢，其接线示意图如图 5-27 所示。

S7-1200 系列 PLC 数字量的输出信号类型，只有 200 kHz 的信号板输出既支持漏型输出又支持源型输出，其他信号板、信号模块和 CPU 集成的晶体管输出都只支持源型输出。

支持源型/漏型输出的信号板有 6ES7 222-1BD30-0XB0、6ES7 222-1BD30-0XB0、6ES7 223-3AD30-0XB0 和 6ES7 223-3BD30-0XB0，其接线示意图如图 5-28 所示。只支持源型输出的信号板有 6ES7 223-0BD30-0XB0。

关于 S7-1200 系列 PLC 数字量输出模块接线的更多详细内容可参考系统手册。

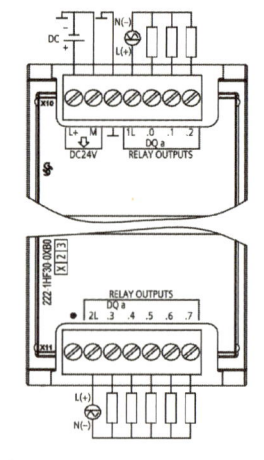

图 5-26 晶体管输出形式的 DO 接线示意图

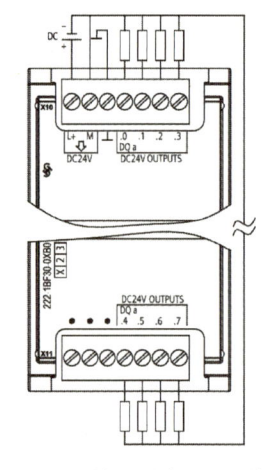

图 5-27 继电器输出形式的 DO 接线示意图 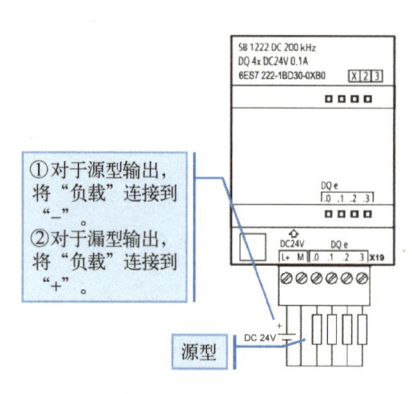　　图 5-28 信号板源型输出接线示意图

5.3.5 模拟量接线

S7-1200 系列 PLC 模拟量模块的接线，有以下三种接线方式，如图 5-29 所示。

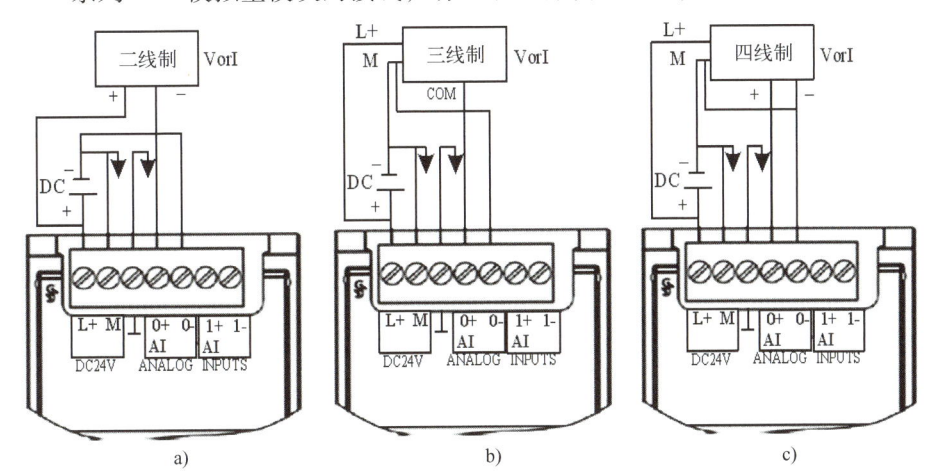

图 5-29 模拟量模块接线示意图
a) 二线制 b) 三线制 c) 四线制

1) 二线制：两根线既传输电源又传输信号，也就是传感器输出的负载和电源是串联在一起的，电源是从外部引入的，和负载串联在一起来驱动负载。

2) 三线制：电源正端和信号输出的正端分离，但它们共用一个 COM 端。

3) 四线制：两个电源线，两根信号线。电源和信号是分开工作的。关于 S7-1200 PLC 模拟量模块接线的更多详细内容可参考系统手册。

任务四　灌装自动生产线 PLC 控制系统硬件设计及接线

1. 任务要求

按照以下步骤实现控制系统硬件设计：
1) 对所有输入/输出信号进行 I/O 分配，并列表记录。
2) 绘制 PLC 控制系统电气原理图、硬件接线图。
3) 按照硬件接线图完成硬件接线并进行硬件测试。

2. 解决方案示例

1) 输入/输出设备 I/O 分配见表 5-8。

表 5-8　输入/输出设备的 I/O 分配以及注释

序号	符号	地址	注释	序号	符号	地址	注释
1	SB1	I0.0	系统启动按钮	7	SB5	I0.6	备用
2	SB2	I0.1	系统停止按钮（动断）	8	SB6	I0.7	手动球阀
3	SA1	I0.2	就地/远程选择	9	SB7	I1.0	正向点动按钮
4	SA2	I0.3	手动/自动选择	10	SB8	I1.1	反向点动按钮
5	SB3	I0.4	备用	11	SB9	I1.2	报警确认按钮
6	SB4	I0.5	复位按钮	12	SB10	I1.3	模式选择确认按钮

(续)

序号	符号	地址	注释	序号	符号	地址	注释
13	SB11	I1.4	急停按钮（动断）	24	HL7	Q0.6	正转指示灯
14	S1	I8.0	初始位置传感器S1	25	HL8	Q0.7	反转指示灯
15	S2	I8.1	灌装位置传感器S2	26	HA1	Q1.1	蜂鸣器
16	S3	I8.2	终检位置传感器S3	27	KA1	Q8.0	传送带正转
17	WSR	IW112	称重传感器	28	KA2	Q8.1	传送带反转
18	HL1	Q0.0	系统运行指示灯	29	KA3	Q8.2	灌装球阀
19	HL2	Q0.1	急停指示灯				
20	HL3	Q0.2	报警指示灯				
21	HL4	Q0.3	复位完成指示灯				
22	HL5	Q0.4	手动模式指示灯				
23	HL6	Q0.5	自动模式指示灯				

2）根据任务三中的控制系统模块选型，绘制 PLC 控制系统电气原理图，如图 5-30 所示。

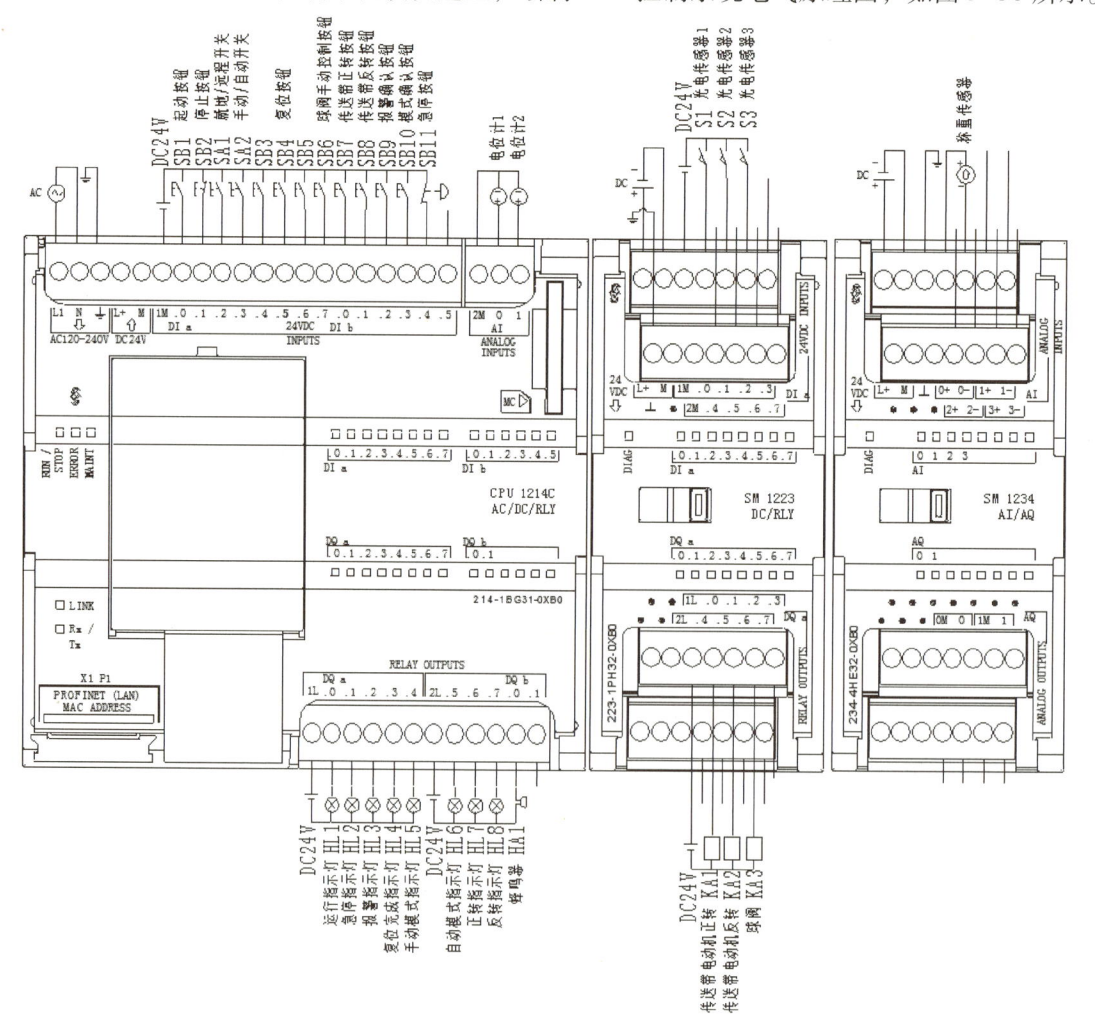

图 5-30　S7-1200 系列 PLC 系统电气原理图

3）完成硬件接线的设备实物模型如图 5-31 所示。

接线完成需要用万用表进行硬件测试，检查所有的线路是否符合电气接线原理图。具体方法如下：将数字万用表打在蜂鸣档，用红黑表笔接触应该接通的线路两端，蜂鸣器响则表示线路接通；否则检查接线。

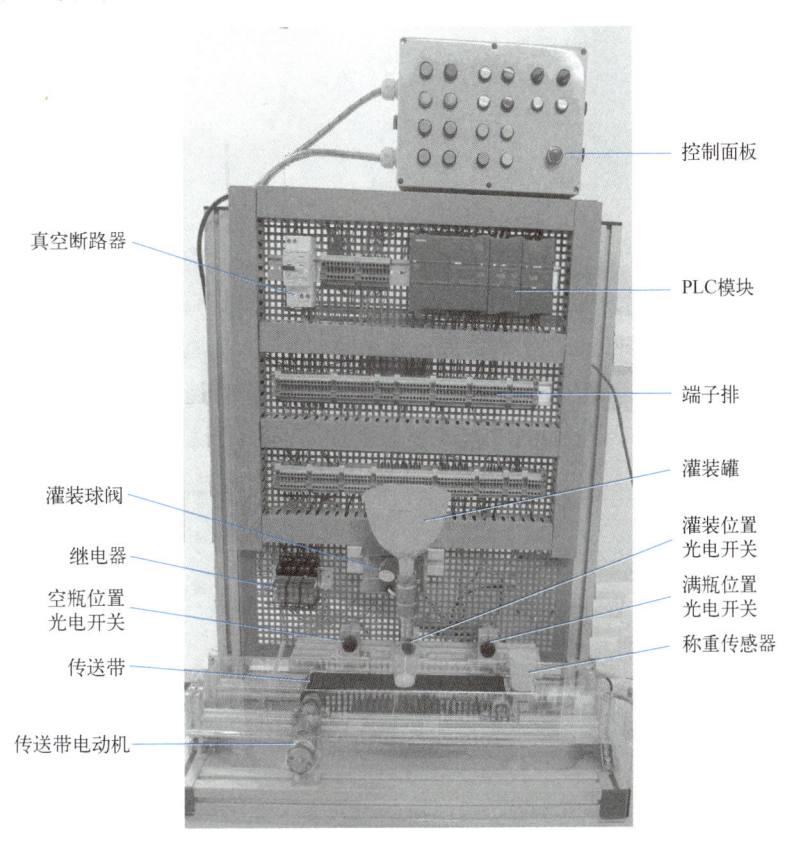

图 5-31　完成硬件接线的设备实物模型

第 6 章　工业自动化项目的 PLC 控制软件设计

工业自动化项目设计流程为系统总体方案设计、电气控制设计和 PLC 控制系统设计。PLC 控制系统设计包括系统硬件设计、软件设计、通信设计以及上位监控设计。第 5 章介绍了 PLC 控制系统的硬件设计，本章着重软件设计。其设计流程包括程序结构设计、主程序流程图、各子程序功能设计、编程调试和系统联调。

本章学习要求：

1) 理解程序结构。
2) 掌握 PLC 控制系统软件使用方法。
3) 熟练应用各种指令实现需要的功能。
4) 熟悉各种程序调试方法并会解决实际问题。
5) 掌握顺序控制编程方法。

6.1　自动化项目设计软件——TIA 博途

TIA 博途（Totally Integrated Automation Portal）软件将所有自动化软件工具集成在统一的开发环境中，简化了工厂内所有组态阶段的工程组态过程，为全集成自动化的实现提供了统一的工程平台。TIA 博途软件架构主要包含：SIMATIC STEP 7、SIMATIC WinCC、StartDrive、SCOUT 以及全新数字化软件选件等。

STEP 7 包含两个版本，其中 Basic 基本版用于 SIMATIC S7-1200 控制器的组态编程和诊断，Professional 专业版用于 SIMATIC S7-1200、SIMATIC S7-1500、SIMATIC S7-300/400 和 WinAC（Windows Automation Center）的组态、编程和诊断。

WinCC 包含 4 种版本，用于西门子的 HMI（人机界面）、工业 PC 和标准 PC 的组态。其中，WinCC Basic 版本已包含在博途 Step 7 中，用于组态精简系列面板。WinCC Comfort 版本用于组态所有面板，包括精简面板、精智面板和移动面板。WinCC Advanced 版本用于组态所有面板以及运行 TIA 博途 WinCC Runtime Advanced 的 PC。WinCC Professional/WinCC Unified 版本用于组态所有面板以及运行 TIA 博途 WinCC Runtime 高级版或 SCADA 系统 TIA 博途 WinCC Runtime Professional/WinCC Runtime Unified 的 PC。

StartDrive 用于西门子驱动设备的系统组态、参数设置、调试和诊断。

SCOUT 用于 SIMOTION 运动控制器的工艺对象配置、用户编程、调试和诊断。

TIA 博途目前已升级到 V17。前期版本的组态和程序可顺序升级。博途 V11 编辑的程序可升级为 V13 版本的程序，博途 V13、V15 的程序可分别升级为 V15 和 V17，但不能跳跃升级。具体升级方法如图 6-1 所示。

图 6-1　TIA 博途项目文件升级方法

6.1.1　TIA 博途 V15 的功能

SIMATIC S7-1200 是西门子推出的一款新型模块化紧凑型控制器，适用于中小型自动化项目设计与实现。其采用的软件是 SIMATIC TIA Portal STEP 7，目前版本已到 V17。本教材采用的是 V15 SP1 版本。但如前所述，V15 的项目可以在 V17 版本升级。该软件内部集成 STEP 7 Professional V15 和 WinCC Professional V15，提供了通用的工程组态框架，可以用来对 S7-1200 系列 PLC 和 HMI 面板进行高效组态。与前期版本相比，WinCC 增加了对 TP1200 Comfort PRO、TP1500 Comfort PRO、TP1900 Comfort PRO、TP2200 Comfort PRO 等设备的配置。

6.1.2　TIA 博途 V15 的安装环境与安装方法

TIA 博途 V15 对安装环境的要求较高，必须为 Windows 7 以上系统。具体系统要求见表 6-1。

表 6-1　TIA 博途 V15 安装环境要求

硬件/软件	要　　求
处理器类型	Intel ® Core™ i3-6100U，2.30 GHz
RAM	8 GB
可用硬盘空间	S-ATA，至少配备 20 GB 可用空间
操作系统	Windows 7（64 位） Windows 7 Home Premium SP1 ＊＊ Windows 7 Professional SP1 Windows 7 Enterprise SP1 Windows 7 Ultimate SP1 Windows 10（64 位） Windows 10 Home Version 1703 ＊＊ Windows 10 Professional Version 1703 Windows 10 Enterprise Version 1703 Windows 10 Enterprise 2016 LTSB Windows 10 IoT Enterprise 2015 LTSB Windows 10 IoT Enterprise 2016 LTSB Windows Server（64 位） Windows Server 2012 R2 StdE（完全安装） Windows Server 2016 Standard（完全安装）

(续)

硬件/软件	要　　求
屏幕分辨率/像素	1024×768
网络	100 Mbit/s 或更高

安装方法比较简单，直接将磁盘插入计算机驱动器则安装程序应自动启动。选择安装对话框的语言，然后只需按照指示操作。通常仅安装要使用的语言。但是，也可以安装任何或所有其他语言但安装多种语言将需要更多磁盘空间。在安装过程中，需要对已安装的文件进行读写访问。有些防病毒程序可能会阻止对这些文件进行访问。因此，建议在安装 TIA Portal 期间禁用防病毒程序并在安装完成后重新启动这些程序。

程序安装完成需要进行授权。当许可证管理中出现 License type 为 Unlimited 时即表明许可证安装成功，如图 6-2 所示。

图 6-2　许可证安装成功

6.1.3　STEP 7 中项目的创建过程

STEP 7 提供了一个用户友好的环境，供用户开发控制器逻辑、组态 HMI 可视化和设置网络通信。为帮助用户提高生产率，STEP 7 提供了两种不同的视图：根据工具功能组织的面向任务的 Portal 视图和项目中各元素组成的面向项目的项目视图。Portal 视图提供了面向任务的视图，类似于导向操作，选择不同的任务入口可处理启动、设备与网络、PLC 编程、运动控制与技术、可视化以及在线与诊断等各种工程任务功能。在已经选择好的任务入口中可以找到相应的操作。例如选择"启动"任务后，可以进行"打开现有项目""创建新项目""移植项目"和"关闭项目"等操作。在 Portal 视图中只需单击图 6-3 中的"项目视图"或"打开项目视图"就可以切换到项目视图。

Portal 视图中还可以选择其他操作，如选择设备与网络、PLC 编程、运动控制 & 技术、可视化以及在线与诊断等。

项目视图的布局如图 6-4 所示，类似于 Windows 界面，包括标题栏、工具栏、编辑区和状态栏等。项目视图的左侧为项目树，可以访问所有设备和项目数据，也可以在项目

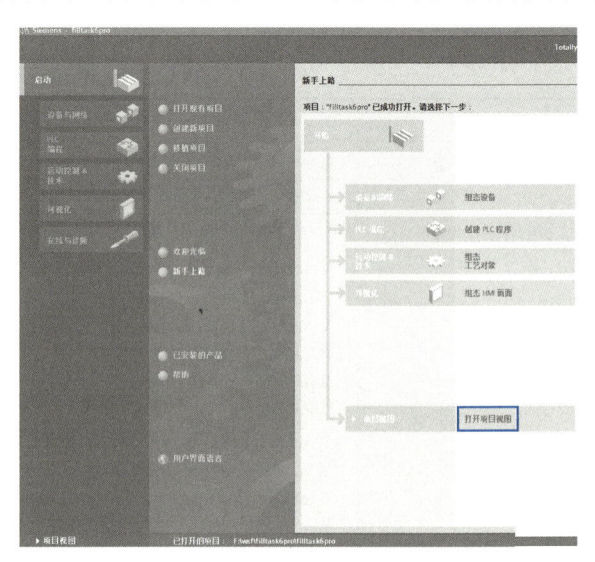

图 6-3　Portal 视图

中直接执行任务,例如添加新组件、编辑已存在的组件或打开编辑器处理项目数据等;项目视图的右侧为任务卡,根据已编辑的或已选择的对象,查找和替换项目中的对象,在编辑器中可得到一些任务卡,并允许执行一些附加操作;项目视图的下部为检查窗口,用来显示工作区中已选择对象或执行操作的附加信息。可通过单击图 6-4 中左下角"Portal 视图"切换到 Portal 视图。

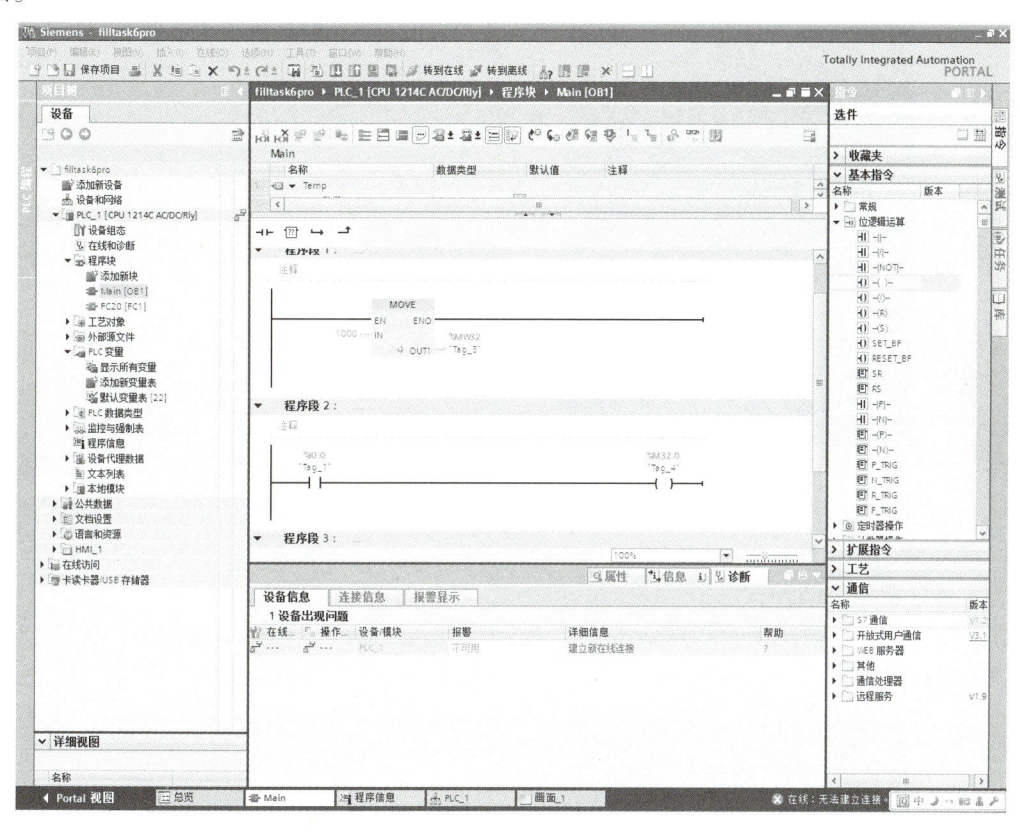

图 6-4　项目视图

创建一个项目需要执行以下 5 个步骤:进入 Portal 视图、硬件组态和属性配置、组态 IP 地址、下载硬件组态,以及硬件打点测试。

1. 进入 Portal 视图

新建项目文件夹,从 Windows 中找到 TIA Portal 软件,双击进入 Portal 视图,如图 6-5 所示。

图 6-5 中,①为不同任务的登录选项;②为所选登录对应的任务;③为所选操作的选择面板;④为切换到项目视图;⑤为当前打开项目的显示区域。在图示的路径区选中新建项目文件夹,输入文件名后单击"创建"。

图 6-5　进入 Portal 视图

进入项目视图后选择组态设备。如果已建项目,下次进入可选择打开现有项目进入项目编辑，如图 6-6 所示。

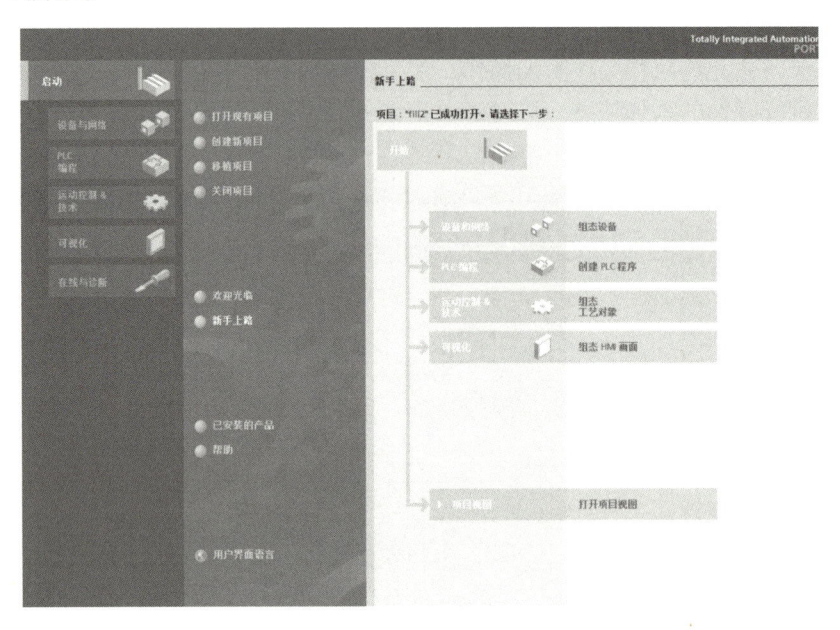

图 6-6　进入项目视图

2. 硬件组态和属性配置

（1）硬件组态的两种方法

方法一：单击"添加新设备"进入"添加 CPU 设备画面"，选择添加设备，进行 CPU 的选择，如图 6-7 所示。

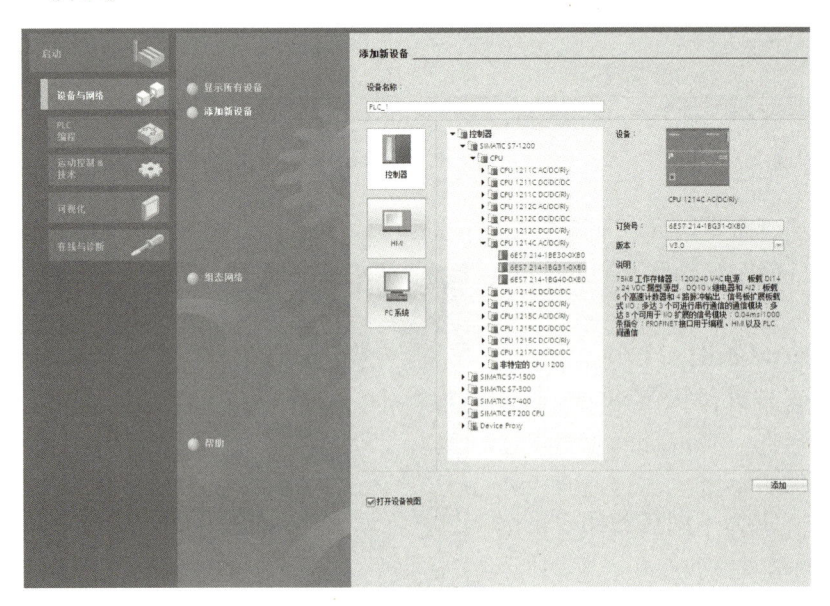

图 6-7　添加 CPU 设备

选中的 CPU 模块会自动插在 1 号槽。

方法二：采用启动"设备组态"的方式插入模块。在打开项目树的"PLC_1"文件夹中，双击"设备组态"，选择"设备视图"，可以看到 1 号插槽中的 CPU 模块。单击工具栏中的按钮"硬件目录",打开"硬件目录"窗口,如图 6-8 所示。硬件目录窗口的上半部分用于选择安装硬件,窗口的下部显示硬件的详细信息以及附加信息。

从"硬件目录"中选择硬件模块拖入相应的插槽,注意模块的订货号以及插槽位置要与工程项目的实际配置一致。选中模块后,该模块可以安装的插槽以蓝色高亮显示,可将模块拖放到组态表的相应列中;也可以在组态表中选择一个或多个适当的列,并在"硬件目录"窗口中双击所需的模块。如果未选择机架中的任何行,并且在"硬件目录"窗口中双击了一个模块,则该模块将被安装在第一个可用插槽中。

（2）组态 CPU 模块参数

每个模块（CPU、信号模块和通信模块）出厂时都有其默认属性,例如模拟量输入模块出厂时默认的测量信号的类型和范围。如果用户想改变这些设置,需要对模块的属性重新进行配置。

在设备视图界面新插入的 CPU 模块位置,鼠标单击此模块,则下方出现其属性配置,可以按照需求修改其中的配置,如图 6-9 所示。

1)"常规"属性:"常规"属性提供了有关项目信息和目录信息,显示出当前 CPU 所在的插槽与 CPU 的基本信息。

2)"PROFINET 接口"属性:"PROFINET 接口"属性中可以对项目进行 PROFINET 网络设置。"以太网地址"项用于设置以太

图 6-8　硬件目录

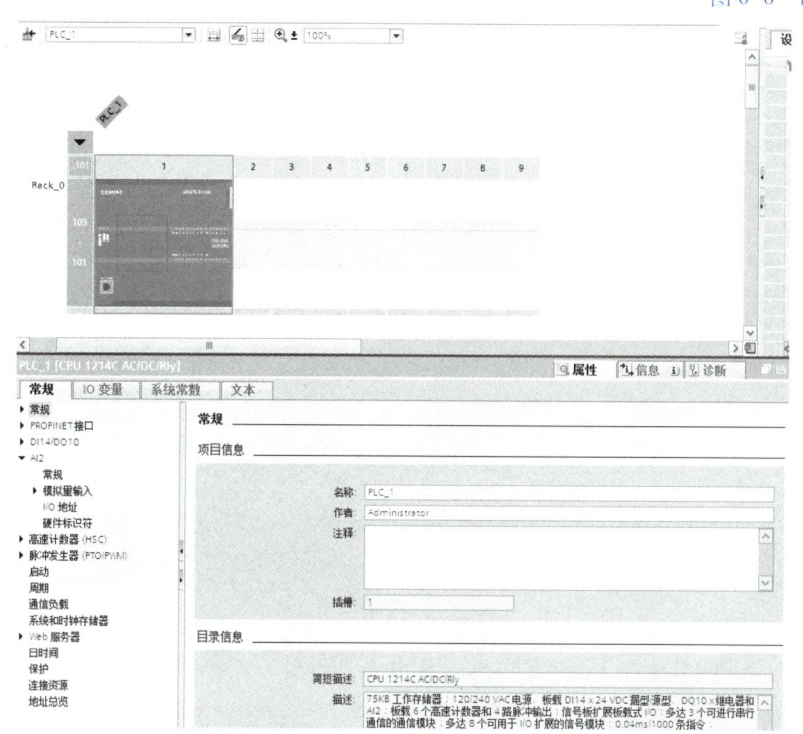

图 6-9　CPU 模块的属性

网接口是否联网。如果已在项目中创建了子网，则可以在下拉列表中进行选择。如果未创建子网，则可以单击"添加新子网"按钮，创建新子网。"IP 协议"项用于设置有关子网中 IP 地址、子网掩码和 IP 路由器的信息，如图 6-10 所示。

3）板载"DI14/DO10"属性：板载"DI14/DO10"属性中可以对数字量输入输出通道、I/O 地址等进行设置。在数字量输入中，可以为数字量输入设置滤波器的时间常数；可以为每个数字量输入启用上升沿检测或下降沿检测；可为该事件分配名称和硬件中断；可以为每个数字量输入激活脉冲捕捉功能，如图 6-11 所示。只有 CPU 集成的数字量输入有脉冲捕捉的功能。

在数字量输出中，可以设置每个数字量输出在 CPU 进入 STOP 模式的响应，可以将输出状态冻结，相当于保持为上一个值；也可以选择使用替代值，勾选该复选框则表示替代值为 1，否则默认 0 为替代值，如图 6-12 所示。

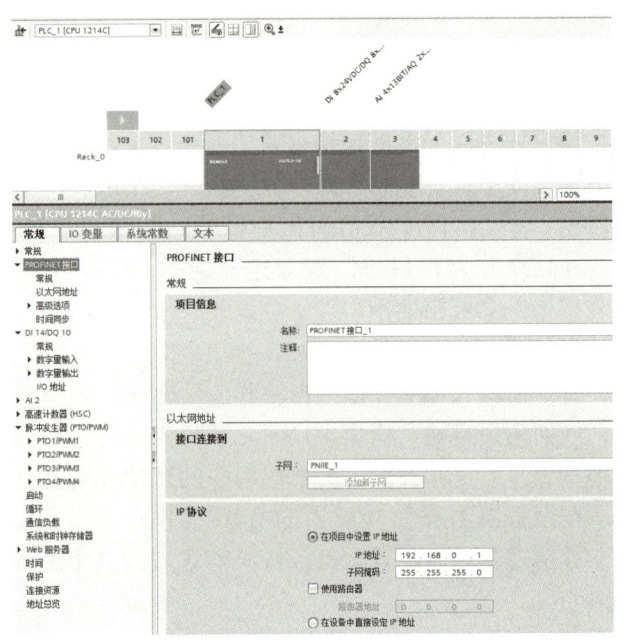

图 6-10　CPU 模块的"PROFINET 接口"属性

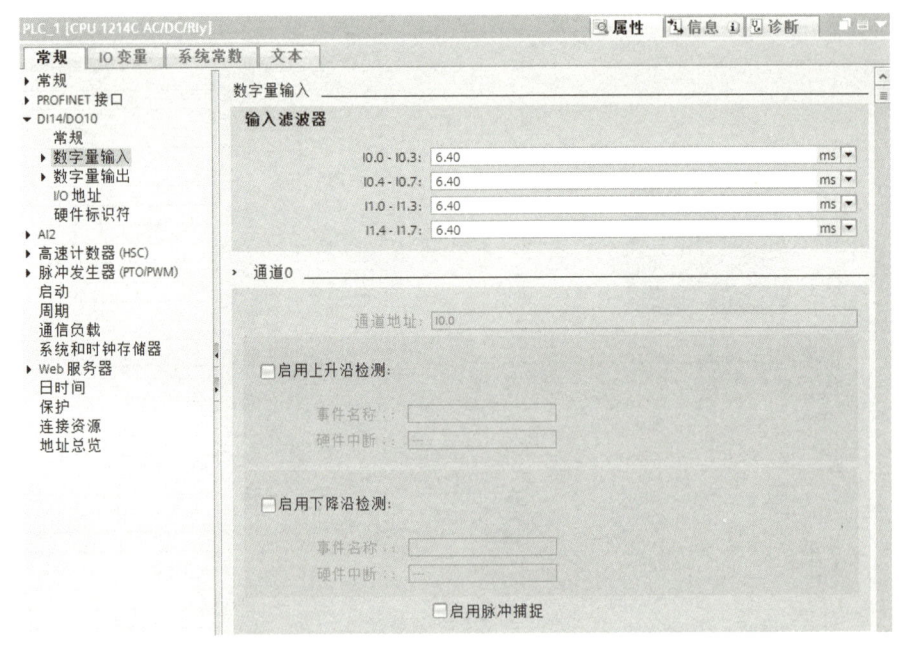

图 6-11　CPU 模块的板载"DI14/DO10"的"数字量输入"属性

4）板载"AI2"属性：板载"AI2"属性中可以对模拟量输入通道、I/O 地址等进行设置。在模拟量输入中，可以设置积分时间，指定的积分时间会在降低噪声时抑制指定频率大小的干扰频率；该 CPU 自带的模拟量输入测量类型为"电压"，电压范围为"0 到 10 V"，无法更改,如图 6-13 所示。

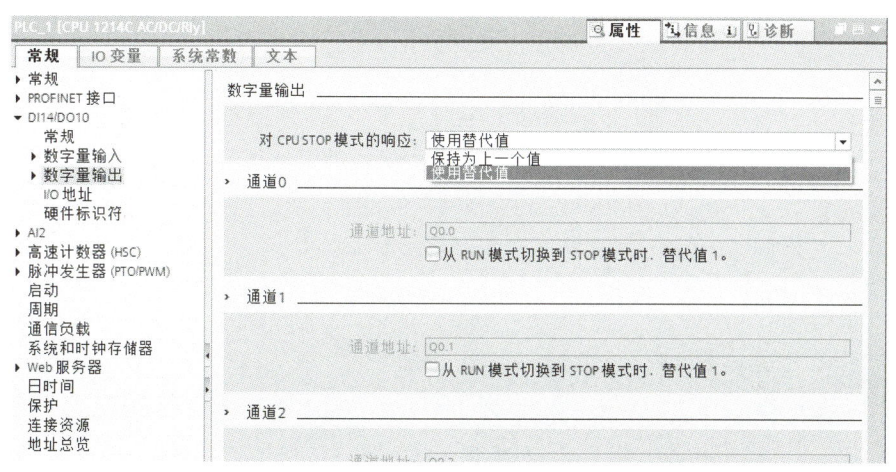

图 6-12　CPU 模块的板载"DI14/DO10"的"数字量输出"属性

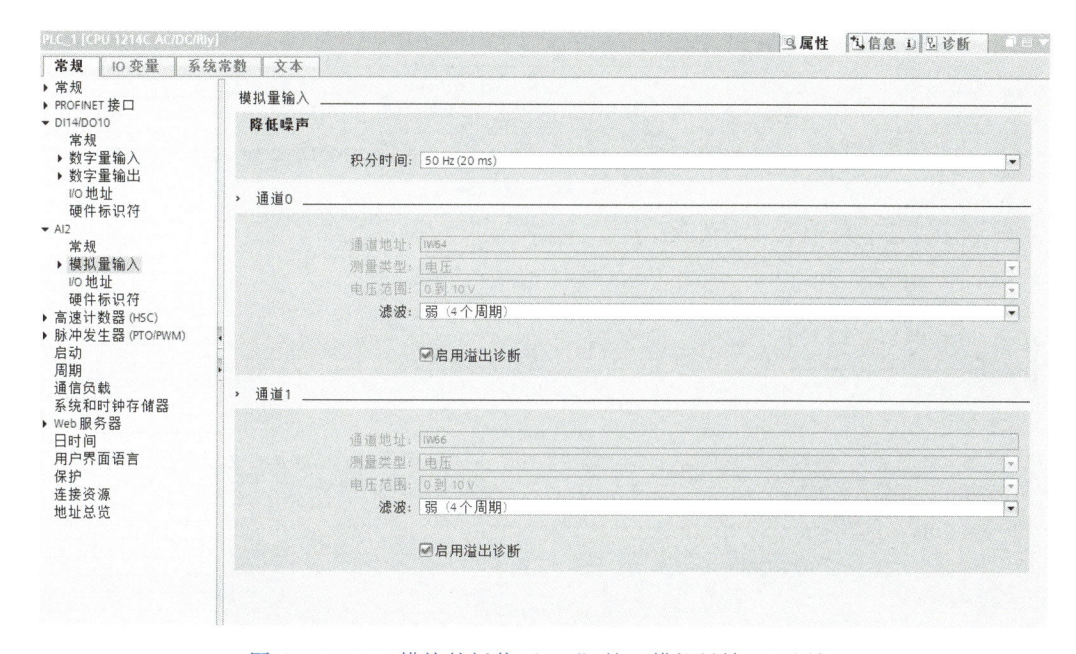

图 6-13　CPU 模块的板载"AI2"的"模拟量输入"属性

在 I/O 地址中,可以查看模拟量输入的地址,并且可以根据用户需求对其进行修改,如图 6-14 所示。

5)"启动"属性:"启动"属性可以设置组态上电后 CPU 的启动方式,分别有"不重新启动(保持为 STOP 模式)""暖启动-RUN 模式"和"暖启动-断电前的操作模式",如图 6-15 所示。在不重新启动模式下,CPU 不执行程序,可以下载项目。在暖启动-RUN 模式,会重复执行程序循环 OB。在该模式中的任何时刻都可以发生中断事件并对其进行处理。在暖启动-断电前的操作模式,执行一次启动 OB(如果存在)。在该模式下不处理任何中断事件。

6)"周期"属性:"周期"属性可以设置循环周期监视时间,如图 6-16 所示。循环时间是操作系统刷新过程映像和执行程序循环 OB 的时间,包括所有中断此循环的程序执行时间。每次循环的时间并不相等。

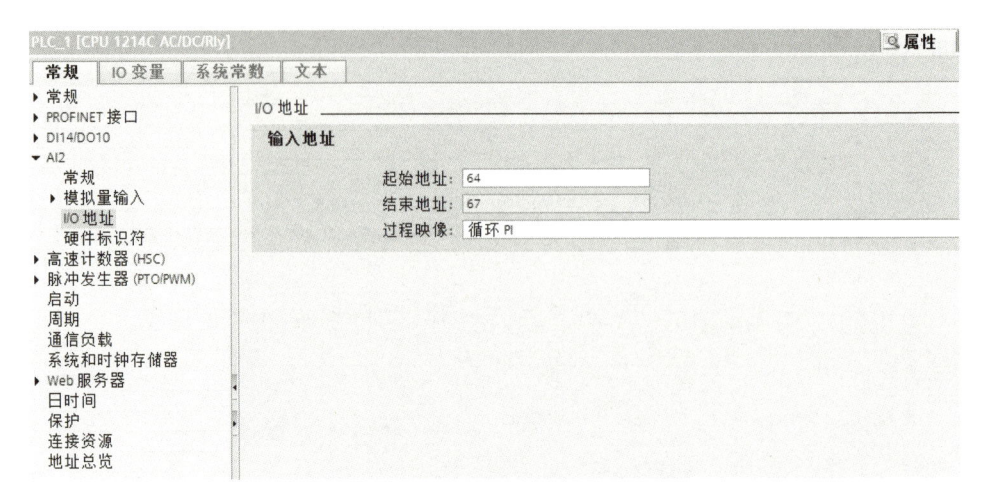

图 6-14 CPU 模块的板载"AI2"的"I/O 地址"属性

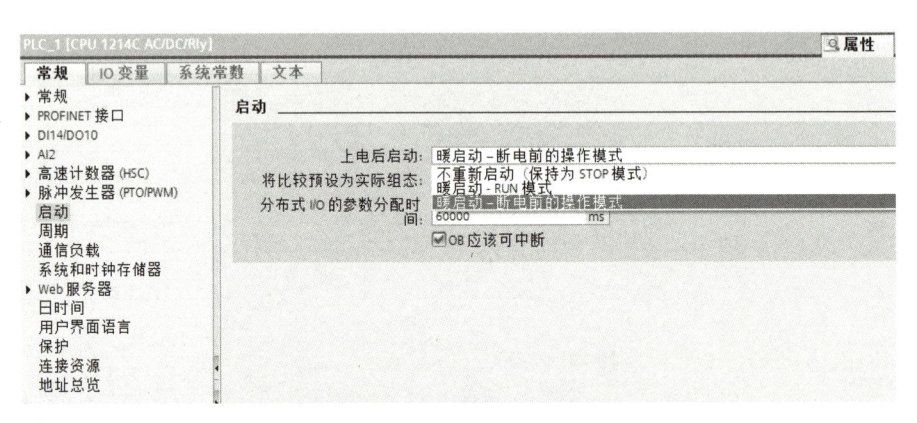

图 6-15 CPU 模块的"启动"属性

图 6-16 CPU 模块的"周期"属性

7)"系统和时钟存储器"属性:"系统和时钟存储器"可以设置系统存储器位和时钟存储器位,如图 6-17 所示。

在系统存储器位中,勾选"允许使用系统存储器字节",采用默认的 MB1 为系统存储器,用户也可以根据需求自己定义。将 MB1 设置为系统存储器字节后,该字节的 M1.0~M1.3 的意义如下:

M1.0(首次循环):仅在进入 RUN 模式的首次扫描时为 1 状态。

M1.1（诊断图形已更改）：CPU 登录了诊断事件时，在一个扫描周期内为 1 状态。

M1.2（始终为 1）：总是为 1 状态即 Always TRUE。

M1.3（始终为 0）：总是为 0 状态即 Always FALSE。

时钟存储器可向用户提供 8 个不同频率的占空比为 1∶1 的时钟脉冲信号，时钟存储器字节的每一位对应的时钟脉冲的周期与频率见表 6-2。如果要使用时钟信号，首先应勾选"允许使用时钟存储器字节"选项，然后设置保存时钟信号的位存储器区字节地址，如图 6-17 所示，将时钟信号保存在 MB0 中，则 M0.5 的时钟频率为 1 Hz。

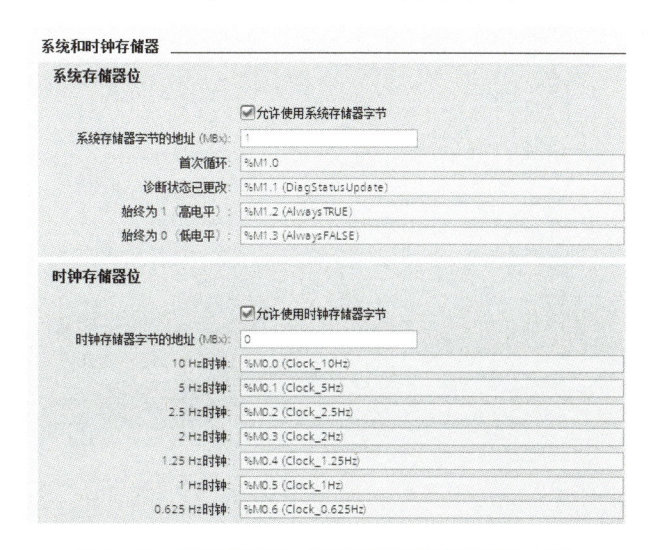

图 6-17　CPU 模块的"系统和时钟存储器"属性

表 6-2　时钟存储器字节的每一位对应的时钟脉冲的周期与频率

位	7	6	5	4	3	2	1	0
周期/s	2	1.6	1	0.8	0.5	0.4	0.2	0.1
频率/Hz	0.5	0.625	1	1.25	2	2.5	5	10

注意：当指定了系统存储器和时钟存储器字节后，这两个字节不能再用于其他用途，否则将会使用户程序运行出错，甚至造成设备损坏或人身伤害。

允许使用系统存储器字节和允许使用时钟存储器字节后会在默认变量表自动出现变量分配，如图 6-18 所示。

8)"日时间"属性："日时间"可以设置 CPU 的运行时区等，如图 6-19 所示。

9)"保护"属性："保护"可以设置读/写访问保护等级与密码，如图 6-20 所示。CPU 共有 3 个保护级别，"无保护"是系统默认的级别，允许完全访问；选择"写保护"，只有输入正确的密码后才能修改 CPU 中的数据，并改变 CPU 的运行模式；选择"读/写保护"，既不能改写，也不能读取 CPU 中的数据。被授权（知道密码）的用户可以进行读/写访问。未经授权（不知道密码）的人员，只能读有"写保护"的 CPU，不能访问有"读/写保护"的 CPU。密码中字母区分大小写。

图 6-18　默认表量表中出现时钟存储区

（3）信号模块添加和属性配置

可根据实际组态添加数字量信号模块和模拟量信号模块。例如添加数字量混合模块 SM1223 和模拟量混合模块 SM1234，如图 6-21 所示。

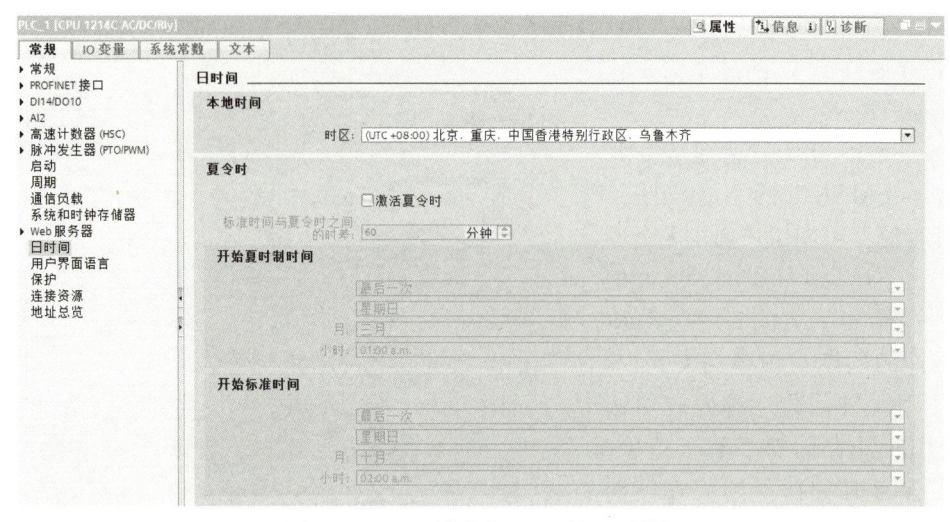

图 6-19 CPU 模块的"日时间"属性

图 6-20 CPU 模块的"保护"属性

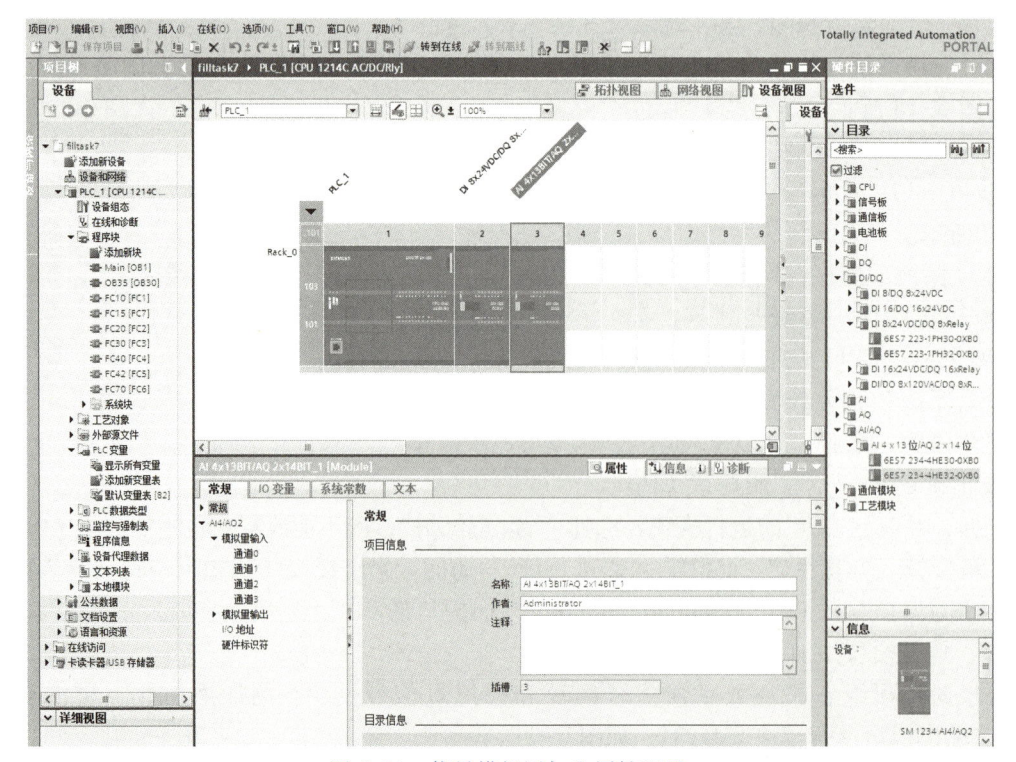

图 6-21 信号模板添加和属性配置

在数字量 I/O 地址中，可以查看数字量输入/输出的地址，并且可以根据用户需求对其进行修改。例如添加数字量混合模块 SM1223 的"I/O 地址"属性，如图 6-22 所示。

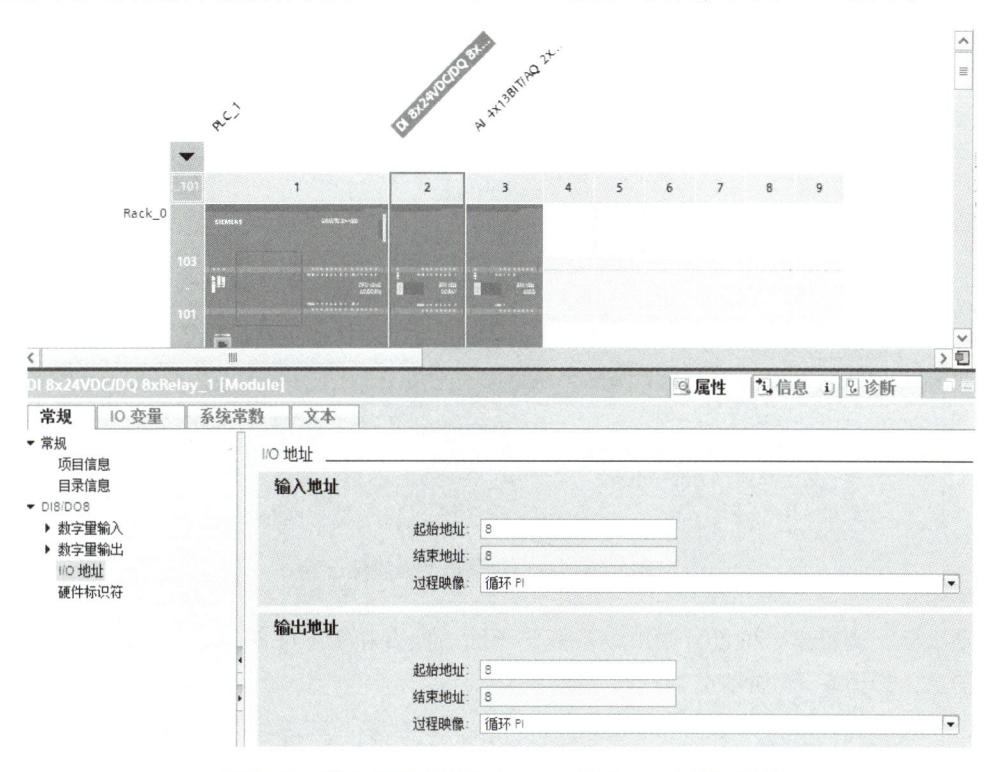

图 6-22　数字量混合模块 SM1223 的"I/O 地址"属性

对模拟量的参数设置包括常规和参数设置。常规中显示模拟量所在的通道信息，参数设置主要对通道类型进行设置。SM1234 有 4 个模拟量输入通道和 2 个模拟量输出通道。其中模拟量输入通道可根据传感器的类型选择电压型或者电流型。其中电压型传感器的量程范围可根据实际参数从（+/-10 V，+/-5 V，+/-2.5 V）中选择，电流型传感器可从（0～20 mA，4～20 mA）中选择，如图 6-23 所示。

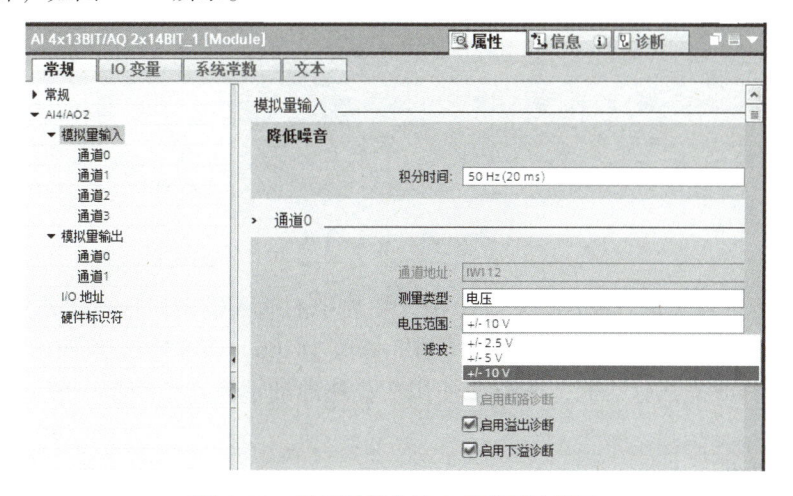

图 6-23　模拟量模块输入通道属性设置

2个模拟量输出通道可以选择设置电压型或者电流型,其设置值可以不相同。其中电压型输出的默认电压范围为+/-10 V,电流型输出的默认电流范围为0~20 mA,可以修改,如图6-24所示。

图6-24 模拟量模块输出通道属性设置

拖动鼠标,调整窗口位置,调出设备概览画面。检查和实际设备的组态是否一致,尤其是订货号信息,如图6-25所示。

图6-25 设备概览

从图6-25中可看到信号模块的I/O分配。模块中的输入输出地址可以修改,但地址不能冲突。如修改数字量输入输出的地址,可将IB8修改为IB6,QB8修改为QB6。修改过程中会弹出模块中变量修改确认对话框,选择"使用新模块地址重新连接变量"复选框,如图6-26所示。

3. 组态IP地址

选择网络视图,出现PLC的CPU,单击绿色小方块添加子网,出现PN/IE_1子网。IP地址为192.168.1.1,如图6-27所示。

图 6-26　模块地址可更改

以太网相关地址包括以太网（MAC）地址、IP 地址和子网掩码。

1）以太网（MAC）地址：在 PROFINET 网络中，制造商会为每个设备都分配一个"介质访问控制"地址（MAC 地址）以进行标识。MAC 地址由 6 组数字组成，每组两个十六进制数，这些数字用连字符（-）或冒号（:）分隔并按传输顺序排列（例如 01-23-45-67-89-AB 或 01:23:45:67:89:AB）。

2）IP 地址：每个设备也都必须具有一个 Internet 协议（IP）地址。该地址使设备可以在更加复杂的路由网络中传送数据。每个 IP 地址分为 4 段，每段占 8 位，并以点分十进制格式表示（例如 211.154.184.16）。IP 地址的第一部分用于表示网络 ID，第二部分表示主机 ID。IP 地址 192.168.x.y 是一个标准名称，视为未在 Internet 上路由的专用网的一部分。

3）子网掩码：子网是已连接的网络设备的逻辑分组。在局域网（Local Area Network，LAN）中，子网中的节点往往彼此之间的物理位置相对接近。掩码（称为子网掩码或网络掩码）定义 IP 子网的边界。子网掩码 255.255.255.0 通常适用于小型本地网络。这就意味着此网络中的所有 IP 地址的前 3 个 8 位位组应该是相同的，该网络中的各个设备由最后一个 8 位位组（8 位域）来标识。例如在小型本地网络中，为设备分配子网掩码 255.255.255.0 和 IP 地址 192.168.0.1 到 192.168.0.255，如图 6-27 所示。

4）不同子网间的唯一连接通过路由器实现。如果使用子网，则必须部署 IP 路由器。IP 路由器是 LAN 之间的链接。通过使用路由器，LAN 中的计算机可向其他任何网络发送消息，这些网络可能还隐含着其他 LAN。如果数据的目的地不在 LAN 内，路由器会将数据转发给可将数据传送到其目的地的另一个网络或网络组。路由器依靠 IP 地址来传送和接收数据包。

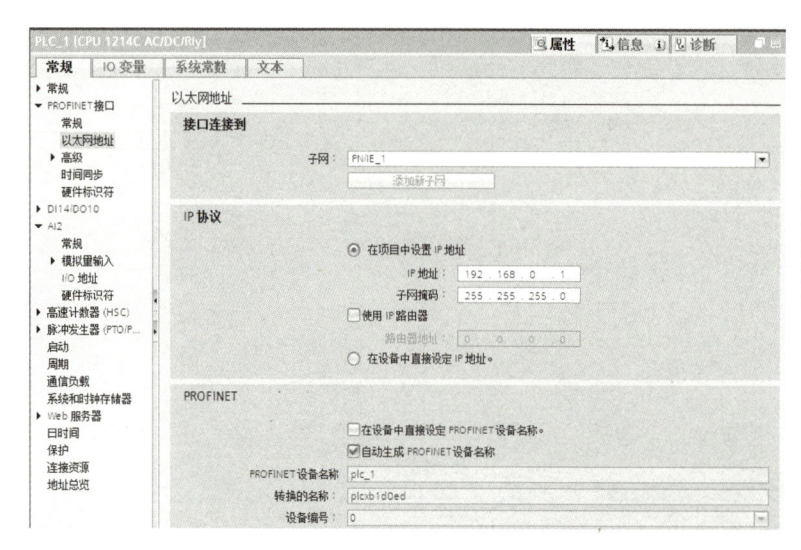

图 6-27　组态 IP 地址

4. 下载硬件组态

保存上述设置并编译，单击"下载"按钮，会出现如图 6-28 所示的界面。PC/PG 接口类型选 PN/IE，PG/PC 网卡名称为 D-Link DFE-530TX PCI Fast Ethernet Adapter（rev. C），端口/子网的连接为 PN/IE_1（与 CPU 连接的子网一致）。单击"开始搜索"按钮，通信成功界面如图 6-29 所示，橙色指示存在在线连接。单击"下载"按钮可进行硬件组态的下载工作。

图 6-28　下载界面 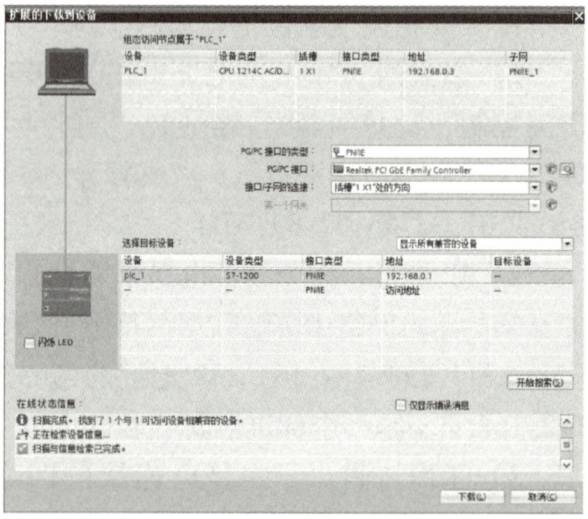　　　　　　　　图 6-29　通信成功界面

5. 硬件打点测试

在监控表中建立所有的输入输出信号，项目下载后单击菜单栏上的"转到在线"按钮，单击读取当前状态。其中输入信号可通过改变外设状态读取，输出则需要鼠标右键单击出现的状态栏将输出值修改为 1，看受控设备是否运行正常，如图 6-30 所示。

通过打点测试所有的输入输出信号是否正常。输入量的测试方法如下：对于动合按钮，按下时按钮 PLC 上对应 I/O 点监视值应为 TRUE，松开后为 FALSE；对于动断按钮，不进行操作时 PLC 上对应 I/O 点监视值为 TRUE，按下后为 FALSE；对于旋转开关，将开关旋转到 1 位时

PLC 上对应 I/O 点监视值为 TRUE，松开后为 FALSE；对于光电开关，到位则 PLC 上对应 I/O 点监视值为 TRUE，不到位为 FALSE。输出变量的测试方法如下：在地址栏处单击右键出现修改，勾选修改为 1，则其监视值为 TRUE 且对应的输出设备应动作，如对应的指示灯应点亮、继电器应吸合、电动机应旋转、阀门应开启。

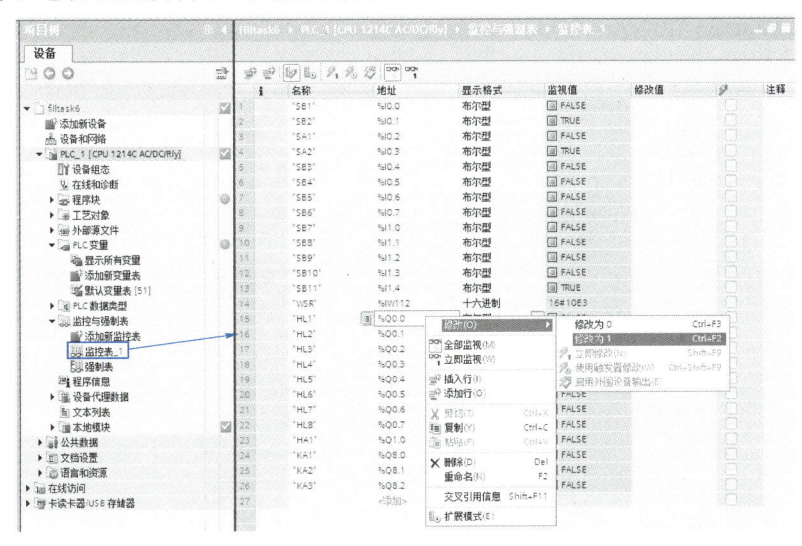

图 6-30　监控表中输出变量的修改

将输出值修改为 1 后监控表中监控值一栏和修改值一栏中都为"TRUE"，如果将 Q0.0 修改为 1，在监控表中出现的具体现象如图 6-31 所示。

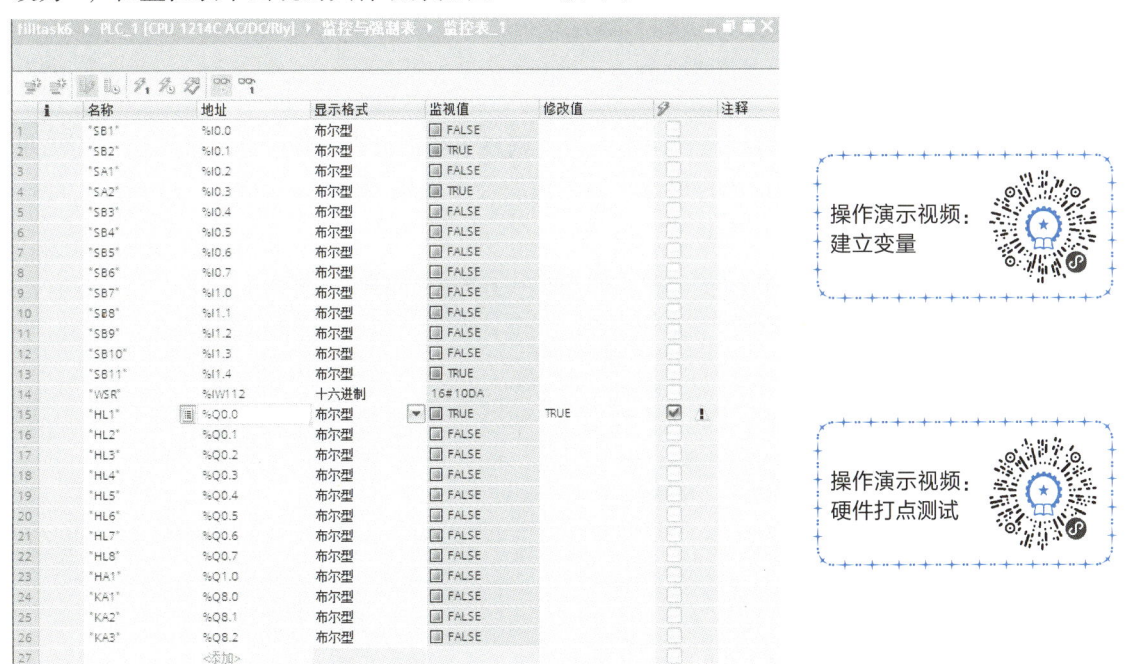

图 6-31　监控表中输出变量修改为 1 的监控现象

6.1.4　新建项目过程中容易出现的问题及解决办法

新建项目过程中可能会出现各种问题，可根据 CPU 和 I/O 模块的 LED 指示灯进行硬件诊断。请参考 5.2.2 节（CPU 模块）表 5-3 中关于状态指示灯的说明，对照指示灯状态判断目前 CPU 运行情况。下面总结一些容易出现问题的现象和解决方案。

1）如果在组态过程中忘记给 CPU 添加子网，则在下载过程中会出现图 6-32 所示窗口，注意到端口子网处的连接处为灰色不能选择。此时可以取消下载，返回网络视图界面添加子网。

图 6-32　未添加子网的界面

2）如果 CPU 模块与实际在线的模块不一致，则在下载前检查过程中会出现"由于不满足前提条件，将不执行下载"的提示，单击不同的模块会出现提示信息，如图 6-33 所示。应按照在线模块的订货号重新添加 CPU。

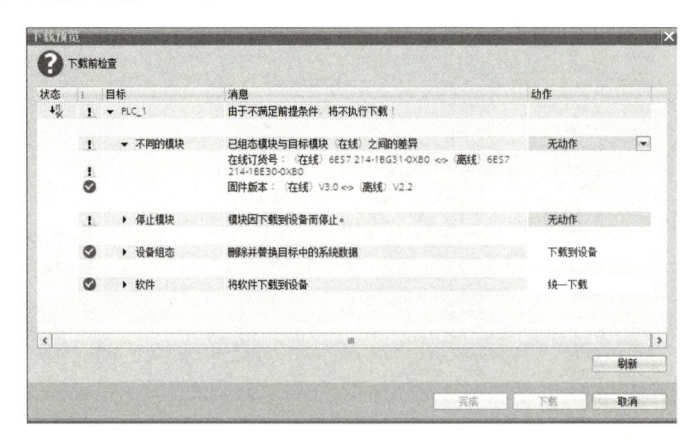

图 6-33　CPU 模块出错出现的现象

3）如果在线输入输出模块与组态的模块不一致，下载过程不会有问题。但下载后转到在线会有出错信息。有错误的模块处显示红色，表明该模块出错，如图 6-34 所示。其中 2 号插槽中的数字量输入输出模块与实际组态不一致。

图 6-34　信号模块出错在线出现的现象

需要调出设备概览窗口（见图 6-35），仔细对比在线模块的订货号和组态设备的订货号。返回设备视图，将出错模块删除并重新添加正确模块。

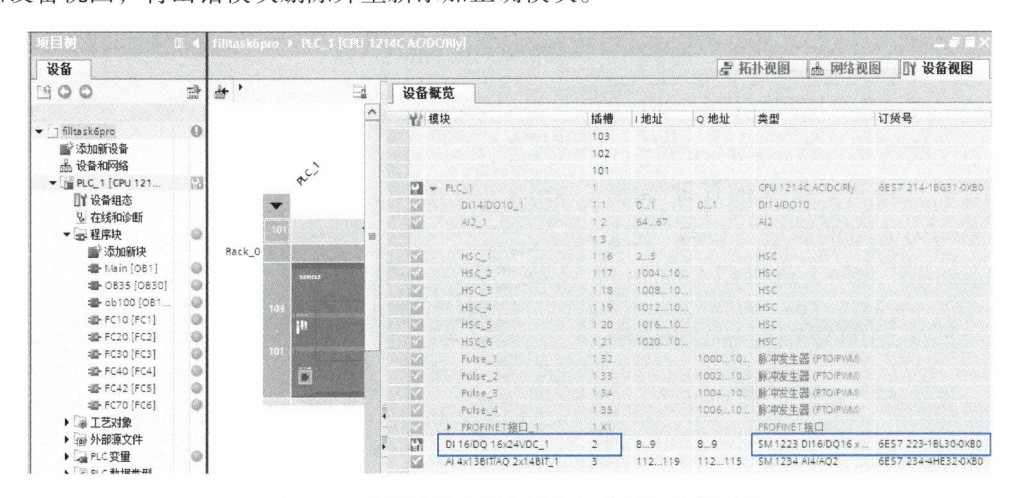

图 6-35　信号模块出错与设备概览处订货号对比

6.1.5　S7-1200 CPU 的密码保护功能

CPU 提供了 3 个安全等级，用于限制对特定功能的访问。为 CPU 组态安全等级和密码时，可以对不输入密码就能访问的功能和存储区进行限制。

要组态密码，请按以下步骤操作：
1）在"设备配置"（Device configuration）中，选择 CPU。
2）在巡视窗口中，选择"属性"（Properties）选项卡。

3）选择"保护"（Protection）属性以选择保护等级和输入密码。密码区分大小写。

每个等级都允许在访问某些功能时不使用密码。CPU 的默认状态是没有任何限制，也没有密码保护。要限制 CPU 的访问，可以对 CPU 的属性进行组态并输入密码。受密码保护的 CPU 每次只允许一个用户不受限制地进行访问。密码保护不适用于用户程序指令的执行，包括通信功能。输入正确的密码便可访问所有功能。PLC 到 PLC 通信（使用代码块中的通信指令）不受 CPU 中安全等级的限制，HMI 功能同样也不受限制。密码保护设置界面如图 6-36 所示。此功能慎用，避免密码遗失造成损失。

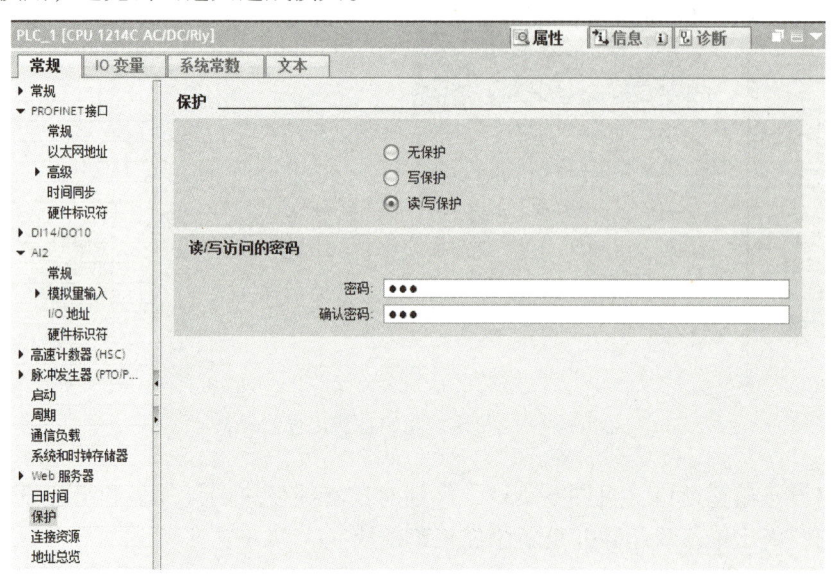

图 6-36　CPU 的密码保护设置界面

如果不慎丢失受密码保护的 CPU 的密码，则可使用空传送卡删除受密码保护的程序。空传送卡即空的存储器卡，它将擦除 CPU 内部的装载存储器。随后可以将新的用户程序下载到 CPU 中。

6.1.6　程序块的复制保护功能

通过复制或"专有技术"保护可防止程序中的一个或多个代码块（OB、FB 或 FC）受到未经授权的访问。用户创建密码以限制对代码块的访问。将块组态为"专有技术"保护时，只有在输入密码后才能访问块内的代码。要对块实施复制保护，可从"编辑"菜单中选择"专有技术保护"命令。然后输入允许访问该块的密码，单击"确定"按钮即可，如图 6-37 所示。

密码保护会防止对代码块进行未授

图 6-37　程序块的复制保护功能

权的读取或修改。如果没有密码，只能读取有关代码块的以下信息：块标题、块注释和块属性；传送参数（IN、OUT、IN_OUT 和 Return）；程序的调用结构；交叉引用中的全局变量（不带使用时的信息），但局部变量已隐藏。

6.1.7　STEP 7 中程序的上传功能

在工程项目应用中，有时需要将项目上传到编程计算机上。STEP 7 可以完成程序的上传，并规定：①可以将所有程序块和变量表从在线 CPU 上传到离线项目，但无法上传设备配置或监视表格；②必须有一个离线 CPU 可用于上传，无法上传到空项目中；③只能上传整个程序，无法上传单个块；④如果执行上传，则在上传前出现确认提示后将"清空"离线 CPU（删除所有块和变量表）；⑤用户无法在在线区域编辑块，必须先将其上传到离线区域进行修改，然后重新下载到 PLC。

有两种执行程序上传的方式：直接上传和在比较编辑器中同步功能。

1. 直接上传功能

1) 新建立一个项目，添加与项目一致的 CPU 模块，设置以太网地址，如图 6-38 所示。此时，项目树下的程序块只有默认的 OB1，且为空白。项目树/在线访问下只有更新可访问的设备一项。

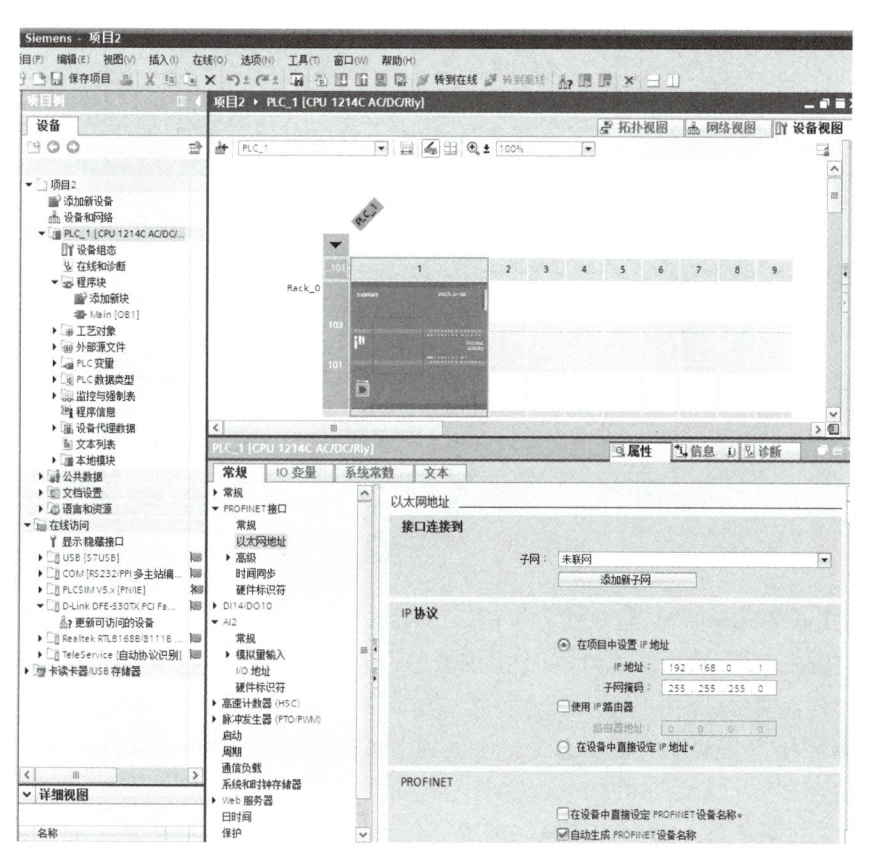

图 6-38　程序上传功能的新建项目

2) 转至在线。新建项目后单击"转至在线"按钮，出现"选择设备以便打开在线连接"对话框，显示 PLC 的名称和类型，勾选"转为在线状态"复选框，如图 6-39 所示。

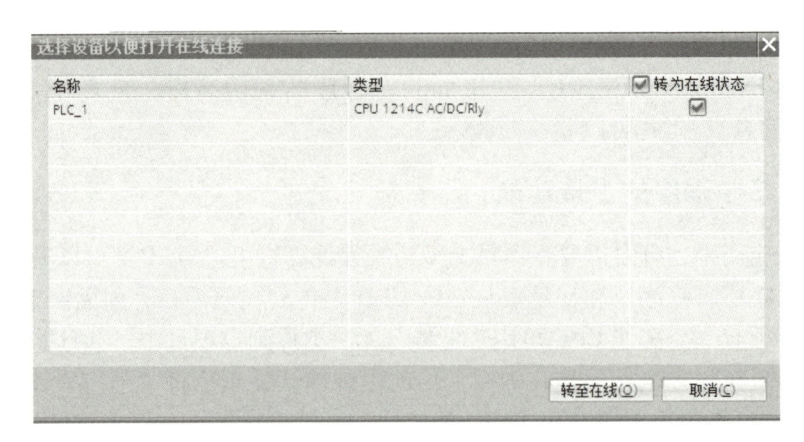

图 6-39 "选择设备以便打开在线连接"对话框

3)单击图 6-39 中的"转至在线"按钮,出现"在线连接"对话框,如图 6-40 所示。选择图示 PG/PC 接口类型和 PG/PC 接口。

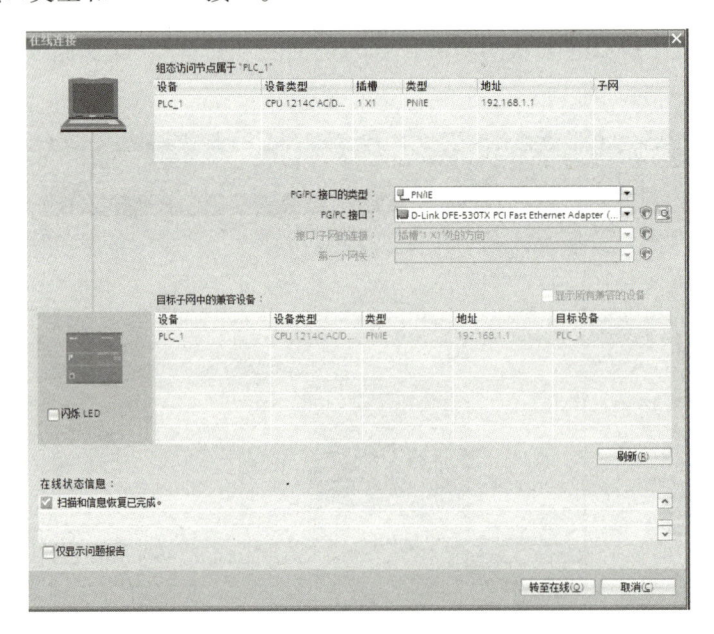

图 6-40 "在线连接"对话框

4)单击图 6-40 中的"转至在线"按钮,出现编程器与 PLC 连接成功界面。图中项目树下的程序块处出现虚的程序块,在线状态中出现橙色警示和橙蓝色警示,表示编程器和 PLC 中的程序不一致。即项目程序没有真正上传到编程器中。项目信息/常规中用蓝底白勾显示每次操作的步骤和结果。其中最新状态为:连接到 PLC_1,地址为 IP = 192.168.1.1,如图 6-41 所示。

5)单击项目菜单条上上传按钮,出现上传预览对话框,勾选动作下的"继续",继续执行程序上传功能,如图 6-42 所示。

6)单击图 6-42 中的"从设备上传"按钮,则程序上传成功,上传成功界面如图 6-43 所示。项目树/PLC_1/程序块下虚的项目变为实,原来橙色警示信息变为绿色,橙蓝色警示变为绿色,表明编程器中的程序与 PLC 中的程序一致。项目信息/常规下出现:扫描接口

图 6-41 编程器与 PLC 连接成功界面

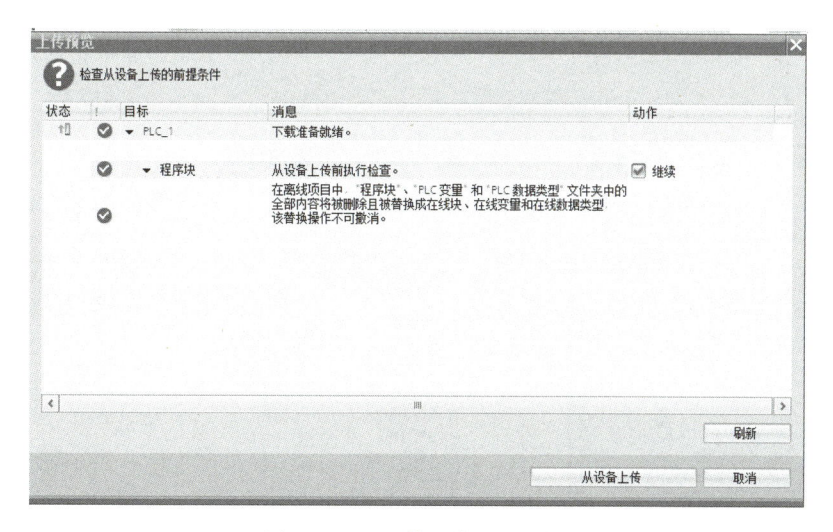

图 6-42 "上传预览"对话框

D-Link DFE-530TX PCI Fast Ethernet Adapter（rev.C）上的设备已完成。在网络上找到了一个设备。此时在线访问处增加了 PLC_1/程序块，显示内容与项目树/PLC_1/程序块中一致，但为虚，表明为在线程序。

7）上传后项目访问。可在项目树/在线访问/PLC_1/程序块下，单击需要的程序块，单击右键可对其进行复制和打开编辑功能，如图 6-44 所示。

2. 比较编辑器中同步实现上传功能

1）新建立一个项目，插入目标 CPU。
2）转到在线。前两个步骤与项目树拖动实现程序上传一致，如前所述。
3）打开比较编辑器。项目树/PLC_1/比较/离线在线，其中比较器需要右键单击离线 CPU

才能出现；单击离线 CPU，再从"工具"菜单中选择"比较"→"离线/在线"命令，打开比较编辑器的 2 种方法如图 6-45 所示。

图 6-43 程序上传成功界面

图 6-44 在线访问程序块

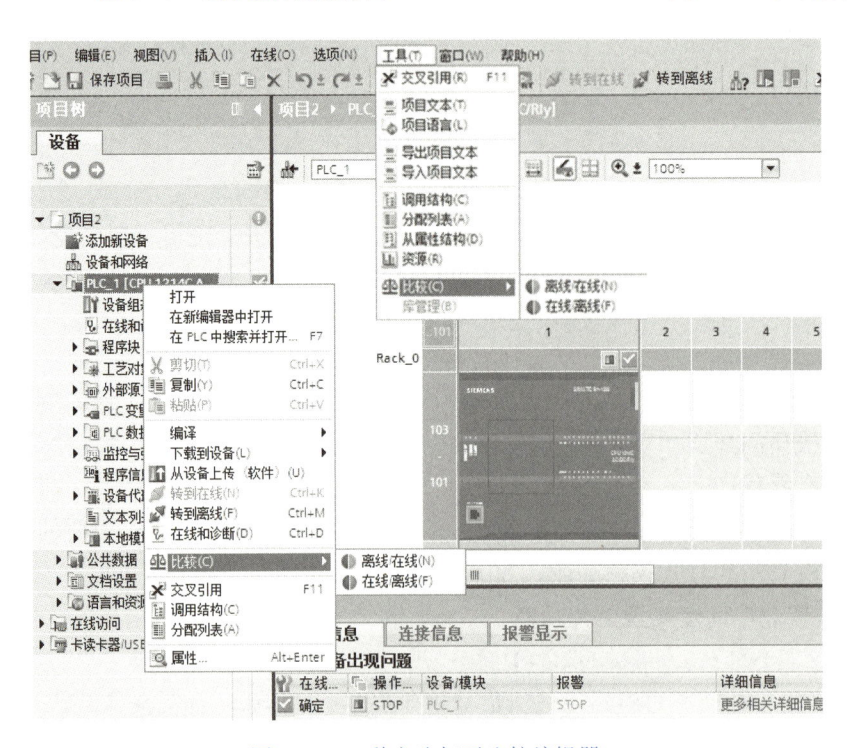

图 6-45 2 种方法打开比较编辑器

4）比较编辑器将在"程序块"文件夹下列出不同之处。示例中的离线 CPU 内无程序，因此各个块都显示不存在，如图 6-46 所示。

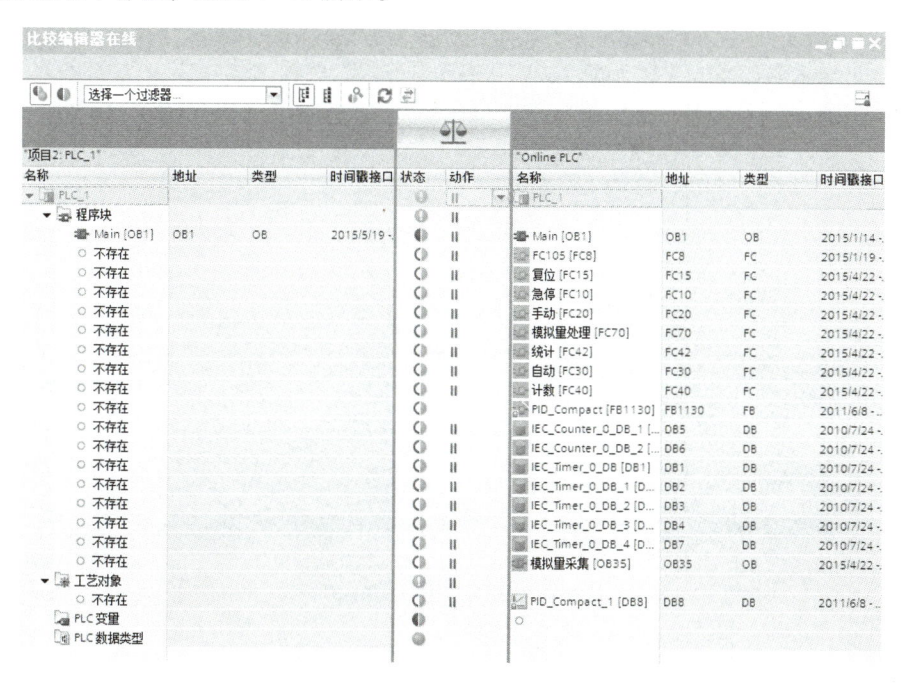

图 6-46　离线在线程序块的比较

5）单击动作列中的符号，选择从设备上传，则动作列中的无动作 ‖ 图标变为上传 ⬅ 图标，如图 6-47 所示。

6）要上传项目，单击菜单栏中的 ▣ "从设备上传"图标，会出现"上传预览"对话框如图 6-48 所示。勾选动作下的"继续"，然后单击"从设备上传"按钮。

图 6-47　动作图标的改变

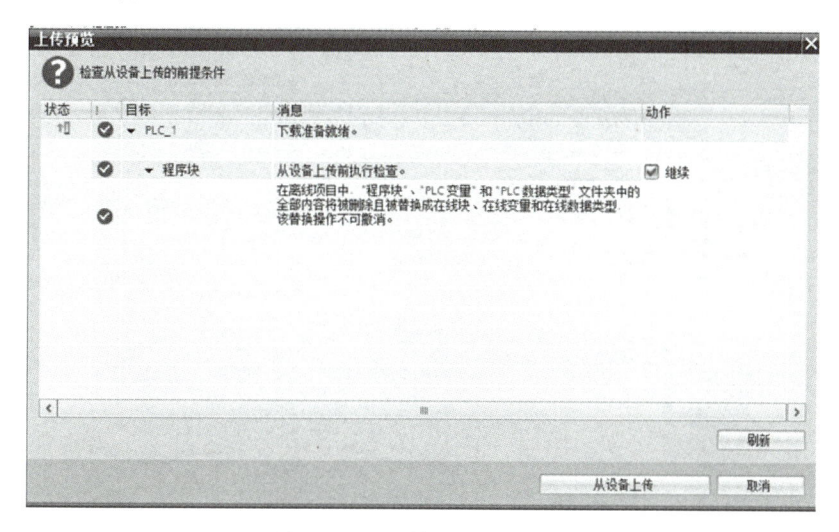

图 6-48　"上传预览"对话框

7）程序上传成功，如图 6-49 所示。

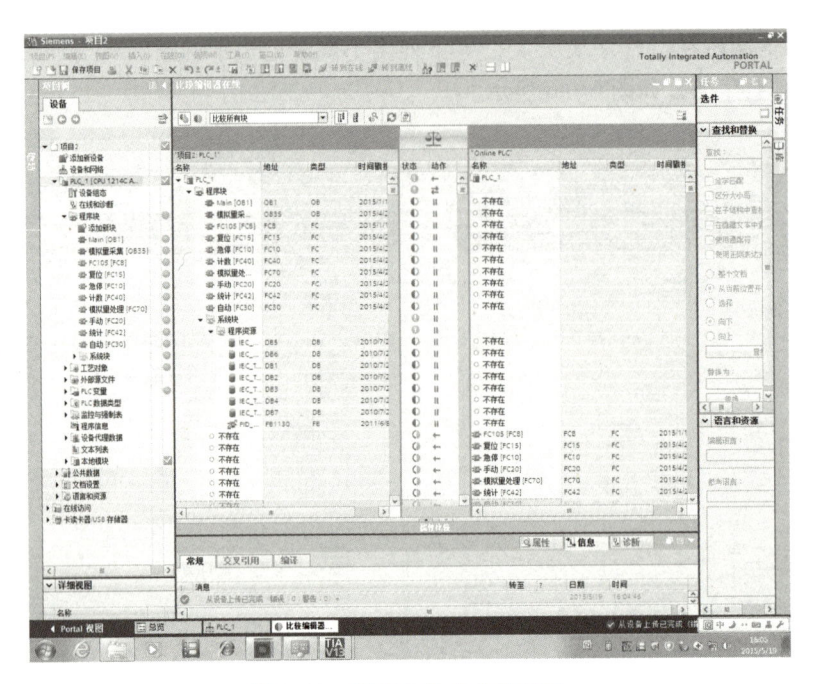

图 6-49　程序上传成功的界面

6.1.8　STEP 7 在线帮助功能

STEP 7 软件具有强大的帮助系统，当用户在使用中遇到问题时，可以方便地获得帮助。

1. 帮助文档

在 SIMATIC Manager 的"帮助"菜单中单击"显示帮助"打开帮助系统，可以获得 STEP 7 软件详细的帮助文档，如图 6-50 所示。

图 6-50　帮助系统中的帮助文档

2. 在线帮助

在应用 STEP 7 软件遇到问题时，用鼠标单击有疑问的对象，按下键盘上的〈F1〉功能键，即可获得针对该对象的帮助信息。

例如，STEP 7 软件提供工艺指令，可以实现 PID 功能。如果想了解 PID_Compact 指令的应用，可用鼠标将其拖入编辑区，单击"PID_Compact"指令，按键盘上的〈F1〉功能键，将弹出关于该指令的帮助文档，如图 6-51 所示。

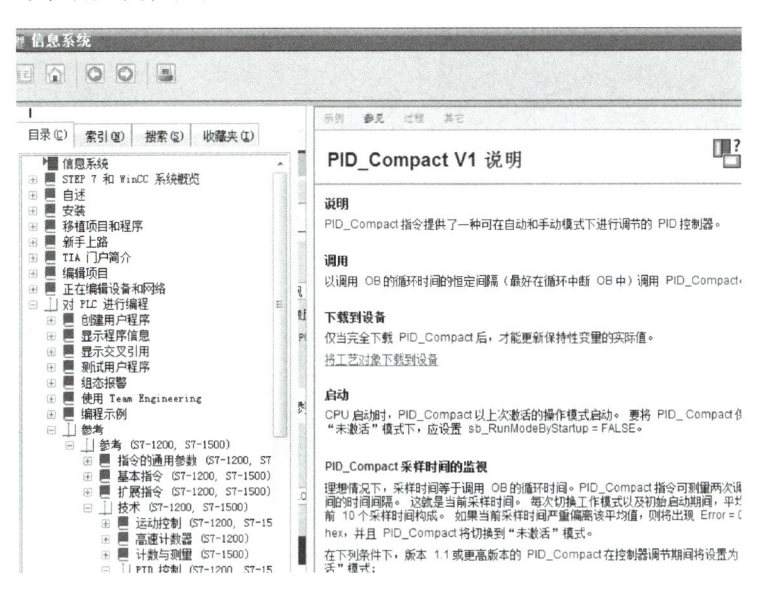

图 6-51 "PID_Compact" 指令的在线帮助

任务五 在 STEP 7 软件中建立灌装自动生产线项目并进行硬件组态

1. 任务要求

1）新建项目。
2）对 PLC 系统进行硬件组态，配置地址及网络等参数信息，确定 I/O 分配。
3）实现 PLC 与编程器的通信。
4）下载硬件组态。
5）打点进行硬件测试。

2. 解决方案示例

1）在计算机桌面单击 TIA Portal V15 软件并双击打开，进入软件界面。进入此画面后选择组态设备。

2）单击"添加新设备"进入此画面选择添加 CPU。本例选择 S7-1200 中 CPU1214CAC/DCRly，订货号：6ES7 214-1BG31-0XB0，如图 6-52 所示。

CPU 模块自动插在 1 号槽，单击此模块，则下方出现其属性配置，可以按照需求修改其中的配置。允许使用系统存储器字节则可以应用 MB1 用于系统存储器。M1.1 作为程序运行时首次调用条件，使用 M1.2 则可以实现无条件调用即 Always TRUE，使用 M1.3 始终不调用可以用于调试程序中屏蔽某些程序即 Always FALSE。允许使用时钟存储器字节则定义 MB0 为不同频率的时钟信号，用于在程序中产生闪烁信号。允许使用系统存储器字节和允许使用时钟存储器字节后会在默认变量表自动出现变量分配。

3）添加 SM1223 和 SM1234，其中 SM1223 的订货号为 6ES7 223-1PH32-0XB0，SM1234 的订货号为 6ES7 224-4HE32-0XB0，如图 6-53 所示。SM1234 有 4 个模拟量输入通道，可根据传感器的类型选择电压型或电流型。本例中称重传感器为电压型，量程范围为 ±10 V。模拟量通道 0 的地址为 IW112。如图 6-54 所示。

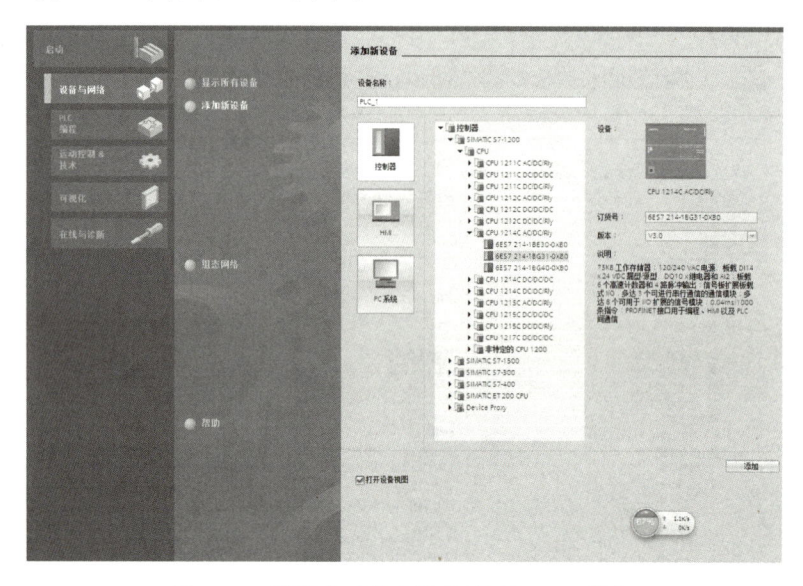

图 6-52　灌装自动生产线项目添加 CPU 设备

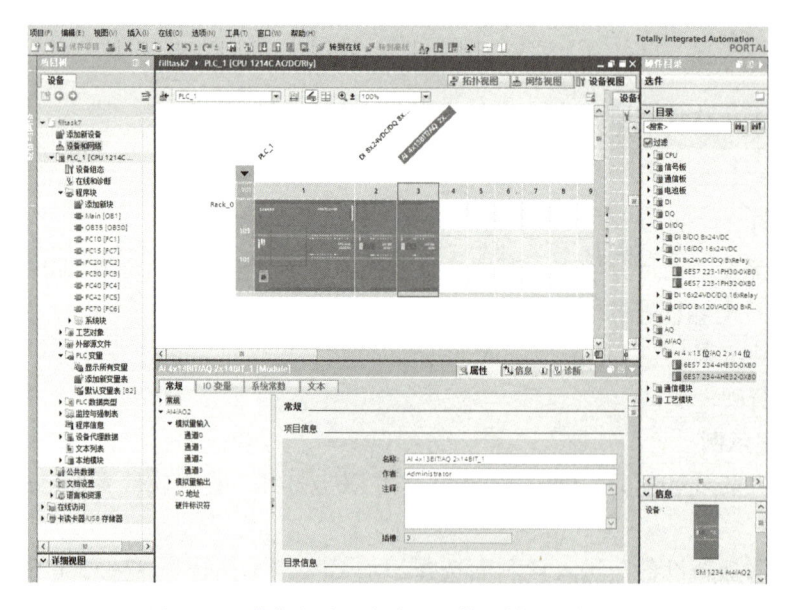

图 6-53　灌装自动生产线项目信号模块添加画面

拖动鼠标，调整窗口位置，将设备概览画面调出来。检查和实际设备的组态是否一致，尤其是订货号信息。

4）实现 PLC 与编程器的通信。选择网络视图，出现 PLC 的 CPU，单击绿色小方块添加子网，出现 PN/IE_1 子网。IP 地址为 192.168.0.1。

图 6-54 灌装自动生产线项目模拟量模块输入通道属性设置

5）下载硬件组态。

6）打点进行硬件测试。在监控表中建立所有的输入输出变量，项目下载后转到在线，单击 读取当前状态。对于灌装生产线的输入信号而言，按下 6 个动合按钮状态（I0.0~I0.1，I0.4，I1.0~I1.3），PLC 上对应的输入为 TRUE，松开为 FALSE；将 2 个选择开关（I0.2~I0.3）旋转到 1，PLC 上对应的输入为 TRUE，旋转到 0 后为 FALSE；2 个动断按钮信号（I0.1，I1.4）在 PLC 上对应的输入为 TRUE，按下为 FALSE；3 个光电开关（I8.0，I8.1，I8.2）前放置物体则在 PLC 上对应的输入为 TRUE，移走物体为 FALSE。对于灌装生产线的输出信号而言，将 8 个指示灯（Q0.0~Q0.7）修改为 1 则其监视值为 TRUE 且指示灯亮，修改为 0 后监视值为 FALSE 且指示灯灭；将蜂鸣器（Q1.0）修改为 1 则其监视值为 TRUE，蜂鸣器响，修改为 0 则不响；将传送带正转（Q8.0）修改为 1 则其监视值为 TRUE，传送带正转，将其修改为 0 则监视值为 FALSE 且传送带停；将传送带反转（Q8.1）修改为 1 则其监视值为 TRUE 且传送带反转，将其修改为 0 则监视值为 FALSE 且传送带停；将球阀（Q8.2）修改为 1，则其监视值为 TRUE 且球阀开启，修改为 0 后监视值为 FALSE 且球阀关闭，如图 6-55 所示。传送带正转（Q8.0）和传送带反转（Q8.1）不能同时修改为 1，否则传送带不转。全部满足上述描述表明所有输入输出信号都接线成功，硬件打点测试完成。

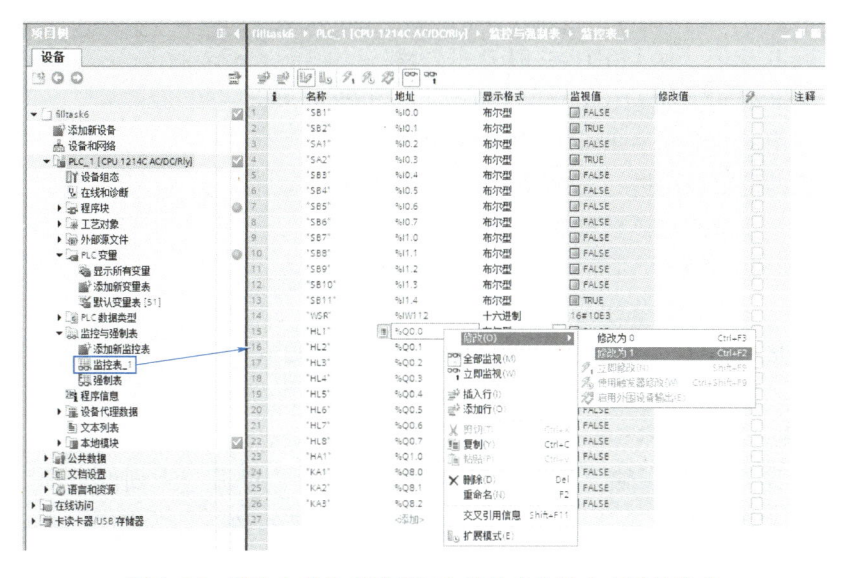

图 6-55 灌装自动生产线项目中监控表中输出变量的修改

6.2 STEP 7 编程基础

6.2.1 数制和编码

1. 数制

数制——数的制式,是人们利用符号计数的一种方法。数制有很多种,常用的有十进制、二进制和十六进制。

(1) 十进制(Decimal)

1) 数码:0、1、2、3、4、5、6、7、8、9 共 10 个。

2) 基数:10。

3) 计数规则:逢十进一。

日常生活中人们习惯于十进制计数制,但是对于计算机硬件电路,只有"通/断"或电平的"高/低"两种状态,为便于对数字信号的识别与计算,计算机采用二进制。

(2) 二进制(Binary)

1) 数码:0、1 共 2 个。

2) 基数:2。

3) 计数规则:逢二进一。

如二进制数 1101110 的值为十进制数 110(= $1×2^6+1×2^5+1×2^3+1×2^2+1×2^1$)。二进制数较大时,书写和阅读均不方便,通常将 4 位二进制数合并为一位,用十六进制数表示。

(3) 十六进制(Hexadecimal)

1) 数码:0、1、2、3、4、5、6、7、8、9、A、B、C、D、E、F 共 16 个。

2) 基数:16。

3) 计数规则:逢十六进一。

如二进制数 01101110 可表示为十六进制数 6E,其值为十进制数 110(= $6×16^1+14×16^0$)。

在阅读和书写时为区别不同的数制,用字母标记在数值后面,即:

十进制数用 D 标识,如 110D,一般 D 可省略。

二进制数用 B 标识,如 1101110B = 110。

十六进制数用 H 标识,如 6EH = 110。

在对计算机的位数长度进行描述时,定义了下列术语:

位(Bit)——1 位二进制数称为一个位。

字节(Byte)——8 位二进制数称为一个字节。

字(Word)——2 个字节称为一个字,占 16 位。

双字(Double Word)—— 2 个字称为一个双字,占 32 位。

2. 编码

(1) BCD 码

有些场合,计算机输入/输出数据时仍使用十进制数,以适应人们的习惯。为此,十进制数必须用二进制码表示,这就形成了二进制编码的十进制数,称为 BCD 码(Binary Coded Decimal)。

BCD 码是用四位二进制数表示一位十进制数,它们之间的对应关系见表 6-3。

表 6-3　BCD 码与十进制数的关系

BCD 码（四位二进制数）	十进制数	BCD 码（四位二进制数）	十进制数
0000	0	0101	5
0001	1	0110	6
0010	2	0111	7
0011	3	1000	8
0100	4	1001	9

如：157.38＝[0001 0101 0111 . 0011 1000]BCD

注意：四位二进制代码中，1010、1011、1100、1101、1110 和 1111 为非 BCD 码。

（2）ASCII 码

ASCII（American Standard Coded for Information Interchange）码是美国信息交换标准代码。

在计算机系统中，除了数字 0~9 以外，还常用到其他各种字符，如 26 个英文字母、各种标点符号和控制符号等，这些信息都要编成计算机能接收的二进制码。

ASCII 码由 8 位二进制数组成，最高位一般用于奇偶校验，其余 7 位代表 128 个字符编码，其中，图形字符 96 个（10 个数字、52 个字母和 34 个其他字符）。例如，数字 0~9 的 ASCII 码为 30H~39H，大写字母 A~Z 的 ASCII 码为 41H~5AH，小写字母 a~z 的 ASCII 码为 61H~7AH。控制字符 32 个（回车、换行、空格和设备控制等）。例如回车的 ASCII 码为 0DH。

6.2.2　数据类型及表示格式

1. 常数的表示格式

在 PLC 编程指令中经常要用到常数，STEP 7 表示常数的格式有下面几种：

二进制格式：2#数据

其中，2 表示二进制，#号为分隔符。二进制格式可以表示 8 位、16 位或 32 位数据。如 2#10110101、2#1100111001001111 等。

十六进制格式：16#数据

其中，16 表示十六进制，#号为分隔符。十六进制格式可以表示 8 位、16 位或 32 位数据。如 16#4E、16#5A4F、16#123456 等。

十进制格式：±整数.小数

其中，"+"表示正数，"-"表示负数。十进制格式可以表示 8 位、16 位或 32 位数据。如 +123、-5168、456.123 等。

ASCII 码格式：'字符'

其中，单引号内为需要表示的字符的 ASCII 码，每个 ASCII 码字符占用一个字节，即 8 位的存储空间。如'T''E''TEXT''Show result'等。

2. 数据类型

用户在编写程序时，变量的格式必须与指令的数据类型相匹配。STEP 7 的基本数据类型主要有布尔型（BOOL）、整数型（Int）、实数型（Real）、时间型（Time）和 BCD 码。

（1）布尔型

布尔型数据为无符号数，只表示存储器中各位的状态是 0（FALSE）还是 1（TURE）。其长度可以是一位（Bit）、一个字节（Byte，8 位）、一个字（Word，16 位）或一个双字

(Double Word，32 位）。布尔型常数用二进制或十六进制格式赋值，如 2#01010101、16#2B3C 等。需注意的是，一位布尔型数据类型不能直接赋常数。

（2）整数型

整数型数据为有符号数，在存储器中用二进制补码表示，最高位为符号位，0 表示正数、1 表示负数，其余各位为数值位。将负数的补码按位取反后加 1 即得到其绝对值。

整数型数据分为 8 位无符号短整数 USInt、16 位无符号整数 UInt、32 位无符号双整数 UDInt、8 位有符号短整数 SInt、16 位有符号整数 Int 和 32 位有符号双整数 DInt 六种。

8 位整数 USInt 表示的数据范围：0~255。

16 位整数 UInt 表示的数据范围：0~65 535。

32 位双整数 UDInt 表示的数据范围：0~4 294 967 295。

8 位有符号短整数 SInt 表示的数据范围：-128~127。

16 位有符号整数 Int 表示的数据范围：-32 768~+32 767。

32 位有符号双整数 DInt 表示的数据范围：-2 147 483 648~2 147 483 647。

整数型常数用十进制格式的整数部分（不带小数点）赋值，如 572、-321 987 等。

（3）实数型

实数型数据为有符号的浮点数，实数表示的基本格式是 $1.m \times 10^e$，例如 123.4 可表示为 1.234×10^2。浮点数占用 32 位，最高位（第 31 位）为浮点数的符号位，0 表示正数、1 表示负数。8 位指数占用第 23~30 位。因为规定尾数的整数部分总为 1，只保留了尾数的小数部分 m（第 22 位），图 6-56 给出了标准浮点数的格式。

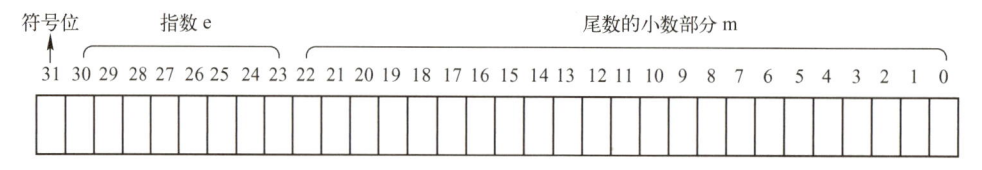

图 6-56 标准浮点数的格式

长实数（LReal）为有符号的浮点数，占用 64 位，最高位为符号位，0 表示正数、1 表示负数。

实数的特点是利用有限的位数可以表示一个很大的数，也可以表示一个很小的数。

实数表示的数据范围：$\pm 1.175\ 495 \times 10^{-38} \sim \pm 3.402\ 823 \times 10^{+38}$。

长实数表示的数据范围：$\pm 1.175\ 495 \times 10^{-308} \sim \pm 3.402\ 823 \times 10^{+308}$。

实数型常数只能用十进制格式赋值，如 123.45、78.0 等。

（4）时间型

时间型数据类型为 32 位数据，其格式为 T#天（day）小时（hour）分钟（minutes）秒（second）毫秒（ms）。Time 数据类型以表示毫秒时间的有符号双精度整数形式存储。

（5）BCD 码

BCD 码为用 4 位二进制数表示的有符号的十进制数。最左侧一组 4 位数表示符号，最高位为 0 表示正数、为 1 表示负数，其余各位为数值位。BCD 码分为 16 位和 32 位两种。

16 位 BCD 码表示的数据范围：-999~+999。

32 位 BCD 码表示的数据范围：-9 999 999~+9 999 999。

BCD 码用十六进制格式赋值，如 16#0123 表示十进制数的+123，16#8123 表示十进制数的-123。

表 6-4 给出了常用的数据类型及不同字长可以表示的数据范围。

表 6-4 常用的数据类型及不同字长可以表示的范围

数据类型	长度/bit	范围	常量输入举例
BOOL	1	0~1	TRUE，FALSE，0，1
Byte	8	16#00~16#FF	16#12，16#AB
Word	16	16#0000~16#FFFF	16#0001，16#ABCD
DWord	32	16#00000000~16#FFFFFFFF	16#02468ACE
Char	8	16#00~16#FF	"A" "t"
SInt	8	−128~127	123，−123
Int	16	−32768~32767	123，−123
DInt	32	−2147483648~2147483647	123，−123
USInt	8	0~255	123
UInt	16	0~65535	123
UDInt	32	0~4294967295	123
Real	32	$\pm 1.175495\times 10^{-38} \sim \pm 3.402823\times 10^{+38}$	123.456
LReal	64	$\pm 1.175495\times 10^{-308} \sim \pm 3.402823\times 10^{+308}$	123.123456789
Time	32	T#−24 d_20 h_31 m_23 s_648 ms ~ T#24 d_20 h_31 m_23 s_647 ms 存储形式：−2 147 483 648~2 147 483 647 ms	T#5_m_30 s
BCD16	16	−999~999	−123，123
BCD32	32	−9 999 999~9 999 999	−1 234 567，1 234 567

6.2.3 存储区的寻址方式

S7-1200 中 CPU 提供用于存储用户程序、数据和组态的存储区，包括装载存储器、工作存储器和保持性存储器。其中，装载存储器和保持性存储器属于数据存储区，保存用户程序中需要使用的数据。寻址方式就是对数据存储区进行读写访问的方式。

STEP 7 的寻址方式有立即数寻址、直接寻址和间接寻址三大类。立即数寻址的数据在指令中以常数形式出现；直接寻址是指在指令中直接给出要访问的存储器或寄存器的名称和地址编号，直接存取数据；间接寻址是指使用地址指针间接给出要访问的存储器或寄存器的地址。下面介绍直接寻址的 4 种形式。

1. 位寻址

位寻址是对存储器中的某一位进行读写访问。

格式： 地址标识符 字节地址.位地址

例如，访问输入过程映像区 I 中的字节 3 的第 4 位，如图 6-57a 阴影部分所示，地址表示为 I3.4，含义如图 6-57b 所示。

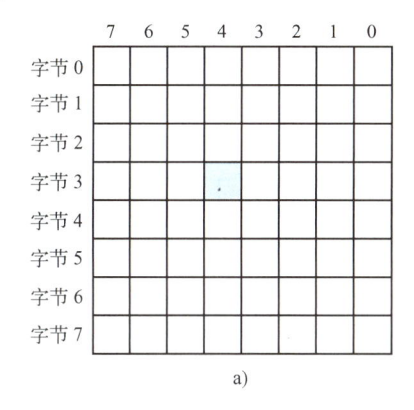

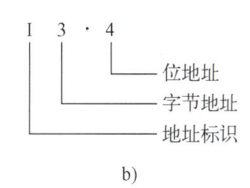

图 6-57 位寻址
a）输入过程映像区地址 b）地址含义

2. 字节寻址、字寻址、双字寻址

对数据存储区可以以 1 个字节、2 个字节或 4 个字节为单位进行一次读写访问。其格式为：地址标识符+数据长度类型+字节起始地址。其中数据长度类型包括字节、字和双字，分别用"B"（Byte）、"W"（Word）和"D"（Double Word）表示。表 6-5 为 STEP 7 存储区的直接寻址方式。

表 6-5　STEP 7 存储区的直接寻址方式

存储区	可访问的地址单元	地址标识符	举　例
输入过程映像区	位	I	I0.0
	字节	IB	IB1
	字	IW	IW2
	双字	ID	ID0
输出过程映像区	位	Q	Q8.5
	字节	QB	QB5
	字	QW	QW6
	双字	QD	QD10
位存储器区	位	M	M10.3
	字节	MB	MB30
	字	MW	MW32
	双字	MD	MD34
数据块	位	DBX	DBX3.4
	字节	DBB	DBB3
	字	DBW	DBW6
	双字	DBD	DBD8
外设输入/输出区	字节	PIB	IB50
	字	PIW	IW62
	双字	PID	ID86
外设输入/输出区	字节	PQB	QB99
	字	PQW	QW106
	双字	PQD	QD168

当数据长度为多字节时，各字节按字节起始地址由高到低排序。图 6-58 表示 MB2、MW2 和 MD2 三种寻址方式所对应访问的存储器空间。

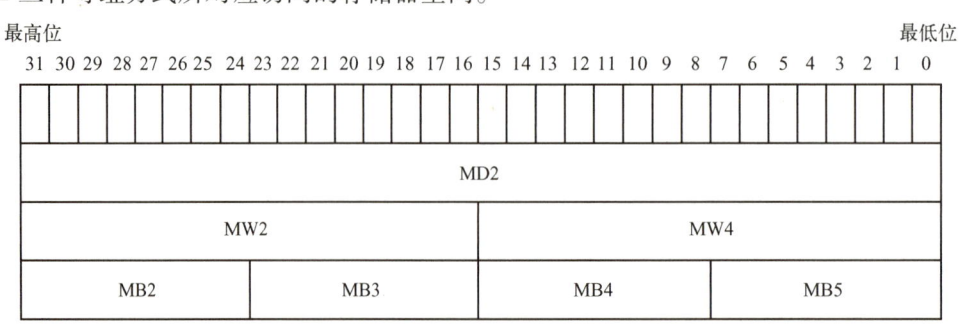

图 6-58　MB2、MW2 和 MD2 三种寻址方式所对应访问的存储器空间

MB2 表示位存储器区中的第 2 字节,对应的 8 位位地址由高到低是 M2.7~M2.0;

MW2 表示位存储器区中的第 2 和 3 两个字节,MB2 为高字节,MB3 为低字节,对应的 16 位位地址由高到低是 M2.7~M3.0;

MD2 表示位存储器区中的第 2、3、4、5 四个字节,MB2 为最高字节,MB5 为最低字节,对应的 32 位地址由高到低是 M2.7~M5.0。

6.2.4 STEP 7 编程语言

1994 年 5 月 IEC(国际电工委员会)公布的可编程控制器标准(IEC 1131)的第三部分(IEC 1131-3)编程语言部分说明了 5 种编程语言的表达方式,即顺序功能图(Sequential Function Chart,SFC)、梯形图(Ladder Diagram,LAD)、功能块图(Function Block Diagram,FBD)、指令表(Instruction List,IL)和结构文本(Structured Text,ST)。STEP 7 标准软件包支持三种编程语言:梯形图 LAD、语句表 STL 和功能块图 FBD。其中梯形图(LAD)是国内使用最多的 PLC 编程语言。由于梯形图和继电接触器电路很相似,直观易懂,很容易被熟悉继电接触器控制的电气人员和工程师们所掌握,因此得到广泛应用。限于篇幅,本书只介绍梯形图,其他语言读者可参考西门子相关手册或其他类似教材,这里不再赘述。

1. 梯形图组成

梯形图由触点、线圈、数据处理指令框和母线组成,典型的梯形图程序如图 6-59 所示。

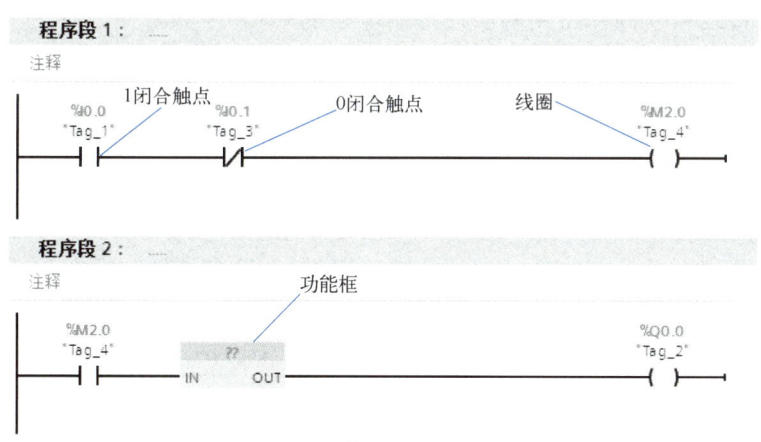

图 6-59 典型的梯形图程序

梯形图中符号名称和符号意义见表 6-6。

表 6-6 梯形图中的符号名称和符号意义

名称		梯形图符号
触点	1 闭合触点	─┤ ├─
	0 闭合触点	─┤/├─
线圈		─( )─
功能框		?? IN OUT
母线		├──...──┤

梯形图中的触点和线圈实质上都是对应 CPU 内部存储器中的某一位。触点代表 CPU 对存储器位的读操作，线圈代表 CPU 对存储器位的写操作，如图 6-59 中的 I0.0、M2.0 表示对应的存储器位为高电平时该触点闭合，称为"1 闭合触点"（沿用电气图的名称也称"动合触点"）；I0.1 表示对应的存储器位为低电平时该触点闭合，称为"0 闭合触点"（也称"动断触点"）。梯形图中的功能框是指 CPU 对存储器中的字节、字或双字长度的数据做各种运算及处理。梯形图两边的母线表示假想的逻辑电源，左边的母线为电源的"相线"，右边的母线为电源的"零线"（一般可省略不画）。这里引入"能流"概念，如果支路上各触点均闭合，"能流"从左至右流向线圈，线圈 Q0.0 得电，则对应的存储器位为"1"；如果没有"能流"，则对应的存储器位为"0"。需指出的是，"能流"实际上是不存在的，只是为了形象地理解梯形图而提出的一个假想。

2. 梯形图使用实例

以电动机起停控制电路为例说明梯形图符号的使用。图 6-60 为典型的异步电动机起停控制线路，称为起保停电路。控制电路中起动按钮 SB1 为动合按钮，停止按钮 SB2 为动断按钮，接触器 KM 用于接通主电路和实现自锁。按下 SB1，KM 线圈得电，其主触点闭合电动机运转；其辅助动合触点闭合使 KM 自锁，保持电动机连续运转。按下 SB2 时，KM 线圈失电，触点释放，电动机停转。

PLC 的硬件接线和软件程序共同实现控制电路的功能，实现步骤如下：

1）信号分析。输入信号为 2 个数字量，输出信号为 1 个数字量。其中输入信号为 2 个按钮，1 个动合按钮 SB1 和 1 个动断按钮 SB2；输出信号为 1 个电动机交流接触器 KM。

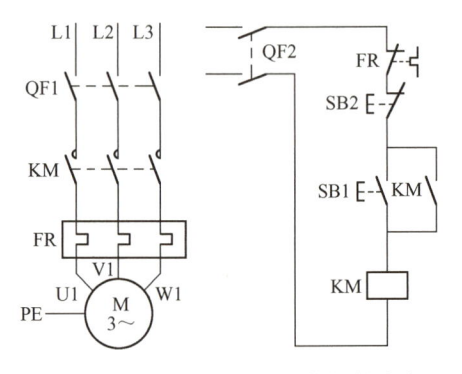

图 6-60 异步电动机的起停控制线路

2）I/O 分配。鉴于 S7-1200 系列 CPU 为紧凑型，板载一定数量的 I/O，因此可将输入输出信号分配在 CPU 模块上。将 SB1 的地址分配为 I0.0，SB2 的地址分配为 I0.1，KM 的地址分配为 Q0.0，见表 6-7。

表 6-7 电动机起停控制的 I/O 分配

序 号	输入/输出	符 号	地 址	注 释	信号类型
1	输入数字量	SB1	I0.0	起动按钮	DI
2	输入数字量	SB2	I0.1	停止按钮	DI
3	输出数字量	KM	Q0.0	电动机接触器线圈	DO

3）硬件接线。按照 I/O 分配表将 SB1、SB2 分别接在输入端口 I0.0、I0.1 上，KM 线圈接在输出端口 Q0.0 上。

4）软件编程。采用典型的起保停程序，起动电动机时 SB1 和 SB2 均处于闭合状态，I0.1 和 I0.2 输入均为高电平，所以两触点在输入过程映像区中的存储位均为 1，此时使线圈 Q0.0 输出 1 信号，电动机运转。因此梯形图中的 I0.0 和 I0.1 均要用 1 闭合触点（动合触点）"—| |—"表示。硬件接线图和梯形图如图 6-61 所示。

将梯形图的符号"—| |—"称为"1 闭合触点"、"—|/|—"称为"0 闭合触点"，不应与按钮开关等外部输入设备的动合触点和动断触点相混淆。如果为了梯形图的符号与继电器控制电路的符号一致，可将接入 PLC 的停止按钮改为动合按钮，这样停止按钮没有按下，即 I0.1 为 0 时有"能流"流过，电动机运转，所以 I0.1 用 0 闭合触点"—|/|—"表示。但是

要注意的是，这样做存在一定的安全隐患，由于停机按钮接触不良或断线等原因，使停机按钮失效，将可能引起生产安全或人身事故。因此，在现场设备的控制电路中，从安全角度出发，通常停机按钮、限位开关和急停按钮等可靠性要求高的按钮和开关的连线应接在动断触点上。

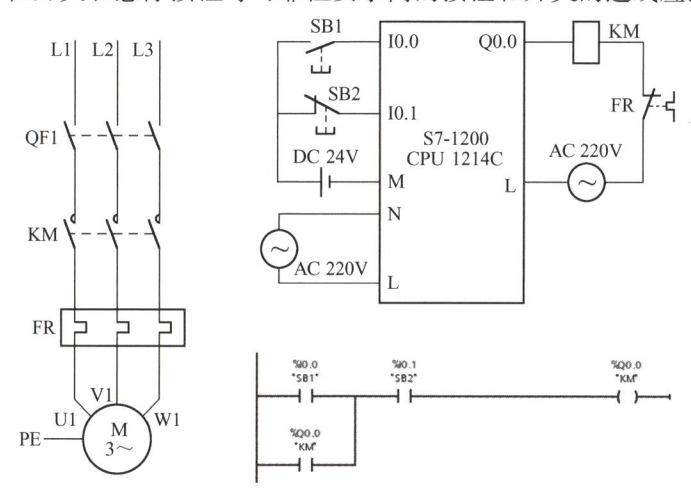

图 6-61 电动机起保停 PLC 控制硬件接线图与梯形图

6.2.5 STEP 7 指令系统

1. STEP 7 指令

软件系统支持 S7-1200 的功能要求，为面向任务的直观编辑器。它适用于硬件和网络组态、编程和诊断等功能于一体，通用的编程平台简化了自动化任务。软件中的基本指令包括布尔量逻辑运算、计数、定时、复杂数学运算以及与其他智能设备的通信。扩展指令在基本指令基础上增加特色配置。S7-1200 控制功能增强，软件中的工艺指令支持运动控制、过程控制等精确控制需求，支持带脉冲接口的步进电机、伺服电机的控制。S7-1200 支持各种通信模块，如 RS-232、RS-485、Modbus RTU、PROFIBUS 和 AS-i 通信。使用开放式用户通信和分布式 I/O 可实现与其他 CPU、PROFINET IO 设备以及使用标准 TCP 通信协议的设备进行通信。借助 USS 指令，可实现与支持串行通信接口协议的驱动器之间的通信。

STEP 7 指令系统按照指令功能分为基本指令、扩展指令、工艺和通信指令。其中基本指令包括位逻辑运算指令、定时器操作指令、计数器操作指令、移动操作指令、数学函数指令、比较器操作指令、转换操作指令、程序控制指令、字逻辑运算指令、移位和循环移位指令。扩展指令包括日期和时间指令、字符串+字符指令、分布式 I/O 指令、中断指令、诊断指令、脉冲指令、配方和数据记录指令、数据块控制指令和寻址指令等。工艺指令主要包括计数指令、PID 控制指令和运动控制指令等。通信指令主要包括 S7 通信指令、开放式用户通信指令、WEB 服务器指令、其他指令、通信处理器指令和远程服务指令。如图 6-62 所示。

图 6-62 STEP 7 指令

2. 指令收藏夹

STEP 7 提供了"收藏夹"工具栏，可供快速访问常用的指令，可以通过添加新指令方便地自定义"收藏夹"（Favorites）。收藏夹中的默认指令为 1 闭合触点┤├、空功能框▫、用于编辑梯形图的打开分支→和关闭分支→。其中的内容会出现在工作区中程序编辑区块接口下方，如图 6-63 所示。

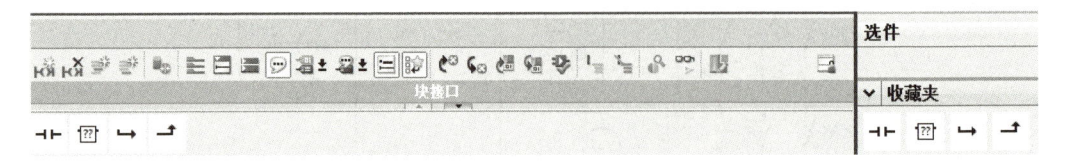

图 6-63　指令收藏夹

想要将自己常用或喜好的指令放入收藏夹，只需将指令拖入"收藏夹"或工作区中程序编辑区块接口下方，如图 6-64 所示。

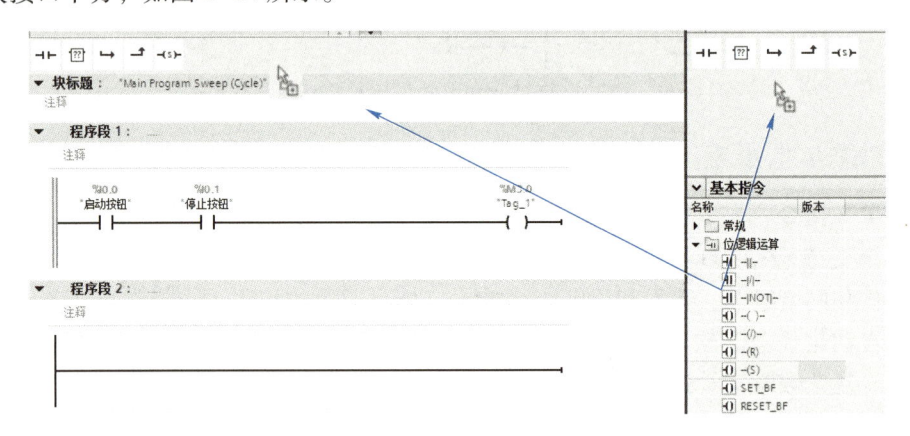

图 6-64　指令收藏夹中收藏指令的方法

6.3　PLC 的程序结构与编程方法

STEP 7 编程软件提供各种类型的块（Block），可以存放用户程序和相关数据。根据工程项目控制和数据处理的需要，程序可以由不同的块构成。块类似于子程序的功能，但类型更多，功能更强大。在工业控制中，程序往往是非常庞大和复杂的，采用块的概念便于大规模程序的设计和理解，还可以设计标准化的块程序进行重复调用，使程序结构清晰明了、修改方便、调试简单。STEP 7 中提供了多种不同类型的块，如组织块（OB）、功能块（FB）、功能（FC）和数据块（DB）四种。

6.3.1　组织块 OB

组织块 OB（Organization Block）是操作系统与用户程序之间的接口，只有在 OB 中编写的指令或调用的程序块才能被 CPU 的操作系统执行。在不同的情况下操作系统执行不同的 OB，例如系统上电时执行一次启动组织块（OB100），然后将循环执行 OB1。

根据功能不同组织块可分为程序循环组织块、启动组织块、延时中断组织块、循环中断组织块、硬件中断组织块、时间错误中断组织块和诊断错误中断组织块。

1. 程序循环组织块

程序循环 OB 在 CPU 处于 RUN 模式时循环执行，用户在其中放置控制程序的指令以及调用其他用户块，相当于主程序功能。OB1 是默认的程序循环组织块，允许使用多个程序循环 OB。在 STEP 7 软件中，其他程序循环组织块 OB 的标识符可自动给定，编号从 123 开始。

2. 启动组织块

在 CPU 开始处理用户程序之前，首先执行启动组织块。启动组织块只在 CPU 启动时执行一次，以后不再被执行。可以将一些初始化的指令编写在启动组织块中。同样允许有多个启动 OB。OB100 是默认的启动组织块。在 STEP 7 软件中，其他启动组织块 OB 的标识符可自动给定，编号从 123 开始。插入新块时选择自动会自动分配标识符，编号不会重复。

3. 延时中断组织块

通过启动中断（SRT_DINT）指令组态事件后，延时中断组织块将以指定的时间间隔执行。达到指定的延时时间后，延时中断组织块将中断程序的循环执行。对任何给定的时间最多可组态 4 个时间延时事件，每个组态的时间延时事件只允许对应 1 个 OB。在 STEP 7 软件中，延时中断组织块 OB 的标识符可从 OB20 开始，只允许使用 21、22、23 以及 123 以后的编号。插入新块时选择自动会自动分配标识符，编号不会重复。要使用延时中断 OB，必须执行以下任务：必须调用指令 SRT_DINT；必须将延时中断 OB 作为用户程序的一部分下载到 CPU。延时时间在扩展指令 SRT_DINT 的输入参数中指定，如图 6-65 所示。其中，OB_NR 为延时时间后要执行的 OB 的编号；DTIME 为延时时间（1~60000 ms）；SIGN 为调用延时中断 OB 时 OB 的启动事件信息中出现的标识符；RET_VAL 为指令的状态。

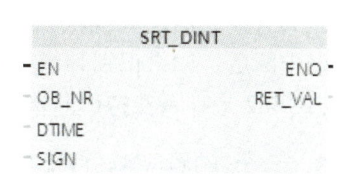

图 6-65 延时中断组织块指令 SRT_DINT 的输入参数

4. 循环中断组织块

循环中断组织块以指定的时间间隔执行。循环中断组织块将按用户定义的时间间隔中断循环程序执行，可用于定期检测模拟量的输入值。用户程序中最多可使用 4 个循环中断 OB 或延时中断 OB。例如，如果已使用 2 个延时中断 OB，则在用户程序中最多可以再插入 2 个循环中断 OB。各循环中断 OB 的执行时间必须明显小于其时间基数。如果尚未执行完循环中断 OB，但由于周期时钟已到而导致执行再次暂停，则将启动时间错误 OB。稍后将执行导致错误的循环中断或将其放弃。在 STEP 7 软件中，循环中断组织块的标识符可从 OB30 开始。循环时间定义如图 6-66 所示。

5. 硬件中断组织块

硬件中断组织块在发生相关硬件事件时执行，高速计数器 HSC 和内置数字输入通道上升或下降沿事件可以触发硬件中断。

图 6-66 循环中断组织块循环时间的定义

但只能将触发报警的事件分配给一个硬件中断 OB，而一个硬件中断 OB 可以分配给多个事件。

对于将触发硬件中断的各高速计数器和输入通道，需要组态以下属性：将触发硬件中断的过程事件，例如，高速计数器的计数方向改变，分配给该过程事件的硬件中断 OB，在用户程序中最多可使用 50 个互相独立的硬件中断 OB。触发硬件中断后，操作系统将识别输入通道或高速计数器并确定所分配的硬件中断 OB。如果没有其他中断 OB 激活，则调用所确定的硬件中断 OB。如果已经在执行其他中断 OB，硬件中断将被置于与其同优先等级的队列中。所分配的硬件中断 OB 完成执行后，即确认了该硬件中断。在 STEP 7 软件中，硬件中断组织块 OB 的标识符可从 OB0 开始。

6. 时间错误中断组织块

时间错误中端组织块在检测到时间错误时执行。如果超出最大循环时间后，时间错误中断 OB 将中断程序的循环执行。最大循环时间在 PLC 的属性中被定义的，如图 6-67 所示。

在 STEP 7 软件中，OB80 是唯一支持延时中断事件的组织块。

7. 诊断错误中断组织块

具有诊断功能的模块在启用诊断

图 6-67 最大循环时间的定义

错误中断后，如果识别到错误，诊断错误中断组织块将中断程序的循环执行。在 STEP 7 软件中，OB82 是唯一支持诊断错误事件的组织块。

6.3.2 组织块 OB 的优先级

组织块（OB）是由操作系统自动执行的，在满足不同的条件时操作系统会执行不同的组织块。组织块建立了操作系统与用户程序之间的桥梁，只有编写在组织块中的指令或在组织块中调用的 FC、FB 才能被操作系统执行。

可以将 S7-1200 CPU 的组织块分为三大类，即启动组织块、循环执行的组织块和中断组织块。为避免组织块执行时发生冲突，操作系统为每个组织块分配了相应的优先级，如果同时满足几个组织块的执行条件，则系统首先执行优先级高的组织块。其中启动组织块在 CPU 工作模式切换到 RUN 时执行，循环执行组织块在没有中断情况下循环执行，二者的优先级最低为 1。中断组织块在特定的时间或特定的情况执行相应的程序和响应特定事件的程序。当 CPU 检测到中断源的中断请求时，操作系统在执行完当前程序的当前指令（即断点处）后，立即响应中断。CPU 暂停正在执行的程序，调用中断源对应的中断程序。执行完中断程序后返回到被中断的程序断点处继续执行原来的程序。中断组织块中的程序只在中断条件满足时被执行一次，不会循环执行。组织块类型及优先级见表 6-8。

表 6-8 组织块类型及优先级

组织块类型	数　量	编　号	优　先　级
程序循环	必须有 1 个 OB，允许多个 OB	1（默认），≥123	1
启动	可以有 1 个，允许多个 OB	100（默认），≥123	1
延时	4 个延时 OB	20（默认），21~23	3
循环	4 个延时 OB	30（默认）31~33	4

（续）

组织块类型		数 量	编 号	优 先 级
硬件中断	HSC	16个上升沿和16个下降沿事件共32个 OB	≥123	5
	沿	6个 CV=PV，6个方向改变和6个外部复位共18个 OB	≥123	6
时间错误		1个 OB	80	9
诊断错误		1个 OB	82	26

6.3.3 功能块 FB 和功能 FC

功能块 FB（Function Block）和功能 FC（Function）都是由用户自己编写的子程序块或带形参的函数，可以被其他程序块（OB、FC 和 FB）调用。使用 FC 可执行以下任务：①执行标准和可重复使用的运算，如数学计算；②执行工艺功能，如通过使用位逻辑运算进行单独控制。FC 也可以在程序中的不同位置多次调用。重复使用可简化对重复任务的编程工作量，可借此实现模块化编程。

FC 是一种不带存储区的逻辑块，其临时变量存储在局部数据堆栈中，当 FC 执行结束后，这些临时数据会丢失。要想久存储数据，需在 FC 中使用共享数据块或者位存储区。FC 类似于子程序，仅在被其他程序调用时才执行，可以简化程序代码和减少扫描时间。临时变量是在块的变量声明表中定义的，如图 6-68 所示。可在 Temp 临时变量栏添加需要的变量。

功能块 FB 与 FC 类似，但 FB 拥有自己的背景数据块，常用于编写功能复杂的任务，例如闭环控制任务。传递给 FB 的参数和静态变量都保存在背景数据块中，临时变量存在本地数据堆栈中。当 FB 执行结束时，存在背景数据块中的数据不会丢失，但本地数据堆栈中的临时变量会丢失。FB 的临时变量声明表与 FC 的类似，也可在 Temp 临时变量栏添加需要的变量，方法与 FC 的相同。

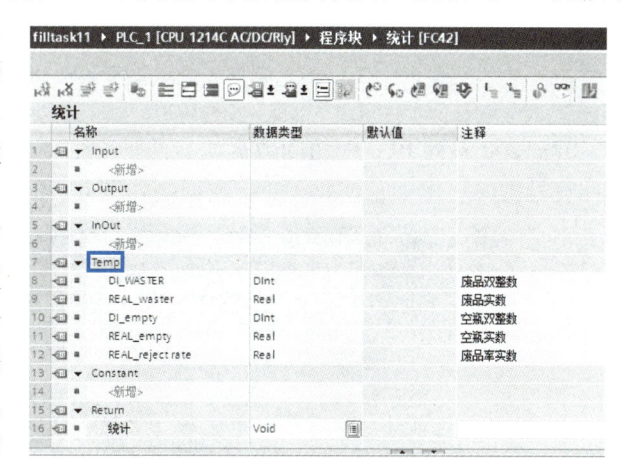

图 6-68 FC 的局部变量声明表

在编写调用 FB 时，必须指定背景数据块的编号，调用时背景数据块自动打开。可在用户程序中或通过人机界面接口访问这些背景数据。

FC 和 FB 可用于结构化编程，通过临时变量声明表定义形参实现。其中，Input 为输入参数，Output 为输出参数，InOut 为输入输出参数。

6.3.4 数据块 DB

用户程序中除了逻辑处理外，还需要对存储过程状态和信号信息的数据进行处理。数据以变量的形式存储，通过存储地址和数据类型来确保数据的唯一性。数据的存储地址包括 I/O 映像区、位存储器、局部存储区和数据块等。

数据块 DB（Data Block）包含全局 DB（Global DB）和背景数据块。用户程序的所有逻辑块（包含 OB1）都可以访问共享数据库中的信息，而背景数据块是分配给特定的 FB。背景数据块中的数据是自动生成的，如定时器指令、计数器指令在使用时系统会自动为其分配背景数据块。数据块用来存储过程的数据和相关的信息，用户程序中需要对数据块中的数据进行访问。数据块的数目依赖于 CPU 的型号，数据块的最大长度因 CPU 的不同而各异。数据块中的数据单元按字节进行寻址，数据块存储单元如图 6-69 所示。

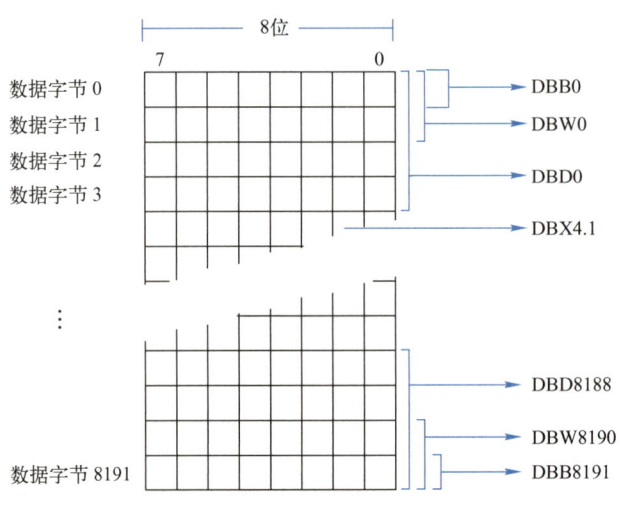

图 6-69 数据块存储单元示意图

S7-1200 系列 PLC 中访问数据块有两种方法：名称符号访问和绝对地址访问。默认情况为名称符号访问。例如，建立 Value 数据块如图 6-70 所示。

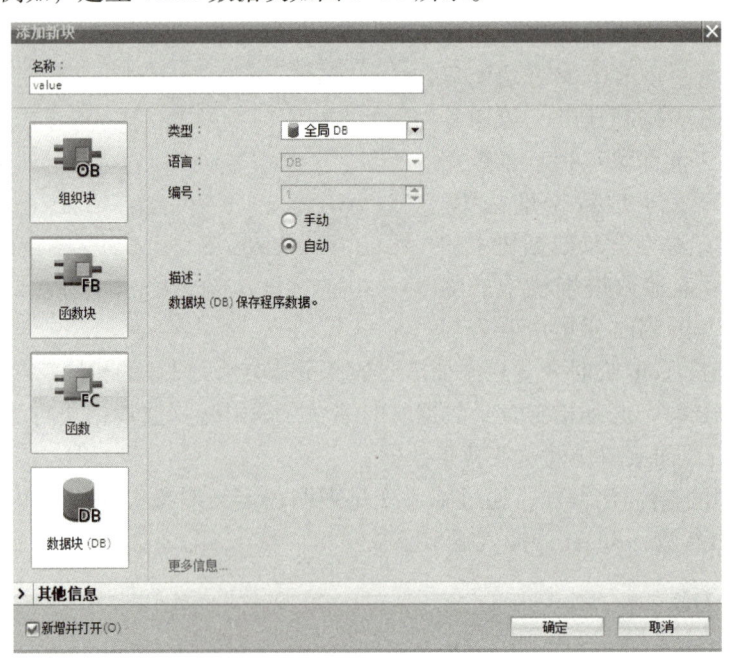

图 6-70 全局数据块 Value 的建立

在数据块 Value 中建立变量 Start，则"Value". Start 即为符号访问的例子，如图 6-71 所示。

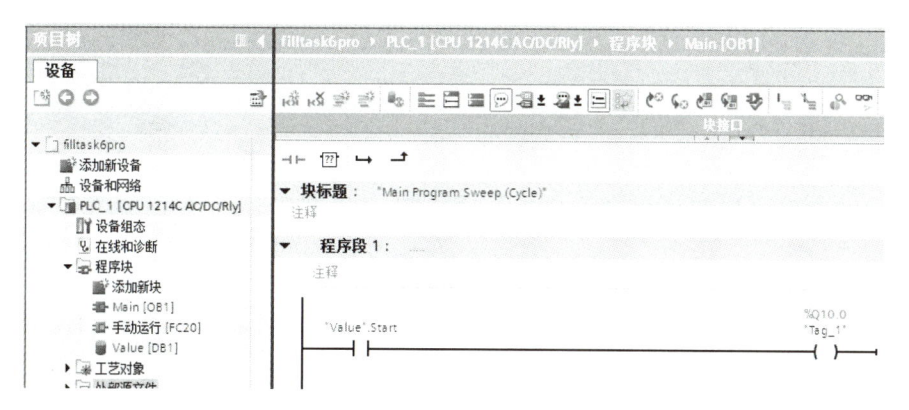

图 6-71 全局数据块"Value".Start 变量访问

6.3.5 程序块的编辑

编程时需要进入项目视图,单击项目树/程序块/组织块 OB1 展开编程窗口。界面的右边为指令,编程界面如图 6-72 所示。

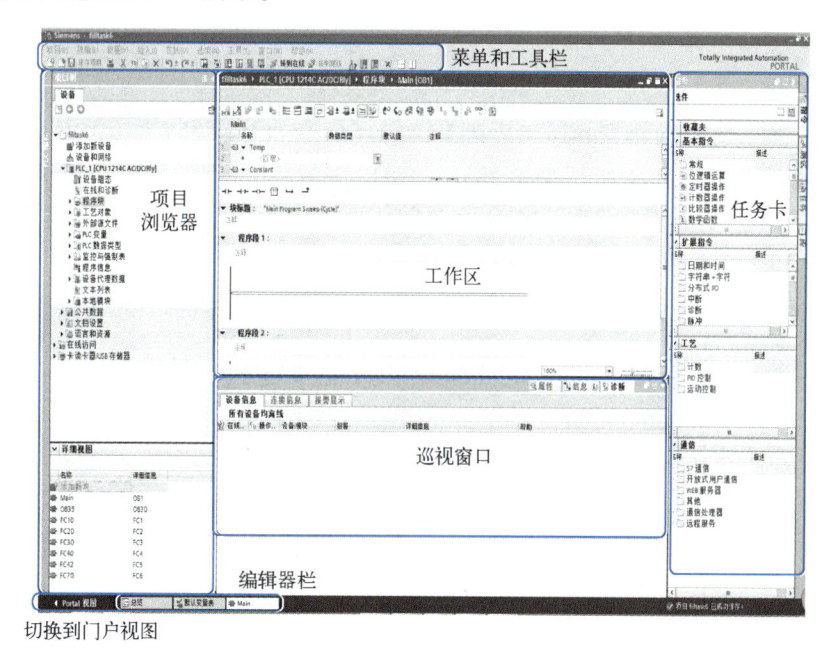

图 6-72 项目视图中编程界面

其中菜单和工具栏为下拉菜单,可以在下拉菜单中选择相应的功能,工具栏中各图形具体含义如图 6-73 所示。

由于这些组件组织在一个视图中,可供用户方便地访问项目的各个方面。例如,巡视窗口显示了用户在工作区中所选对象的属性和信息。当用户选择不同的对象时,巡视窗口会显示用户可组态的属性。巡视窗口包含用户可用于查看诊断信息和其他消息的选项卡。编辑器栏会显示所有打开的编辑器,从而帮助用户更快速和高效地工作。要在打开的编辑器之间切换,只需单击不同的编辑器。还可以将两个编辑器垂直或水平排列在一起显示。通过该功能可以在编辑器之间进行拖放操作。

图 6-73 工具栏中各图形含义

工作区中用于程序编辑的工具栏含义如图 6-74 所示，可利用这些工具对程序进行编辑与调试。

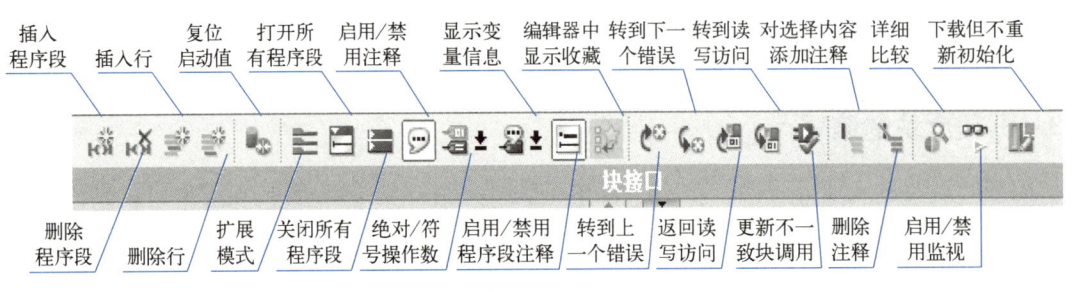

图 6-74 工作区中工具栏工具含义

打开项目视图，在项目浏览器下可看到 PLC_1（CPU 具体型号），单击左边的箭头可看到程序块，单击程序块可看到添加新块和 Main（OB1）——默认的循环扫描组织块。双击 Main 进入程序编辑界面进行程序的编辑，指令可选择任务卡中的指令（1），也可以选择编辑区工具栏上收藏夹中的指令（2），如图 6-75 所示。

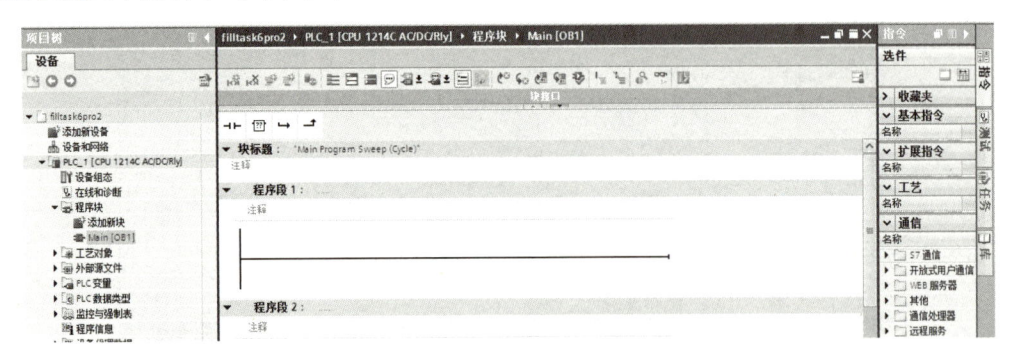

图 6-75 程序编辑界面

要编辑程序实现电动机的起停控制功能，起动按钮（常开按钮）SB1 接到 PLC 的输入端子 I0.0 上，停止按钮（动断按钮）SB2 接到 PLC 的输入端子 I0.1 上，接触器 KM 线圈接到 PLC 的输出端子 Q0.0。编程方法为：①拖动编辑区工具栏上的一个 1 闭合触点┤├放到程序段 1 的母线上，输入地址 I0.0，单击鼠标右键选中重命名变量，出现图 6-76 所示的重命名变量对话框，定义 I0.0 的符号为 SB1；②同理操作 SB2；③打开任务卡中基本指令，选择位逻辑操作指令，从中选择线圈─( )─，放在右母线处，并重命名为 KM；④鼠标选中 SB1 下方，在编辑区工具栏上单击打开分支，SB1 下方出现分支，在此位置单击编辑区工具栏上的 1 闭合触点，输入地址 Q0.0，单击编辑区工具栏关闭分支或者用鼠标直接向上拖至 SB1 的另一端，则程序编辑完成。

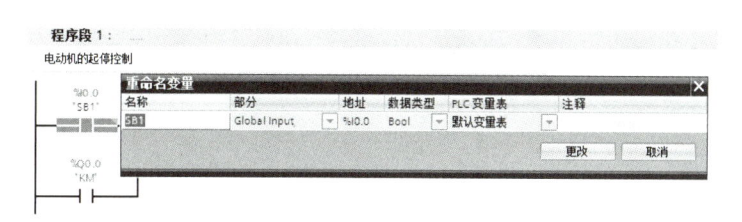

第 6 章 工业自动化项目的 PLC 控制软件设计

图 6-76 重命名变量对话框

电动机起停控制的程序如图 6-77 所示。

其中 1 闭合触点等指令还可以通过空功能指令框选择（见图 6-78），或者在指令树中基本指令位逻辑操作中选择。

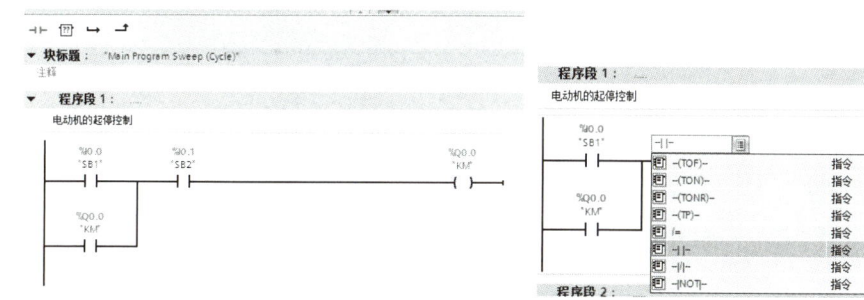

图 6-77 电动机起停控制的程序

图 6-78 采用空功能指令框编辑程序的方法

6.3.6 程序块的编译和下载

程序编辑完成后需要编译和下载项目。在项目视图的工具栏上单击编译图标进行程序的编译，巡视窗口中会显示编辑结果，如图 6-79 方框中所示。

如果出现错误需要根据巡视窗口的提示修改程序并执行再次编译，直到编译成功方可下载。出现错误编译失败案例如图 6-80 所示。本例中操作数缺失意味着触点未定义，需要指定触点地址。

程序编译成功后单击项目树下 PLC_1（CPU 具体型号）再单击下载图标，选择接口类型、PC/PG 接口以及接口/子网类型即可进行程序的下载。参数的选择可参考 6.1.3 节。下载过程中要进行检查，一般会提示不满足前提条件，不能执行下载。出现该问题的原因是 CPU 在运行，解决方法只需在停止模块列"无动作"粉色框的下拉菜单中选择模块全部停止

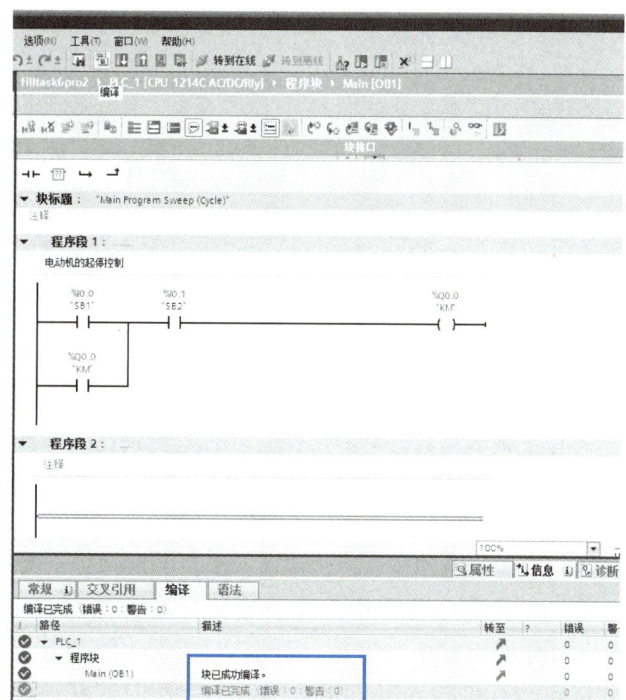

图 6-79 编译成功

即可进行下载，设置方法如图 6-81 所示。

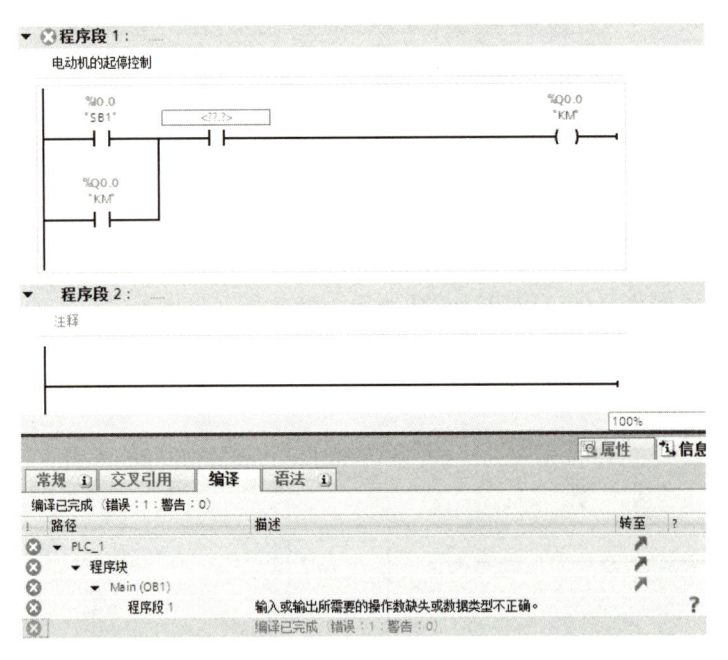

图 6-80　编译失败案例

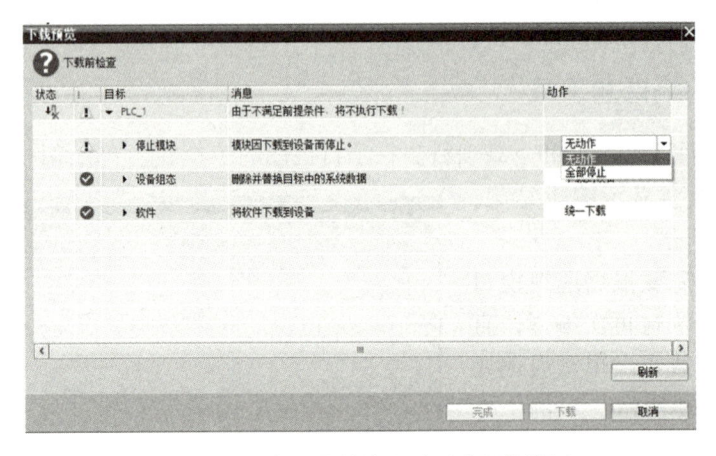

图 6-81　程序下载前检查需要进行的设置

6.3.7　程序块的监视与程序的调试

程序下载成功后，单击工具栏上的"转到在线"按钮使编程软件在线连接 PLC，单击编辑区工具栏上的"启用/禁用监视"按钮，即可在线监视程序的运行。项目右侧出现"CPU 操作员面板"，显示 CPU 的状态指示灯和操作按钮，可以通过单击"停止"按钮来停止 CPU。编辑区程序段中绿色表示有能流流过，接通；黑色的虚线表示没有能流流过，断开。如图 6-82 所示。

在电动机起停程序中，起动按钮（动合按钮）SB1 接到 PLC 的输入端子 I0.0 上。按钮 SB1 不动作时，其状态为 0，因此它对应的 1 闭合触点不接通（黑色）。停止按钮（动断按钮）SB2 接到 PLC 的输入端子 I0.1 上，不动作时其状态为 1，因此它对应的 1 闭合触点接通（绿色）。此时接触器 KM 失电（黑色），电动机处于停止状态，如图 6-83 所示。

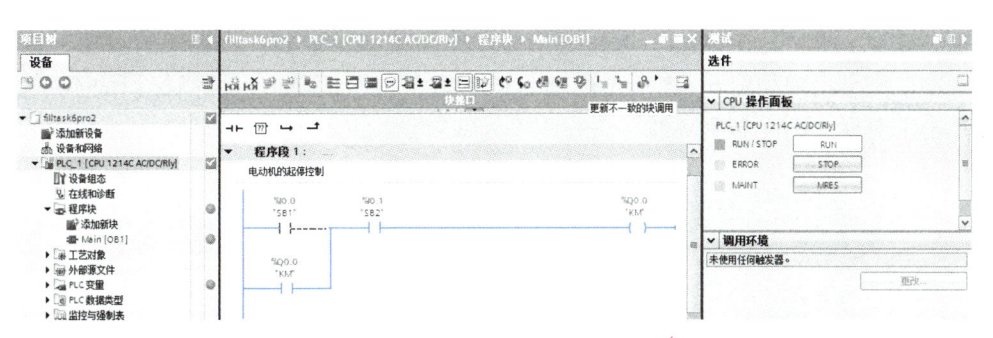

第 6 章 工业自动化项目的 PLC 控制软件设计　119

图 6-82　程序的在线监视

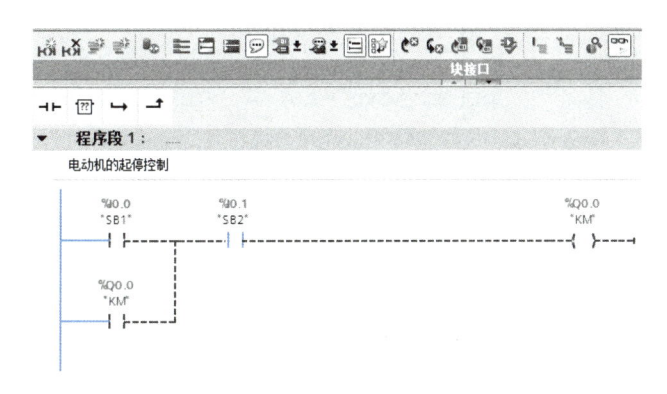

图 6-83　电动机起动按钮没按下的程序监控状态

按下 SB1，I0.0＝1，对应的 1 闭合触点接通（绿色）；SB2 常闭，I0.1＝1，对应的 1 闭合触点接通（绿色）；Q0.0＝1，KM 得电（绿色）起动电动机，其自锁触点并在 SB1 两端可以保持 KM 的状态。松开 SB1，I0.0＝0，对应的 1 闭合触点不接通（黑色），但 KM 动合触点接通，Q0.0＝1。此时 I0.1＝1，因此 Q0.0＝1，电动机连续运转，如图 6-84 所示。

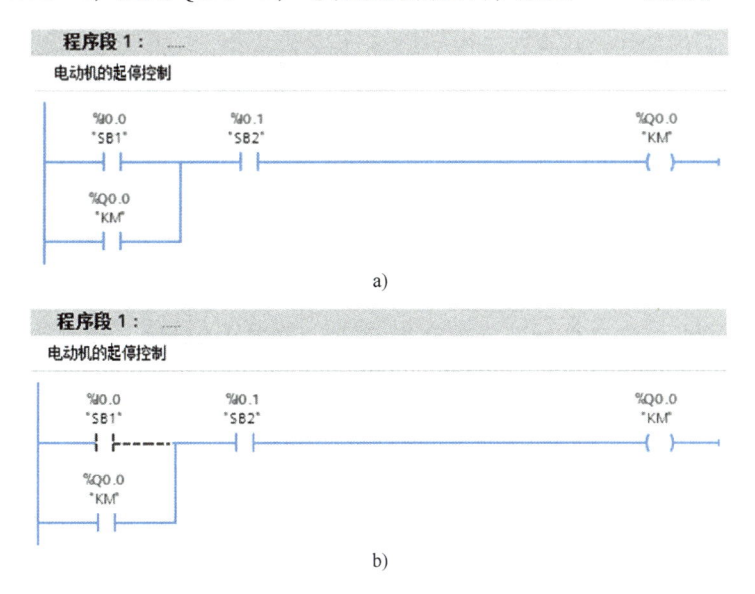

a)

b)

图 6-84　按下和松开起动按钮电动机起动程序监控状态
a）起动按钮按下瞬间电动机起动程序监控状态　b）起动按钮松开后电动机起动程序监控状态

单击工具栏上的"转到离线"按钮退出程序监控状态可重新进行程序的编辑。若在线状态编辑程序，则会出现如图 6-85 所示的项目树下橙色圆圈以及蓝色圆圈标识的不一致现象，此时可单击工具栏上的"转到离线"进行程序的编辑。

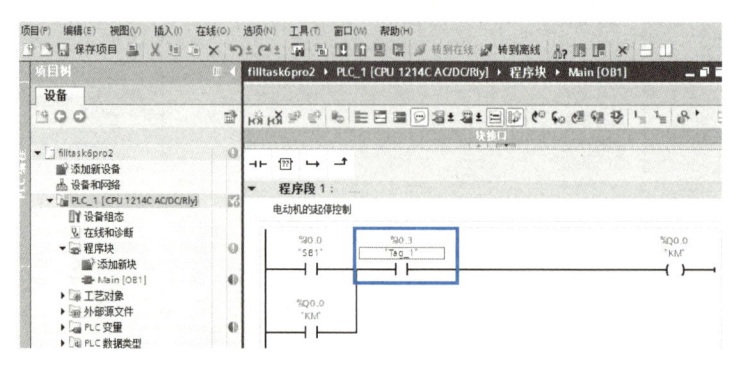

图 6-85 在线状态编辑程序出现的不一致现象

6.3.8 块的调用

1. 块调用含义

块调用即子程序调用，可以在 OB、FB、FC 中调用除 OB 之外的逻辑块。调用 FB 时需要指定背景数据块。块可以嵌套调用，允许嵌套的层数与 CPU 的型号有关。块调用的层数还受到 L 堆栈大小的限制。每个 OB 至少需要 20B 的 L 内存，当块 1 调用块 2 时，块 A 的临时变量将压入 L 堆栈。

2. 块调用结构

块调用结构如图 6-86 所示，OB1 调用 FB1，FB1 调用 FC1。创建块的顺序是：先创建 FC1，再创建 FB1 及其背景数据块。编程时要保证调用的块已经存在。

3. 块调用实例

电动机起停控制基础上增加模式选择开关 SA1 和模式确认按钮 SB3，要求 SA1 在 1 位置，按下 SB3 进入自动运行模式。自动模式要求实现电动机的起停控制功能。

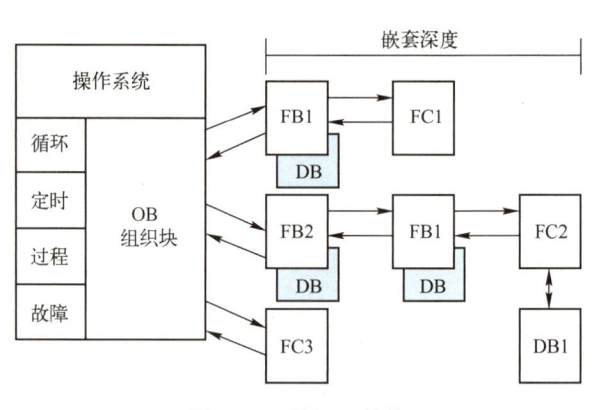

图 6-86 块调用结构

软件编程的思路为：定义自动运行程序为 FC30，在其中编写电动机起停程序。在组织块 OB1 中通过 SA1 和 SB3 调用 FC30。此任务的完成步骤如下：

（1）信号分析

输入信号为 4 个数字量，输出信号为 1 个数字量。其中输入信号为 3 个按钮和 1 个选择开关，2 个动合按钮 SB1、SB3 和 1 个动断按钮 SB2，1 个选择开关 SA1；输出信号为 1 个电动机交流接触器 KM。

（2）I/O 分配

鉴于 S7-1200 系列 CPU 为紧凑型，板载一定数量的 I/O，因此可将输入/输出信号分配在 CPU 模块上。将 SB1 的地址分配为 I0.0，SB2 的地址分配为 I0.1，SA1 的地址分配为 I0.2，

SB3 的地址分配为 I0.3；输出 KM 的地址分配为 Q0.0，见表 6-9。

表 6-9 模式选择实现电动机起停控制的 I/O 分配

序 号	输入/输出	符 号	地 址	注 释	信 号 类 型
1	输入数字量	SB1	I0.0	起动按钮	DI
2	输入数字量	SB2	I0.1	停止按钮	DI
3	输入数字量	SA1	I0.2	模式选择开关	DI
4	输入数字量	SB3	I0.3	模式确认按钮	DI
5	输出数字量	KM	Q0.0	电动机接触器线圈	DO

（3）硬件接线

按照 I/O 分配表将动合按钮 SB1、动断按钮 SB2、动合按钮 SB3 分别接在输入端口 I0.0、I0.1 和 I0.3 上，模式选择开关接在输入端口 I0.2 上，KM 接在输出端口 Q0.0 上，如图 6-87 所示。

（4）软件编程

要实现块的调用编程时需要如下步骤：

1）添加新块 FC30，具体方法参见 6.4.2 节。

2）编辑 FC30。STEP 7 软件提供复制粘贴功能，可将电动机起停程序复制到 FC30。

3）在组织块 OB1 中编写调用条件，如图 6-88 所示。

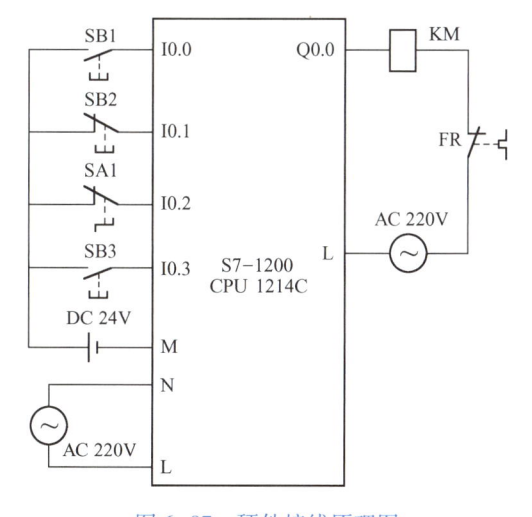

图 6-87 硬件接线原理图

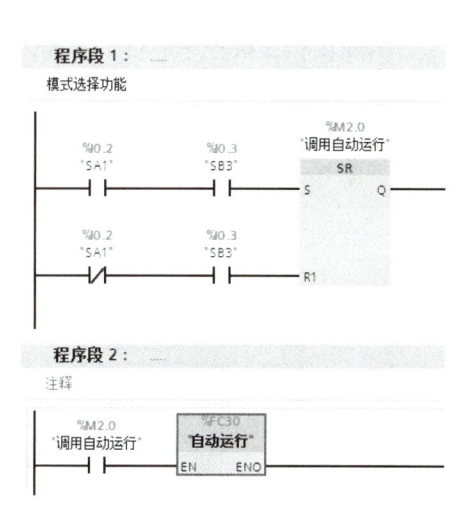

图 6-88 OB1 程序

4）程序的编译、下载和监控调试。若在项目编译、下载和转到在线步骤中，出现单击"启用/禁用监视"后功能 FC 无法监控的现象，则一定是该功能 FC 未被 OB1 调用，需要完成图 6-89 所示的步骤。

6.3.9 PLC 的编程方法

1. 线性化编程方法

将用户的所有指令均放在 OB1 中，从第一条开始顺序执行。这种方式适用于一个人完成的小项目，不适合多人合作设计和程序调试。

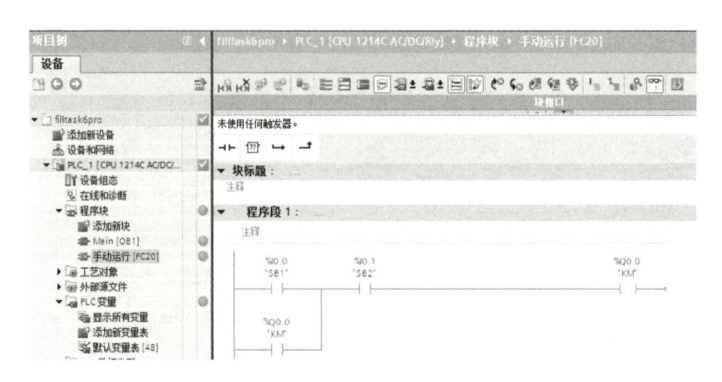

图 6-89 未在 OB1 中调用的 FC 监视情况

2. 模块化编程方法

当工程项目比较大时，可以将大项目分解成多个子项目，由不同的人员编写相应的子程序块，在 OB1 中调用，最终多人合作完成项目的设计与调试。例如，蛋糕加工生产线需要针对不同的人群生产不同的品种，老年人和儿童在蛋糕中添加的辅料配方是不相同的。可以将工程项目分解为总体设计 OB1、配方 A 子程序 FC5、配方 B 子程序 FC10、混料加工子程序 FC15 和包装输出子程序 FC20。模块化编程如图 6-90 所示。

结构化设计的优点是：程序较清晰，可读性强，容易理解；程序便于修改、扩充或删节，可改性好；程序可标准化，特别是一些功能程序，如实现 PID 算法的程序等；程序设计与调试可分块进行，便于发现错误及时修改，提高程序调试的效率；程序设计可实现多人参与编程，提高编程的速度；如果程序中有不需要每次都执行的程序块，则可以节约扫描周期的时间，提高 PLC 的响应速度。

模块化编程支持嵌套，可嵌套程序块的数目（嵌套深度）取决于 CPU 的型号。程序块的嵌套调用如图 6-91 所示。

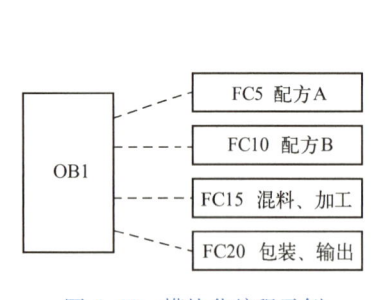

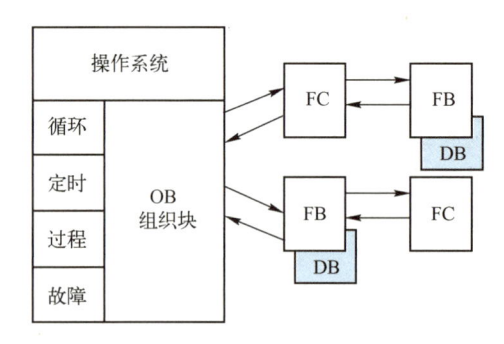

图 6-90 模块化编程示例　　　　图 6-91 程序块的嵌套调用

3. 结构化编程方法

结构化程序有以下优点：通过结构化更容易进行大程序编程；各个程序段都可实现标准化，通过更改参数反复使用；程序结构更简单；更改程序变得更容易；可分别测试程序段，因而可简化程序排错过程；简化调试。

与模块化编程不同，结构化编程中通用的数据和代码可以共享。如对 n 个电动机进行同样的控制，就可以采用结构化编程的思想。

结构化编程中采用解决单个任务的块和使用局部变量来实现对其自身数据的管理。它仅通过其块参数来实现与外部的通信。在块的指令段中不允许访问如输入、输出、位存储器或 DB

中的变量这样的全局地址。

在给 FB 编程时使用的是形式参数（形参），调用它时需要将实际参数（实参）赋值给形参。形参的种类有三种：输入参数 Input 类型、输出参数 Output 类型和输入输出参数 InOut 类型。Input 参数只能读，Output 参数只能写，InOut 类型可读可写。在一个项目中，可以多次调用一个块。图 6-92 所示为一个结构化程序示意图：程序循环 OB 依次调用一些 FB1 中对电动机的处理程序。在 FC 和 FB 中都可以定义形参。假定现在有一个故障报警的任务。

（1）任务要求

在生产现场会有很多故障报警指示灯，对这些指示灯的闪亮要求通常是相同的。如图 6-93 所示，当故障信号到来时触发故障记录标志位为 1，同时故障报警灯闪亮。现场人员按下应答按钮使故障记录标志位为 0，此时故障报警灯的状态与故障信号的状态有关。如果故障信号已经消失则故障报警灯不亮；如果故障依然存在则故障报警灯常亮。

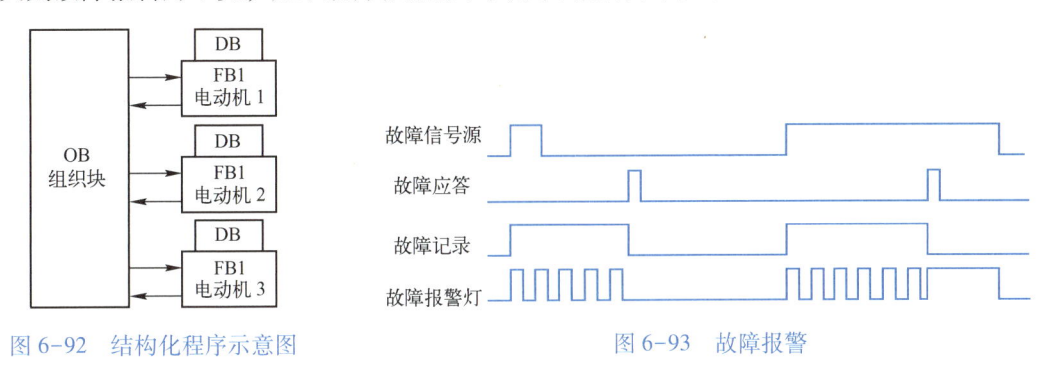

图 6-92　结构化程序示意图　　图 6-93　故障报警

（2）编写程序

如果对于每一个故障源编写一段报警程序，由于指令相同，许多工作是重复性劳动。能否编写一个通用的功能块，供所有故障源报警使用呢？这就需要编写带形参的程序块，即程序中的指令不写具体的地址，而是用形式参数表示。在处理每一个故障源的报警信号时，调用该功能块赋实际的地址。这里给出 FC 形参的定义方法，FB 与之相同。其应用程序见 8.6.2 节组态报警。

（3）定义形参

打开程序编辑器，在变量声明表中定义形参的名称和数据类型，可以加注释对形参作进一步说明。名称不能用系统的关键字，如 Time、INT 等。名称不支持汉字，注释可以写汉字。

形参的类型要与读写访问方式相一致，在功能块调用时只做读操作的参数定义在"Input"一类，例如故障源和脉冲信号等；在功能块调用时只做写操作的参数定义在"Output"一类，例如故障报警灯等；在功能块调用时既要对该参数做读操作又要做写操作的参数定义在"InOut"一类，例如故障记录标志位和上升沿记录标志位等。定义成"Input"类的形参不能做写操作，见表 6-10。

表 6-10　形参类型

参 数 类 型	定　　义	使 用 方 法	图 形 显 示
输入参数	Input	只能读	显示在功能块的左侧
输出参数	Output	只能写	显示在功能块的右侧
输入/输出参数	InOut	可读/可写	显示在功能块的左侧

为完成生产线中多个故障报警指示灯的显示任务,编写带形参的故障报警功能 FC60。FC60 的形参定义如图 6-94 所示,故障信号源"Fault_Signal"为"Input",故障报警指示灯"Alarm_Light"为"Output",故障记录"Stored_Fault"和上升沿记录"Edge_Memory"为"InOut"。所有故障源用一个应答按钮,其地址为 I1.6,所有故障指示灯的闪烁频率均为 2 Hz,取 CPU 的脉冲信号 M10.3。

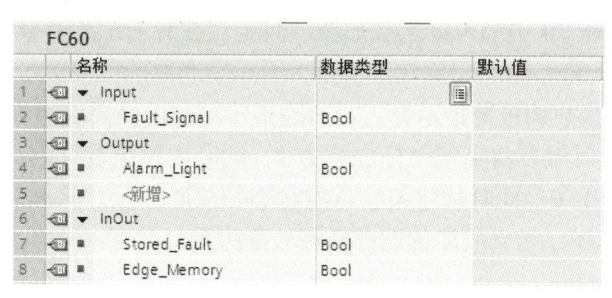

图 6-94　FC60 的形参定义

6.4　工业自动化项目程序结构及符号表

鉴于目前的工业自动化项目控制任务比较复杂,控制设备多样,通常采用模块化编程。工业自动化项目结构及编程可按如下步骤进行:①设计项目程序结构;②建立用户程序结构;③建立默认变量表;④绘制组织块 OB1 流程图;⑤绘制每个块的流程图;⑥编程实现每个块的功能;⑦调试每个块的功能;⑧编程调试组织块 OB1。本节主要实现项目程序结构、建立用户程序结构、建立默认变量表以及主程序流程图。编程调试等环节将在指令系统中完成。

6.4.1　设计项目程序结构

分析工业自动化项目控制任务,根据控制要求设计项目程序结构。每个工业自动化项目都有自己独特的工业背景,但通常都包括初始化功能、手动调试功能、自动运行功能、故障报警功能、急停功能和复位功能等几种。如果项目中也包含模拟量,则需要增加模拟量信号采集和模拟量处理功能。其调用结构如图 6-95a 所示。

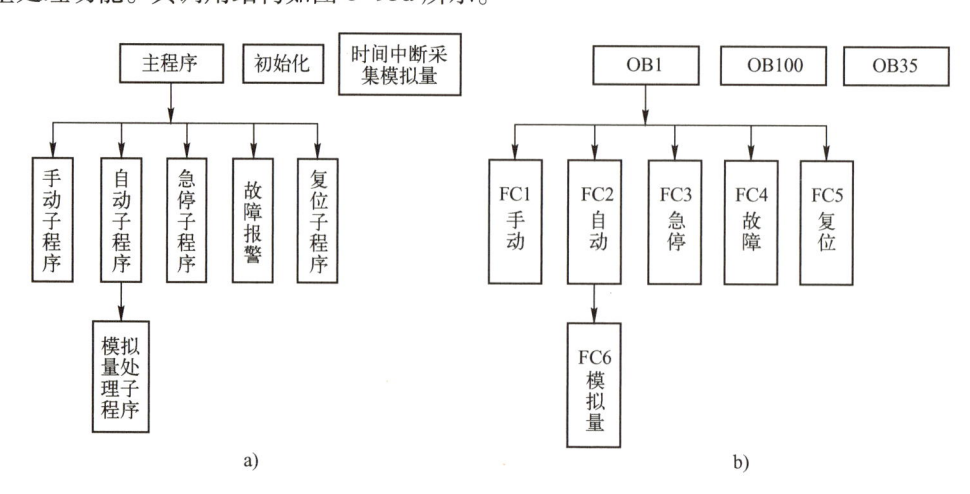

图 6-95　工业自动化项目程序结构图
a)调用结构　b)程序结构

STEP 7 中组织块 OB1 用于循环执行用户程序，是唯一一个用户必需的代码块。其他 OB 可执行特定功能，如用于启动任务、用于处理中断和错误或者用于按特定的时间间隔执行特定的程序代码。根据上述控制需求，除了组织块 OB1 以外，还需要启动组织块 OB100 执行初始化功能，OB30 执行定时循环中断功能。

功能 FC 是在另一个代码块（OB、FB 或 FC）进行调用时执行的子例程。根据控制要求需要手动调试功能 FC1、自动运行功能 FC2、故障报警功能 FC3、急停功能 FC4、复位功能 FC5 和模拟量处理功能 FC6。通常模拟量处理会包含在自动运行功能 FC2 中。这些功能由组织块 OB1 根据条件调用。FC 编号可自行定义，这里为方便按顺序排列。程序结构如图 6-95b 所示。

6.4.2 创建用户程序结构

创建用户程序结构的具体过程如下。

1. 添加新块

打开软件，在项目树/PLC_1 下找到程序块，系统默认已有组织块 OB1，单击添加新块，如图 6-96 所示。出现添加新块对话框，在"名称"栏输入需要建立的功能，如启动组织块 Startup，语言为 LAD，编号默认为 100（可手动修改编号），然后单击"确定"按钮，则在程序块中出现相应的块。

图 6-96 添加新块

按此方法依次添加 OB30、FC1、FC2、FC3、FC4、FC5 和 FC6。功能名称可修改，如 FC1 重命名为手动调试功能，可通过双击或单击鼠标右键选择"重命名"，如图 6-97 所示。完成添加后的程序块如图 6-98 所示。

2. 建立调用关系

双击打开组织块 OB1，将 FC1、FC2、FC3、FC4 和 FC5 分别拖入不同程序段，双击打开 FC2，将 FC6 拖入程序段。值得注意的是，这里只是简单地表明调用关系，具体调用条件应根据控制要求编辑。鼠标单击选中程序块，在菜单栏工具中选择调用结构，则任务区出现程序调用结构如图 6-99 所示。

图 6-97　重命名新块　　　　图 6-98　添加完成的程序块　　　　图 6-99　程序调用结构

6.4.3　建立项目变量表

在开始项目编程之前规划好所用到的内部资源并创建一个变量表是事半功倍的。在符号表中为绝对地址定义具有实际意义的符号名，这样可以增强程序的可读性、简化程序的调试和维护，为后面的编程和维护工作节省更多的时间。在 STEP 7 中，尤其强调名称符号寻址。默认情况下，在输入程序时，系统会自动为所输入地址定义符号。因此在开始编写程序之前，要定义输入变量、输出变量和中间变量在程序中使用的名称符号。

STEP 7 中可以定义两类变量：全局变量和局部变量。全局符号利用 PLC 变量/默认变量表来定义，可以在用户项目的所有程序块中使用。局部符号是在程序块的变量声明表中定义，只能在该程序块中使用。变量表中还可以定义变量的保持性。

1. 定义和使用全局变量

（1）定义全局变量

定义全局变量有 2 种方法，可以在默认变量表中统一定义；也可以在程序编辑过程中随时定义。由于完成一个工程项目需要有全局意识，建议项目中的输入变量、输出变量和要用到顺控标志位等变量统一在默认变量表中定义，中间变量 M 可在编程过程中随时定义。系统会自动为定义的全局变量添加引号""，如"启动按钮"。

1）在默认变量表中定义变量：在项目树/PLC_1/PLC 变量下找到默认变量表，双击打开进行变量的编辑。默认变量表中有 3 个选项卡，分别为变量选项卡、用户常量选项卡和系统常量选项卡。

PLC 变量选项卡如图 6-100 所示。在变量选项卡中单击名称列，输入变量符号名，如"启动按钮"，按回车键确认；在数据类型列选择数据类型，因为启动按钮是数字量输入信号，为位地址，数据类型选为"Bool"；在地址列输入地址"I0.0"，按回车键确认；此时原来为灰色的"在 HMI 中可见"和"可从 HMI 访问"功能激活，原来的灰色☑变为蓝色☑。如果不希望实现这两种功能，可单击取消勾选☐。鉴于项目可视化考虑，推荐使用默认设置。可以在注释列根据需要输入注释，如启动按钮的文字符号 SB1。用户可自行添加变量表，变量定义和使用方法与此相同。默认变量表中所有变量都会在"显示所有变量"PLC 变量中出现。

图 6-100 PLC 变量选项卡

在符号编辑器中定义变量的名称、数据类型、对应的绝对地址、保持性、是否在 HMI 中可见、可从 HMI 访问和详细的注释等。在变量表中可以定义的变量包括 PLC 的输入变量 I、输出变量 Q 以及 M 存储区地址，如图 6-101 所示。

图 6-101 默认变量表的编辑

在 PLC 变量表中添加变量过程中，系统会进行语法检查，需要根据错误提示更正变量表。若状态列提示"此地址已被另一个变量使用"，如图 6-102 所示，此时应修改地址。

注意：编辑的变量表存盘后才有效。

默认变量表中用户常量是用户自定义使用的量；系统常量中显示分配了固定值的信息，如图 6-103 所示。

2）程序编辑器中定义变量：程序编辑器中定义变量的方法如图 6-104 所示。程序编辑中定义的变量也会自动添加到默认变量表中。

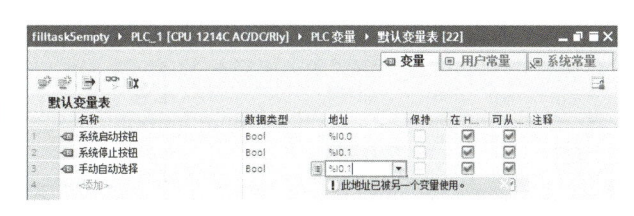

图 6-102 重名地址或符号的显示

（2）变量表的导出/导入

编辑好的默认变量表都会在"显示所有变量"中出现。可通过 2 种方式实现变量表的导出功能：第一种是在默认变量表中单击"导出" 按钮；第二种是在 PLC 变量表中单击"导出" 按钮。该功能可以将变量表导出到一个文本文件中，文件格式为 *.xlsx，以便能够使用其他的文本编辑器对其进行编辑。如图 6-105 所示。

也可以将使用其他应用程序创建的表格导入到 STEP 7 的变量表中继续进行编辑。文件（*.xml）、（*.sdf）、（*.xlsx）可以被导入到 STEP 7 变量表中。同样有 2 种方法：第一种是在默认变量表中空行处单击右键出现菜单选项，从中选择"导入文件"；第二种是单击"显示所有变量"进入 PLC 变量表，单击"导入" 按钮。之后都会出现导入文件对话框要求选择目标文件路径,并单击"打开";执行文件导入,出现导入过程,导出成功后单击"确定"按钮,则目标变量表出现在默认变量表中,如图 6-106 所示。

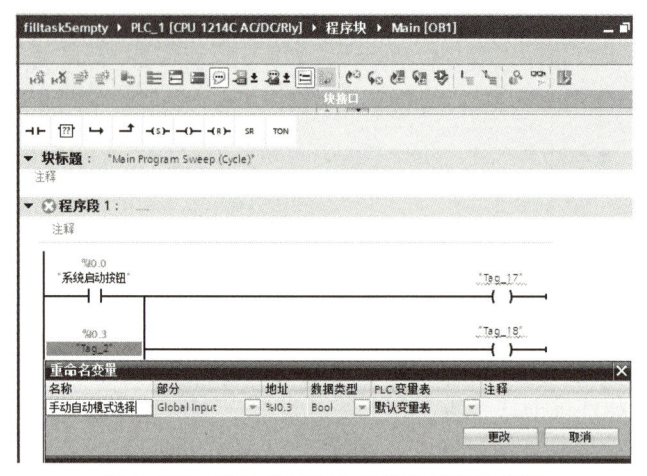

图 6-103　默认变量表中系统常量相关信息

图 6-104　程序编辑过程中定义变量的方法

图 6-105　变量表的导出　　　　　　　　　　图 6-106　变量表导入

（3）变量表的复制/粘贴

不同项目间的变量表可以进行复制和粘贴以减少重复工作量，如图 6-107 所示。

图 6-107　不同项目间变量表的复制粘贴

例如，想将第一个项目的变量表复制到第二个项目，可在第一个项目树/PLC_1/PLC 变量下选中默认变量表，单击鼠标右键并在出现的菜单中选择"复制"；打开第二个项目的项目树/PLC_1/PLC 变量下选中默认变量表，单击鼠标右键并在出现的菜单中选择"粘贴"，则第二个项目的项目树/PLC_1/PLC 变量下出现默认变量表_1。

（4）使用全局变量

STEP 7 是一个集成的环境，因此在默认变量表中对变量所做的修改可以自动被程序编辑器识别。在编辑器中进行程序编辑时，如果要输入地址自动打开"绝对地址/名称符号选择器"，显示以该字符开头的已经定义的地址和符号，如图 6-108 所示，双击选定的地址或符号即可输入，而无须键入完全的地址或符号全称。

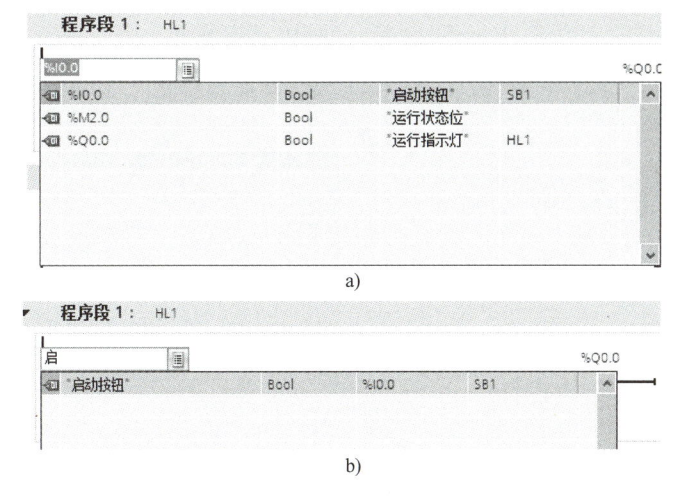

图 6-108　绝对地址/名称符号选择器的使用

a）绝对地址选择器　b）名称符号选择器

程序编辑完成，在工具栏中单击"绝对/符号操作数"按钮，可以在"名称符号显示"和"绝对地址显示"之间切换或同时显示。

（5）默认变量表中工具的使用

可以在默认变量表中应用工具功能查看交叉引用信息、调用结构和分配列表等信息，用于程序的调试，在后面 6.9.3 节使用变量表调试程序中会有具体描述。默认表量表中的交叉引用信息如图 6-109 所示。

图 6-109　默认变量表中的交叉引用信息

2. 定义和使用局部变量

（1）局部变量的定义

局部变量是仅在一个块中有效的变量，要在块的变量声明区定义。其中，组织块 OB 中可以定义的局部变量包括临时变量和常数；功能 FC 中可以定义的变量包括输入变量、输出变量、输入输出变量、临时变量、常数和返回变量，其中，输入变量、输出变量、输入输出变量和返回变量可用于结构化编程中形参的定义，如图 6-110 所示。功能块 FB 能定义的局部变量与 FC 相同。系统会自动为定义的全局变量添加#号，如#废品率实数。

图 6-110　局部变量的定义窗口

（2）局部变量的使用

定义的局部变量可以在本程序块中使用。如在统计功能 FC42 中要实现数据统计和数据处理功能，需要计算废品率。废品率的计算公式为

$$废品率=(废品数/空瓶数)\times 100\%$$

实现该计算需要在块接口中的 TEMPT 下定义废品双整数、空瓶双整数、废品实数、空瓶实数和废品率实数这些局部变量，如图 6-111 所示。

在统计功能 FC42 程序中编写数学计算公式进行计算，参考程序如图 6-112 所示。

图 6-111　计算废品率时局部变量的定义　　　　图 6-112　计算废品率时参考程序

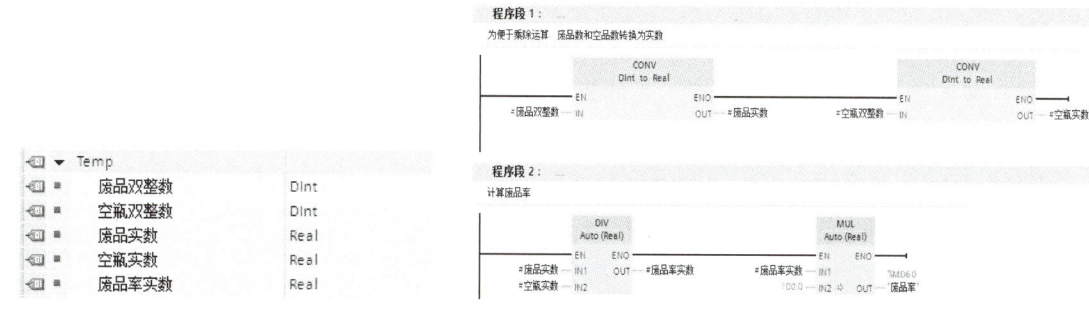

3. 设置 PLC 变量的保持性

在 PLC 变量表中，可以为 M 存储器指定保持性存储区的宽度。在变量表下单击保持性按钮，打开"保持性存储器"对话框，如图 6-113 所示。可以修改"从 MB0 开始的存储器字节数"。如输入 100，则保持性存储器中的当前可用空间（字节）就调整为 10088 个字节。

默认变量表中，编址在该存储区的变量就被标识为保持性。如图 6-114 所示。

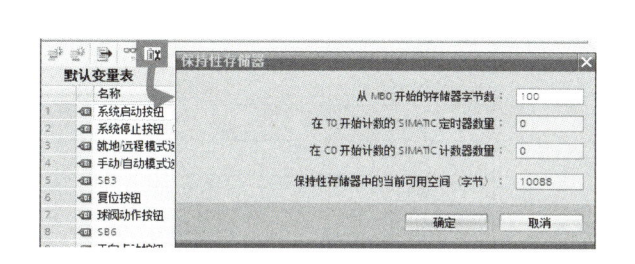

图 6-113　"保持性存储器"对话框　　　　图 6-114　默认变量表中标识为保持性的变量

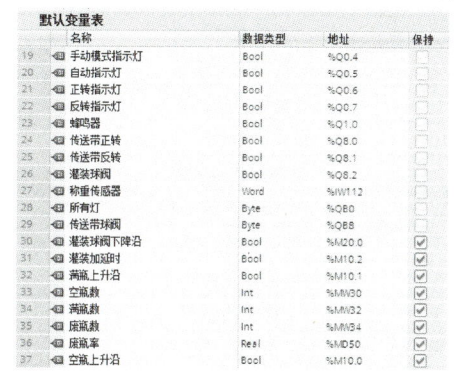

任务六　灌装自动生产线 PLC 控制系统程序结构及变量表

1. 任务要求

1）根据控制任务工艺，设计灌装自动生产线的程序结构图。

2）在 STEP 7 软件中，完成以下任务：

① 新建组织块 OB1 和 FC10（急停）、FC15（复位）、FC20（手动）、FC30（自动）、FC40（计数）、FC42（统计）和 FC70（模拟量处理）等子程序。

② 建立变量表。

③ 组织块 OB1 的程序结构设计。

2. 分析与讨论

本任务是在完成控制系统硬件设计的基础上进行的。

1）首先回顾任务三中 PLC 控制系统设计中对控制任务的分析确定程序结构。灌装自动生产线的程序结构与图 6-95 类似，可参考绘制。按照 STEP 7 软件要求，将主程序与组织块 OB1 相对应；时间中断模拟量采集与组织块 OB35 对应，并设定循环中断时间为 500 ms；子程序与 FC 功能相对应。项目需要急停功能 FC10、复位功能 FC15、手动功能 FC20、自动功能 FC30、计数功能 FC40、统计功能 FC42 与模拟量处理功能 FC70。这里为教学方便，统一 FC 的编号。实际工程项目可根据工程人员兴趣与需求自行编号。

2) 任务四中已经对灌装自动生产线的输入输出设备进行了 I/O 分配，变量表需要在 I/O 分配基础上增加数据类型信息。其中数字量输入输出为 BOOL 类型，模拟量输入信号为 INT 类型。编程过程中用到的内存分配暂不考虑。为编程方便，变量的符号名称可选择 I/O 分配中的注释，使程序中的变量和功能结合，一目了然。灌装自动生产线变量表见表 6-11。

表 6-11 灌装自动生产线变量表

序号	符号	数据类型	地址	注释
1	系统起动按钮	BOOL	I0.0	SB1
2	系统停止按钮（动断）	BOOL	I0.1	SB2
3	就地/远程选择	BOOL	I0.2	SA1
4	手动/自动选择	BOOL	I0.3	SA2
5	备用	BOOL	I0.4	SB3
6	复位按钮	BOOL	I0.5	SB4
7	备用	BOOL	I0.6	SB5
8	手动球阀	BOOL	I0.7	SB6
9	正向点动按钮	BOOL	I1.0	SB7
10	反向点动按钮	BOOL	I1.1	SB8
11	报警确认按钮	BOOL	I1.2	SB9
12	模式选择确认按钮	BOOL	I1.3	SB10
13	急停按钮（动断）	BOOL	I1.4	SB11
14	初始位置传感器	BOOL	I8.0	S1
15	灌装位置传感器	BOOL	I8.1	S2
16	终检位置传感器	BOOL	I8.2	S3
17	称重传感器	INT	IW112	WSR
18	系统运行指示灯	BOOL	Q0.0	HL1
19	急停指示灯	BOOL	Q0.1	HL2
20	报警指示灯	BOOL	Q0.2	HL3
21	复位完成指示灯	BOOL	Q0.3	HL4
22	手动模式指示灯	BOOL	Q0.4	HL5
23	自动模式指示灯	BOOL	Q0.5	HL6
24	正转指示灯	BOOL	Q0.6	HL7
25	反转指示灯	BOOL	Q0.7	HL8
26	蜂鸣器	BOOL	Q1.1	HA1
27	传送带正转	BOOL	Q8.0	KA1
28	传送带反转	BOOL	Q8.1	KA2
29	灌装球阀	BOOL	Q8.2	KA3

3) 循环执行组织块 OB1 的程序结构是设计的重点与难点，各功能的调用条件需要在此编写。条件编写不合理则程序可能出现 BUG，需要重新修改。

① 按下急停按钮后必须调用急停功能 FC10。

② 急停取消后才能调用复位功能 FC15。

③ 在设备停止运行时，允许切换到手动模式，调用手动运行功能 FC20。
④ 在设备停止运行时，允许切换到自动模式，自动运行功能 FC30。
⑤ 在系统自动运行时完成计数，由自动运行功能 FC30 调用计数功能 FC40。
⑥ 在系统自动运行时完成计数，由自动运行功能 FC30 调用功能 FC42 实现。FC40 和 FC42 可根据控制任务要求选择调用。
⑦ 在系统自动运行时完成称重传感器模拟量处理，由 FC30 调用模拟量处理功能 FC70。
结合工艺要求验证组织块 OB1 结构图是否满足工艺要求。

3. 解决方案示例

（1）新建组织块 OB35 和 FC10（急停）、FC15（复位）、FC20（手动）、FC30（自动）、FC40（计数）、FC42（统计）和 FC70（模拟量处理）等子程序

1）添加组织块 OB1 和 OB35。称重传感器检测采用循环中断 OB35，循环中断时间为 500 ms。首先添加组织块 OB35。在项目树下找程序块，右键单击"添加新块"。出现添加新块对话框，鼠标选中组织块，在组织块类型中选择 Cyclic interrupt，名称中输入需要建立的循环中断组织块名称（如模拟量采集），选择手动模式编辑组织块编号 35，语言为 LAD，单击"确定"按钮则可添加模拟量采集循环中断组织块 OB35，如图 6-115 所示。

2）添加功能 FC。在项目树下找程序块，右键单击"添加新块"。出现添加新块对话框，鼠标选中功能，名称中输出需要建立的功能名称（如急停），选择手动模式编辑功能编号 10，语言为 LAD，单击"确定"按钮则可添加急停功能 FC10，如图 6-116 所示。按照同样的方法建立复位功能 FC15、手动功能 FC20、自动功能 FC30、计数功能 FC40、统计功能 FC42 和模拟量处理功能 FC70 等。

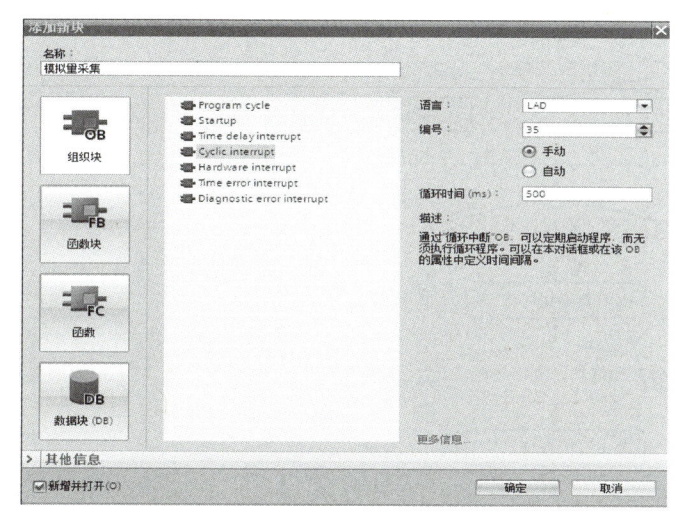

图 6-115　添加模拟量采集循环中断组织块 OB35 且定义循环中断时间为 500 ms

图 6-116　添加急停功能 FC10 对话框

3）建立项目程序块如图 6-117 所示。

（2）建立变量表

在项目树/项目/PLC_1/PLC 变量/默认变量表下，按照 I/O 分配表建立所需要的变量，如图 6-118 所示。

图 6-117　项目程序块

图 6-118　在默认变量表中建立变量表

（3）主程序 OB1 的程序结构

根据灌装生产线控制工艺要求，绘制主程序结构图如图 6-119 所示。

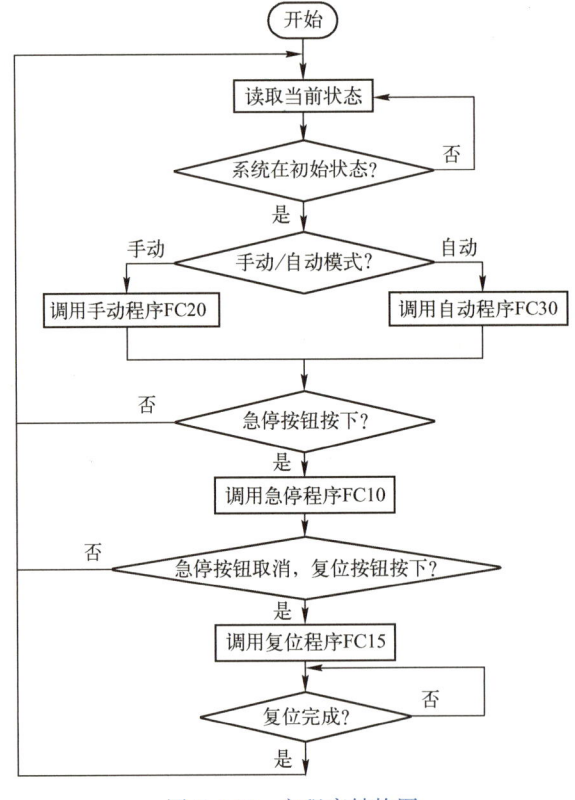

图 6-119　主程序结构图

6.5　工业自动化项目中数字量的处理

工业自动化项目大部分功能是对数字量信号进行处理，需要用到 STEP 7 指令系统中的位逻辑运算指令。这类指令使用 0 和 1 两个数字对 1 个位进行操作，包括输入指令 3 个，分别是

1 闭合触点、0 闭合触点和取非；输出指令 8 个，分别是线圈、反向线圈、置位、复位、置位位域、复位位域、置位优先锁存和复位优先位锁存；上升沿和下降沿指令 6 个，分别是扫描操作数的信号上升沿指令 P、扫描操作数的信号下降沿指令 N 触点指令、P 线圈上升沿、N 线圈下降沿、P_TRIG 上升沿、N_TRIG 下降沿。

常用的位逻辑运算指令见表 6-12。

表 6-12 常用的位逻辑运算指令

图形符号	功 能	图形符号	功 能
─┤├─	1 闭合触点	─( )─	输出线圈
─┤/├─	0 闭合触点	─(/)─	反向输出线圈
─┤NOT├─	取非	─	─
─(S)─	置位	─(R)─	复位
─(SET_BF)─	置位位域	─(RESET_BF)─	复位位域
RS (R, S1, Q)	置位优先 RS 锁存	SR (S, R1, Q)	复位优先 SR 锁存
G2 ─┤P├─	上升沿指令	─┤N├─	下降沿指令
─(P)─	P 线圈上升沿	─(N)─	N 线圈下降沿
P_TRIG (CLK, Q)	P_TRIG 上升沿	N_TRIG (CLK, Q)	N_TRIG 下降沿

接下来介绍每种指令的作用和应用示例。

6.5.1 触点的逻辑关系

逻辑操作指令是对一系列触点的状态进行逻辑运算，将最终的逻辑操作结果 RLO（Result of Logical Operation）赋值给输出线圈。逻辑关系包括与、或和与或关系。触点的串联构成"与"的逻辑关系，只有当所有触点均闭合时，输出"1"信号；触点的并联构成"或"的逻辑关系，只要有一个触点闭合，输出"1"信号；异或的逻辑运算关系为两个触点的逻辑值不相同时，输出"1"信号，两个触点的逻辑值相同时输出"0"信号。

1. "1 闭合触点"的逻辑关系

触点的激活取决于相关操作数的信号状态。当操作数的信号状态为"1"时，1 闭合触点将闭合，同时输出的信号状态置位为输入的信号状态。当操作数的信号状态为"0"时，不会激活 1 闭合触点，同时该指令输出的信号状态复位为"0"。两个或多个 0 闭合触点串联时，将逐位进行"与"运算。串联时，所有触点都闭合后才产生信号流。1 闭合触点并联时，将逐位进行"或"运算。并联时，有一个触点闭合就会产生信号流。指令应用如图 6-120 所示。

2. "0 闭合触点"的逻辑关系

当操作数的信号状态为"1"时，0 闭合触点将打开，同时该指令输出的信号状态复位为"0"。当操作数的信号状态为"0"时，不会启用 0 闭合触点，同时将该输入的信号状态传输到输出。两个或多个 1 闭合触点串联时，将逐位进行"与"运算。串联时，所有触点都闭合后才产生信号流。"0 闭合触点"并联时，将进行"或"运算。并联时，有一个触点闭合就会产生信号流。指令应用如图 6-121 所示。

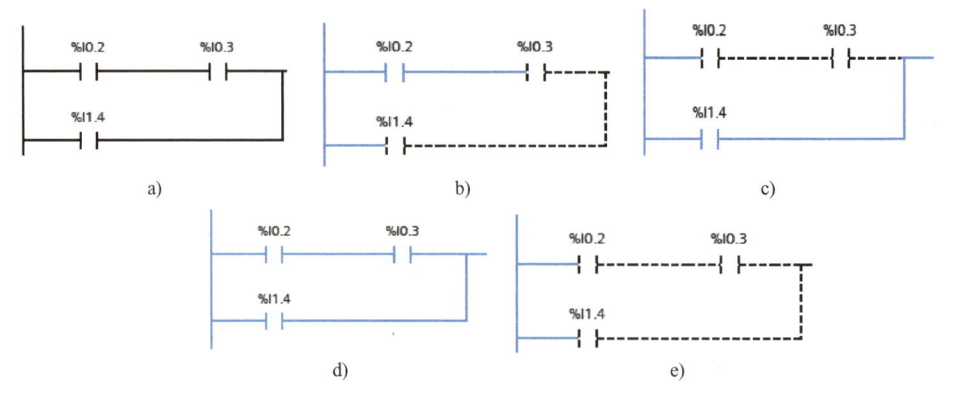

图 6-120 "1 闭合触点"的应用示例

a) 1 闭合触点基本指令　b) 支路中有触点为 0 则为 0　c) 并联支路一支路为 1 则为 1
d) 2 支路同时为 1 则为 1　e) 所有触点都为 0 则为 0

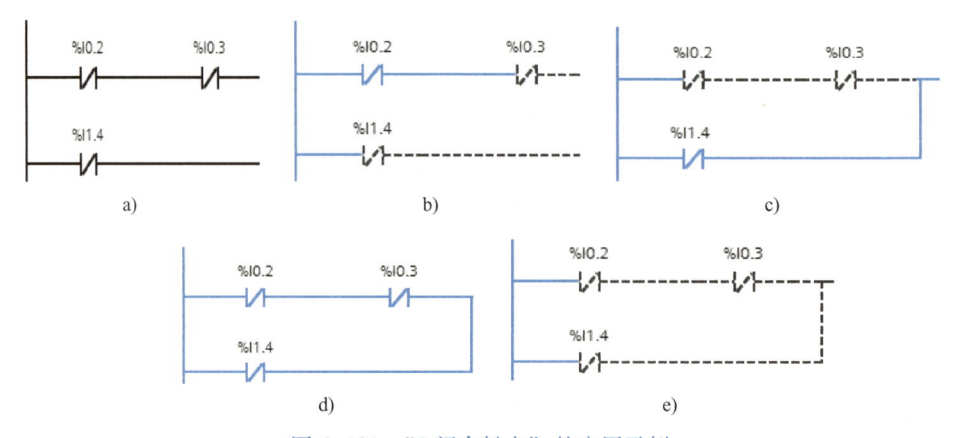

图 6-121 "0 闭合触点"的应用示例

a) 0 闭合触点基本指令　b) 支路中有触点为 1 则为 0　c) 并联支路一支路为 0 则为 1
d) 2 支路同时为 0 则为 1　e) 所有触点都为 1 则为 0

3. 线圈

通过触点的 RLO 给线圈赋值。如果 RLO 的信号状态为"1",则将指定操作数的信号状态置位为"1"。如果 RLO 信号状态为"0",则指定操作数的位将复位为"0"。指令应用如图 6-122 所示。值得注意的是,该指令不具有保持性。

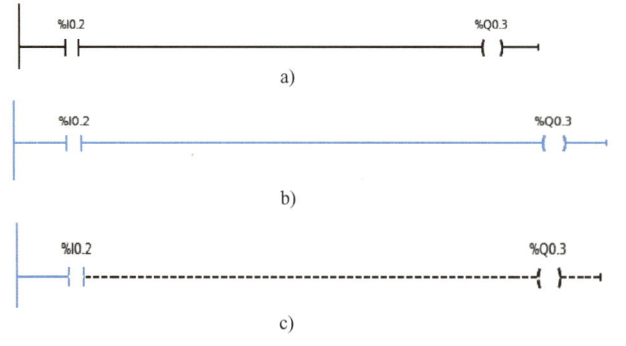

图 6-122 线圈的应用示例

a) 基本指令　b) 逻辑结果为 1 则为 1　c) 逻辑结果为 0 则为 0

反向线圈与线圈的输出结果相反,这里不再赘述。

任务七 设计灌装自动生产线 PLC 控制系统手动运行程序

1. 任务要求

编写手动运行程序 FC20，实现以下功能：

1）传送带正向点动。按下操作面板上的正向点动按钮 SB7（I1.0=1），控制传送带正转（Q8.0=1），松开停。

2）传送带反向点动。按下操作面板上的反向点动按钮 SB8（I1.1=1），控制传送带反转（Q8.1=1），松开停。

3）传送带互锁。如果两个按钮同时按下 SB7（I1.0=1）且 SB8（I1.1=1），传送带的正反转要实现互锁（Q8.0=0）且（Q8.1=0）；或者实现传送带正转按反转无效，传送带反转按正转无效。

4）手动球阀开闭。按下球阀动作按钮 SB6（I0.7=1），球阀打开；松开关闭。

2. 分析与讨论

此次任务只需要编写手动运行程序 FC20。根据任务要求，采用 1 闭合触点、0 闭合触点和线圈指令就能完成。用点动按钮控制传送带电动机正反转的程序如图 6-123 和图 6-124 所示。在这两段程序中，正向点动按钮 I1.0 的状态赋值给传送带电动机正转接触器线圈 Q8.0，如图 6-123 所示；反向点动按钮 I1.1 的状态赋值给传送带电动机反转接触器线圈 Q8.1，如图 6-124 所示。但是当操作人员发生误操作同时按下正向点动按钮 I1.0 和反向点动按钮 I1.1 时，会出现 Q8.0 和 Q8.1 同时得电的情况，可能导致短路现象。为避免故障出现，需要在程序中采取互锁措施，即互相把对方点动按钮的 0 闭合触点和接触器线圈的 0 闭合触点串在支路中实现双重互锁。从而同时按下正向点动按钮 I1.0 和反向点动按钮 I1.1 时，电动机正转接触器 Q8.0 和电动机反转接触器 Q8.1 均不得电，电动机不转。

需要提示的是，编写完 FC20 后需要在组织块 OB1 中无条件调用才能运行和调试程序。

3. 解决方案示例

1）传送带电动机正向点动程序如图 6-123 所示。

2）传送带电动机反向点动程序如图 6-124 所示。

图 6-123 传送带电动机正向点动程序　　图 6-124 传送带电动机反向点动程序

3）传送带的正反转互锁参考程序如图 6-125 所示。

实际工程项目中也有这种情况，传送带正转则按点动反转无效，传送带反转按点动正转无效，停止后方可执行反向点动。程序如图 6-126 所示。

4）手动球阀开闭程序如图 6-127 所示。

这段程序可以在灌装罐无料时测试灌装阀门是否动作。但在实际工程项目调试时，需要考虑实际情况。如果灌装罐中有料，必须要求灌装位置有空瓶才能进行测试，否则手动按钮不起作用。因此，程序可根据实际情况完善，如图 6-128 所示。

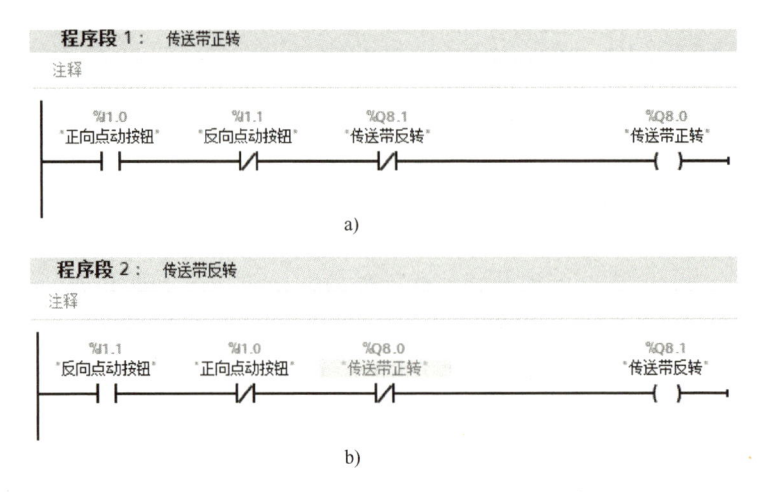

图 6-125 传送带电动机正反转互锁程序
a）传送带电动机正向点动程序 b）传送带电动机反向点动程序

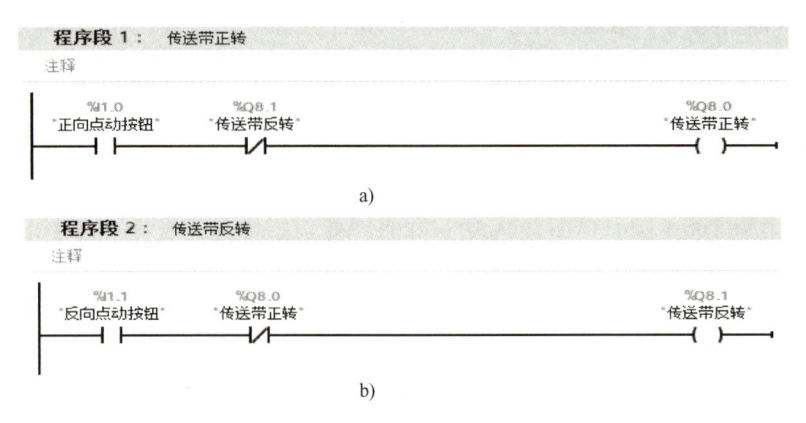

图 6-126 传送带电动机正转反向点动无效互锁程序
a）传送带电动机正转反向点动无效程序 b）传送带电动机反转正向点动无效程序

图 6-127 手动球阀开闭程序

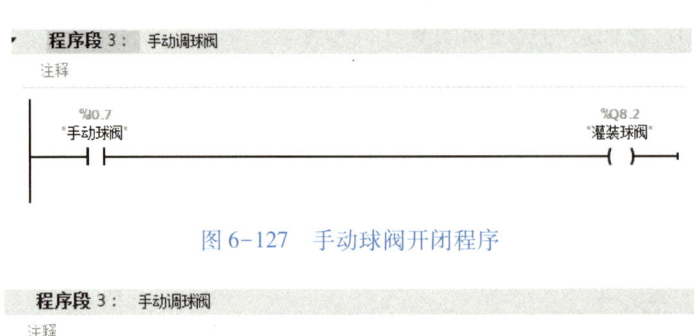

图 6-128 完善的手动调球阀

提示：要在组织块 OB1 中无条件调用手动 FC20，才可以进行程序的调试，如图 6-129 所示。

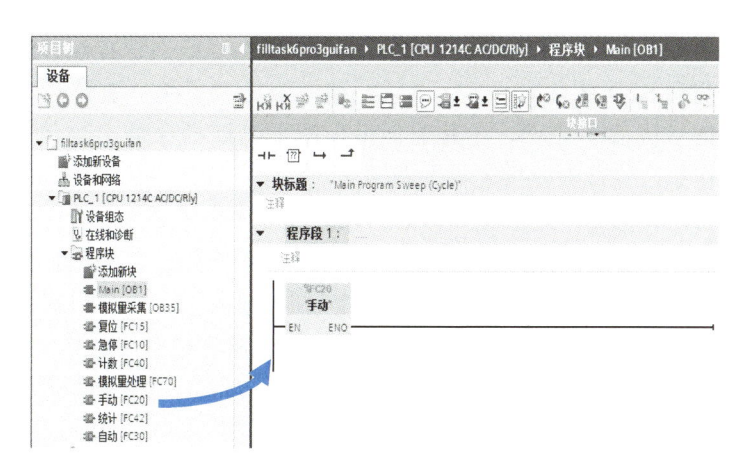

图 6-129　OB1 中无条件调用 FC20

6.5.2　置位输出/复位输出指令

实际工程现场有一些触点是瞬时的脉冲信号，如按钮。为了使输出线圈具有保持性，可以使用触点的"起保停"典型程序，也可以采用置位、复位指令。置位复位指令通常一起使用。

1. 置位输出指令

使用该指令可将指定操作数的信号状态置位为"1"。仅当线圈输入的 RLO 为"1"时，才执行该指令。如果信号流通过线圈，则指定的操作数置位为"1"。如果线圈输入的 RLO 为"0"，则指定操作数的信号状态将保持不变，直到它被另一条指令复位或赋值为"0"。指令应用如图 6-130 所示。

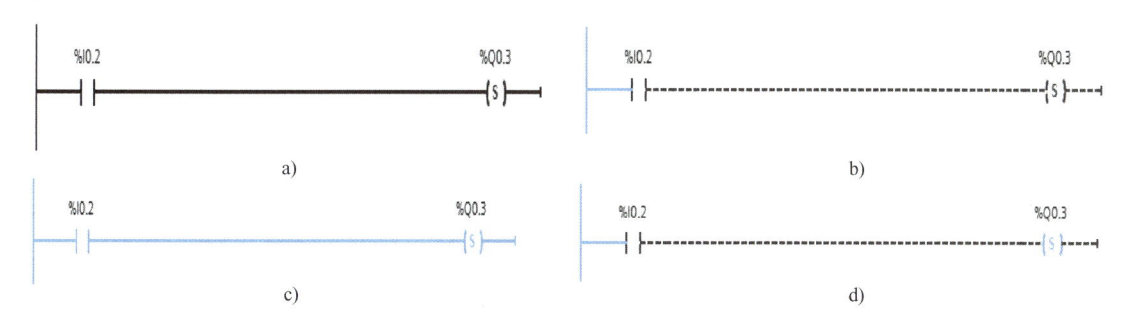

图 6-130　置位输出指令的应用示例
a) 基本指令　b) 逻辑结果为 0 则为 0　c) 逻辑结果为 1 则为 1　d) 逻辑结果由 1 变 0 仍为 1

2. 复位输出指令

使用该指令可将指定操作数的信号状态复位为"0"。仅当线圈输入 RLO 为"1"时，才执行该指令。如果信号流通过线圈，则指定的操作数复位为"0"。如果线圈输入的 RLO 为"0"，则指定操作数的信号状态将保持不变，直到它被另一条指令置位或赋值为"1"。指令应用如图 6-131 所示。

6.5.3　边沿检测指令

1. 上升沿指令

使用该指令可确定所指定操作数 IN 的信号状态是否从"0"变为"1"。该指令将比较 IN

的当前信号状态与上一次扫描的信号状态，上一次扫描的信号状态保存在边沿存储器位 M_BIT 中。如果该指令检测到 RLO 从"0"变为"1"，则说明出现了一个上升沿。如果检测到上升沿，该指令输出的信号状态为"1"。在其他任何情况下，该指令输出的信号状态均为"0"。在该指令上方的操作数占位符中，指定要查询的操作数。在该指令下方的操作数占位符中，指定边沿存储位。值得注意的是，边沿存储器位的地址在程序中最多只能使用一次，否则，会覆盖该位存储器。该步骤将影响到边沿检测，从而导致结果不再唯一。边沿存储位的存储区域必须位于 DB 中（FB 静态区域）或位存储区，在分配的"IN"位上检测到正跳变（关到开）时，该触点的状态为 TRUE。该触点逻辑状态随后与能流输入状态组合以设置能流输出状态。P 触点可以放置在程序段中除分支结尾外的任何位置。指令应用如图 6-132 所示。

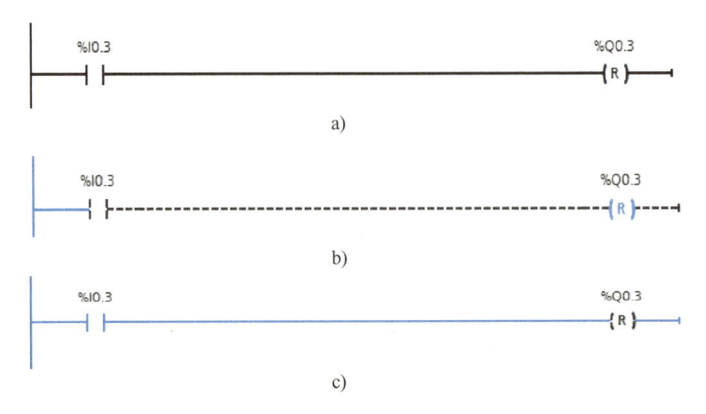

图 6-131 复位输出指令的应用示例
a）基本指令　b）指令执行前输出为 1　c）逻辑结果为 1 输出为 0

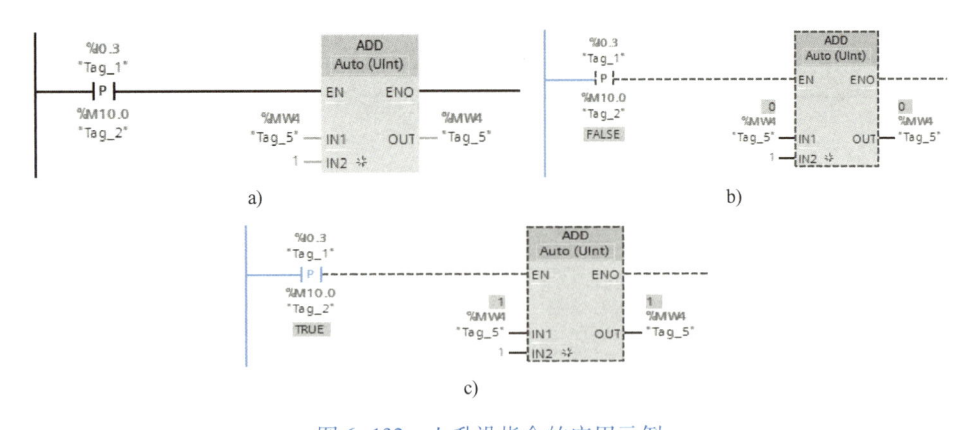

图 6-132 上升沿指令的应用示例
a）基本指令　b）输入信号为 0 时，M_BIT 为 0
c）输入信号由 0 变为 1，指令接通 1 个机器周期，M_BIT 为 1，后面的加法指令执行 1 次

2. 下降沿指令

使用该指令可确定所指定操作数 IN 的信号状态是否从"1"变为"0"。该指令将比较 IN 的当前信号状态与上一次扫描的信号状态，上一次扫描的信号状态保存在边沿存储器位 M_BIT 中。如果该指令检测到 RLO 从"1"变为"0"，则说明出现了一个下降沿。如果检测到信号下降沿，则该指令输出的信号状态为"1"。在其他任何情况下，该指令输出的信号状态均为"0"。在该指令上方的操作数占位符中，指定要查询的操作数 IN。在该指令下方的操作数占位

符中，指定边沿存储位 M_BIT。在分配的输入位上检测到负跳变（开到关）时，该触点的状态为 TRUE。该触点逻辑状态随后与能流输入状态组合以设置能流输出状态。N 触点可以放置在程序段中除分支结尾外的任何位置。指令应用如图 6-133 所示。

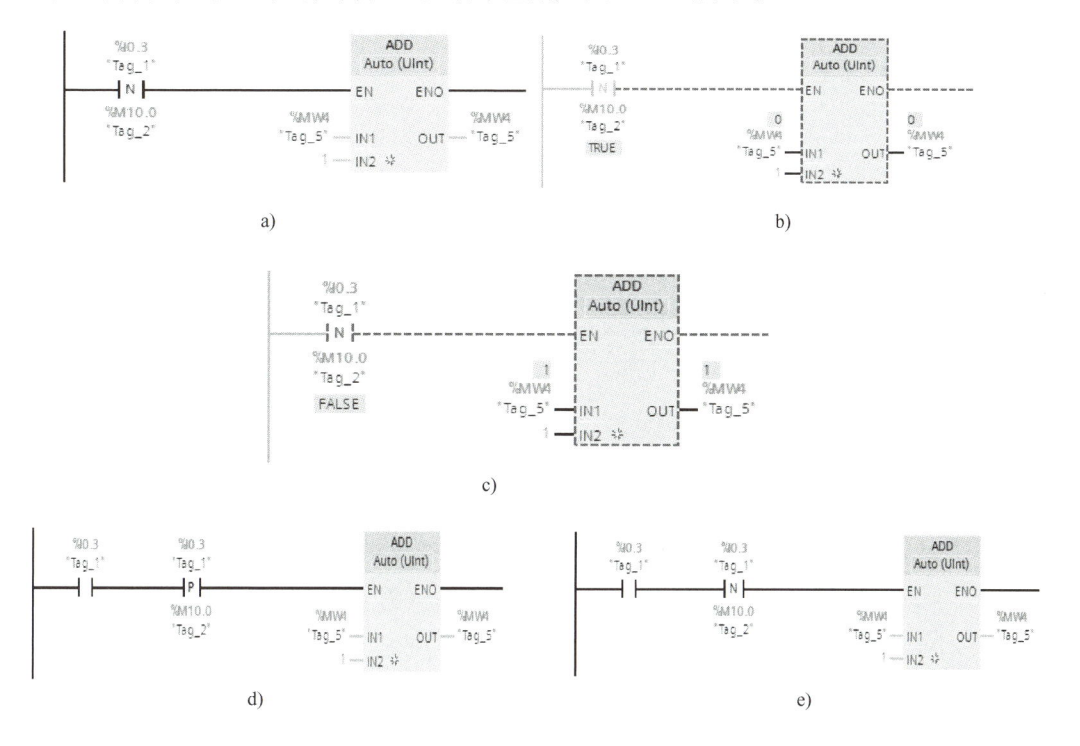

图 6-133 下降沿指令的应用示例

a) 基本指令　b) 输入信号为 1 时，M_BIT 为 1，但后面的指令不执行　c) 输入信号由 1 变为 0，指令接通 1 个机器周期，M_BIT 为 0　d) 上升沿使用无问题的程序　e) 下降沿使用有问题的程序

对于边沿指令，使用过程中有可能出现问题。如果编写如图 6-133d 所示的上升沿指令，可以执行后面加法指令的功能；而下降沿指令采用此程序则会出现 I0.3 有下降沿也不执行加功能的情况。为什么？可以从 PLC 工作原理方面考虑。当 I0.3 由 1 变 0 出现下降沿，I0.3 为 0，此指令不执行，因此 M10.0 因程序不执行而无法触发加法指令。

6.5.4 复位优先 SR 锁存/置位优先 RS 锁存指令

1. 复位优先 SR 锁存

该指令根据输入 S 和 R1 的信号状态置位或复位指定操作数的位。如果输入 S 的信号状态为"1"且输入 R1 的信号状态为"0"，则将指定的操作数置位为"1"。如果输入 S 的信号状态为"0"，且输入 R1 的信号状态为"1"，则指定的操作数将复位为"0"。输入 R1 的优先级高于输入 S。输入 S 和 R1 的信号状态都为"1"时，指定操作数的信号状态将复位为"0"。如果两个输入 S 和 R1 的信号状态都为"0"，则不会执行该指令。指令应用如图 6-134 所示。

2. 置位优先 RS 锁存

使用该指令可根据 R 和 S1 输入端的信号状态复位或置位指定操作数的位。如果输入 R 的信号状态为"1"，且输入 S1 的信号状态为"0"，则指定的操作数将复位为"0"。如果输入 R 的信号状态为"0"且输入 S1 的信号状态为"1"，则将指定的操作数置位为"1"。输入 S1 的优先级高于输入 R。当输入 R 和 S1 的信号状态均为"1"时,将指定操作数的信号状态置位为"1"。如果两个输入 R 和 S1 的信号状态都为"0",则不会执行该指令。指令应用如图 6-135 所示。

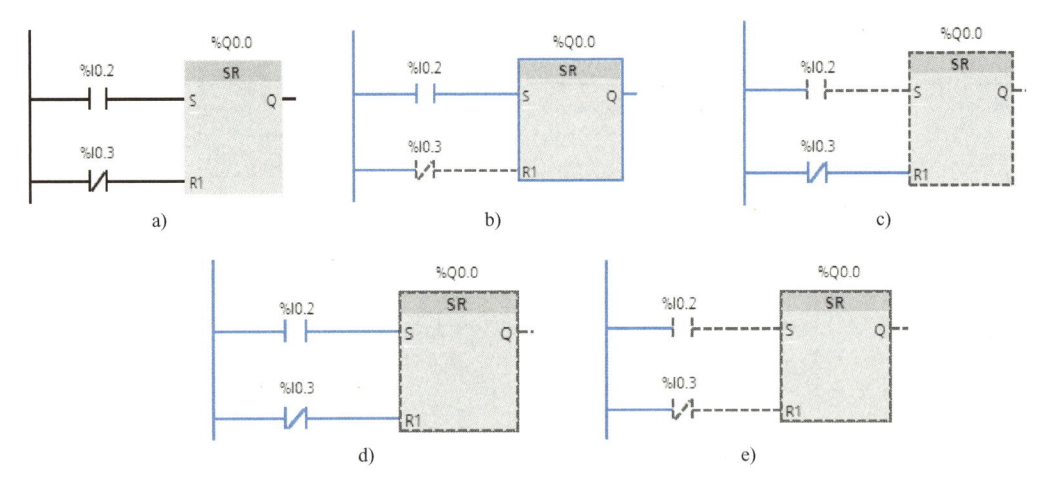

图 6-134 复位优先 SR 锁存指令的应用示例
a) 基本指令 b) 满足置位条件置位 c) 满足复位条件复位 d) 同时满足执行复位 e) 同时不满足不执行

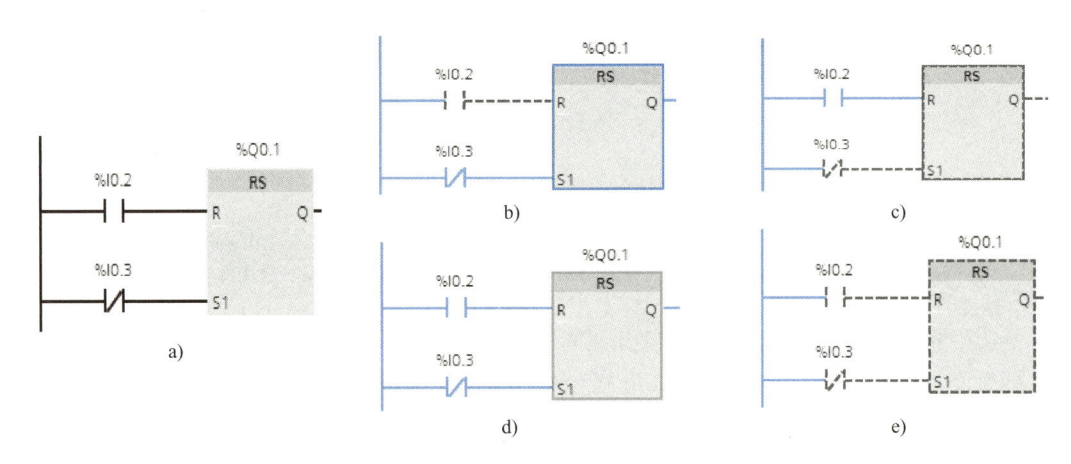

图 6-135 置位优先 SR 锁存指令的应用示例
a) 基本指令 b) 满足置位条件置位 c) 满足复位条件复位 d) 同时满足执行置位 e) 同时不满足不执行

实际工程项目中在系统运行前要进行手/自动模式选择。实现此功能需要手/自动模式选择开关 KA1、确认按钮 SB1、手动运行指示灯 HL1 和自动运行指示灯 HL2。对应的 I/O 分配见表 6-13。KA1 的地址为 I0.3,SB1 的 I/O 分配地址为 I0.5。KA1 拨到 0 位置,按下 SB1 则选择手动模式,HL1 亮;KA1 拨到 1 位置,按下 SB1 则选择自动模式,HL2 亮。

表 6-13 实现手动模式选择和自动模式选择功能的 I/O 分配

序 号	符 号	地 址	注 释	信号类型
1	KA1	I0.3	手/自动模式选择开关	DI
2	SB1	I0.5	模式确认按钮	DI
3	HL1	Q0.1	手动运行指示灯	DO
4	HL2	Q0.2	自动运行指示灯	DO

实现该功能可以采用 2 种方法：一是采用置位/复位指令；二是采用复位优先 SR 锁存指令。

(1) 采用置位/复位指令

图 6-136 给出采用置位、复位指令实现手/自动模式选择的程序及程序运行情况。手/自动模式互锁，即置位手动模式则复位自动模式，反之亦然。当 KA1 在 0 位（I0.3=0），按下 SB1（I0.5=1），则 HL1 被置位（Q0.1=1），SB1 松开后（I0.5=0）HL1 保持（Q0.1=1），此时 HL2 被复位（Q0.2=0）；当 KA1 在 1 位（I0.3=1），按下 SB1（I0.5=1），则 HL2 被置位（Q0.2=1），SB1 松开后（I0.5=0）HL2 保持（Q0.2=1），此时 HL1 被复位（Q0.1=0）。

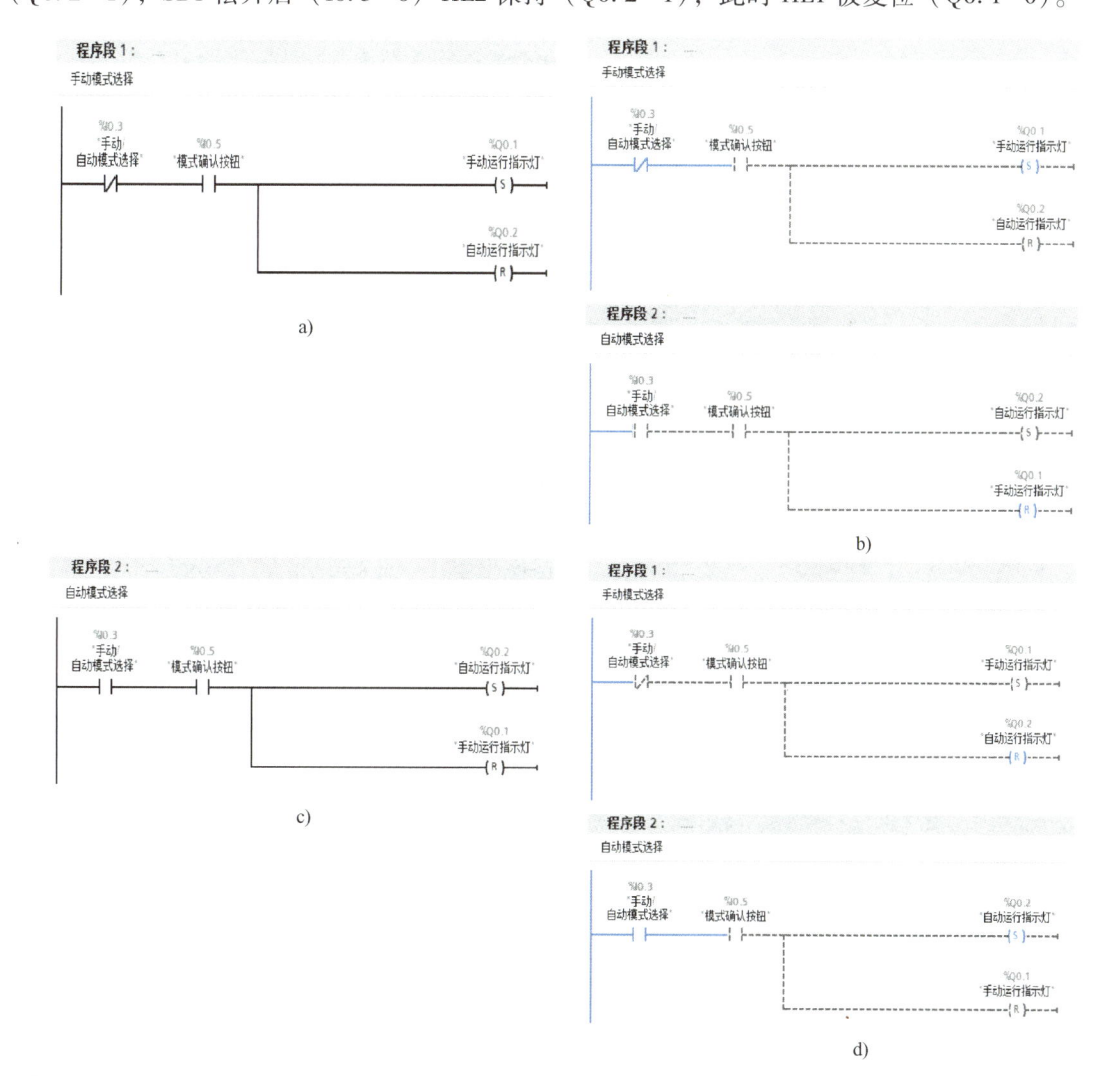

图 6-136 采用置位/复位指令实现手/自动模式选择的程序及程序运行情况
a) 手动模式选择参考程序 b) 手动模式选择程序运行情况
c) 自动模式选择参考程序 d) 自动模式选择程序运行情况

(2) 采用复位优先 SR 锁存指令

复位优先 SR 锁存指令实现手/自动模式选择的程序及程序运行情况如图 6-137 所示。

视频：基本逻辑指令介绍 2

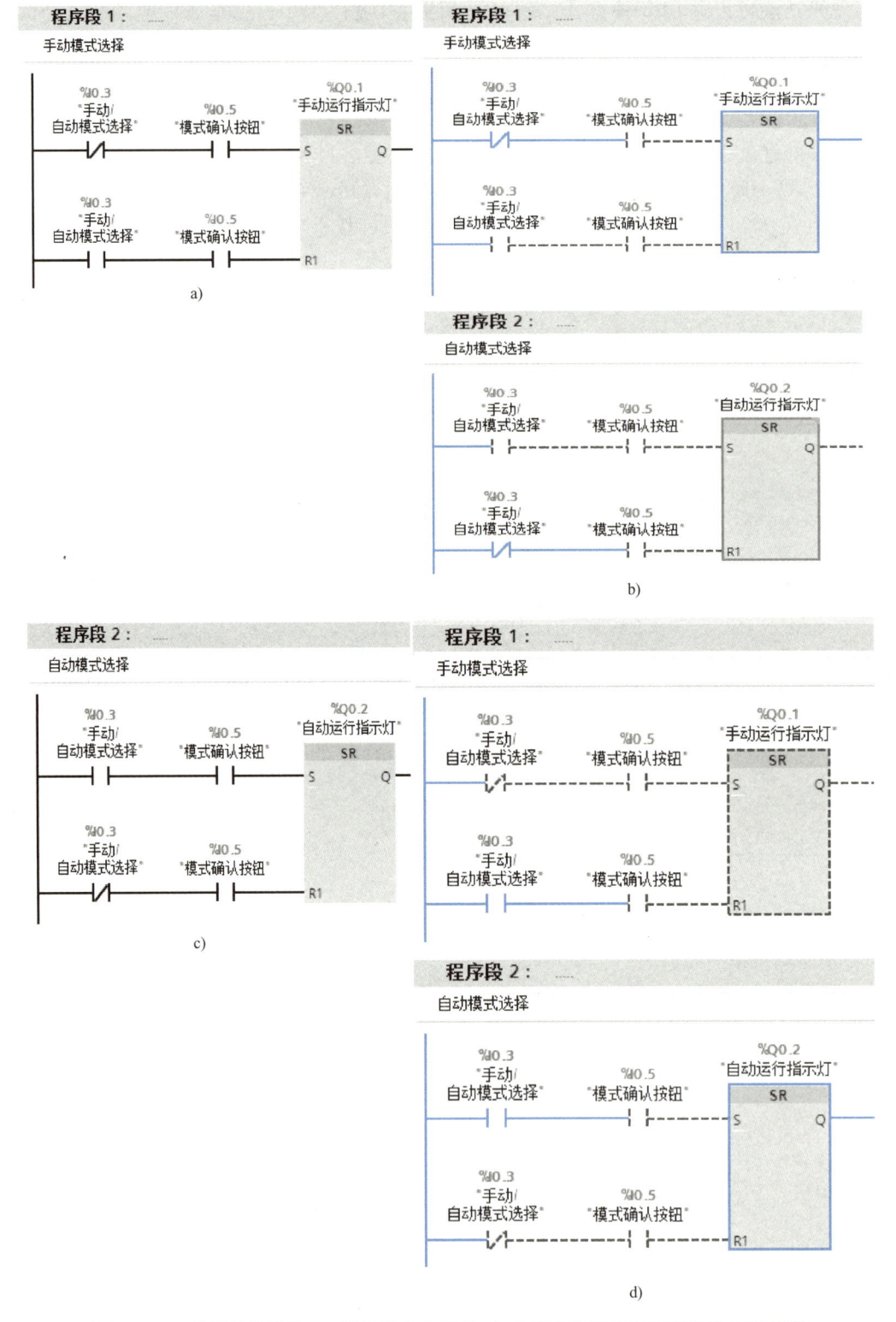

图 6-137 采用复位优先 SR 锁存指令实现手/自动模式选择的程序及程序运行情况

a) 手动模式选择参考程序　b) 手动模式选择程序运行情况

c) 自动模式选择参考程序　d) 自动模式选择程序运行情况

任务八　设计急停复位等程序和调用功能

1. 任务要求

编程实现急停处理程序、复位程序和生产线运行程序，并在主程序中完成手/自动模式选择和有条件调用子程序。

（1）编写急停处理程序（FC10）

当生产线在运行过程中出现问题时，按下急停按钮 SB11（I1.4=0）使各执行部件立即停止动作，保持在当前状态，同时急停指示灯 HL2 亮（Q0.1=1）。取消急停则 HL2 灭。注意：急停按钮的接线是接在动断触点上。

（2）编写复位程序（FC15）

按下复位按钮 SB4（I0.5=1），所有设备恢复到初始状态。系统初始状态为：传送带停（Q8.0=0，Q8.1=0），传送带上无瓶，球阀关（Q8.2=0），急停取消（I1.4=1），所有指示灯灭（QB0=0），蜂鸣器 HA1 不响（Q1.0=0）。复位完成指示灯 HL4 亮（Q0.3=1）。

（3）编写生产线运行状态控制（FC30）

按下操作面板上的启动按钮 SB1（I0.0=1），运行指示灯 HL1 亮（Q0.0=1），允许生产线设备起动；按下操作面板上的停机按钮 SB2（I0.1=0），运行指示灯 HL1 灭（Q0.0=0），生产线设备停止。注意：为保证按下停机按钮能够可靠停机，停机按钮的接线是接在动断触点上。

（4）编写主程序（OB1）

1）选择生产线的工作模式，设备不运行（Q0.0=0）或复位完成 HL4 亮（Q0.3=1）时可以用模式选择开关 SA2 选择运行模式：当 SA2 在 0 位（I0.3=0），按下确认按钮 SB10（I1.3=1），手动模式指示灯 HL5 亮（Q0.4=1），调用手动模式；当 SA2 在 1 位（I0.3=1），按下 SB10（I1.3=1），自动模式指示灯 HL6 亮（Q0.5=1），调用自动模式。无论调用哪种模式，复位完成指示灯 HL4 灭（Q0.3=0）。

2）只有在手动模式下（Q0.4=1）且急停无效（I1.4=1）时才允许调用手动运行程序 FC20。

3）只有在自动模式下（Q0.5=1）且急停无效（I1.4=1）时才允许调用自动运行程序 FC30。

4）急停按钮 SB11 按下时（I1.4=0），调用急停处理程序 FC10。

5）急停取消（I1.4=1）且系统不在自动运行状态，复位按钮 SB4 按下（I0.5=1），调用复位处理程序 FC15。

2. 分析与讨论

急停是工程项目安全生产的保障，当按下急停按钮时，OB1 调用急停处理程序 FC10。对于不同工程项目，急停的要求不同。灌装自动生产线要求急停按下时急停指示灯亮，其他指示灯灭，停止所有输出。因此急停指示灯只需要对线圈赋值即可实现，对其他指示灯复位，所有输出信号复位（包括传送带电动机正转继电器复位、传送带电动机反转继电器复位和灌装球阀复位）。但如果是机械手抓取工件等工程项目，急停按钮按下要求机械手读取并保持当前状态。待急停取消，复位按钮按下才能按照规定步骤放下工件回到初始状态。

灌装自动生产线项目中要求急停取消才能按下复位按钮执行复位功能 FC15。鉴于复位状态需要保持，可采用给中间存储位置位的方式记忆复位状态。复位完成后给复位状态位复位。自动运行功能 FC30 中只是要求系统启停控制，没有对传送带电动机、灌装阀门的操作。生产线运行控制的程序实现方法有 3 种：①典型的"启保停"程序；②置位、复位指令实现；③复位优先 SR 锁存指令。

（1）"启保停"程序

"启保停"程序实现生产线运行控制程序如图 6-138 所示。在运行时按下启动按钮（I0.0=1），停止按钮接通（I0.1=1），运行指示灯亮（Q0.0=1）；停机时，按下停止按钮（I0.1=0），运行指示灯灭（Q0.0=0）。

（2）置位、复位指令

置位、复位指令实现的生产线运行控制程序如图 6-139 所示。

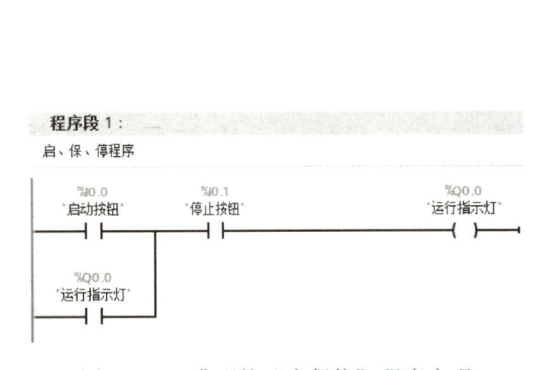

图 6-138　典型的"启保停"程序实现生产线运行控制程序

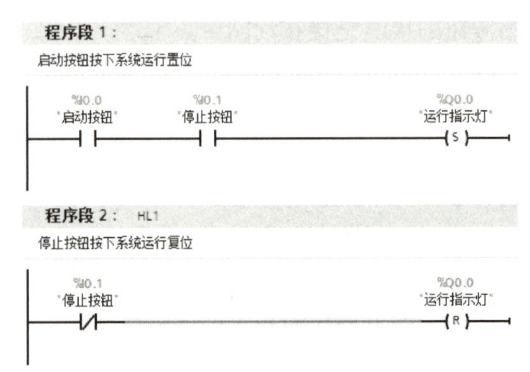

图 6-139　置位、复位指令实现生产线运行控制程序 1

也可以采用按下启动按钮（I0.0=1）置位运行指示灯（Q0.0=1），按下停止按钮（I0.1=0）复位运行指示灯（Q0.0=0）的方式，如图 6-140 所示。

实际运行中，如果按下停止按钮再按启动按钮属于误操作，不应运行。方法 1 的运行情况如图 6-141 所示。

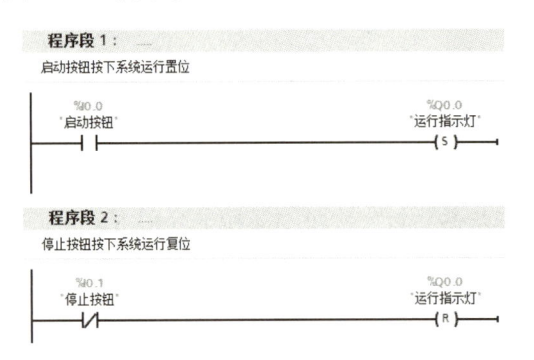

图 6-140　置位、复位指令实现生产线运行控制程序 2

图 6-141　生产线运行控制程序 1 运行情况

方法 2 也能保证系统不运行。Q0.0 先被置位为 1，然后复位为 0。因此送到外设的值为最终结果 0，运行指示灯不亮，如图 6-142 所示。

（3）复位优先 SR 锁存指令

复位优先 SR 锁存指令实现生产线运行控制程序如图 6-143 所示。

3. 解决方案示例

（1）编写急停程序

急停程序如图 6-144 所示。

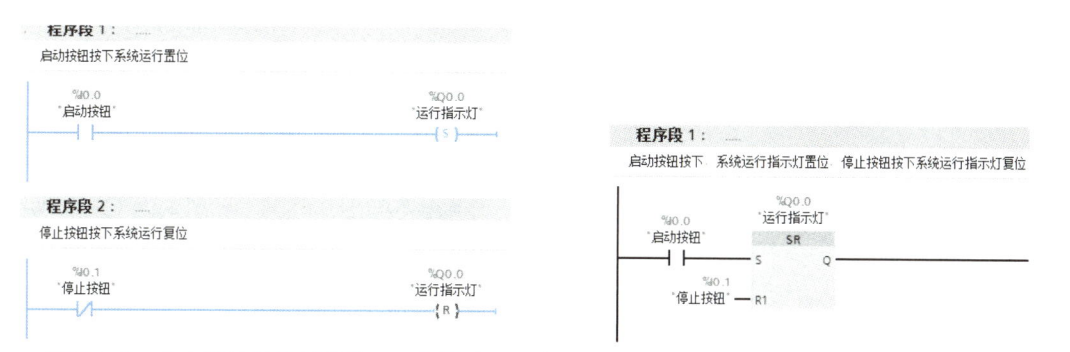

图 6-142 生产线运行控制程序 2 运行情况　　图 6-143 复位优先 SR 锁存指令实现生产线运行控制程序

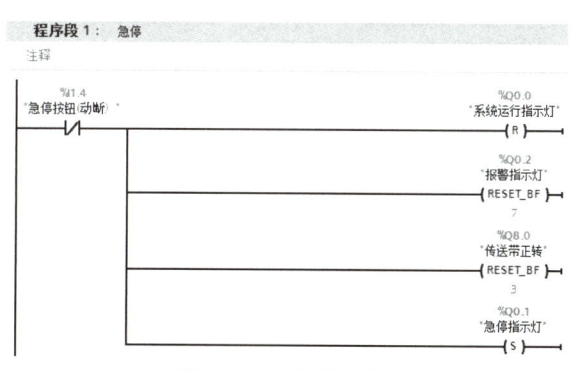

图 6-144 急停程序

（2）编写复位程序（FC15）

复位程序如图 6-145 所示。

图 6-145 复位程序

（3）编写生产线运行状态控制程序（FC30）

生产线运行程序如图 6-146 所示。

（4）编写主程序（OB1）

1）选择生产线的工作模式。手动模式选择程序如图 6-147 所示。

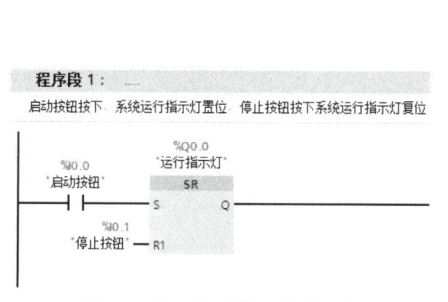

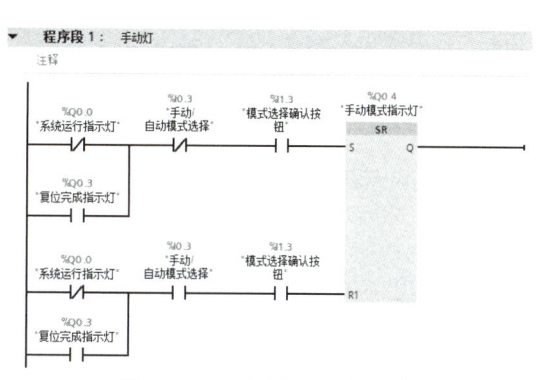

图 6-146 生产线运行程序　　　　　　图 6-147 手动模式选择程序

自动模式选择程序如图 6-148 所示。

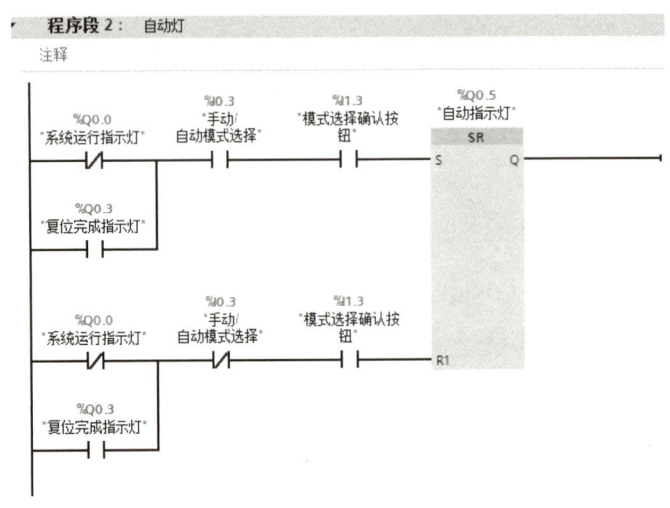

图 6-148 自动模式选择程序

2）手动模式且急停无效允许调用手动运行程序 FC20 程序如图 6-149 所示。
3）自动模式且急停无效允许调用自动运行程序 FC30 程序如图 6-150 所示。

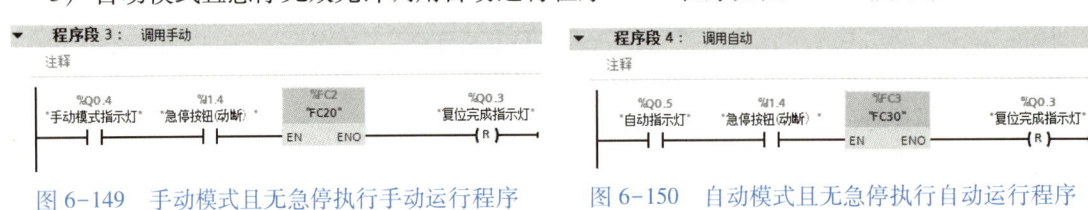

图 6-149 手动模式且无急停执行手动运行程序

图 6-150 自动模式且无急停执行自动运行程序

4）按下急停按钮调用急停 FC10 程序如图 6-151 所示。
5）急停取消按下复位按钮调用复位 FC15 程序如图 6-152 所示。

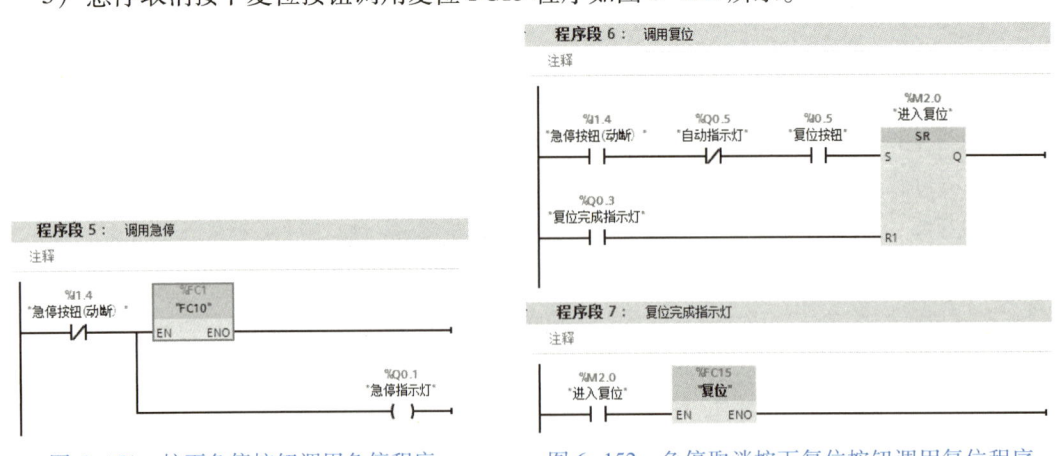

图 6-151 按下急停按钮调用急停程序

图 6-152 急停取消按下复位按钮调用复位程序

6.6 工业自动化项目中时间控制方法

在自动化工程项目的设计过程中，经常会遇到时间控制问题，如计算工作时间、生成闪烁信号等。S7-1200 PLC 提供了 4 种不同功能的定时器。定时器实质上是一个加 1 计数器，通过对定时器的时间基准（时基）进行计数来实现定时。定时器指令有 TP 脉冲定时器、TON 接通延时定时器、TOF 关断延时定时器、TONR 保持型接通延时定时器、启动 TP 脉冲定时器、启动 TON 接通延时定时器、启动 TOF 关断延时定时器、启动 TONR 保持型接通延时定时器、RT 复位定时器和 PT 加载持续时间定时器。其中启动 TP 脉冲定时器、启动 TON 接通延时定时器、启动 TOF 关断延时定时器、启动 TONR 保持型接通延时定时器与其对应的定时器功能相同；而 RT 复位定时器主要相当于定时器的复位端，PT 相当于定义定时器的预设时间，二者配合定时器使用，定时器操作指令如图 6-153 所示。

每个定时器均使用 16 字节的 IEC-Timer 数据类型的 DB 结构来存储功能框或线圈指令顶部指定的定时器数据。当在程序中加载定时器时会自动添加定时器的背景数据块，可以采用默认设置或手动设置，如图 6-154 所示。

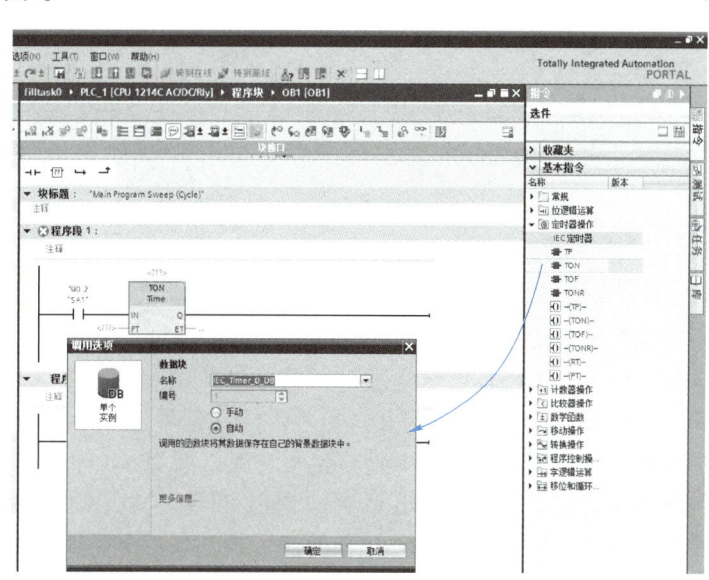

图 6-153　定时器操作指令　　图 6-154　加载定时器自动添加定时器的背景数据块

从空白功能框中通过下拉菜单选择对应的定时器指令也会加载背景数据块，如图 6-155 所示。

图 6-155　空白功能框选择定时器加载背景数据块

在项目树/PLC_1/程序块/系统块/程序资源下找到定时器的背景数据块，双击该数据块打开，可看到其结构含义如图 6-156 所示，其中 Static 静态值可以添加自定义时间。其他定时器的背景数据块类似。

图 6-156 定时器背景数据块

定时器指令参数说明见表 6-14。

表 6-14 定时器指令参数说明

参 数	数 据 类 型	说 明
IN	Bool	启用定时器输入
R	Bool	定时器复位
PT	Bool	预设时间输入
Q	Bool	定时器输出
ET	Time	经过的时间值输出
IEC_Timer_0_DB_n	DB	存储定时器数据的数据块

1. TP 脉冲定时器

该指令可生成具有预设宽度时间的脉冲。使用该指令，可以将输出 Q 置位为预设的一段时间。当输入 IN 的 RLO 从"0"变为"1"（信号上升沿）时，启动该指令。指令启动时，预设的时间 PT 即开始计时。PT 处直接写时间，如 20 s，系统自动添加 T#20s。无论后续输入信号的状态如何变化，都将输出 Q 置位为由 PT 指定的一段时间。PT 持续时间正在计时时，即使检测到新的信号上升沿，输出 Q 的信号状态也不会受到影响。可以扫描 ET 输出处的当前时间值。时间值从 T#0s 开始，达到 PT 时间值时结束。如果 PT 持续时间计时结束且输入 IN 的信号状态为"0"，则复位 ET 输出。每次调用"生成脉冲"指令，都会为其分配一个 IEC 定时器用于存储指令数据。指令示例如图 6-157 所示。如果某台设备运行的时间是确定的，例如要求搅拌机工作 20 s，用户可以利用脉冲定时器设置 20 s 的"1"信号，控制设备运行时间。

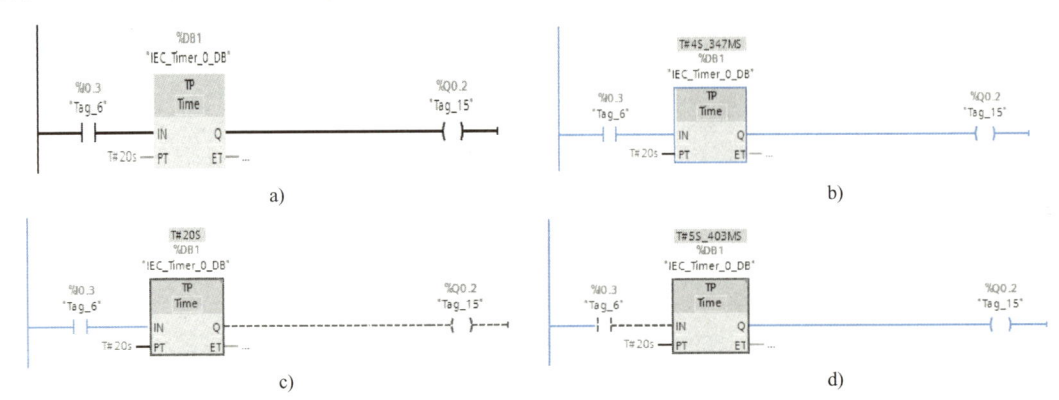

图 6-157 TP 脉冲定时器指令示例
a) TP 脉冲定时器基本指令　b) 满足启动条件发脉冲
c) 预设时间到脉冲完成　d) 只要输入有高电平则脉冲信号完成

该指令的时序图如图 6-158 所示。

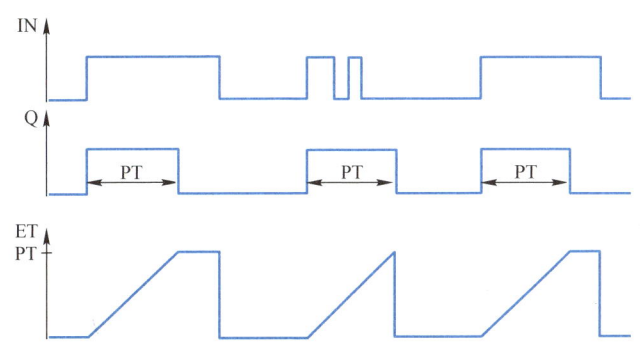

图 6-158　TP 脉冲定时器指令时序图

2. TON 接通延时定时器

该指令将 Q 输出的设置延时 PT 指定的一段时间。当输入 IN 的 RLO 从 "0" 变为 "1"（信号上升沿）时，启动该指令。指令启动时，预设的时间 PT 即开始计时。当持续时间 PT 计时结束后，输出 Q 的信号状态为 "1"。只要启动输入仍为 "1"，输出 Q 就保持置位。启动输入的信号状态从 "1" 变为 "0" 时，将复位输出 Q。在启动输入检测到新的信号上升沿时，该定时器功能将再次启动。可以在 ET 输出查询当前的时间值。时间值从 T#0s 开始，达到 PT 时间值时结束。只要输入 IN 的信号状态变为 "0"，输出 ET 就复位。每次调用该指令，必须将其分配给存储指令数据的 IEC 定时器。指令示例如图 6-159 所示。

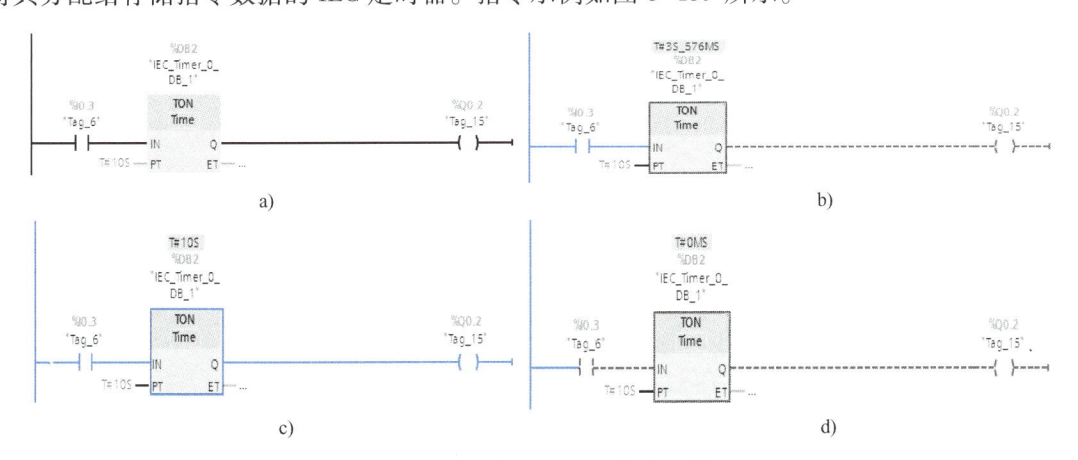

图 6-159　定时器 TON 指令示例
a）基本指令　b）满足启动条件定时器启动开始延时
c）延时时间到定时器输出为 1　d）只要输入为低电平则定时器停止工作

该指令的时序图如图 6-160 所示。

3. TOF 关断延时定时器

该指令将 Q 输出的复位延时 PT 指定的一段时间。当输入 IN 的 RLO 从 "0" 变为 "1"（信号上升沿）时，将置位 Q 输出。当输入 IN 处的信号状态变回 "0" 时，预设的时间 PT 开始计时。只要持续时间 PT 仍在计时，则输出 Q 就保持置位。当持续时间 PT 计时结束后，将复位输出 Q。如果输入 IN 的信号状态在持续时间 PT 计时结束之前变为 "1"，则复位定时器。输出 Q 的信号状态仍将为 "1"。可以在 ET 输出查询当前的时间值。时间值从 T#0s 开始，达到 PT 时间值时结束。当持续时间 PT 计时结束后，在输入 IN 变回"1"之前，ET 输出仍保持置位为当前值。在持续时间 PT 计时结束之前，如果输入 IN 的信号状态切换为"1"，则将 ET 输出复位为值 T#0s。每次调用该指令必须将其分配给存储指令数据的 IEC 定时器。指令示例如图 6-161 所示。

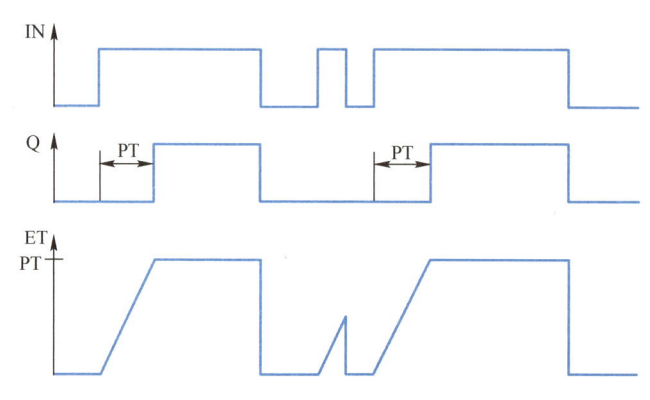

图 6-160 TON 接通延时定时器指令时序图

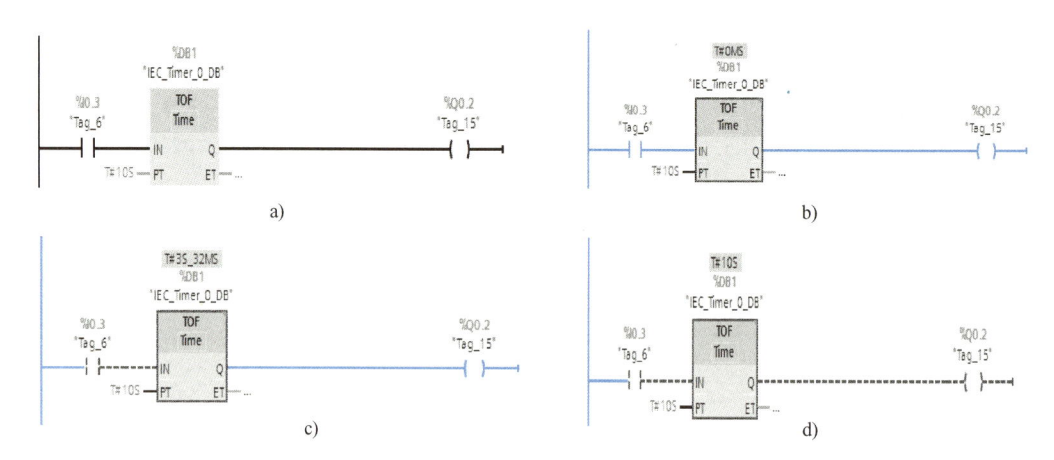

图 6-161 TOF 关断延时定时器指令示例
a) 基本指令 b) 条件为 1 立即启动，输出为 1 c) 条件 1 变 0 开始延时，输出为 1 d) 延时时间到定时器输出 0

该指令的时序图如图 6-162 所示。

4. TONR 保持型接通延迟定时器

该指令用于在参数 PT 设置时间段内的计时。输入 IN 的信号状态从"0"变为"1"时（信号上升沿），将执行该指令，同时时间 PT 开始计时。在 PT 计时过程中，累加 IN 输入的信号状态为"1"时所记录的时间值。累加的时间将写入到输出 ET 中，并可以在此进行查询。当持续时间 PT 计时结束后，输出 Q 的信号状态为"1"。即使 IN 参数的信号状态从"1"变为"0"（信号下降沿），Q 参数

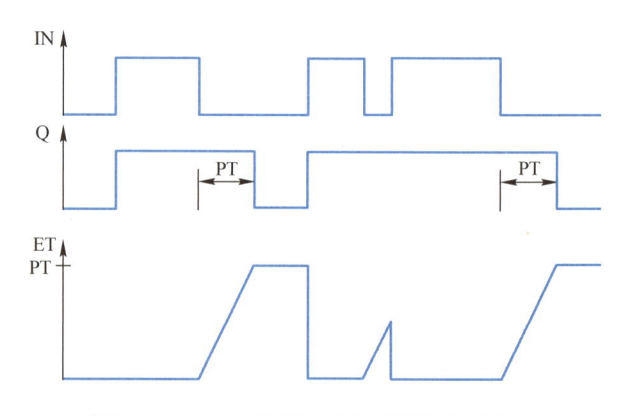

图 6-162 TOF 关断延时定时器指令时序图

仍将保持置位为"1"。无论启动输入的信号状态如何，输入 R 都将复位输出 ET 和 Q。每次调用该指令，必须将其分配给存储指令数据的 IEC 定时器。指令示例如图 6-163 所示。

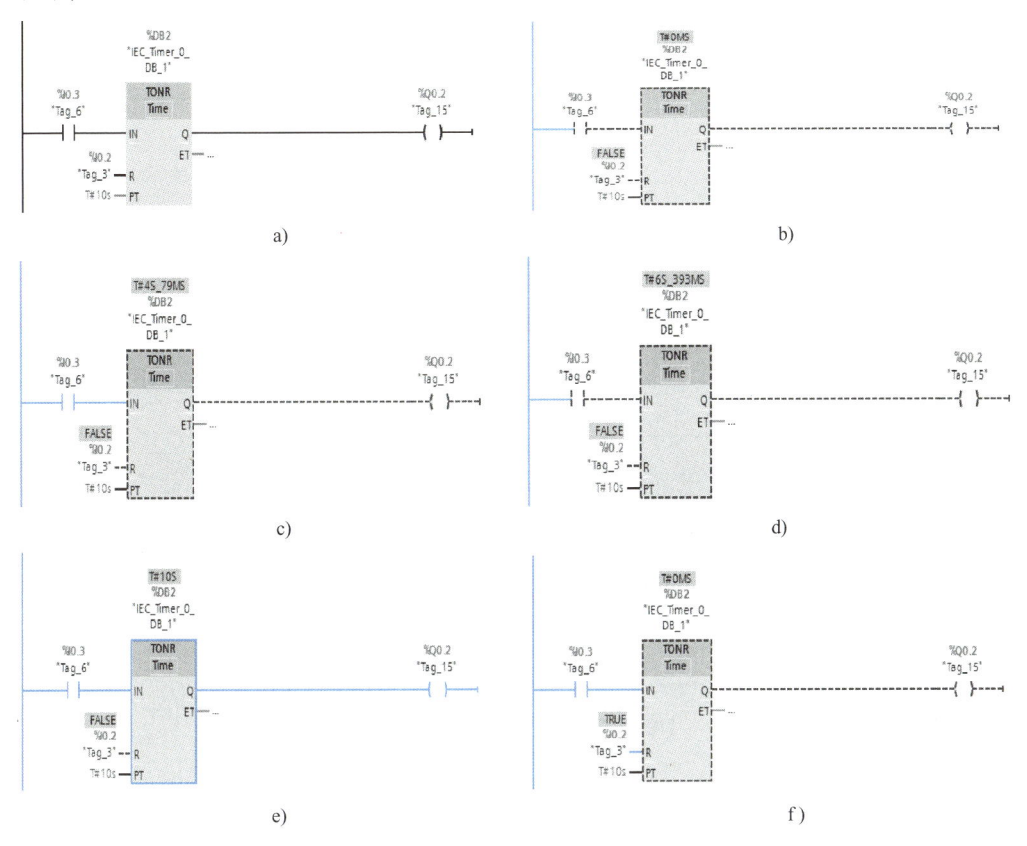

图 6-163　TONR 保持型接通延迟定时器指令示例

a) 基本指令　b) 启动条件为 0 定时器不启动，输出为 0　c) 启动条件为 1 定时器启动，输出为 0　d) 启动条件 1 变 0，定时器记忆时间，输出为 0　e) 累加时间到预定时间则定时器输出为 1　f) 复位端为 1 则定时器复位

该指令时序图如图 6-164 所示。

5. 复位定时器

STEP 7 软件支持定时器复位功能，该指令配合各种定时器使用，如图 6-165 所示。"IEC_Timer_0_DB"为定时器 TON 对应的背景数据块。该指令通过清除存储在定时器背景数据块中的时间数据来重置定时器。

6. 定时器的应用示例

定时器在实际工程项目中应用广泛，这里以延时接通延时断开控制以及脉冲发生器为例介绍其具体应用。

（1）延时接通延时断开控制

在实际工程项目中有时需要实现延时接通、延时断开功能。例如工程项目中的两条传送带用于传送从漏斗中漏下的物料，如图 6-166 所示。根据实际工程需求，起动时按照传送带 1 先起动，延时 10 s 后传送带 2 再起动的顺序起动方式；停止时按照先停止传送带 2，延时 10 s 后再停止传送带 1 的逆序停止方式。时间可根据实际情况进行调整。

视频：定时器指令介绍

视频：定时器指令应用

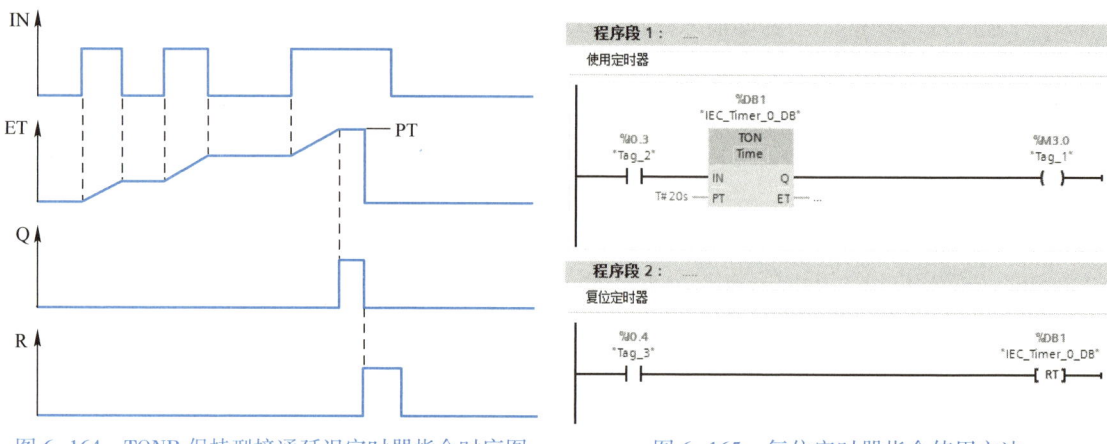

图 6-164　TONR 保持型接通延迟定时器指令时序图

图 6-165　复位定时器指令使用方法

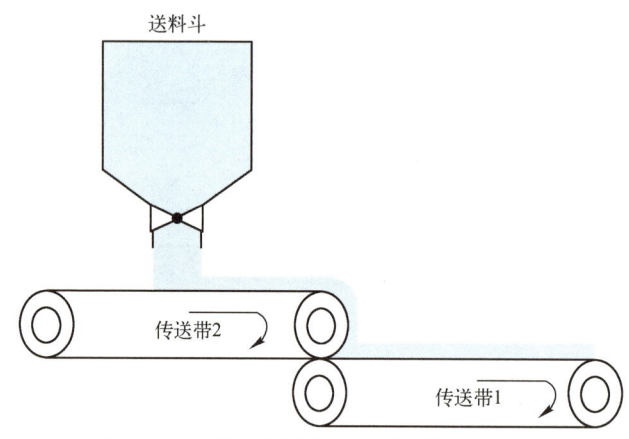

图 6-166　传送带顺序起动逆序停止示意图

为实现此功能，需要一个起动按钮 SB1 和一个停止按钮 SB2，控制传送带电动机 1 的接触器 KM1 和传送带电动机 2 的接触器 KM2。其 I/O 分配为：输入信号 SB1 的地址为 I0.0，SB2 的地址为 I0.1；输出信号 KM1 的地址为 Q0.0，KM2 的地址为 Q0.1。2 个定时器 DB1 和 DB3 分别是起动延时和停止延时，程序如图 6-167 所示。

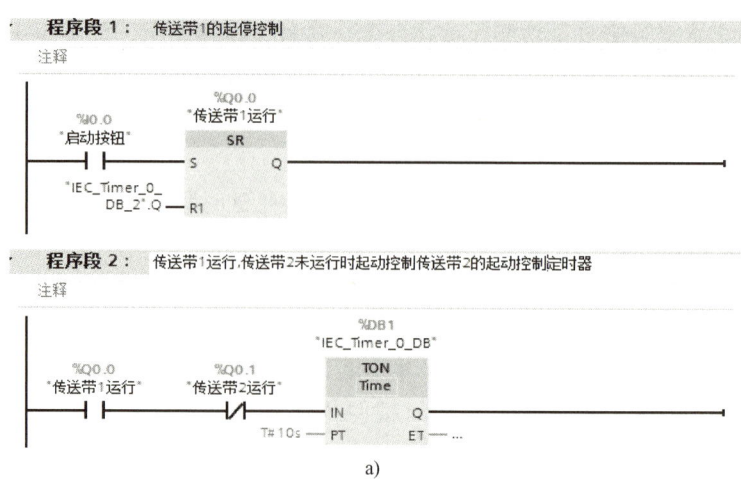

图 6-167　2 条传送带顺序起动逆序停止控制程序
a) 传送带 1 的起停控制和传送带 2 起动定时器

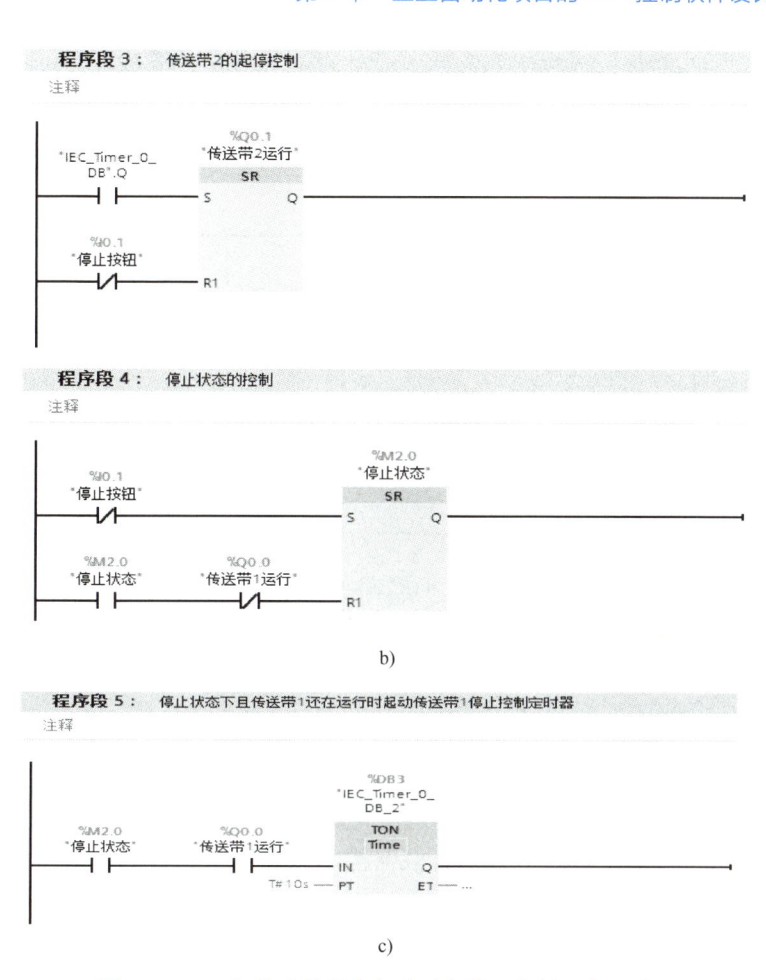

图 6-167 2条传送带顺序起动逆序停止控制程序（续）
b）传送带 2 的起停控制和停止状态 M2.0 定义　c）传送带 1 的停止控制定时器

（2）产生脉宽和周期可调的脉冲发生器

工程项目中经常使用闪烁信号。闪烁信号可以通过 CPU 属性中时钟存储器位 MB0 字节的定义产生 M0.0~M0.7 频率从 0.5 Hz 到 10 Hz 的闪烁信号。但工程中可能需要脉宽和周期都可调的脉冲信号，需要采用定时器编辑相应的程序实现。假设故障输入信号为 I0.3，报警指示灯为 Q0.3，要求当故障信号出现时，指示灯亮 2 s，灭 1 s，重复直到故障取消。实现脉冲发生器的参考程序如图 6-168 所示。这个闪烁信号的周期为 3 s，由 2 个定时器 DB2 和 DB4 的时间之和决定，脉冲宽度为 2 s，由定时器 DB4 决定。可根据工程需求修改 2 个定时器的时间从而产生周期和脉冲宽度都可调的脉冲信号。

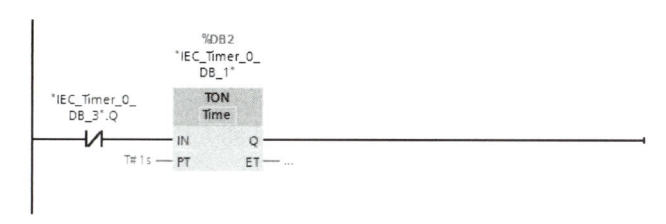

图 6-168 脉宽和周期可调的脉冲发生器参考程序

程序段 2： 脉冲宽度定时器定义

注释

程序段 3： 有故障输入则根据要求闪烁

注释

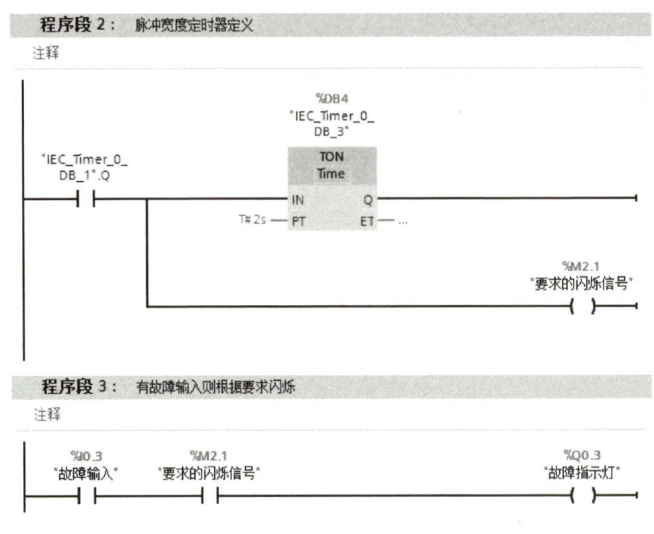

图 6-168　脉宽和周期可调的脉冲发生器参考程序（续）

6.7　工业自动化项目中计数功能

在自动化工程项目的设计过程中，经常需要做计数统计。可使用计数器指令对内部程序事件和外部过程事件进行计数。STEP 7 软件提供了计数器操作指令，如图 6-169 所示。计数器指令包括 CTU 加计数器、CTD 减计数器和 CTUD 加减计数器。

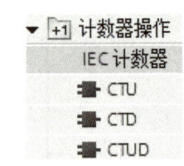

计数器指令参数说明见表 6-15。

图 6-169　计数器操作指令

表 6-15　计数器指令参数说明

参　数	数 据 类 型	说　　明
CU、CD	Bool	加计数或减计数，按加或减一计数
R	Bool	将计数值重置为零
LOAD	Bool	预设值的装载控制
PV	SInt、Int、DInt、USInt、UInt、UDInt	预设计数值
Q、QU	Bool	CV>=PV 时为真
QD	Bool	CV<=0 时为真
CV	SInt、Int、DInt、USInt、UInt、UDInt	当前计数值

每个计数器都使用数据块中存储的结构来保存计数器数据。用户在编辑器中放置计数器指令时分配相应的数据块。这些指令使用软件计数器，软件计数器的最大计数速率受其所在的 OB 的执行速率限制。指令所在的 OB 的执行频率必须足够高，以检测 CU 或 CD 输入的所有跳变。在功能块中放置计数器指令后，可以选择多重背景数据块选项，各数据结构的计数器结构名称可以不同，但计数器数据包含在单个数据块中，从而无须每个计数器都使用一个单独的数据块。这减少了计数器所需的处理时间和数据存储空间。在共享的多重背景数据块中的计数器数据结构之间不存在交互作用。在程序中插入计数器指令时会弹出其背景数据块的窗口，如图 6-170 所示。计数器的背景数据块编号可以选择默认设置，也可手动设置，这点与定时器的使用情况相同。

图 6-170　插入计数器操作指令自动添加背景数据块

从功能框名称下的下拉列表中选择计数器数据类型会自动添加计数器的背景数据块，如图 6-171 所示。

图 6-171　通过空白功能框选择计数器

在项目树/PLC_1/程序块/系统块/程序资源下找到计数器的背景数据块，双击该数据块打开，可看到其结构含义如图 6-172 所示，其中 Static 静态值可以添加自定义参数。其他计数器的背景数据块类似。

图 6-172　计数器背景数据块

1. CTU 加计数器

可以使用该指令递增输出 CV 的值。如果输入 CU 的信号状态从"0"变为"1"（信号上升沿），则执行该指令同时输出 CV 的当前计数器值加 1。第一次执行该指令时，将输出 CV 处的当前计数器值置位为 0。每检测到一个上升沿，计数器都会递增，直到其达到输出 CV 指定数据类型的上限。达到上限时，输入 CU 的信号状态将不再影响该指令。可以扫描 Q 输出处的计数器状态。输出 Q 的信号状态由参数 PV 决定。如果当前计数器值大于或等于参数 PV 的值，则将输出 Q 的信号状态置位为"1"。在其他任何情况下，输出 Q 的信号状态均为"0"。输入

R 的信号状态变为"1"时，输出 CV 的值被复位为"0"。只要输入 R 的信号状态仍为"1"，输入 CU 的信号状态就不会影响该指令。指令示例如图 6-173 所示。

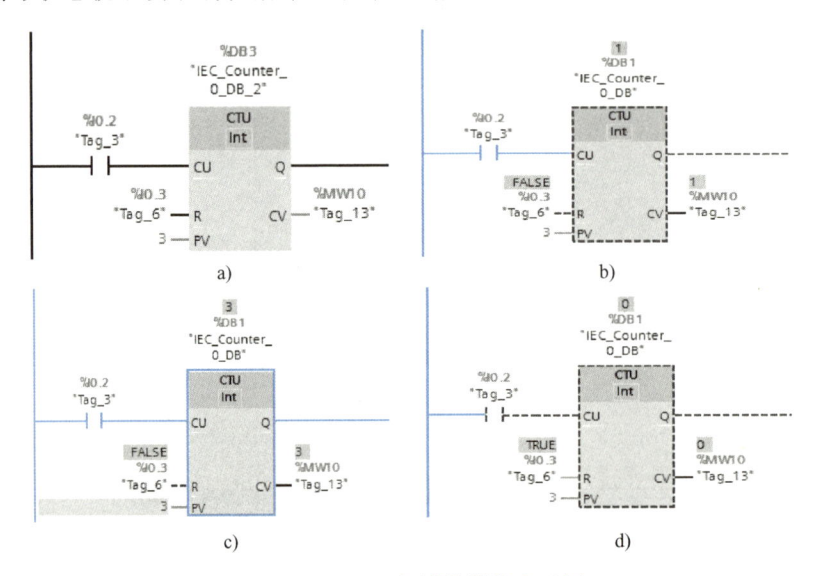

图 6-173 CTU 加计数器指令示例

a) 基本指令 b) 当 CU 为 1，R 为 0 则加 1，CV=1 c) 当 CV≥PV，Q=1 d) 当 R=1，则 CV=0

CTU 加计数器指令时序图如图 6-174 所示。其中，CV=3。

2. CTD 减计数器

可以使用该指令递减输出 CV 的值。如果输入 CD 的信号状态从"0"变为"1"（信号上升沿），则执行该指令同时输出 CV 的当前计数器值减 1。第一次执行该指令时，将 CV 参数的计数器值设置为 PV 参数的值。每检测到一个信号上升沿，计数器值就会递减 1，直到达到指定数据类型的下限为止。达到下限时，输入 CD 的信号状态将不再影响该指令。可以扫描 Q 输出处的计数器状态。如果当前计数器值小于或等于"0"，则将 Q 输出的信号状态置位为"1"。在其他任何情况下，输出 Q 的信号状态均为"0"。输入 LD 的信号状态变为"1"时，将输出 CV 的值设置为参数 PV 的值。只要输入 LD 的信号状态仍为"1"，输入 CD 的信号状态就不会影响该指令。指令示例如图 6-175 所示。

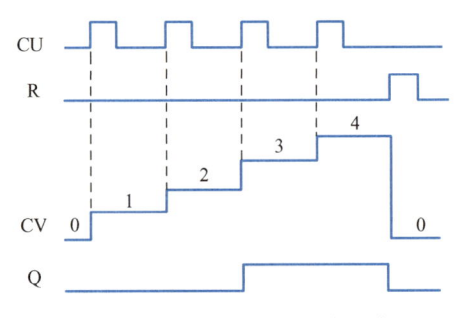

图 6-174 CTU 加计数器指令时序图

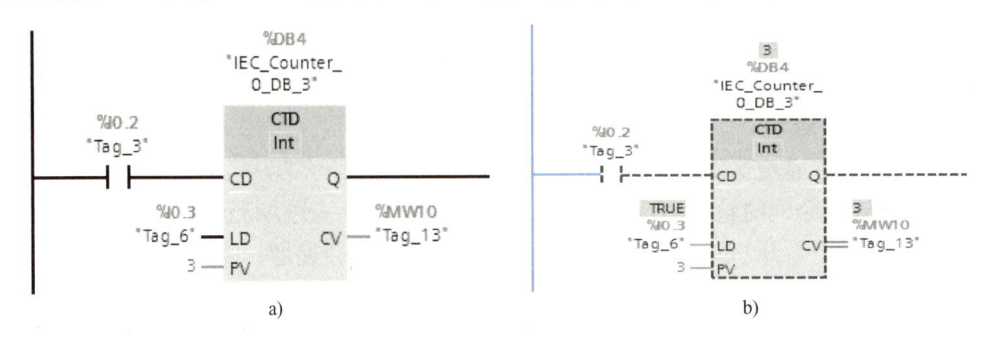

图 6-175 CTD 减计数器指令示例

a) 基本指令 b) 当 CD=0，LD=1 时 CV=3，Q=0

c)   d)

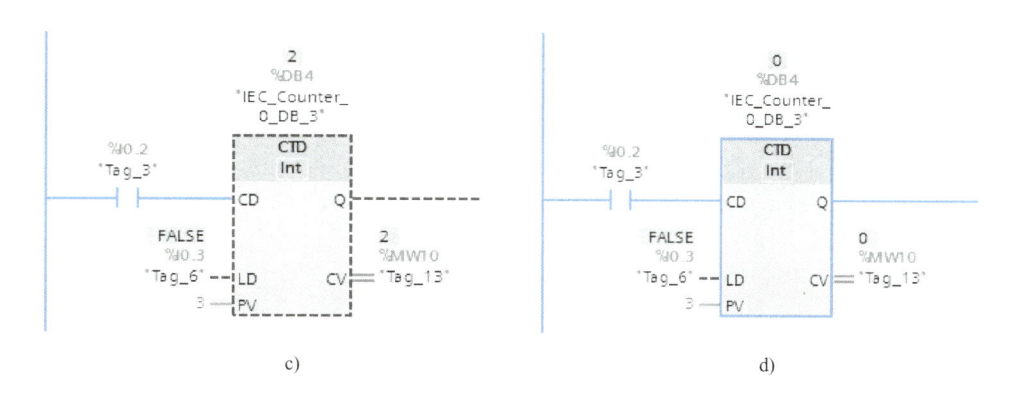

图 6-175　CTD 减计数器指令示例（续）
c) 当 CD=1，LD=0 时 CV=2，Q=0　　d) 当 CD=1，LD=0 时 CV=0，Q=1

该指令时序图如图 6-176 所示。

3. CTUD 加减计数器

可以使用该指令递增和递减输出 CV 的计数器值。如果输入 CU 的信号状态从"0"变为"1"（信号上升沿），则当前计数器值加 1 并存储在输出 CV 中。如果输入 CD 的信号状态从"0"变为"1"（信号上升沿），则输出 CV 的计数器值减 1。如果在一个程序周期内，输入 CU 和 CD 都出现信号上升沿，则输出 CV 的当前计数器值保持不变。计数器值可以一直

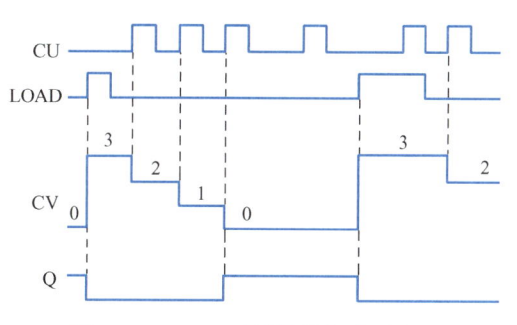

图 6-176　CTD 减计数器指令时序图

递增，直到其达到输出 CV 处指定数据类型的上限。达到上限后，即使出现信号上升沿，计数器值也不再递增。达到指定数据类型的下限时，计数器值不再递减。输入 LD 的信号状态变为"1"时，将输出 CV 的计数器值置位为参数 PV 的值。只要输入 LD 的信号状态仍为"1"，输入 CU 和 CD 的信号状态就不会影响该指令。当输入 R 的信号状态变为"1"时，将计数器值置位为"0"。只要输入 R 的信号状态仍为"1"，输入 CU、CD 和 LD 信号状态的改变就不会影响"加减计数"指令。可以扫描 QU 输出处加计数器的当前状态。如果当前计数器值大于或等于参数 PV 的值，则将输出 QU 的信号状态置位为"1"。在其他任何情况下，输出 QU 的信号状态均为"0"。可以扫描 QD 输出处减计数器的当前状态。如果当前计数器值小于或等于"0"，则将输出 QD 的信号状态置位为"1"。在其他任何情况下，输出 QD 的信号状态均为"0"。即 CTUD 加计数（CU，Count Up）或减计数（CD，Count Down）输入的值从 0 跳变为 1 时，CTUD 会使计数值加 1 或减 1。如果参数 CV（当前计数值）的值大于或等于参数 PV（预设值）的值，则计数器输出参数 QU=1。如果参数 CV 的值小于或等于零，则计数器输出参数 QD=1。如果参数 LOAD 的值从 0 变为 1，则参数 PV（预设值）的值将作为新的 CV（当前计数值）装载到计数器。如果复位参数 R 的值从 0 变为 1，则当前计数值复位为 0。指令示例如图 6-177 所示。

该指令时序图如图 6-178 所示。

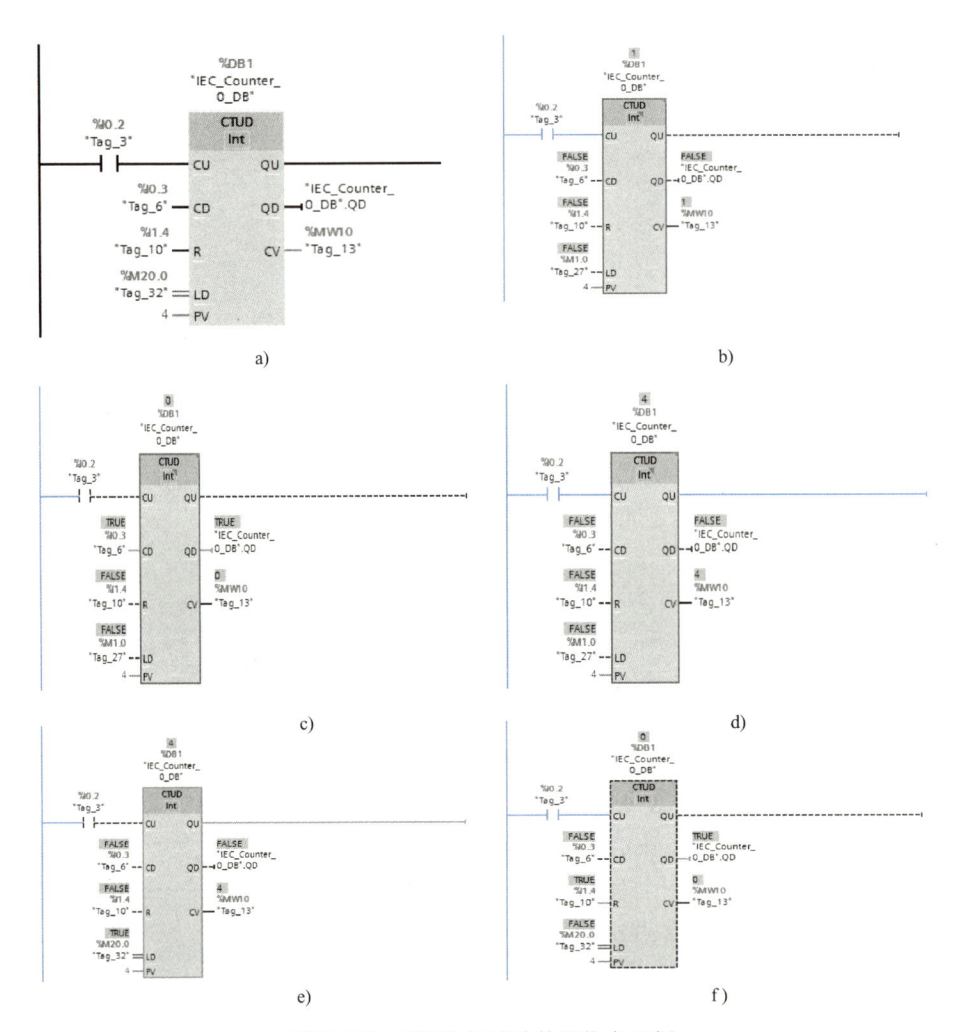

图 6-177 CTUD 加减计数器指令示例

a) 基本指令　b) 当 CU=1，CD=0，R=0，LD=0，CV=1 时 QU=0，QD=1

c) 当 CU=0，CD=1，R=0，LD=0，CV=0 时 QU=0，QD=1

d) 当 CU=1，CD=0，R=0，LD=0，CV=4 时 QU=1，QD=0

e) 当 CU=0，CD=0，R=0，LD=1，CV=4 时 QU=1，QD=0　f) 当 R=1 时 CV=4，QU=0，QD=1

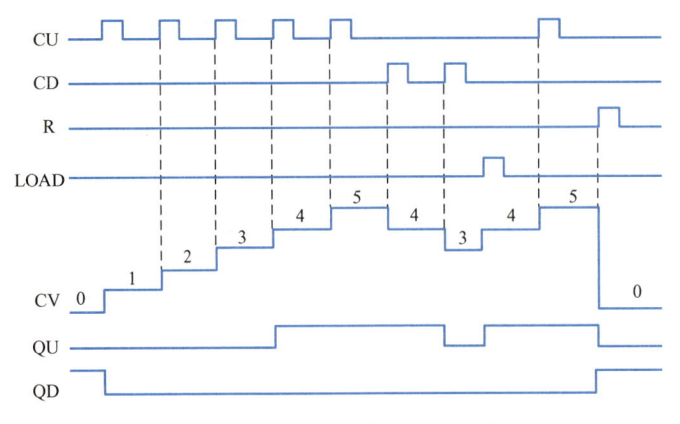

图 6-178 CTUD 加减计数器指令时序图

视频：计数器指令介绍

任务九　设计灌装自动生产线 PLC 控制系统手动和自动运行程序

1. 任务要求

编程完善手动程序并实现生产线运行时的自动运行功能。

（1）在手动程序 FC20 中编辑灌装时间测试程序

（2）完善手动运行程序（FC20）

为防止电动机正反转频繁切换造成负载变化太大，电动机正反向切换之间要有时间限制，切换时间间隔要在 2 s 以上。即：点动电动机正转停下来 2 s 后点动反转才有效；点动电动机反转停下来 2 s 后点动正转才有效。当传送带上 10 s 内没有瓶子时，传送带停止运行，系统停止运行。

（3）编程完善自动循环灌装程序（FC30）的功能

1）生产线运行后（Q0.0=1），传送带正转（Q8.0=1），直到灌装位置传感器检测到有瓶子（I8.1=1），传送带停止运行（Q8.0=0）。

2）到达灌装位置开始灌装，灌装阀门打开（Q8.2=1），灌装时间为 2 s（实际手动程序 FC20 中测试的时间）。瓶子灌满后灌装阀门关闭（Q8.2=0），关闭 3 s 后传送带继续向前运动。

3）按下停止按钮（I0.1=0），生产线停止运行（Q0.0=0），传送带和阀门均停止（Q8.0=0，Q8.2=0）。

4）当传送带上 10 s 内没有瓶子时，传送带停止运行（Q0.0=0）。

5）下一次空瓶位检测到空瓶，按下起动按钮生产线重新开始运行。

（4）计数统计程序（FC40）

灌装生产线运行后，利用空瓶位置传感器和满瓶位置传感器分别对空瓶数和满瓶数进行统计。C1 用于统计空瓶数，C2 用于统计满瓶数。

2. 分析与讨论

工程项目中需要根据设备的灌装阀门设备的实际情况进行灌装定时器等参数的调节，灌装时间太少则不能满足实际工程需求，太多则造成灌装物溢出。要完成灌装定时测试可以先将定时时间定得比较短，然后根据实际情况逐渐增大时间，直至灌装量满足要求。完善手动运行程序块 FC20 的功能，增加电动机正转与反转之间切换时间要增加两个关断延时定时器，并利用其 1 闭合触点实现互锁。

自动运行程序块 FC30 中推荐采用复位优先 SR 锁存指令控制传送带运行。这样可以方便地将使电动机正转的条件和使电动机停转的条件分别列出，控制思路清晰，易于编写程序。瓶子到达灌装位置时启动脉冲定时器，停止传送带运行，打开灌装阀门开始灌装操作。值得注意的是，灌装球阀的打开和关闭都是需要时间的，这也是灌装时间需要调试的原因。

计数统计程序 FC40 中需要采用加计数器 CTU 统计空瓶数和满瓶数。加脉冲输入端 CTU 具有捕捉上升沿的功能，当瓶子经过接近开关时，计数器加 1。

3. 解决方案示例

（1）编辑灌装时间测试程序

在手动程序 FC20 中编辑灌装时间测试程序，如图 6-179 所示。

（2）完善手动运行程序（FC20）

传送带电动机点动反转停 2 s 点动正转有效程序如图 6-180 所示。

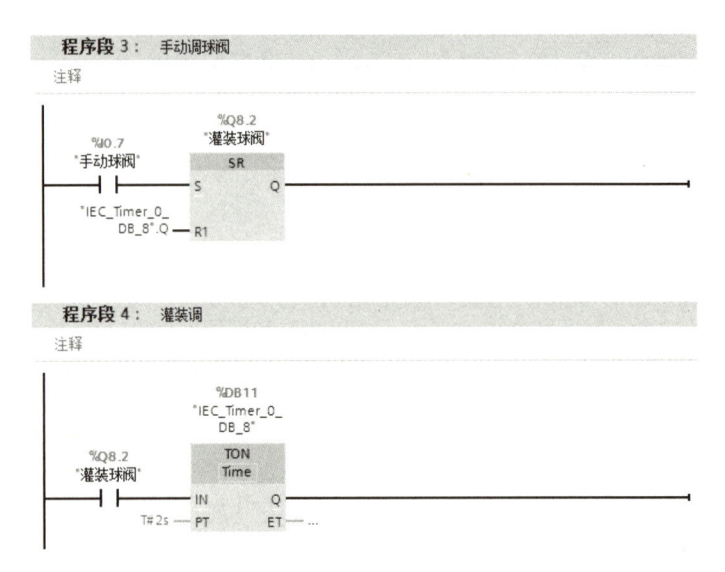

图 6-179 灌装时间测试程序

图 6-180 电动机点动反转停 2 s 点动正转有效程序

电动机点动正转停 2 s 点动反转才有效程序如图 6-181 所示。

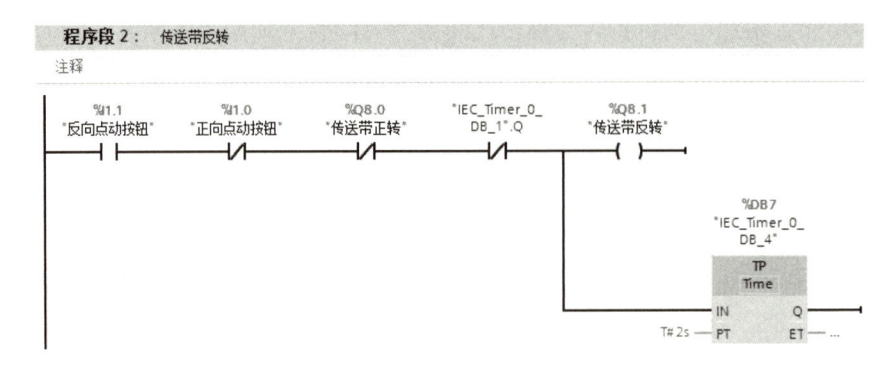

图 6-181 电动机点动正转停 2 s 点动反转有效程序

（3）编程完善自动循环灌装程序（FC30）的功能

1）生产线运行后，传送带电动机正转，直到灌装位置传感器检测到有瓶子，传送带停止运行，如图 6-182 所示。

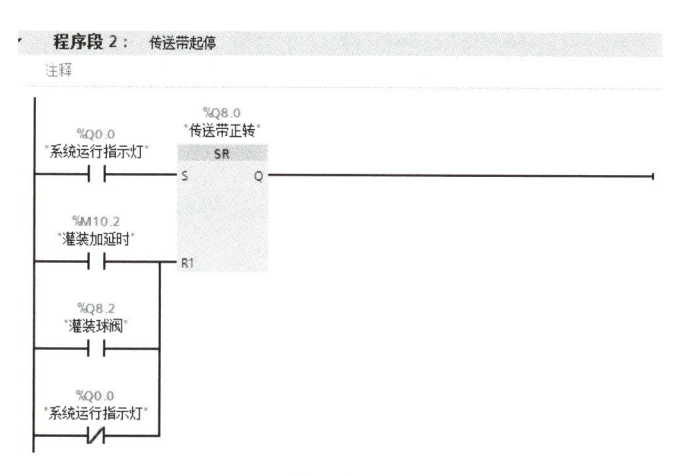

图 6-182 传送带起停控制程序

2）到达灌装位置开始灌装，灌装阀门打开，灌装时间为 2 s。瓶子灌满后灌装阀门关闭，关闭 3 s 后传送带继续向前运动，程序如图 6-183 所示。

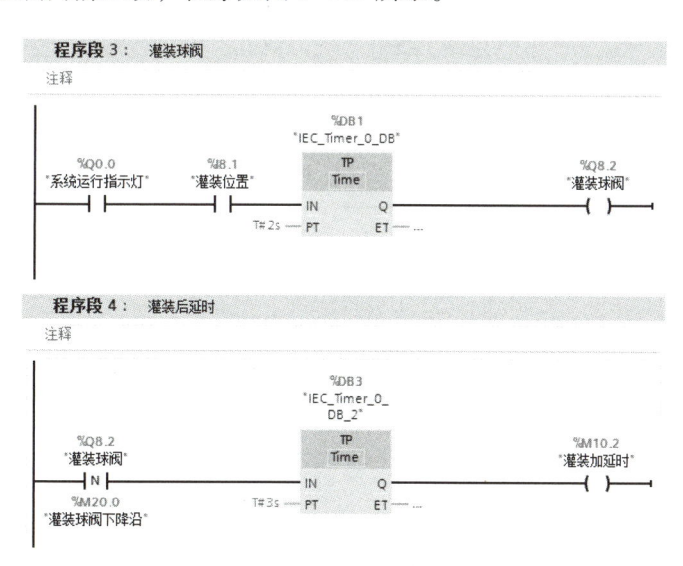

图 6-183 灌装阀门的控制

3）生产线停止运行程序如图 6-184 所示。

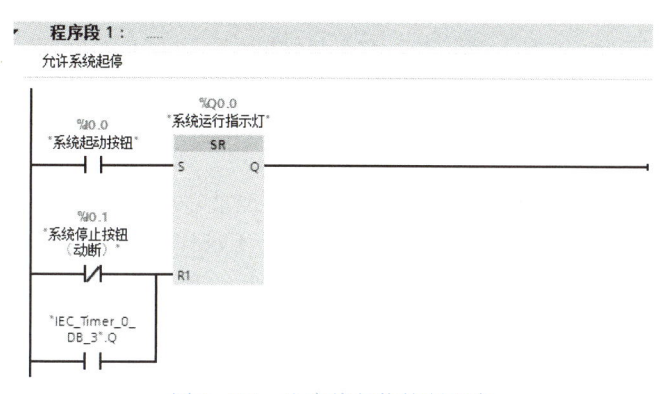

图 6-184 生产线起停控制程序

4) 当传送带上 10 s 内没有瓶子时，传送带停止运行，系统停止运行。

5) 下一次空瓶位检测到空瓶，按下起动按钮生产线重新开始运行，程序如图 6-185 所示。

(4) 计数统计程序（FC40）

C1 用于统计空瓶数，C2 用于统计满瓶数，如图 6-186 所示。

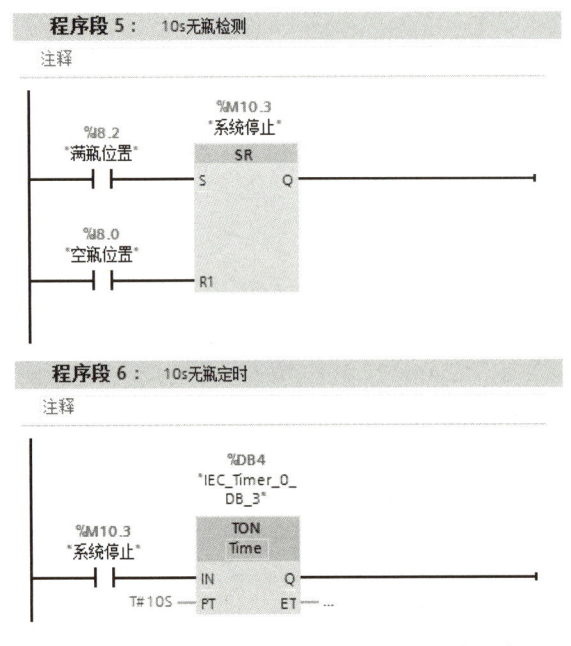

图 6-185　传送带上无瓶检测和下次起动程序

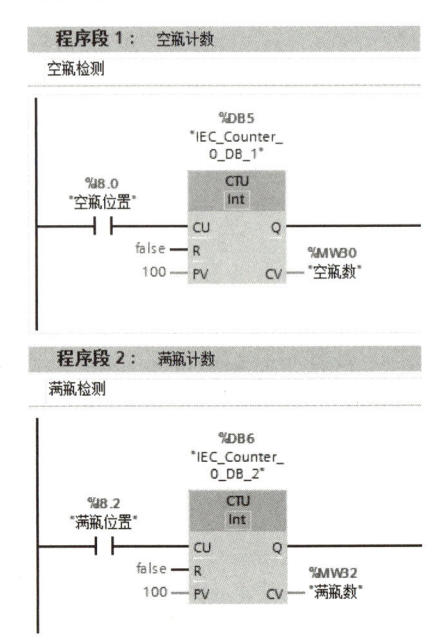

图 6-186　空瓶计数和满瓶计数

在 FC30 中调用 FC40，如图 6-187 所示。

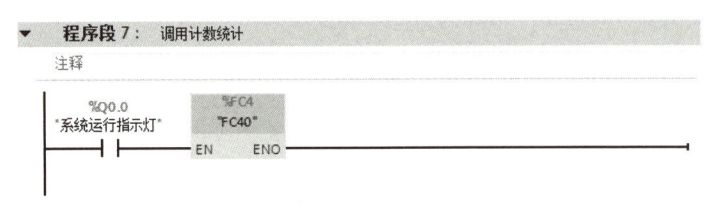

图 6-187　FC30 中调用 FC40

6.8　工业自动化项目中数据处理方法

6.8.1　移动操作指令

使用移动操作指令将数据元素复制到指定存储器地址。移动操作指令包括 MOVE 移动操作指令、FieldRead 读取域指令、FieldWrite 写入域指令、MOVE_BLK 块移动指令、UMOVE_BLK 不可中断的存储区移动指令、FILL_BLK 填充块指令、UFILL_BLK 不可中断的存储区填充指令和 SWAP 交换指令，如图 6-188 所示。

图 6-188　移动操作指令

其中，MOVE、MOVE_BLK 和 UMOVE_BLK 都可用于移动操作。如果将 IN 输入操作数中的内容传送给 OUT1 输出的操作数中，要求指令的源地址和目标地址数据类型要一致。

MOVE 移动操作指令参数说明见表 6-16。

表 6-16　MOVE 移动操作指令参数说明

参　　数	数　据　类　型	说　　明
EN	BOOL	使能输入
IN	SInt, Int, DInt, USInt, UInt, UDInt, Real, LReal, Byte, Word, DWord, Char, Array, Struct, DTL, Time	源地址
OUT	SInt, Int, DInt, USInt, UInt, UDInt, Real, LReal, Byte, Word, DWord, Char, Array, Struct, DTL, Time	目标地址
ENO	BOOL	使能输出

MOVE 移动操作指令应用示例如图 6-189 所示，将整数类型数据 100 移动到地址 MW40 中。

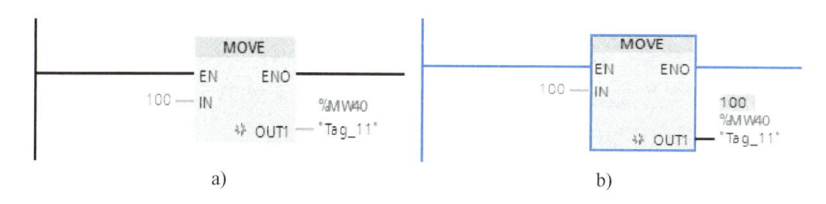

图 6-189　MOVE 指令应用示例
a) 基本程序　b) 运行后的结果

有些工程项目要求将一些地址清零，这时就可以采用 MOVE 指令。例如，按下按钮 SB3，将 MW40 清零的参考程序如图 6-190 所示。

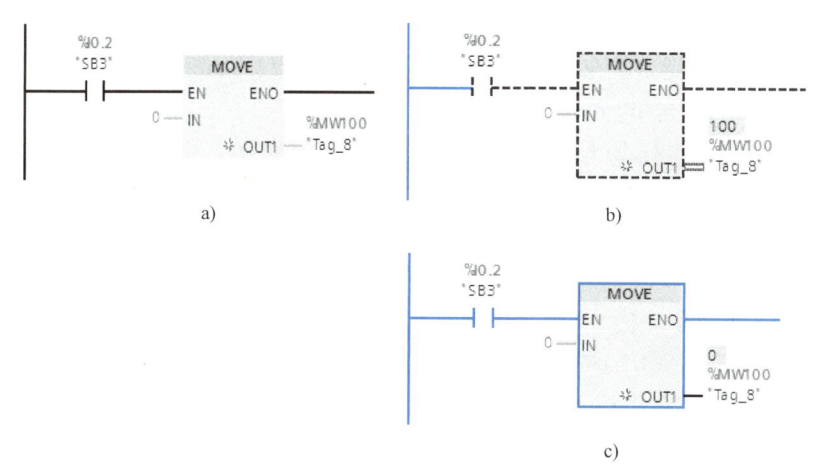

图 6-190　MOVE 指令清零应用示例
a) 基本指令　b) 按钮未按下，保持原数值　c) 按钮按下，清零

FieldRead、FieldWrite 指令为域操作指令。FieldRead 读取域指令可用于从输入 MEMBER 所指定的域中读取指定元素，并将其内容传送到输出 VALUE 的变量中。使用输入 INDEX 指定待读取的域元素的下标；使用输入 MEMBER 指定待读取域的第一个元素；输入 MEMBER 中的域元素和输出 VALUE 中的变量的数据类型必须与指令读取域的数据类型相一致。FieldWrite 写入域指令可用于将 VALUE 输入中变量的内容传送到 MEMBER 输出中域的特定元素。使用 IN-DEX 输入的值指定所述域元素的下标；在输出 MEMBER 中输入待写入域的第一个元素。

FILL_BLK、UFILL_BLK 用于块操作。FILL_BLK 填充块指令用 IN 输入的值填充一个存储区域（目标区域），以 OUT 输出指定的起始地址，填充目标区域。可以使用参数 COUNT 指定复制操作的重复次数。执行该指令时，将选择 IN 输入的值，并复制到目标区域 COUNT 参数中指定的次数。UFILL_BLK 不可中断的存储区填充指令用 IN 输入的值连续填充到一个存储区域（目标区域）中，以 OUT 输出指定的起始地址，填充目标区域。可以使用参数 COUNT 指定复制操作的重复次数。执行该指令时，将选择 IN 输入的值，并复制到目标区域 COUNT 参数中指定的次数。

SWAP 交换指令用于调换 2 字节和 4 字节数据元素的字节顺序而不改变每个字节中的位顺序。执行 SWAP 指令之后，ENO 始终为 TRUE。下面以 MOVE 指令为例介绍其典型应用。

MOVE_BLK、UMOVE_BLK 指令的区别在于 UMOVE_BLK 指令不响应中断。FILL_BLK、UFILL_BLK 指令的区别与此相似。

移动操作的基本规则：

1）要复制 Bool 数据类型，需使用 SET_BF、RESET_BF、R、S 或输出线圈（LAD）。

2）要复制单个基本数据类型，需使用 MOVE。

3）要复制基本数据类型数组，需使用 MOVE_BLK 或 UMOVE_BLK。

4）要复制结构，需使用 MOVE。

5）要复制字符串，需使用 S_CONV。

6）要复制字符串中的单个字符，需使用 MOVE。

7）MOVE_BLK 和 UMOVE_BLK 指令不能用于将数组或结构复制到 I、Q 或 M 存储区。

数据填充的基本规则：

1）要使用 BOOL 数据类型填充，需使用 SET_BF、RESET_BF、R、S 或输出线圈（LAD）。

2）要使用单个基本数据类型填充，需使用 MOVE。

3）要使用基本数据类型填充数组，需使用 FILL_BLK 或 UFILL_BLK。

4）要在字符串中填充单个字符，需使用 MOVE。

5）FILL_BLK 和 UFILL_BLK 指令不能用于将数组填充到 I、Q 或 M 存储区。

6.8.2 数学函数指令

数学函数包括加减乘除指令，如 ADD 加法（IN1+IN2=OUT）、SUB 减法（IN1-IN2=OUT）、MUL 乘法（IN1*IN2=OUT）、DIV 除法（IN1/IN2=OUT）指令，MOD 求模指令、NEG 取反指令、INC 递增和 DEC 递减指令、ABS 绝对值指令、MIN 最小值和 MAX 最大值指令、LIMIT 设置限值指令以及浮点型算术运算指令（SQR 平方（IN^2=OUT）、SQRT 平方根（$\sqrt{IN}$=OUT）、LN 自然对数（LN（IN）=OUT）、EXP 自然指数（e^{IN}=OUT）、SIN 正弦（sin（IN 弧度）=OUT）、COS 余弦（cos（IN 弧度）=OUT）、TAN 正切（tan（IN 弧度）=OUT）、ASIN 反正弦（arcsine（IN）=OUT 弧度）、ACOS 反余弦（arccos（IN）=OUT 弧度）、ATAN 反正切（arctan（IN）=OUT 弧度）、FRAC 分数（浮点数 IN 的小数部分=OUT）、EXPT 一般指数（$IN1^{IN2}$=OUT）），如图 6-191 所示。在功能框名称下方单击，并从下拉菜单中选择数据类型。值得注意的是，IN1、IN2 和 OUT

图 6-191 数学函数指令表

参数的数据类型必须相同。

在实际工程项目中，加、减、乘、除指令是计算中最常用的指令。加法指令如图 6-192 所示，在 Auto（???）处单击可选择指令的数据类型。指令中具体参数说明见表 6-17。

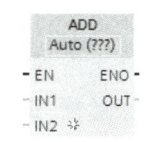

图 6-192 加法指令

表 6-17 加、减、乘、除指令的参数说明

参数	数据类型	说　　明
EN	BOOL	指令使能
IN1，IN2	SInt, Int, DInt, USInt, UInt, UDInt, Real, LReal, Constant	数学运算输入
OUT	SInt, Int, DInt, USInt, UInt, UDInt, Real, LReal	数学运算输出
ENO 状态	1	无错误
	0	数学运算结果值可能超出所选数据类型的有效数值范围。返回适合目标大小的结果的最低有效部分
	0	除数为 0（IN2=0）：结果未定义，返回 0
	0	Real/LReal：如果其中一个输入值为 NaN（不是数字），则返回 NaN
	0	ADD Real/LReal：如果两个 IN 值均为 INF，但符号不同，则这是非法运算并返回 NaN
	0	SUB Real/LReal：如果两个 IN 值均为 INF，且符号相同，则这是非法运算并返回 NaN
	0	MUL Real/LReal：如果一个 IN 值为零而另一个为 INF，则这是非法运算并返回 NaN
	0	DIV Real/LReal：如果两个 IN 值均为零或 INF，则这是非法运算并返回 NaN

加、减、乘、除指令的应用示例如图 6-193 所示。

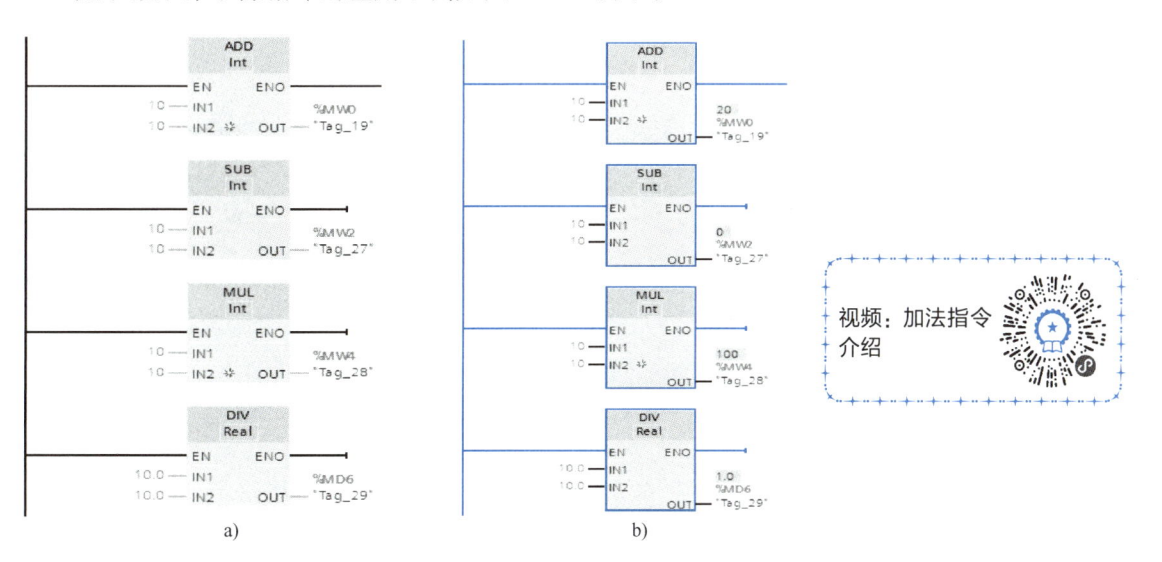

图 6-193 加、减、乘、除指令应用示例
a）基本指令　b）运行结果

视频：加法指令介绍

在工程项目中，有时会用到重复计算，此时就需要使用 INC 递增和 DEC 递减指令。INC 和 DEC 指令用于递增/递减有符号或无符号整数值。INC（递增）：参数 IN/OUT 值 + 1 = 参数 IN/OUT 值。DEC（递减）：参数 IN/OUT 值 - 1 = 参数 IN/OUT 值。在功能框名称下方???处单击，并从下拉菜单中选择数据类型。如图 6-194 所示。

INC 递增和 DEC 递减指令中具体参数说明见表 6-18。

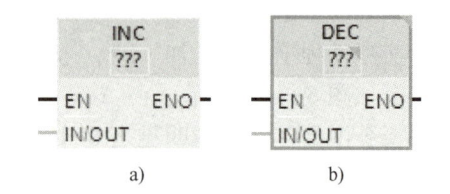

图 6-194 INC 递增和 DEC 递减指令

a) INC 指令 b) DEC 指令

表 6-18 INC 递增和 DEC 递减指令的参数说明

参　　数	数 据 类 型	说　　明
EN	BOOL	指令使能
IN/OUT	SInt, Int, DInt, USInt, UInt, UDInt	数学运算输入和输出
ENO 状态	1	无错误
	0	结果值超出所选数据类型的有效数值范围。以 SInt 为例：INC（127）的结果为-128，超出该数据类型最大值

INC 递增和 DEC 递减指令的使用方法示例如图 6-195 所示。预先给定 MW20 和 MW22 中的数据为整数 100，则分别执行递增和递减指令 1 次后，其结果 MW20 中的数值为 101，MW22 中的数值为 99。

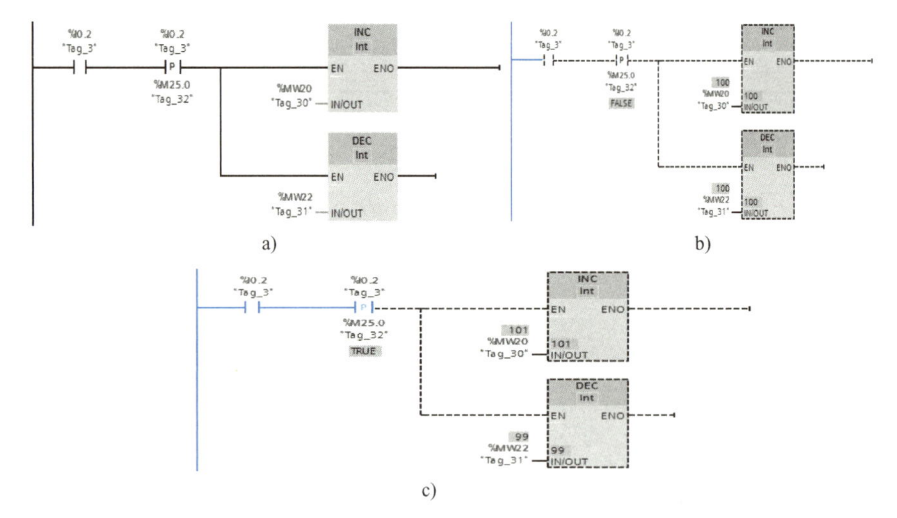

图 6-195 INC 递增和 DEC 递减指令的使用方法示例

a) 基本指令 b) 初始值为 100 结果 c) INC 递增和 DEC 递减指令执行后的结果

6.8.3 比较器操作指令

比较操作指令包括如下指令：= =等于、<>不等于、>=大于或等于、<=小于或等于、>大于、<小于、IN_Range 和 OUT_Range、OK 和 NOT_OK 指令，如图 6-196 所示。其中使用 IN_RANGE 和 OUT_RANGE 指令可测试输入值是在指定的值范围之内还是之外。如果比较

结果为 TRUE，则功能框输出为 TRUE。输入参数 MIN、VAL 和 MAX 的数据类型必须相同。在程序编辑器中单击该指令后，可以从下拉菜单中选择数据类型。使用 OK 和 NOT_OK 指令可测试输入的参考数据是否为符合 IEEE-754 规范的有效实数。如果该 LAD 触点为 TRUE，则激活该触点并传递能流。在程序编辑器中单击该指令后，可以从下拉菜单中选择比较类型和数据类型。该指令的数据类型包括 SInt、Int、DInt、USInt、UInt、UDInt、Real、LReal、String、Char、Time、DTL 和 Constant。

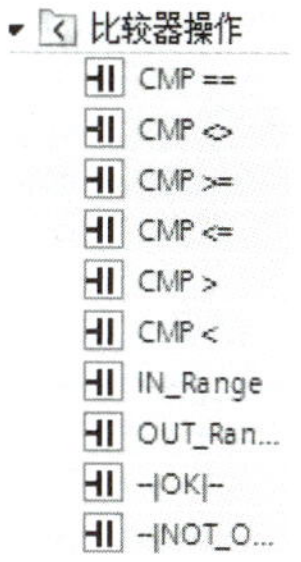

图 6-196 比较器操作指令

比较指令的关系类型和输出结果之间的关系见表 6-19。

表 6-19 比较指令的关系类型和输出结果之间的关系

关 系 类 型	满足下列条件输出结果为 1
==等于	IN1 等于 IN2
<>不等于	IN1 不等于 IN2
>=大于或等于	IN1 大于或等于 IN2
<=小于或等于	IN1 小于或等于 IN2
>大于	IN1 大于 IN2
<小于	IN1 小于 IN2

混料工程中需要安装液位传感器测试混料罐内的液体。假设混料罐总高度为 100 cm，当液位低于 50 cm 时，A 阀门打开；当液位高于 50 cm 低于等于 80 cm 时，A 阀门关闭，B 阀门打开；当液位高于 80 cm 低于等于 90 cm 时，B 阀门关闭，搅拌电动机搅拌。

要完成上述任务需要用到比较器操作指令。假设液位传感器的读数已经规范化为液位值存放在 MD50 中。根据该读数决定混料罐的操作状态。数字量输出包括 A 阀门 Q0.0、B 阀门 Q0.1 和搅拌电动机 Q0.2。参考程序及其运行情况如图 6-197 所示。当液位 MD50 小于等于 50 cm 时，A 阀门 Q0.0 为 1，其他输出为 0；当液位 MD50 大于 50 cm 小于等于 80 cm 时，A 阀门 Q0.0 为 0，B 阀门 Q0.1 为 1；当液位大于 80 cm 小于等于 90 cm 时，B 阀门 Q0.1 为 0，搅拌电动机 Q0.2 为 1。

下面通过例子对 IN_Range 和 OUT_Range、OK 和 NOT_OK 指令稍做说明。

1. IN_Range 指令

使用该指令可判断输入 VAL 的值是否在特定的值范围内。使用输入 MIN 和 MAX 可以指定取值范围的限值。该指令将输入 VAL 的值与输入 MIN 和 MAX 的值进行比较，并将结果发送到功能框输出中。如果输入 VAL 的值满足 MIN<=VAL 或 VAL<=MAX 的比较条件，则功能框输出的信号状态为"1"。如果不满足比较条件，则功能框输出的信号状态为"0"。如果功能框输入的信号状态为"0"，则不执行该指令。

2. OUT_Range 指令

该指令可判断输入 VAL 的值是否超出特定的值范围。使用输入 MIN 和 MAX 可以指定取值范围的限值。该指令将输入 VAL 的值与输入 MIN 和 MAX 的值进行比较，并将结果发送到功能框输出中。如果输入 VAL 的值满足 MIN>VAL 或 VAL>MAX 的比较条件，则功能框输出的信号状态为"1"。如果指定的 REAL 数据类型的操作数具有无效值，则功能框输出的信号状态也为"1"。如果输入 VAL 的值不满足 MIN>VAL 或 VAL>MAX 的条件，则功能框输出返回信号状态

"0"。如果功能框输入的信号状态为"0",则不执行该指令。

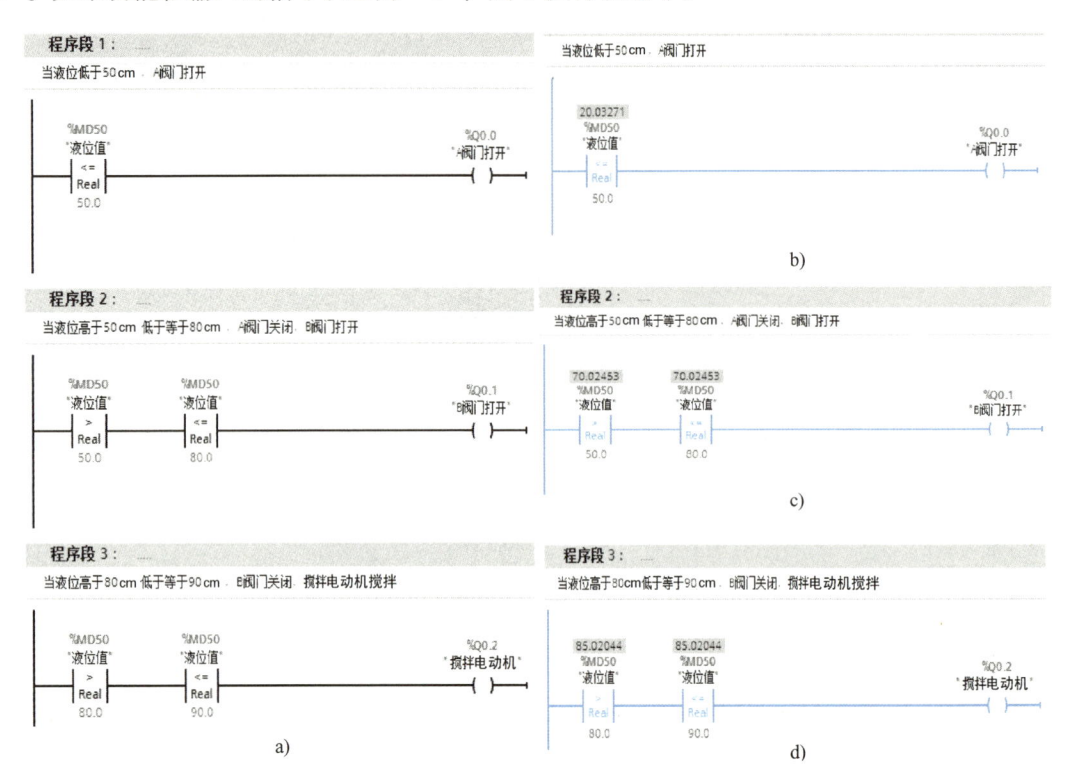

图 6-197 混料罐任务采用比较指令的基本程序和运行情况
a) 基本程序 b) 液位低于 50 cm, A 阀门打开 c) 液位高于 50 cm, 低于等于 80 cm, A 阀门关闭, B 阀门打开
d) 液位高于 80 cm, 低于等于 90 cm, B 阀门关闭, 搅拌电动机搅拌

3. OK 指令

该指令可检查操作数的值是否为有效的浮点数。如果该指令输入的信号状态为"1",则在每个程序周期内都进行检查。查询时,如果操作数的值是有效浮点数且指令的信号状态为"1",则该指令输出的信号状态为"1"。在其他任何情况下,该指令输出的信号状态都为"0"。可以同时使用该指令和 EN 机制。如果将该指令功能框连接到 EN 使能输入,则仅在值的有效性查询结果为正数时才置位使能输入。使用该功能,可确保仅在指定操作数的值为有效浮点数时才启用该指令。

4. NOT_OK 指令

该指令可检查操作数的值是否为无效的浮点数。如果该指令输入的信号状态为"1",则在每个程序周期内都进行检查。查询时,如果操作数的值是无效浮点数且指令的信号状态为"1",则该指令输出的信号状态为"1"。在其他任何情况下,"检查无效性"指令输出的信号状态都为"0"。

这里以液位 MD50 的值作为测试对象,设置 IN_Range 指令的数据范围为 0~100;OUT_Range 指令的数据范围为 20~80;当 MD50 的值为 84.0264 时,在 0~100 范围内,IN_Range 的输出为 1,超出 20~80 范围,OUT_Range 指令的输出为 1,该值有效,OK 指令为 1,对应的指示灯 Q0.1A 点亮;NOT_OK 指令为 0,对应的指示灯灭。程序和运行结果如图 6-198 所示。

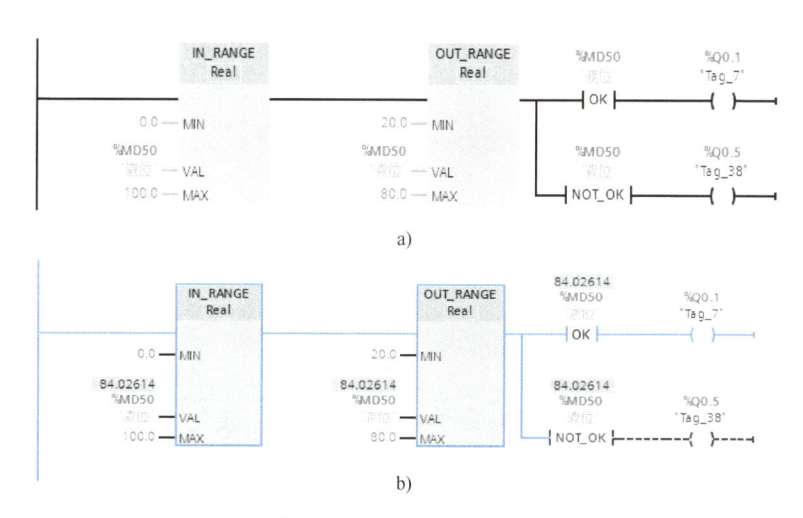

图 6-198　判断液位值是否在要求的范围内的基本程序和运行结果

a）判断液位值是否在要求的范围内、外以及是否为有效值的基本程序　b）程序运行后的结果

6.8.4　转换操作指令

转换操作指令包括 CONVERT 转换值指令、ROUND 取整指令、CEIL 上取整指令、FLOOR 下取整指令、TRUNC 截尾取整指令、SCALE_X 标定指令和 NORM_X 标准化指令，如图 6-199 所示。

CONVERT 指令用于将数据元素从一种数据类型转换为另一种数据类型。在功能框名称下方单击，然后从下拉列表中选择 IN 数据类型和 OUT 数据类型。选择（转换源）数据类型之后，（转换目标）下拉列表中将显示可能的转换项列表。需注意，与 BCD16 进行相互转换仅限于 Int 数据类型，而与 BCD32 进行转换仅限于 DInt 数据类型。

ROUND 取整指令用于将实数转换为整数。实数的小数部分舍入为最接近的整数值（按 IEEE 标准舍入为最接近值）。如果 Real 数刚好是两个连续整数的一半（如 10.5），则 Real 数舍入为偶数。例如，ROUND(10.5)= 10 或 ROUND(11.5)= 12。

图 6-199　转换操作指令

CEIL 上取整指令用于将实数转换为大于或等于该实数的最小整数（按 IEEE 标准向正无穷取整）。

FLOOR 下取整指令用于将实数转换为小于或等于该实数的最大整数（按 IEEE 标准向负无穷取整）。

TRUNC 截尾取整指令用于将实数转换为整数。实数的小数部分被截成零（按 IEEE 标准取整为零）。

SCALE_X 标定指令用于按参数 MIN 和 MAX 所指定的数据类型和值范围对标准化的实参数 VALUE（其中，0.0<＝VALUE<＝1.0）进行标定：OUT = VALUE(MAX－MIN)+MIN。对于 SCALE_X，参数 MIN、MAX 和 OUT 的数据类型必须相同。

NORM_X 标准化指令通过参数 MIN 和 MAX 指定输入值的范围。OUT =（VALUE－MIN）/（MAX－MIN），其中 0.0<＝OUT<＝1.0。对于 NORM_X，参数 MIN、VALUE 和 MAX 的数据类型必须相同。

鉴于 SCALE_X 标定指令和 NORM_X 标准化指令用于模拟量的处理，故将在 6.10 节模拟量的处理一节中介绍。

1. CONVERT 转换指令

CONVERT 转换指令可实现数据间的转换。指令参数说明见表 6-20。

表 6-20 CONVERT 转换指令参数说明

参 数	数 据 类 型		说　　明
EN	BOOL		使能输入
IN	SInt, Int, DInt, USInt, UInt, UDInt, Byte, Word, DWord, Real, LReal, Bcd16, Bcd32		输入
OUT	SInt, Int, DInt, USInt, UInt, UDInt, Byte, Word, DWord, Real, LReal, Bcd16, Bcd32		输出结果，是转换为新数据类型的输入值
ENO	BOOL		使能输出
	ENO 状态说明	1	无错误
		0	IN 为 +/-INF 或 +/-NaN
		0	结果超出 OUT 数据类型的有效范围

该指令示例如图 6-200 所示，将液位值 MD50 转换为整数表示形式。

图 6-200 CONVERT 转换指令应用示例
a) 基本程序　b) 运行后的结果

2. ROUND 取整指令和 TRUNC 截尾取整指令

ROUND 取整指令和 TRUNC 截尾取整指令示例如图 6-201 所示，ROUND 取整指令取接近的整数，TRUNC 截尾取整指令则是将小数点截去。指令示例中液位值 MD50 分别执行两条指令获得不同的结果。

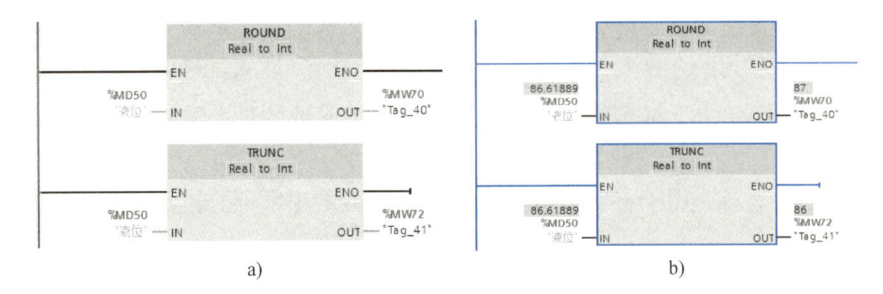

图 6-201 ROUND 取整指令和 TRUNC 截尾取整指令应用示例
a) 基本程序　b) 运行后的结果

3. CEIL 上取整指令、FLOOR 下取整指令

CEIL 上取整指令、FLOOR 下取整指令示例如图 6-202 所示，CEIL 上取整指令向上取值，FLOOR 下取整指令向下取值。程序示例中液位值 MD50 分别执行两条指令获得不同的结果。

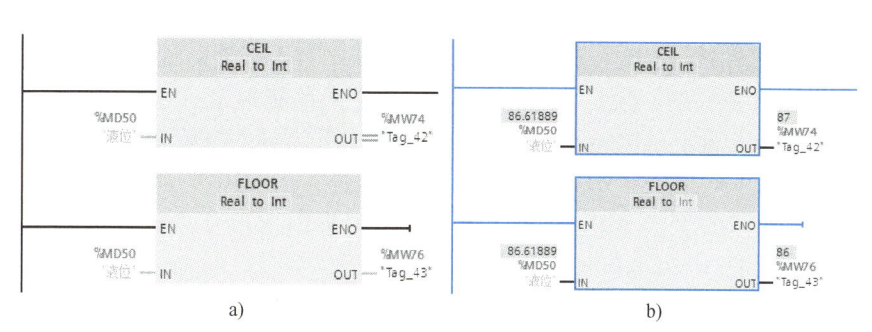

图 6-202 CEIL 上取整指令、FLOOR 下取整指令应用示例
a) 基本程序　b) 运行后的结果

任务十　灌装自动生产线 PLC 控制系统统计程序设计

1. 任务要求

编程实现统计与数据处理功能（FC42）。

1）由于计数器能够统计的数值范围有限（0~999），编写计数统计程序 FC42 代替 FC40，改用加法指令实现计数统计，空瓶数保存在 MW30，满瓶数保存在 MW32 中。

2）计算废瓶率（%），保存在 MD50 中。

3）当废瓶率超过 10% 时，报警灯 HL3 闪亮；按下报警确认按钮 SB9 则报警灯常亮；直到废品瓶率低于 10%，HL3 灭。

4）计算包装箱数（1 箱 24 瓶），保存在 MW36 中。

5）手动模式下，按下复位按钮 SB4（I0.5），使空瓶数 MW30、满瓶数 MW32 和废瓶率 MD50 清零。

2. 分析与讨论

本任务主要是实现灌装系统的数据统计功能，需要用到数学函数指令。采用加法指令计算空瓶数、满瓶数时需考虑到加法指令不具有取上升沿的功能，为正确检测需要添加边沿检测指令，保证空瓶或满瓶位置接近开关的信号只做一次加运算。废瓶率的计算公式为废瓶率=[（空瓶数-满瓶数）/空瓶数]×100%，需用到除法和乘法运算，并且因为废瓶率会有小数点，属于实属范畴，因此在计算中要将各个变量转变为实数形式。转换过程中可以采用临时变量，临时变量的使用见 6.4.3 节关于局部变量的使用。

当废瓶率超过 10% 时，报警灯闪烁。按下报警确认按钮以后，则报警灯常亮，直到废瓶率清零，指示灯熄灭。这段程序可按照随机逻辑编程思路来设计。其设计步骤如下：

1）分析控制任务，找出输入输出信号。根据任务要求可知输入信号是故障信号 SB1 和复位按钮 SB2，输出信号是指示灯 HL1。

2）进行输入输出信号的 I/O 分配。假定故障信号 SB1 的地址为 I0.2，复位按钮 SB2 的地址为 I0.3，指示灯 HL1 的地址为 Q0.3，其 I/O 分配见表 6-21。

表 6-21　实现指示灯闪烁和常亮转换功能的 I/O 分配

序　号	符　号	地　址	注　释	信号类型
1	SB1	I0.2	故障信号	DI
2	SB2	I0.3	报警确认按钮	DI
3	HL1	Q0.3	报警指示灯	DO

3) 对于每个输出信号找出其进入条件和退出条件。对于报警灯而言，可借助于标志位存储器的功能来指定报警状态。假定采用标志位 M10.0 来存储报警状态，用 M0.3 产生闪烁信号，闪烁频率为 2 Hz。对于 M10.0 而言，故障信号的上升沿触发报警状态；按下复位按钮取消报警状态。对于 Q0.0 而言，当 M10.0 为 1 时 Q0.0 闪烁，当 M10.0 为 0 时与故障信号 I0.2 的状态相同。故障依然存在则指示灯 Q0.3 常亮，故障消失则指示灯 Q0.3 熄灭。其逻辑表达式为 Q0.3=(M10.0 为 1) * M0.3+(M10.0 为 0) * I0.2。

参考程序如图 6-203 所示。

3. 解决方案示例

1) 空瓶数保存在 MW30，满瓶数保存在 MW32 中。

空瓶和满瓶计数参考程序如图 6-204 所示。

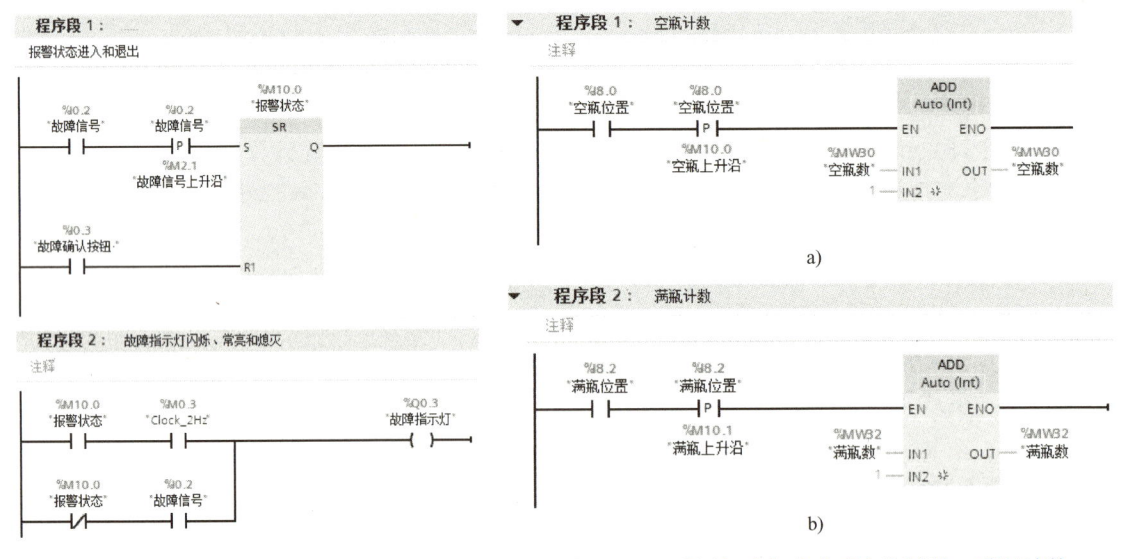

图 6-203 报警指示灯闪烁、常亮和熄灭控制程序

图 6-204 采用加法指令实现空瓶计数、满瓶计数
a) 采用加法指令实现空瓶计数
b) 采用加法指令实现满瓶计数

计算废瓶数参考程序如图 6-205 所示。

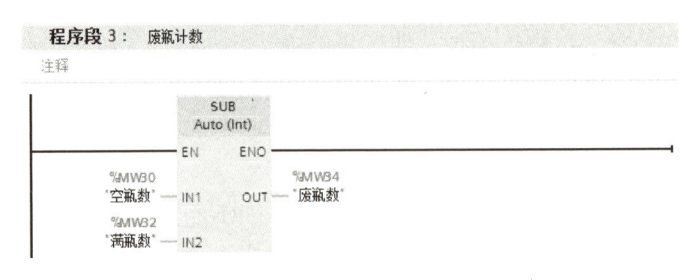

图 6-205 采用减法指令实现废瓶计数

2) 计算废瓶率（%），保存在 MD50 中。

块接口中定义临时变量，要计算废品率需要将空瓶数、废瓶数转换为实数，废瓶率为未乘 100% 之前的实数形式。定义后的临时变量如图 6-206 所示。

图 6-206　在块接口中定义需要用到的临时变量

对应的计算废瓶率的程序如图 6-207 所示。

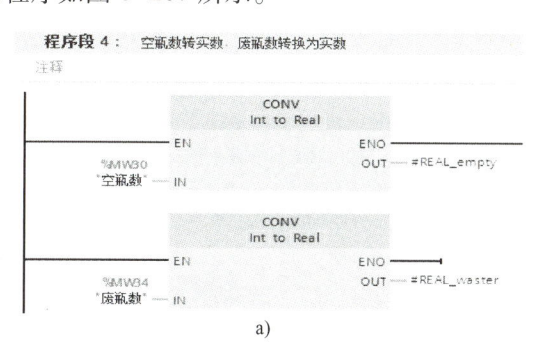

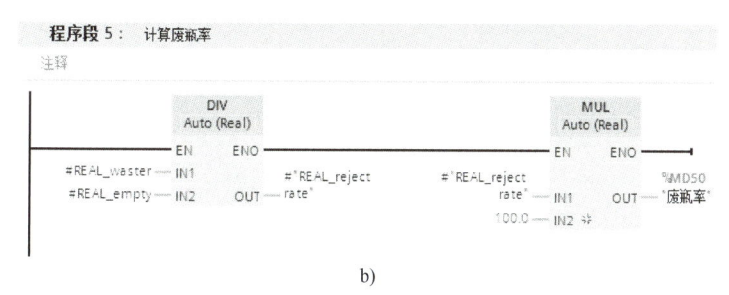

图 6-207　废瓶率的计算过程
a）空瓶数和满瓶数转换为实数　b）计算废瓶率

3）当废瓶率超过 10%时报警参考程序如图 6-208 所示。

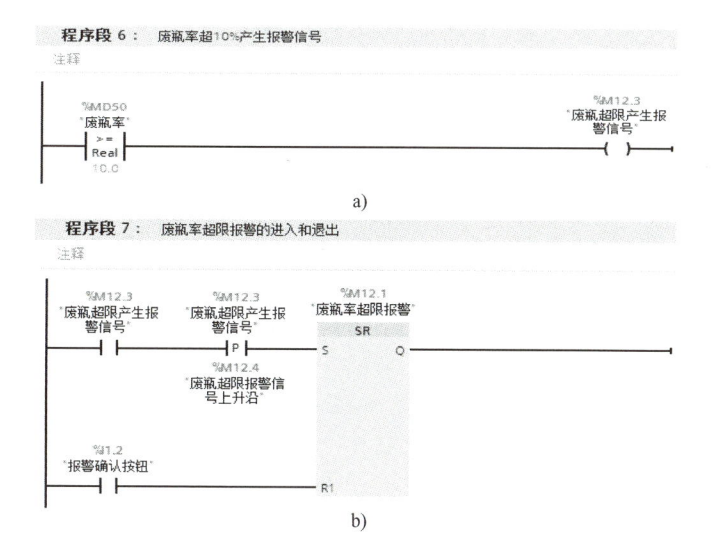

图 6-208　废瓶率超限报警程序
a）废瓶率超限产生报警信号　b）废瓶率超限报警的置位复位条件

c)

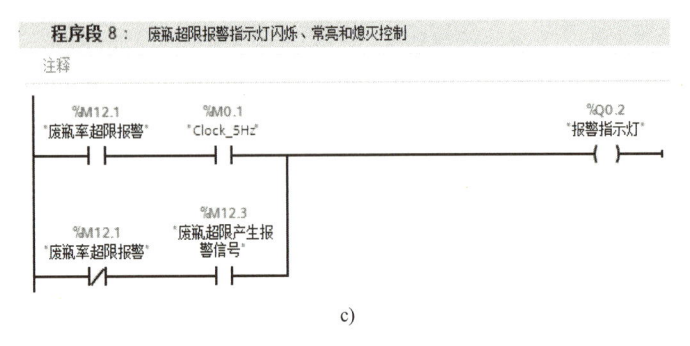

图 6-208　废瓶率超限报警程序（续）
c) 废瓶率超限报警指示灯控制

4）计算包装箱数参考程序如图 6-209 所示。

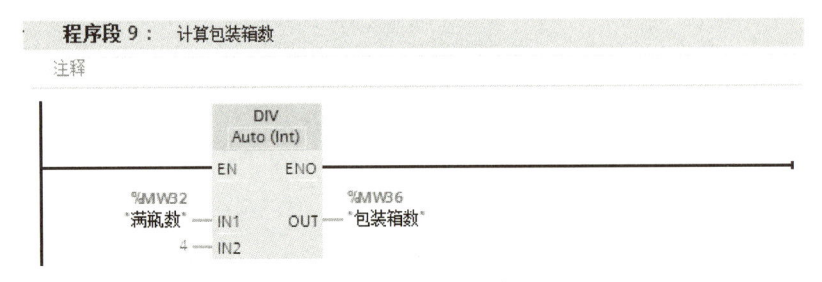

图 6-209　计算包装箱数程序

5）手动模式下计数清零参考程序如图 6-210 所示。

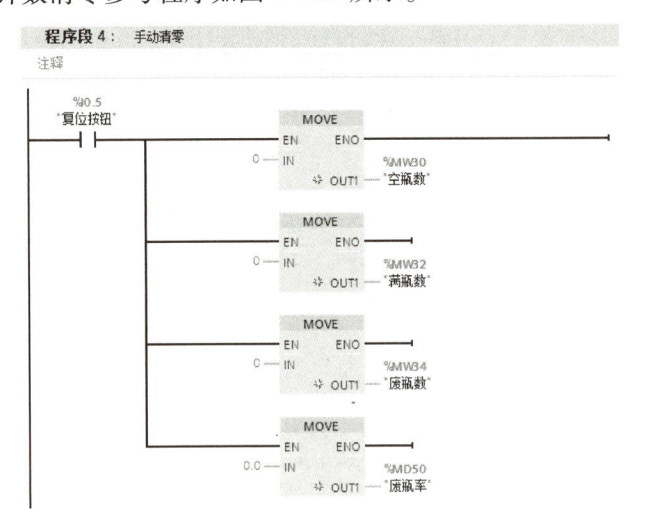

图 6-210　手动清零程序

6.9　故障诊断与程序调试方法

工程项目在运行过程中会出现故障，要求工程技术人员能够快速查找并排除故障。STEP 7 软件为用户提供了多种故障诊断的工具，灵活使用这些工具可以帮助技术人员快速地查找和排除故障。

STEP 7 软件将故障分为导致 CPU 停机的故障和 CPU 不停机但系统运行的功能不满足要求的故障。故障的级别及诊断调试工具见表 6-22。硬件诊断在 6.1.4 节新建项目过程中容易出现的问题及解决方法中已介绍过。值得注意的是，工程项目在运行过程中也可能出现硬件故障，应根据提示维修或更换硬件模块。

表 6-22 故障的级别及诊断调试工具

故障的级别	诊断调试工具
由系统检测出的导致 CPU 停机的故障： 模板故障 信号电缆短路 扫描时间超出 程序错误（如访问不存在的块）	在线和诊断 诊断缓冲区
CPU 不停机但功能不满足要求的功能故障： 编程逻辑错误（在生成和调试时未发现） 过程故障（传感器/执行器、电缆故障）	程序编辑器 变量表 监控表 交叉引用表

6.9.1　CPU 的在线和诊断功能

在线和诊断工具用于诊断导致 CPU 停机的故障。CPU 的操作系统具有诊断功能，当发生系统错误或程序错误导致 CPU 停止时，操作系统会将错误的原因和导致的结果记录在内部的诊断缓冲区中。一些外设模块也具有诊断功能，当发生故障时会将错误的原因通过背板总线传送到 CPU，并记录在内部的诊断缓冲区中。可以通过 PG/PC 在线读取诊断缓冲区记录的 CPU 停机信息。项目下载到 PLC，单击"转到在线"按钮转到在线。搜索项目树/PLC_1/在线和诊断，单击图标 在线和诊断，如图 6-211 所示。"诊断"由以下条目组成：常规、诊断状态、诊断缓冲区、循环时间、存储器和 PROFINET 接口。"功能"由以下条目组成：分配 IP 地址、设置时间、重置为出厂设置和分配名称等。

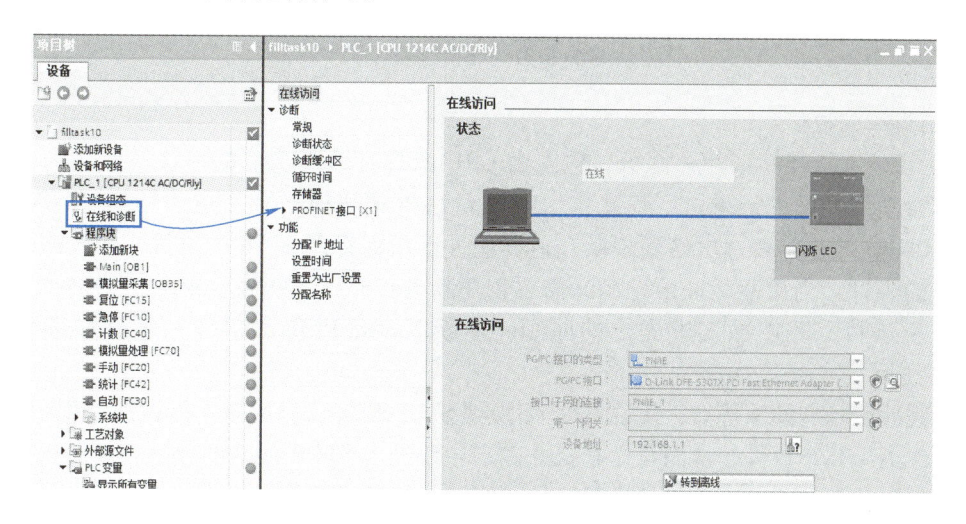

图 6-211　在线和诊断功能

1. 诊断中的条目介绍

(1) 常规条目

常规条目主要是项目中的 CPU 模块摘要信息，包括模块、模块信息和制造商信息。其中模块包括型号、订货号、插入的机架以及插槽号。其窗口界面如图 6-212 所示。

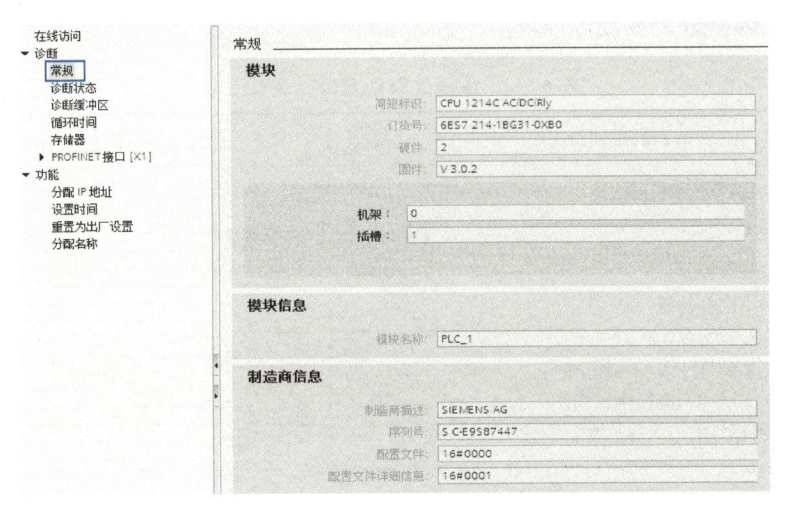

图 6-212　诊断中的常规界面

(2) 诊断状态

诊断状态主要表明假设组态过程中组态模块与在线模块不一致，则 CPU 上 ERROR 红灯闪，项目树本地模块出现红色，在线和诊断窗口中诊断状态为模块存在出错。如图 6-213 所示。

图 6-213　诊断状态窗口

(3) 诊断缓冲区

它是 CPU 系统存储区的一部分，包含由 CPU 或具有诊断功能的模块所监测到的时间和错误等。诊断缓冲区中记录以下信息：CPU 的每次模式切换（如上电、切换到 STOP 模式、切换到 RUN 模式等）和每次诊断中断。诊断缓冲区可保存最多 50 个条目，最上面的条目为最新发生的事件。当诊断缓冲区已满又需要创建新条目时，系统自动删除最旧的条目，并在顶部设置新条目，即遵循先进先出的原则。诊断缓冲区内包含事件和事件详细信息，如图 6-214 所示。

诊断缓冲区具有如下优点：①在 CPU 切换到 STOP 模式后，可以评估在切换到 STOP 模式以前发生的最后几个事件，从而可以查找并确定导致进入 STOP 模式的原因；②可以更快地检测并排除出现错误的原因，从而提高系统的可用性；③可以评估和优化动态系统响应。

如系统出现故障会在诊断缓冲区中显示，具体如图 6-215 所示。

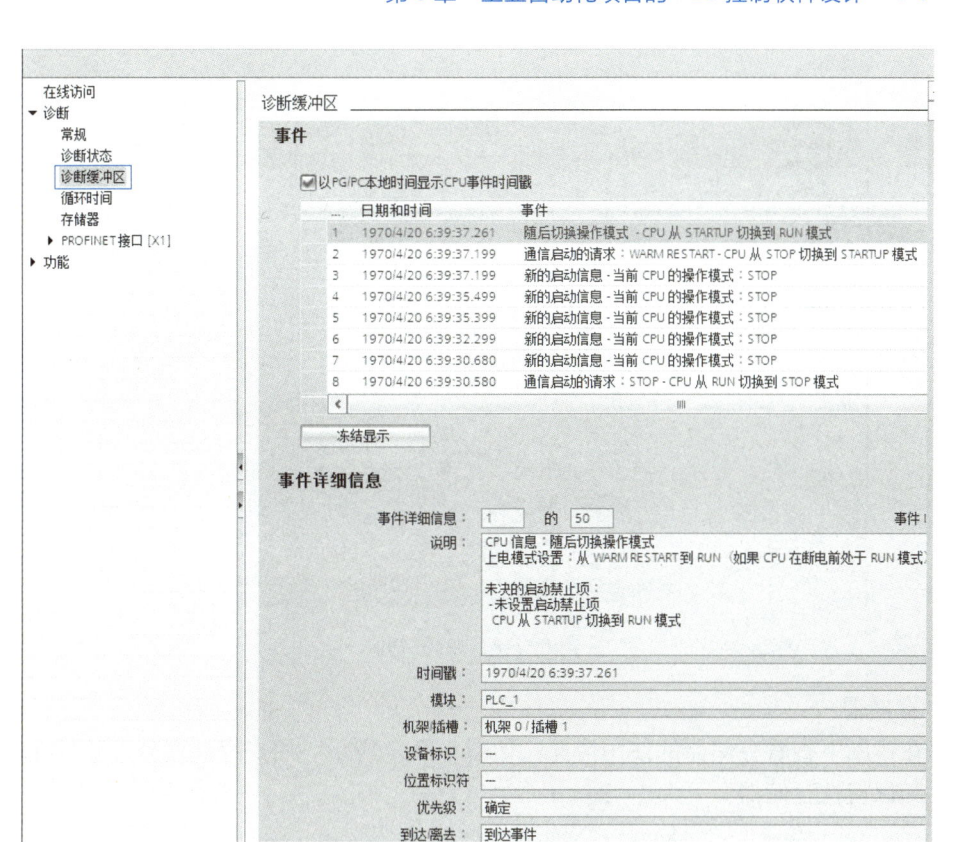

图 6-214　诊断缓冲区

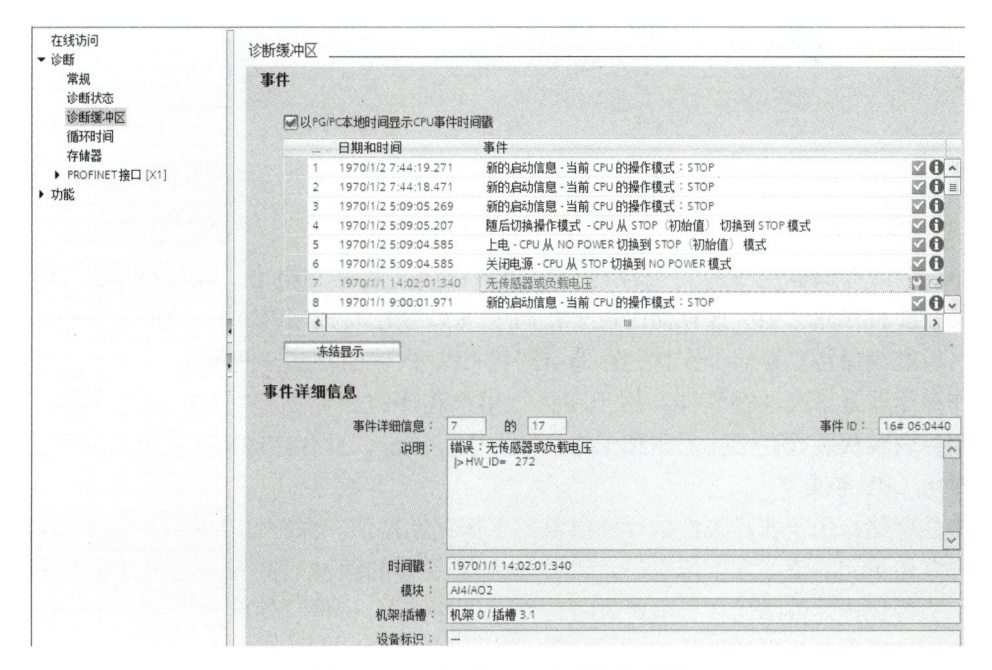

图 6-215　诊断缓冲区出现故障示例

(4) 循环时间

可以在循环时间界面监视在线 CPU 的循环时间，如图 6-216 所示。

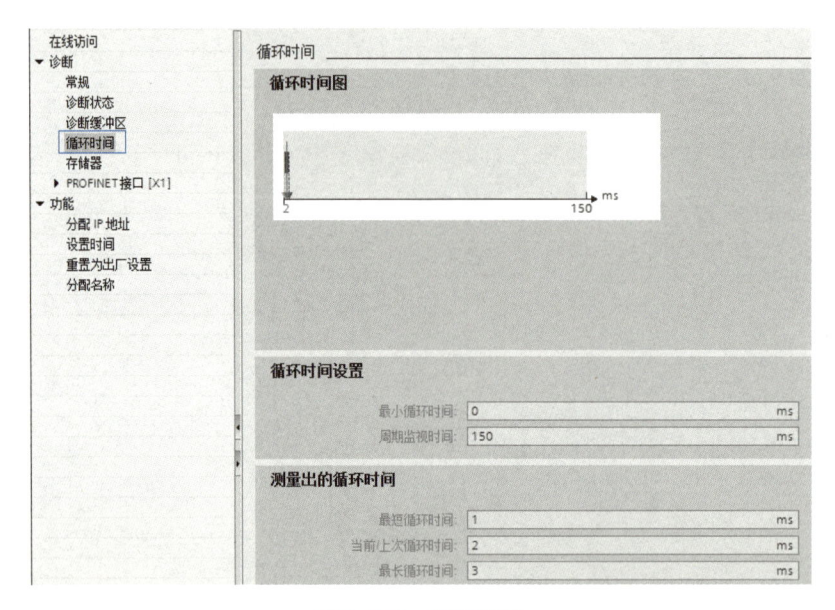

图 6-216　循环时间

（5）存储器

可以在诊断下查看存储器的使用情况，如图 6-217 所示。用户存储器分为装载存储器、工作存储器和保持性存储器。

图 6-217　存储器的使用情况

其中，装载存储器用于非易失性地存储用户程序、数据和组态。项目被下载到 CPU 后，首先存储在装载存储区中。该存储区位于存储卡（如存在）或 CPU 中。该非易失性存储区能够在断电后继续保持。存储卡支持的存储空间比 CPU 内置的存储空间更大。

工作存储器是易失性存储器，用于在执行用户程序时存储用户项目的某些内容。CPU 会将一些项目内容从装载存储器复制到工作存储器中。该易失性存储区将在断电后丢失，而在恢复供电时由 CPU 恢复。

保持性存储器用于非易失性地存储限量的工作存储器值。保持性存储区用于在断电时存储所选用户存储单元的值。发生掉电时，CPU 留出了足够的缓冲时间来保存几个有限的指定单元的值。这些保持性值随后在上电时进行恢复。位存储器（M）、功能块（FB）的变量和全局数据块的变量可设置为保持性数据。

（6）PROFINET 接口

可以在诊断下查看 PROFINET 接口的情况，包括以太网地址、IP 参数和端口是否连接成功等信息，如图 6-218 所示。

图 6-218　PROFINET 接口

2. 功能中的条目介绍
（1）分配 IP 地址

可以为在线的 PLC 分配 IP 地址。具体方法为：在线访问/分配 IP 地址，单击"可访问设备"按钮，出现选择设备对话框，单击"应用"按钮，其过程如图 6-219 所示。

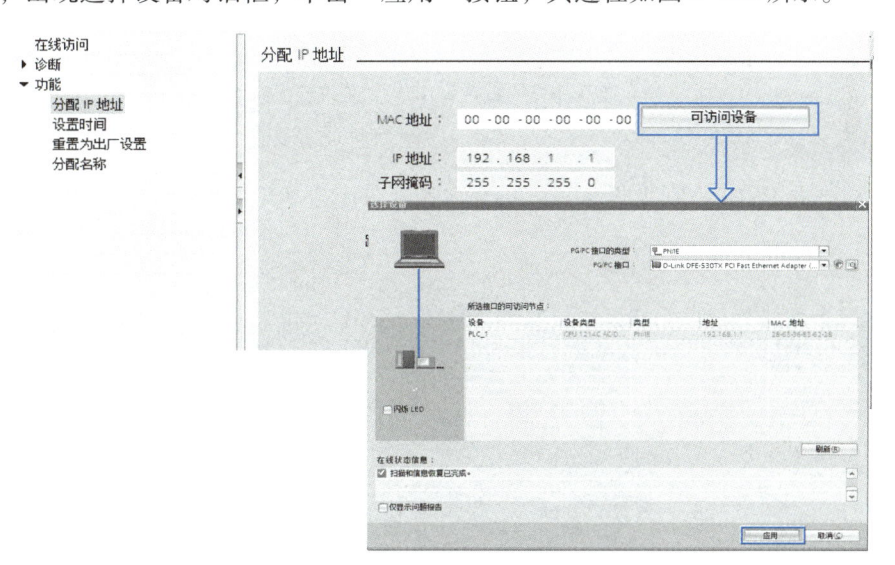

图 6-219　分配 IP 地址功能实现过程

为在线 PLC 分配的 IP 地址如图 6-220 所示，单击"分配 IP 地址"按钮即可。

（2）设置时间

可以通过此功能显示或设置在线 CPU 的时间和日期参数，如图 6-221 所示。

（3）重置为出厂设置

将 CPU 复位为工厂设置会通过删除条目的方式复位诊断缓冲区，其设置方法如图 6-222 所示。

图 6-220　分配 IP 地址　　　　　　　　　　　　图 6-221　设置时间功能

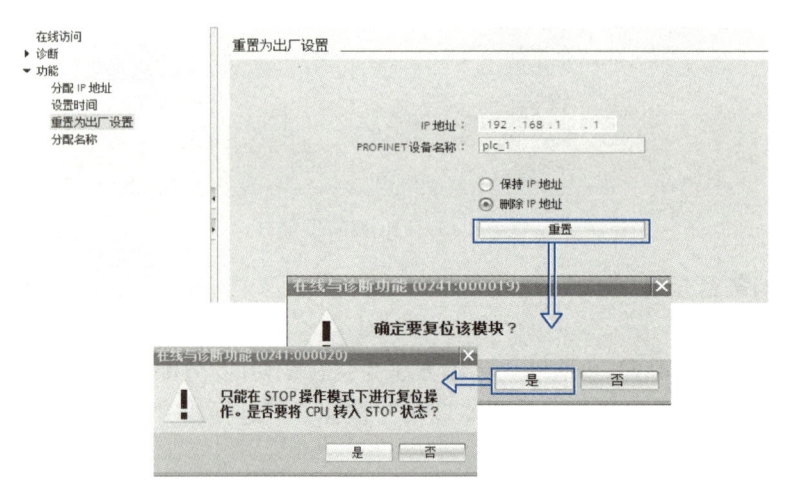

图 6-222　重置为出厂设置的过程

（4）分配名称

主要为组态的 PROFINET 设备分配一个名称。分配成功后的界面如图 6-223 所示。

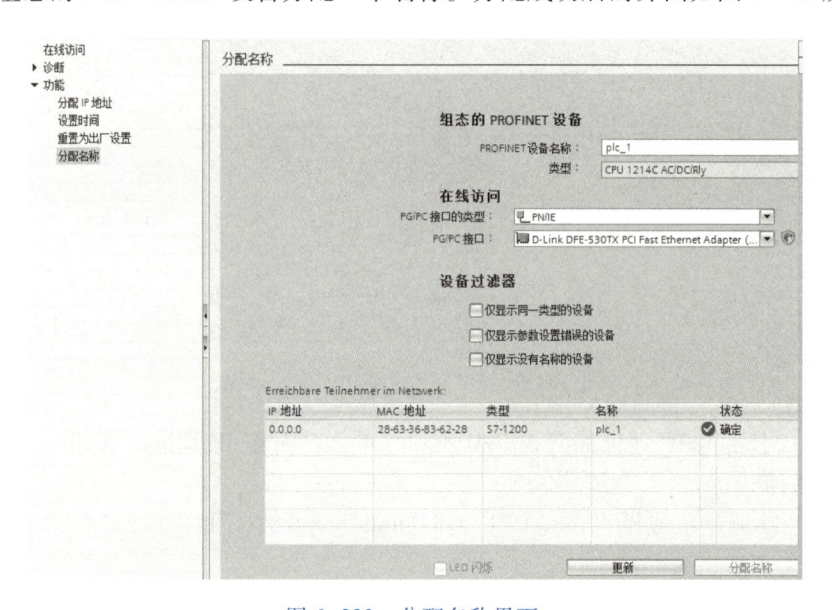

图 6-223　分配名称界面

6.9.2 使用程序编辑器调试程序

编辑的程序需要满足工程需求，因此要对程序进行调试。程序调试就是测试程序、查找错误、修改错误，直到能够实现程序的功能为止。程序调试的类型有脱机调试、仿真调试、联机调试和现场调试等方式。这里主要介绍联机调试方法。

使用程序编辑器调试程序是最方便的方法，在程序编辑器窗口，单击工具栏中的"监视"按钮，可以监视程序块的运行情况。对于梯形图编写的程序，通过图形中线条的类型、指令元素和参数的颜色等可以判断程序的运行情况。

调试程序时允许修改变量的当前值。对于BOOL类型的变量而言，其方法是鼠标选中指令元素，单击右键选择"修改"命令，可以执行"修改为1"或"修改为0"命令，如图6-224所示。

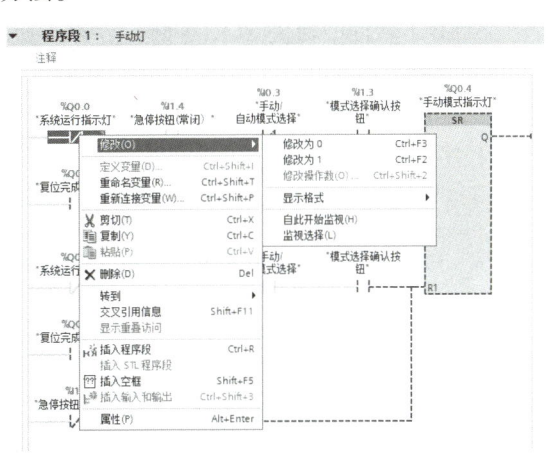

图6-224 修改BOOL类型变量的当前值

对于整数、浮点数等类型的变量而言，可通过鼠标选中指令元素，单击右键选择"修改"命令，执行"修改操作数"命令，如图6-225所示。

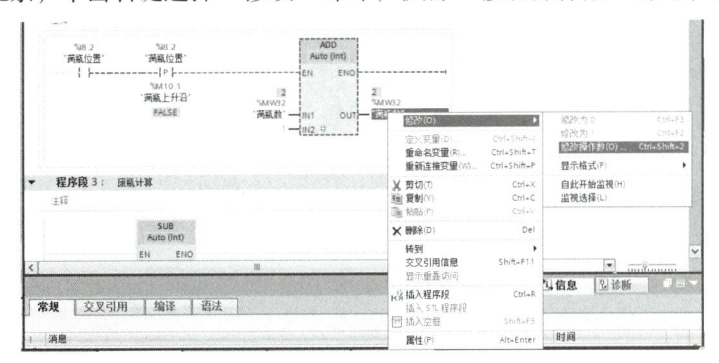

图6-225 整数、浮点数类型变量值的修改方法

针对被监视变量的数据格式，可以选择不同的表达式显示数据。方法是鼠标选中要查看的变量，单击右键在"表达式"命令下切换数据的显示格式，可以选择"自动""十进制""十六进制"和"浮点型"格式，如图6-226所示。

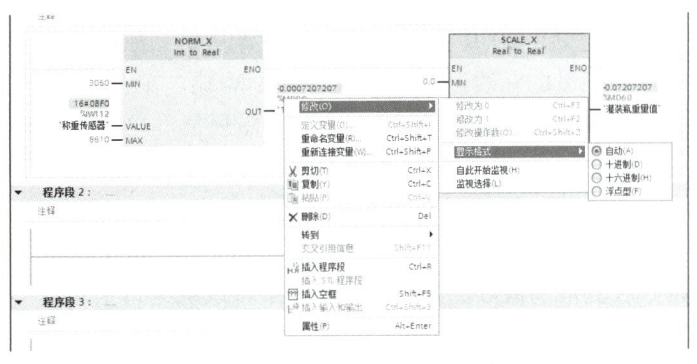

图6-226 切换数据显示格式

6.9.3 使用变量表调试程序

使用程序编辑器调试程序有一定的局限性。受显示屏的限制，一次只能监视某个程序块中几段程序的运行情况，不能对项目下所有程序块中的变量同时进行监视。变量表给用户提供了更为方便的调试程序的工具。

STEP 7 软件中提供 PLC 变量，包含"显示所有变量""添加新变量表"和"默认变量表"。单击"添加新变量表"会出现变量 table_1，如图 6-227 所示。

程序运行时，可通过在线监视变量状态判断程序的运行。具体应用在 6.4.3 节建立项目变量表中以及任务六硬件打点测试中介绍过。

图 6-227 PLC 变量

6.9.4 采用监控与强制表监视、修改和强制变量

使用"监控与强制表"监视、修改和强制正在由在线 CPU 执行的用户程序的值。可在项目中创建并保存不同的监视表格以支持各种测试环境。这使得用户可以在调试期间或出于维修和维护目的重新进行测试。通过监视表格，可监视 CPU 并与 CPU 交互，如同 CPU 执行用户程序一样。不仅可以显示或更改代码块和数据块的变量值，也可以显示或更改 CPU 存储区（其中包括输入和输出（I 和 Q）、外围设备输入和输出（I:P 和 Q:P）、位存储器（M）和数据块（DB））的值。

通过监视表格，可在 STOP 模式下启用 CPU 的物理输出（Q:P）。例如，测试 CPU 的接线时可为输出端赋特定值。

监视表格也可用于"强制"变量或将变量设置为特定值。通过监视表格可以在 CPU 执行用户程序时对数据点执行监视和控制功能。根据监视或控制功能的不同，这些数据点可以是过程映像（I 或 Q）、物理映像（I_:P 或 Q_:P）、M 或 DB。监视功能不会改变程序顺序，只为用户提供有关程序顺序的信息以及 CPU 中程序的数据。

控制功能允许用户控制程序的顺序和数据。使用控制功能时必须小心谨慎。这些功能可能会严重影响用户/系统程序的执行。三种控制功能分别为修改、强制和在 STOP 模式下启用输出。

使用监视表格可以执行以下在线功能：监视变量的状态、修改个别变量的值、将变量强制设置为特定值、选择监视或修改变量的时间、扫描循环开始时读取或写入值、扫描循环结束时读取或写入值、切换到停止。

监控表的打开方式为项目树/PLC/监控与强制表/监控表下，双击"添加新监视表格"则自动建立并打开一个"监控表格_1"的监视表格，在监视表的地址列分别输入想要监控的变量，如 IW112 称重传感器变量、Q0.0 系统运行指示灯等变量，如图 6-55 所示。单击"转到在线"按钮后，可以进行变量的在线监视、修改和强制功能。单击监视表格的工具栏中"全部监视"按钮，则在监视值一栏显示所输入地址的监视值。单击"立即一次监视所有值"按钮，则仅监视变量 1 次。

在监控表中可以根据实际工程情况选择变量地址的显示格式，例如修改 IW112 的显示格式为"十六进制"，如图 6-228 所示。

在监视表中可以修改变量的值。例如在修改值栏中将系统运行指示灯 Q0.0 变量修改为 1、空瓶数变量 MW30 修改为 10 等。修改完毕后单击"立即 1 次性修改所有选定值"按钮，或者右键选择"修改/立即修改"，即可将 Q0.0 的值修改为 1，MW30 的值修改为 10，如

图 6-229 所示。

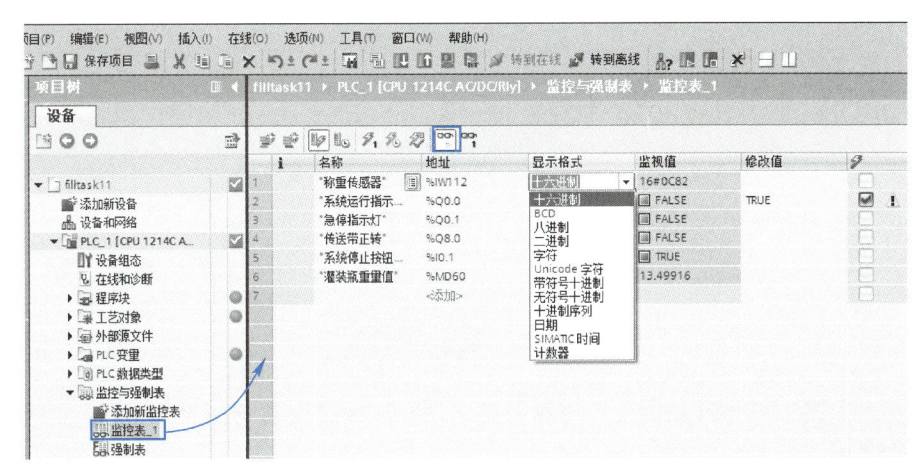

图 6-228　监控表的打开及监控

图 6-229　监控表中变量的修改

采用类似的方法修改称重传感器 IW112 的值和系统停止按钮 I0.1 却无法成功。结合 PLC 循环扫描工作原理分析，一次性修改 I0.1、IW112 等输入变量的值时，其值又被外部输入所更新。这种情况下可通过触发器来进行修改。

单击监视表格工具栏中的"显示和隐藏高级设置列按钮" 使用触发器监视和修改变量，则可以看到监视表中增加了"使用触发器监视""使用触发器修改"等列。要将 I0.1 设置为 0，在对应值列输入"0"，设置"使用触发器监视"和"使用触发器进行修改"列的选项为"永久"。并在此处根据需要设置修改选项。二者都有选项"永久，扫描周期开始时""永久，扫描周期结束时""仅一次，扫描周期结束时""永久，切换到 STOP 时"及"仅一次，切换到 STOP 时"等选项，其含义见表 6-23。

表 6-23　触发器类型说明

触发器类型	说　　明
永久	连续采集数据
扫描周期开始时	永久：CPU 读取输入后，在扫描周期开始时连续采集数据
	一次：CPU 读取输入后，在扫描周期开始时采集一次数据
扫描周期结束时	永久：CPU 写入输出前，在扫描周期结束时连续采集数据
	一次：CPU 写入输出前，在扫描周期结束时采集一次数据
切换到 STOP 时	永久：CPU 切换到 STOP 时连续采集数据
	一次：CPU 切换到 STOP 后采集一次数据

单击工具栏中的"通过触发器修改"按钮可以设置 I0.1 的值为 0，如图 6-230 所示。

图 6-230　通过触发器修改变量值

要在给定触发点修改 PLC 变量，选择扫描周期开始或结束时的建议如下：
1. 修改输出
触发修改输出事件的最佳时机是在扫描周期结束且 CPU 马上要写入输出之前的时间。在扫描周期开始时监视输出的值以确定写入到物理输出中的值。此外，在 CPU 将值写入到物理输出前监视输出以检查程序逻辑并与实际 I/O 行为进行比较。

2. 修改输入
触发修改输入事件的最佳时机是在周期开始、CPU 刚读取输入且用户程序要使用输入值之前的时间。如果在扫描周期开始时修改输入，则还应在扫描周期结束时监视输入值，以确保扫描周期结束时的输入值自扫描周期开始起未改变。如果值不同，则用户程序可能会错误地写入到输入。

要诊断 CPU 转到 STOP 的可能原因，需使用"切换到 STOP"触发器捕捉上一个过程值。

3. 在 STOP 模式下启用输出
监视表格允许用户在 CPU 处于 STOP 模式时写入输出。通过该功能可以检查输出的接线并检验连接到输出引脚的电线是将高电平信号还是低电平信号引入与其相连的过程设备端子。输出启用时，可以在 STOP 模式下修改输出的状态。如果输出禁用，则无法在 STOP 模式下修改输出。

1）要启用在 STOP 模式下修改输出，需选择"在线"菜单中"修改"命令的"启用外围设备输出"选项或右键单击监视表格行。

2）将 CPU 设置为 RUN 模式会禁用"启用外围设备输出"选项。

3）如果任何输入或输出被强制，则处于 STOP 模式时不允许 CPU 启用输出。必须先取消强制功能。

4）CPU 中的强制值。
CPU 允许用户通过在监视表格中指定物理输入或输出地址（I_:P 或 Q_:P）并启动强制，以此来强制输入和输出点。强制表的打开方式为项目树/PLC/监控与强制表/强制表。在表格中输入想要强制的变量，如 Q0.0 系统运行指示灯变量，在强制值一栏输入"1"，单击强制按钮，则强制表中 F 列被激活为，实际设备中的 Q0.0 系统运行指示灯被点亮。采用取消强制按钮取消强制功能。强制表的打开与设置如图 6-231 所示。

变量被强制后，会出现设备出现问题的警告，诊断缓冲区出现强制作业信息，模块需要维护，如图 6-232 所示。单击强制取消按钮取消强制后恢复正常。

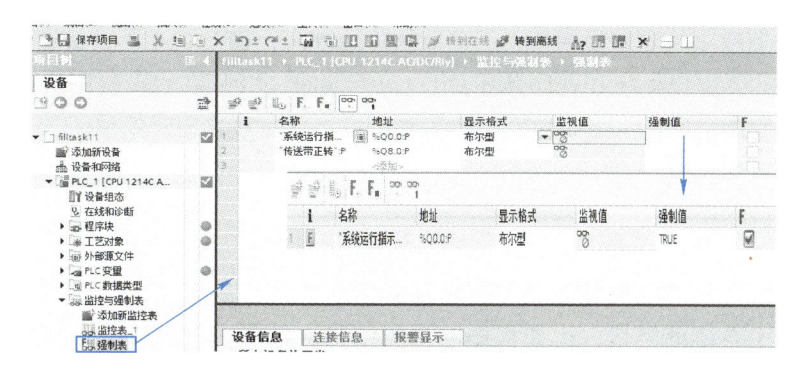

第 6 章 工业自动化项目的 PLC 控制软件设计　187

图 6-231　强制表的打开与设置

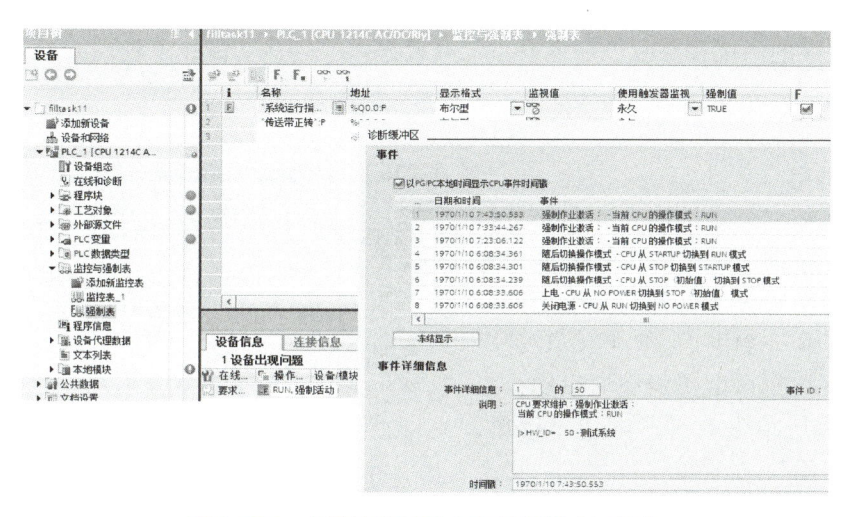

图 6-232　变量被强制后 CPU 诊断缓冲区状态

在程序中，物理输入的读取值被强制值覆盖。程序在处理过程中使用该强制值。程序写入物理输出时，输出值被强制值覆盖。强制值出现在物理输出端并被过程使用。在监视表格中强制输入或输出时，强制操作将变成用户程序的一部分。即使编程软件已关闭，强制选项在运行的 CPU 程序中仍保持激活，直到在线连接到编程软件并停止强制功能将其清除为止。含有通过存储卡装载到另一个 CPU 的强制点的程序将继续强制程序中选择的点。如果 CPU 正在执行写保护存储卡上的用户程序，则无法通过监视表格初始化或更改对 I/O 的强制，因为用户无法改写写保护用户程序中的值，强制写保护值的任何尝试都将生成错误。如果使用存储卡传送用户程序，则该存储卡上的所有被强制元素都将被传送到 CPU。

值得注意的是，无法强制高速计数器（HSC）、脉冲宽度调制（PWM）和脉冲串输出（PTO）等使用的数字 I/O 点。将数字量 I/O 点的地址分配给这些设备之后，无法通过监视表格的强制功能修改所分配的 I/O 点的地址值。下面以图 6-233 说明启动和运行中对强制的影响。

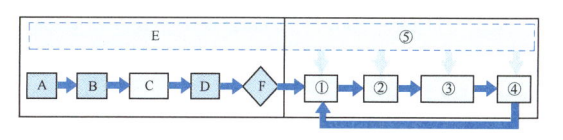

图 6-233　启动和运行中对强制的影响

其中各块含义如下：A 强制功能不影响 I 存储区的清除；B 强制功能不影响输出值的初始化；C 启动 OB 执行期间，CPU 在用户程序访问物理输入时应用强制值；D 不影响将中断事件存储到队列；E 不影响写入到输出的启用。运行中各块的含义为：①将 Q 存储器写入到物理输出时，CPU 在更新输出时应用强制值；②读取物理输入时，CPU 仅在将这些输入复制到 I 存储器前应用强制值；③用户程序（程序循环 OB）执行期间，CPU 在用户程序访问物理输入或写入物理输出时应用强制值；④强制功能不影响通信请求和自检诊断的处理；⑤不影响在扫描周期的任何时段内处理中断。

6.9.5 工具的使用

实际工程项目的程序都比较复杂，当出现故障需要维护时，工程师需要对程序有一个总体的掌握。比如程序的调用结构、某个变量在哪些程序块中使用等。这些数据需要通过直观的表格方式显示，可以让用户对程序的调用结构、资源占用情况等一目了然，帮助用户完善程序文档，并且能够让程序的调试和修改更加容易。工具就提供了这些功能。工具的下拉菜单包括交叉引用、调用结构、分配列表、从属性结构以及资源，如图 6-234 所示。

图 6-234　工具

1. 交叉引用

交叉引用是一个表结构，各列含义提供了 DB、FC 被谁引用，引用的数量和地址等信息。有两种方法打开交叉引用：一是在项目视图中，选中项目树/PLC_1/程序块，在工具下拉菜单中选择交叉引用；二是选中程序块后单击右键，出现子菜单，选中"交叉引用"，如图 6-235 所示。交叉引用有两个选项卡：使用和使用者。使用者选项卡显示被引用的对象，可以在此处看到对象的使用位置。使用选项卡显示引用对象，可以在此处查看对象的使用者。

如图 6-236 所示的程序块中，定时器 IEC_Timer_0_DB 被自动 FC30 调用，自动 FC30 又被 OB1 调用。可以使用交叉引用表工具栏中的按钮对交叉引用表进行操作。

图 6-235　交叉引用表的打开

表示更新引用交叉列表；表示设置当前交叉列表的常规选项；表示折叠条目；表示展开条目。

交叉引用表可以在创建和更改程序时，保留已有的操作数、变量和块的调用总览；可以直接跳转到操作数和变量的使用位置；可以在程序测试和故障排除中提供操作数处理、变量操作和块调用等信息。

2. 调用结构

调用结构也是一个表结构，显示每个块与其他块之间的从属关系，这对于迅速看懂别人的程序非常有帮助。在项目视图中选中项目树/PLC_1/程序块，在工具下拉菜单中选择"调用结构"或单击鼠标右键选择"调用结构"。显示调用结构时会显示用户程序中使用的块的列表，块显示在最左侧，调用或使用此块的块缩进排列在其下方，如图 6-237 所示。

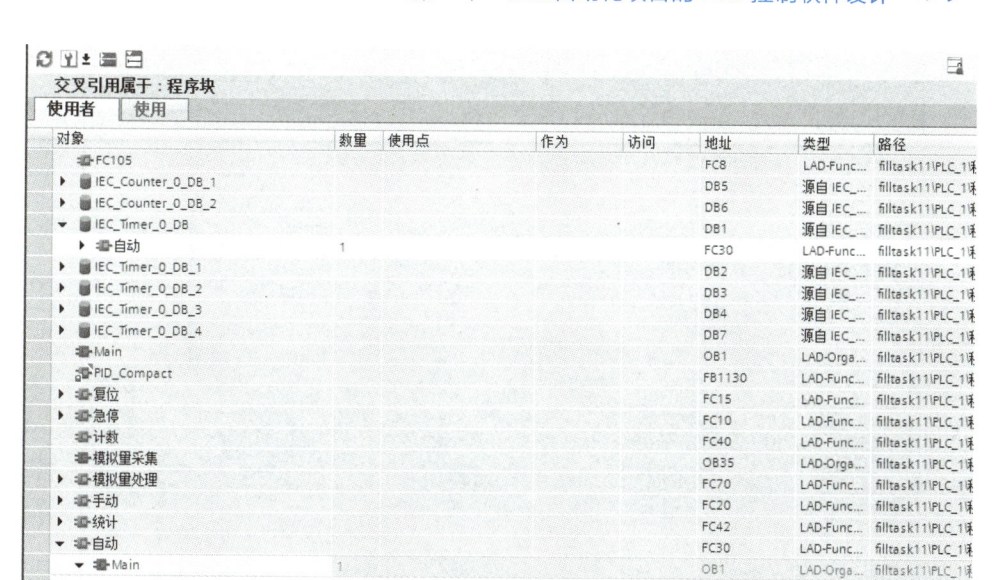

图 6-236　交叉引用中的使用者视图

图 6-237　调用结构程序

图中，Main 组织块 OB1 调用 FC10 急停、FC15 复位、FC20 手动和 FC30 自动，FC30 自动中调用 FC70 模拟量处理和 FC42 统计。详细信息表明调用的程序段，如 Main 中第 7 个程序段 NW7 调用 FC15 复位；Main 中第 5 个程序段 NW5 调用 FC10 急停；Main 中第 3 个程序段 NW3 调用 FC20 手动；Main 中第 4 个程序段 NW4 调用 FC30 自动；FC30 自动中第 8 个程序段 NW8 调用 FC70 模拟量处理；FC30 自动中第 7 个程序段 NW7 调用 FC42 统计等。未用程序块显示为灰色，如 FC40 计数器检测和 FC105。

3. 分配列表

分配列表显示程序中分配的地址，是查找用户程序错误或修改程序的重要工具。在项目视图中选中项目树/PLC_1/程序块，在工具下拉菜单中选择"分配列表"或单击鼠标右键选择"分配列表"则打开分配列表，可以看到输入输出用到的地址和存储位置，如图 6-238 所示。

分配列表中的每一行对应存储区的每一个字节，该字节包括相应的 8 个位，即第 7 位到第 0 位，根据其访问进行标记，通过"条形"指示是字节、字还是双字进行访问。

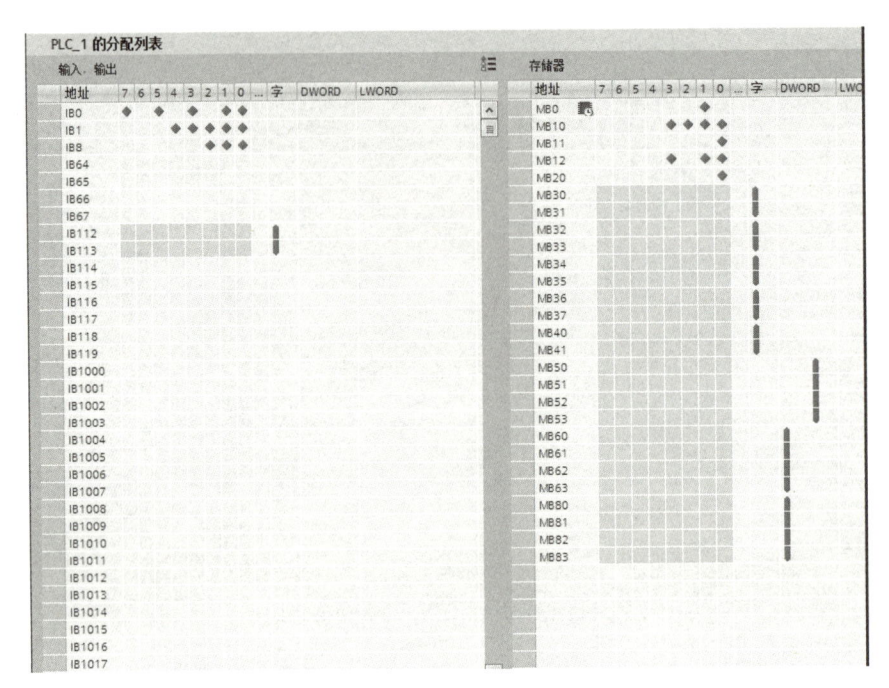

图 6-238 分配列表

如果在程序中编写如图 6-239a 所示的一段程序，先给 MW32 赋值，再给 M32.0 赋值，可以看出在字节中出现位的使用；如果在程序中编写如图 6-239 所示的一段程序，显然地址间存在交叉，MW40 和 MW41 共用到字节 MB41。

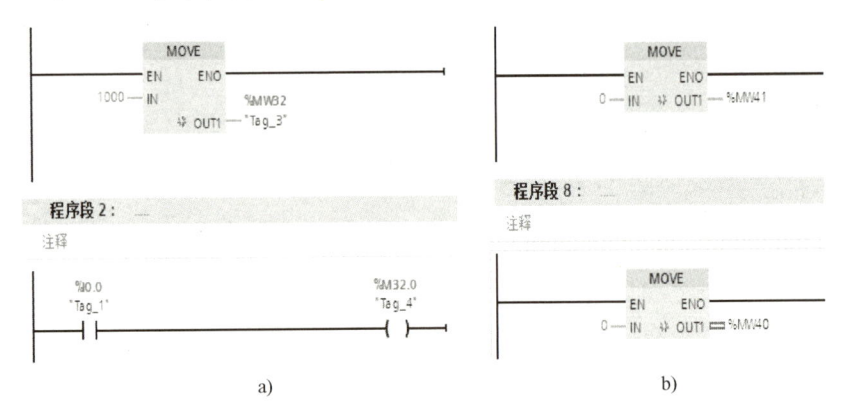

图 6-239 重复使用存储器
a) 交叉重复使用位存储器　b) 交叉重复使用存储器

在项目编程过程中重复使用存储器是常见的编程错误，使用分配列表工具可以方便地找出错误点。打开程序块的"分配列表"，在存储器中可看到存在地址交叉，如图 6-240a、b 所示。

4. 从属性结构

"从属性结构"是交叉引用的扩展，显示程序中每个块与其他块的从属关系。显示从属结构时会显示用户程序中使用块的列表，块显示在最左侧，调用或使用此块的块缩进排列在其下方。在项目视图中选中项目树/PLC_1/程序块，在工具下拉菜单中选择"从属性结构"则打开从属性结构，通过表可明确各个功能由哪个组织块调用，如图 6-241 所示。

图 6-240　在存储器中出现的现象　　　　　图 6-241　从属性结构

其中 FC10 急停、FC15 复位、FC20 手动、FC30 自动都由 Main 组织块 OB1 调用，FC70 模拟量处理、FC42 统计都由 FC30 自动调用。详细信息表明调用的程序段，如 Main 中第 5 个程序段 NW5 调用 FC10 急停；FC15 复位由 Main 中第 7 个程序段 NW7 调用；FC20 手动由 Main 中第 3 个程序段 NW3 调用；FC30 自动由 Main 中第 4 个程序段 NW4 调用；FC70 模拟量处理由 FC30 自动中第 8 个程序段 NW8 调用；FC42 统计由 FC30 自动中第 7 个程序段 NW7 调用等。未用程序块显示为灰色，如 FC40 计数器检测和 FC105。

5. 资源

资源页面概要说明了 CPU 用于以下对象的硬件资源：①CPU 中使用的编程对象，如 OB、FC、FB、DB、PLC 变量和用户定义的数据类型等；②CPU 上可用的存储区，如工作存储器、装载存储器和保持性存储器，其最大容量及上述编程对象使用的大小；③可为 CPU 组态的模块 I/O，包括已使用的 I/O。

在项目视图中选中项目树/PLC_1/程序块，在工具下拉菜单中选择"资源"则打开资源分配表，如图 6-242 所示。资源包括系统内装载存储器、工作存储器和保持性存储器占用的内存情况。

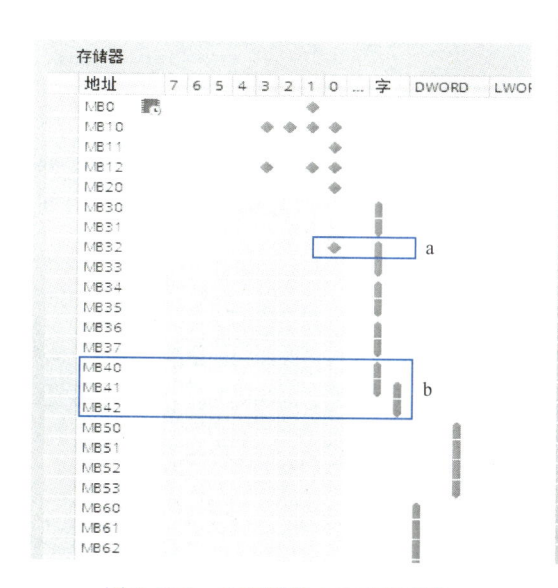

图 6-242　资源使用情况

6.10 工业自动化项目中模拟量的处理

在工业生产现场有许多过程变量的值是随时间连续变化的,称为模拟量,例如温度、压力、流量、位移、速度、旋转速度、pH 和黏度等。而 CPU 只能处理"0"和"1"这样的数字量,这就需要进行 A-D(模-数)转换或 D-A(数-模)转换。模拟量输入输出示意图如图 6-243 所示。

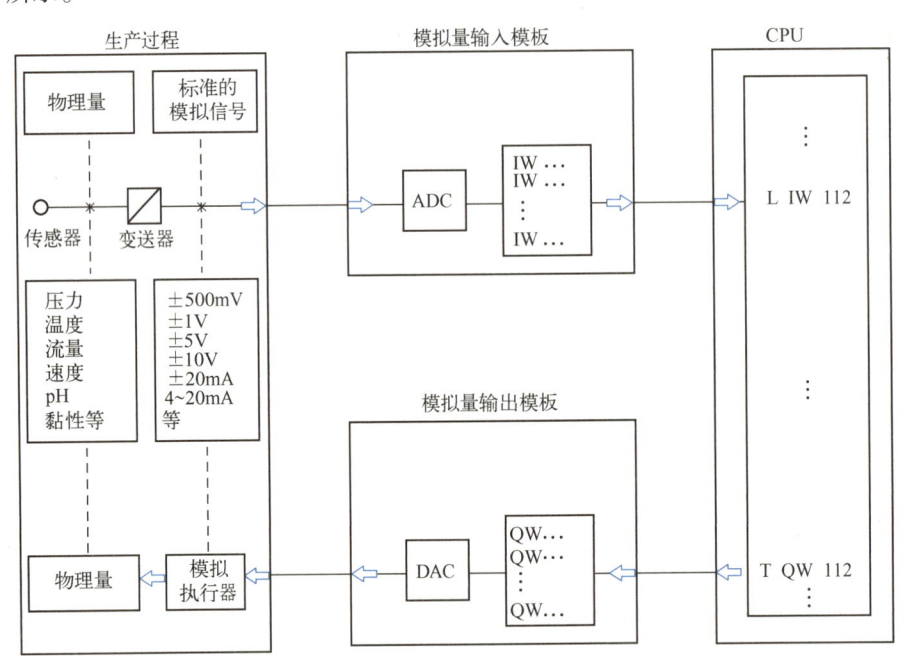

图 6-243 模拟量输入输出示意图

传感器利用线性膨胀、角度扭转或电导率变化等原理来检测物理量的变化。变送器将传感器检测到的变化量转换为标准的模拟信号,如±500 mV、±1 V、±5 V、±10 V、±20 mA、4~20 mA 等,将这些标准信号接到模拟量输入模块上。模拟量输入模块中的 A-D 转换器实现将标准模拟信号转换为数字信号的功能。A-D 转换是顺序执行的,即每个模拟通道上的输入信号是轮流被转换的。其结果存储在存储器 IW 中,并一直保持到被下一个值覆盖。PLC 作为数字控制器对存储器 IW 中的数字量进行读取和处理。

用户通过编程进行模拟量输出的计算,计算结果存储在存储器 QW 中。该数值由模拟量输出模块中的 D-A 转换器将数字量转换为标准的模拟信号,控制连接到模拟量输出模块上的模拟执行器。常见的模拟执行器有电动调节阀和变频器等。

6.10.1 模拟量输入信号的采集

模拟量输入信号的采集可以采用转换操作指令中的 SCALE_X 标定和 NORM_X 标准化指令,实现信号采集和标准化为实际工程量的功能,也可以采用形参形式编辑用户自定义模拟量采集功能。

1. NORM_X 标准化指令和 SCALE_X 标定指令

NORM_X 标准化指令可以将输入 VALUE 中变量的值映射到线性标尺。可以使用参数 MIN

和 MAX 定义（应用于该标尺的）值范围的限值。输出 OUT 中的结果经过计算并存储为浮点数，这取决于要标准化的值在该值范围中的位置。如果要标准化的值等于输入 MIN 中的值，则输出 OUT 将返回值"0.0"；如果要标准化的值等于输入 MAX 的值，则输出 OUT 需返回值"1.0"。该指令将按以下公式进行计算：

$$OUT = (VALUE - MIN)/(MAX - MIN)$$

如果满足下列条件之一，则使能输出 ENO 的信号状态为"0"：①使能输入 EN 的信号状态为"0"；②输入 MIN 的值大于或等于输入 MAX 的值；③指定的浮点数的值超出了 IEEE-754 标准的数范围；④输入 VALUE 的值为 NaN（非数字，即无效算术运算的结果）。

SCALE_X 标定指令可以将输入 VALUE 的值映射到指定的值范围来对其进行缩放。当执行"缩放"指令时，输入 VALUE 的浮点值会缩放到由参数 MIN 和 MAX 定义的值范围。缩放结果为整数，存储在 OUT 输出中。该指令将按以下公式进行计算：

$$OUT = [VALUE * (MAX - MIN)] + MIN$$

如果满足下列条件之一，则使能输出 ENO 的信号状态为"0"：①使能输入 EN 的信号状态为"0"；②输入 MIN 的值大于或等于输入 MAX 的值；③指定的浮点数的值超出了 IEEE-754 标准的数范围发生溢出；④输入 VALUE 的值为 NaN（非数字，即无效算术运算的结果）。NORM_X 标准化指令和 SCALE_X 标定指令的含义分别如图 6-244a、b 所示。

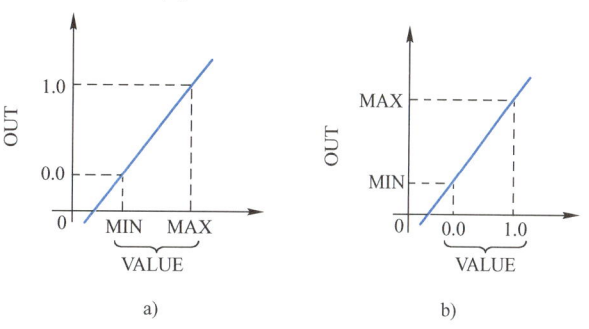

图 6-244　NORM_X 标准化指令和 SCALE_X 标定指令含义
a) NORM_X 标准化指令　b) SCALE_X 标定指令

例如读取液位传感器 IW112 的值。经观察当液位为 0~100 cm 时对应的数值范围在 16#0B6E-146C 之间，据此设定 NORM_X 的 MIN 和 MAX 值，而要求的液位在 0~100 cm，据此设定 SCALE_X 的 MIN 和 MAX 值。程序及程序运行如图 6-245 所示。模拟量的读取程序可放在循环中断中执行，可根据要求设置循环中断时间。

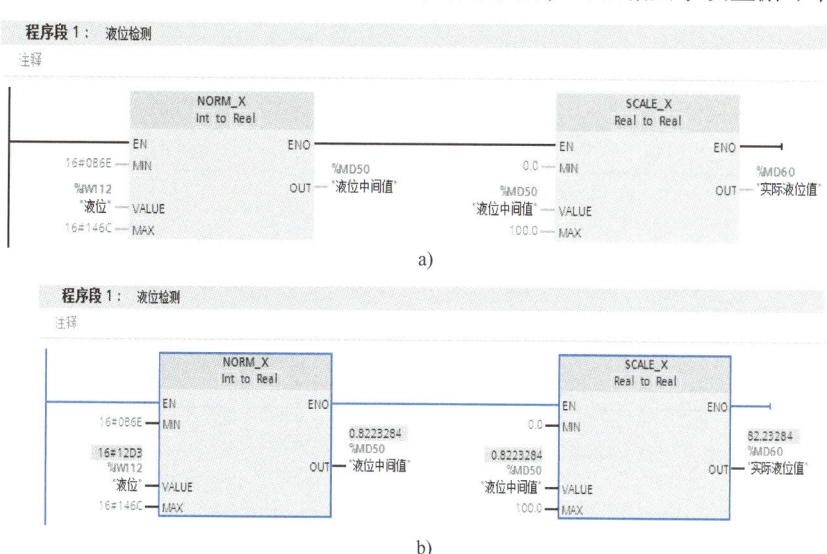

图 6-245　模拟量的读取程序及运行情况
a) 模拟量的读取程序　b) 模拟量的读取程序运行情况

2. 采用形参编辑自定义模拟量采集模块 FC105

形参的定义需要先在程序块的变量声明区选中 IN、OUT 以及 TMPT。建立变量声明表，如图 6-246 所示。

	名称	数据类型	默认值	注释
1	▼ Input			
2	SENSOR VALUE	Int		传感器值
3	HI_LIM	Real		转换量程上限
4	LO_LIM	Real		转换量程下限
5	BIPOLAR	Bool		极性
6	▼ Output			
7	OUT	Real		
8	▼ InOut			
9	<新增>			
10	▼ Temp			
11	DI_SENSOR	Dint		
12	REAL_SENSOR	Real		
13	VALUE RANGE	Real		
14	K0	Real		
15	BIRANGE	Real		
16	K1	Real		
17	▼ Constant			
18	<新增>			
19	▼ Return			
20	FC105	Void		

图 6-246 采用形参编辑建立用户自定义模拟量采集模块

具体程序包括传感器信号转换为实数、计算工程量量程范围、计算单极性时斜率、计算双极性时斜率和计算输出工程量，如图 6-247 所示。

程序段 1： 传感器信号转换为实数

CONV Int to Real
EN — ENO
#"SENSOR VALUE" — IN   OUT — #REAL_SENSOR

a)

程序段 2： 计算工程量量程范围

#REAL_SENSOR

SUB Auto (Real)
EN — ENO
#HI_LIM — IN1   OUT — #"VALUE RANGE"
#LO_LIM — IN2

b)

程序段 3： 计算单极性时斜率

DIV Auto (Real)
EN — ENO
#"VALUE RANGE" — IN1   OUT — #K0
27648.0 — IN2

c)

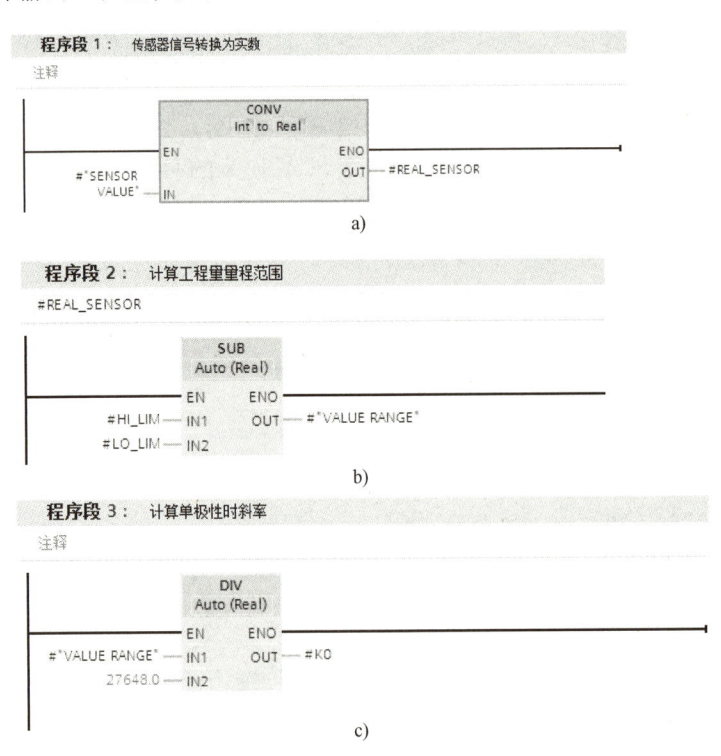

图 6-247 形参 FC105 的程序
a) 传感器信号转换为实数 b) 计算工程量量程范围
c) 计算单极性时斜率

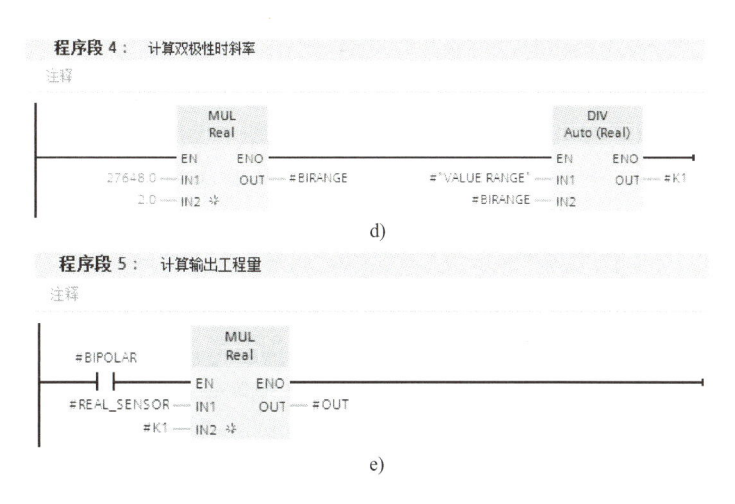

图 6-247 形参 FC105 的程序(续)

d) 计算双极性时斜率 e) 计算输出工程量

在时间循环中断组织块 OB30 中调用 FC105,可进行传感器信号的采集,如图 6-248 所示。

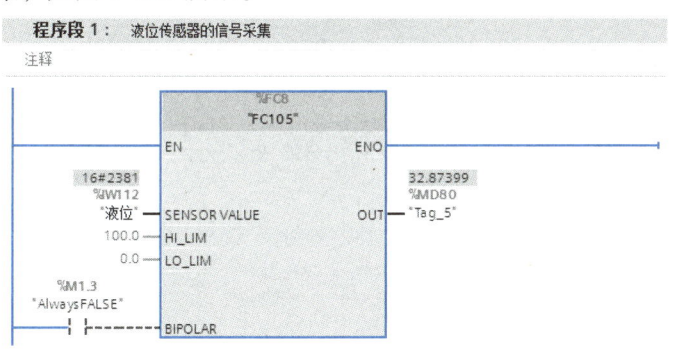

视频:模拟量处理

图 6-248 采用 FC105 采集传感器信号

6.10.2 模拟量输入信号的处理

模拟量信号采集并转换为工程量后可以根据工程项目需求进行比较、控制算法等处理方式,进而控制输出。STEP 7 软件工艺指令中自带 PID 模块,可以进行模拟量输出运算控制。该部分内容在软件的帮助系统或其他参考书中已有具体描写,这里不再详述。

任务十一 灌装自动生产线 PLC 控制系统合格检验程序设计

1. 任务要求

在 FC70 中编写合格检验的处理程序。

1) 在 OB35 中编写称重传感器采集程序,间隔 500 ms 采集一次。满瓶重量值放在 MD60 中。称重传感器测量值范围为 0~500 g,要求灌装 80 g。

2) FC70 中编辑模拟量处理程序,当灌装重量为 70~90 g 则灌装合格,否则为灌装不合格。不合格则蜂鸣器响 1 s(Q1.0=1)进行报警。

3) 统计灌装合格的数量,存于内存 MW40 中。

2. 分析与讨论

本任务主要进行称重传感器的模拟量信号采集和处理。通常选择的传感器读数范围要大于实际需要的工程量，因此模拟量采集过程中需要对传感器读数进行标定。模拟量采集在 OB35 时间循环中完成，在任务六中已经添加 OB35 并定义循环时间为 500 ms。本任务需要在 OB35 中采用 NORM_X 标准化指令和 SCALE_X 标定指令进行称重传感器的信号采集，然后在 FC70 中进行比较统计。

3. 解决方案示例

在 OB35 中编写称重传感器采集程序，需要进行量程转换，间隔 500 ms 采集一次。

称重传感器读数标定方法：首先在监控表中建立称重传感器变量，观察称重位置加空瓶时的读数 1，空瓶中加 100 g 砝码时的读数 2。读数观察如图 6-249 所示。

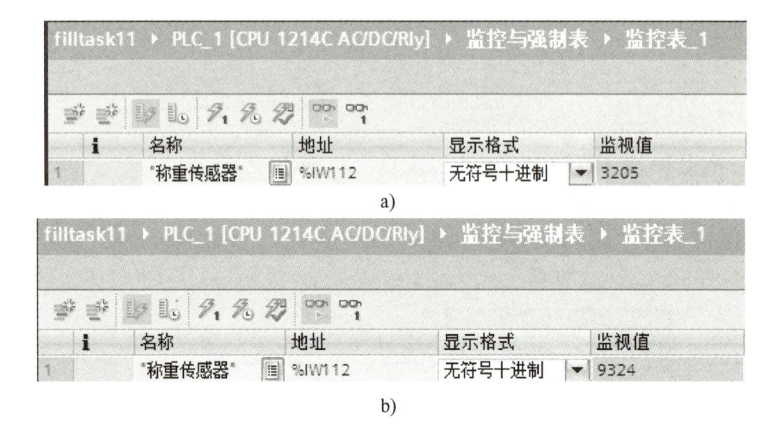

图 6-249 监控表中建立称重传感器变量并进行读数标定
a) 空瓶读数　b) 空瓶加 100 g 砝码读数

1) 称重传感器信号采集程序如图 6-250 所示。

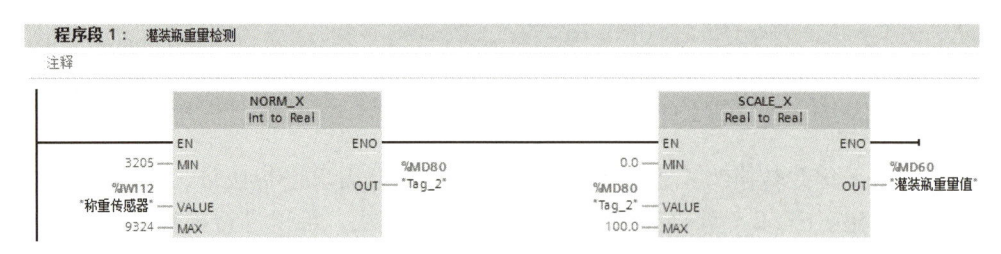

图 6-250 称重传感器信号采集程序

2) 产品合格检验程序如图 6-251 所示。

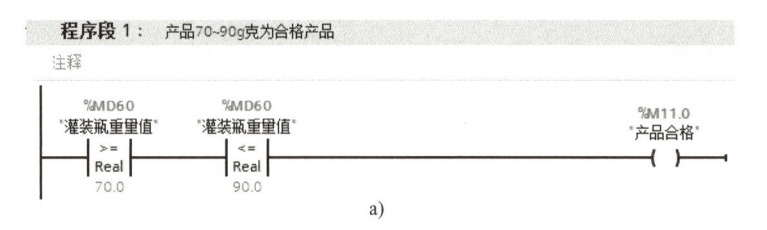

图 6-251 产品合格检验程序
a) 产品合格检验

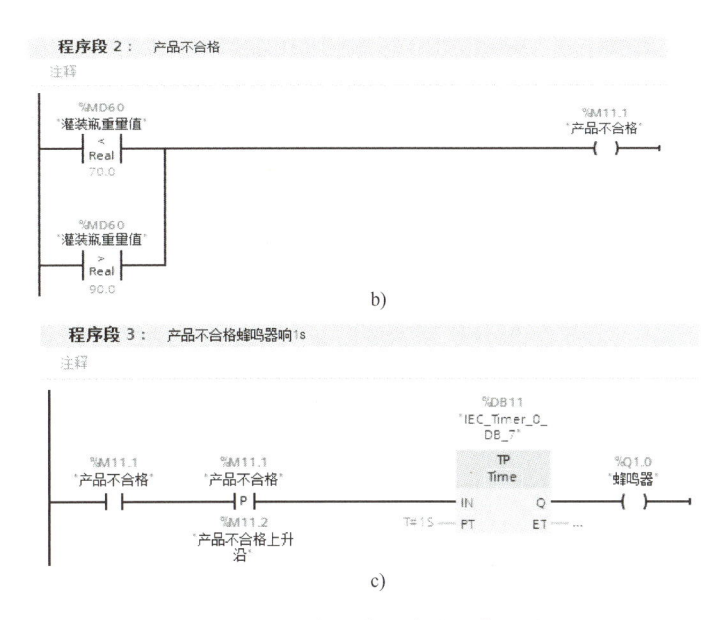

图 6-251 产品合格检验程序（续）
b）产品不合格检验　c）产品不合格，蜂鸣器响 1s

3）产品合格数统计程序如图 6-252 所示。

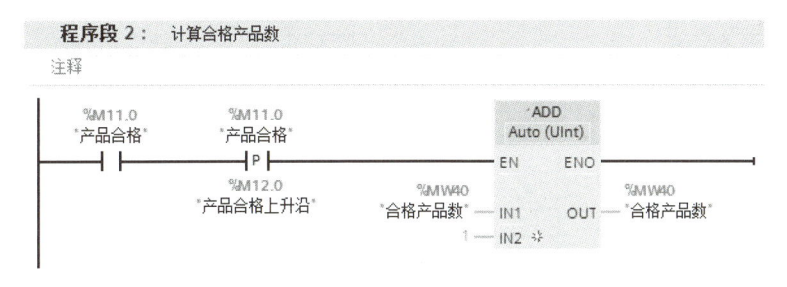

图 6-252 产品合格数统计程序

提示，要在 FC30 中有条件调用 FC70。

6.11 顺序控制编程方法

顺序控制功能图指的是在整个控制过程中包含若干个稳定状态，而每个稳定状态对应固定的输出。例如，在机械加工、模具生产和加工成型等生产车间，通常会用到冲压成型设备，可以采用顺序控制功能图进行程序设计实现控制功能。顺序控制功能图是一种顺序控制系统的图解表示方法，是专门用于工业顺序控制程序设计的一种功能性说明语言。它的特点是按照流程图的叙述方法表现控制过程的执行顺序和处理功能。它能完整描述控制系统的工作过程、功能和特性，编程简单，可提高编程的质量和效率。

使用顺序控制功能图法进行编程包括如下 5 个步骤：

1）分析控制任务，明确控制工艺。
2）I/O 分配和步标记分配。
3）绘制硬件接线并接线。

4) 画出顺序控制功能图。

5) 编程调试。

根据控制要求的不同,顺序控制功能结构类型可分为单一结构、选择分支结构、并发分支结构、循环结构和复合结构等类型,如图 6-253 所示。

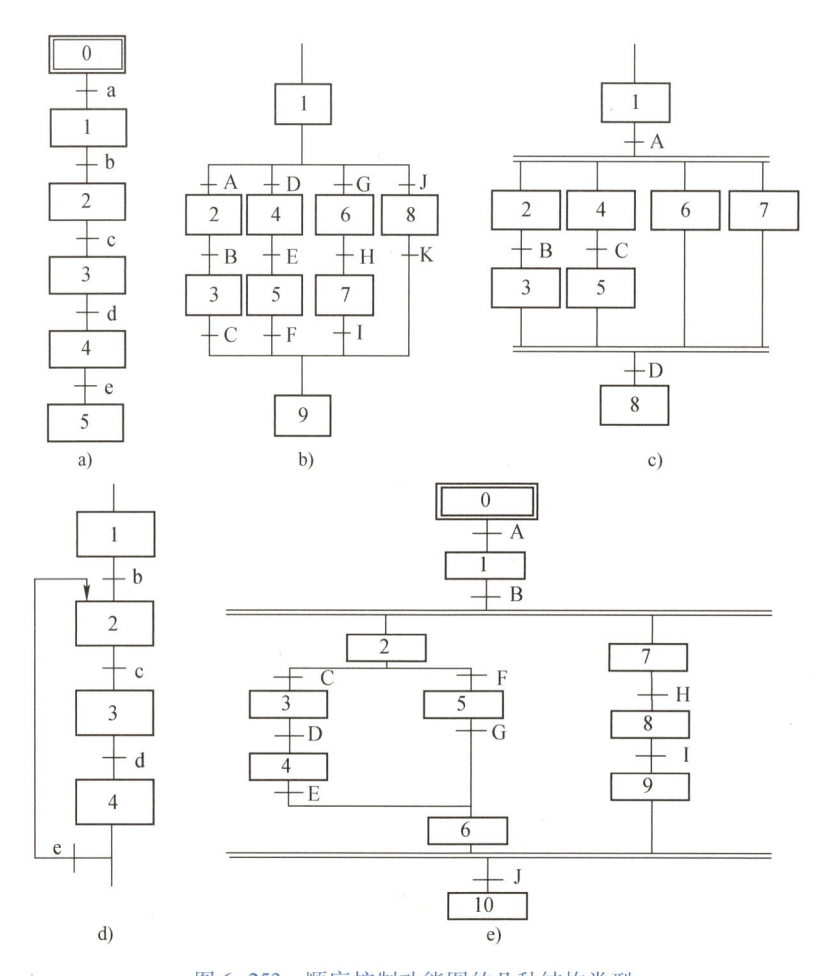

图 6-253 顺序控制功能图的几种结构类型

a) 单一结构　b) 选择分支结构　c) 并发分支结构　d) 循环结构　e) 复合结构

图 6-253 中,每一个标有数字的矩形框代表一个稳定的工作状态,称为步,框中的数字为该步的编号。控制系统的初始状态即系统运行的起点称为初始步,可以用双线框、单线矩形或横线来表示。每个步之间有 1 个以上有向线段,如果其方向为从上向下,省略箭头,称为转移方向;有向线段中间有 1 个横线,旁边有符号或文字注释,表示从一个步到另一个步的变化,称为转移条件。在实际应用中,每个步的右边要有一个矩形框,框中用简明的文字或符号说明本步输出元件对应的动作或定时器的状态等信息,称为动作说明。通常,顺序控制功能图有如下构成规则:

1) 步与步之间要用转移分开。

2) 转移与转移要用步分开。

3) 转移方向从上往下画可省略箭头,从下往上画不能省略箭头。

4) 一个功能图至少有一个初始步。

如图 6-254 所示的冲孔加工工艺图中包括检测传送带传送，检测到工件圆盘旋转 90°到冲孔加工工位，冲压成型机冲压头下降到位开始冲孔，冲孔完成后上升到位，与此同时圆盘继续旋转 90°到检测工位，检测工件是否合格，圆盘旋转 90°并分别送至包装箱和废料箱。这个控制工艺顺序控制功能图中就包含冲孔和检测同时执行的步骤，也就是包含并发结构。

这里只选取冲孔机的工作过程进行顺序控制编程步骤的介绍，冲孔机控制系统示意图如图 6-255 所示。

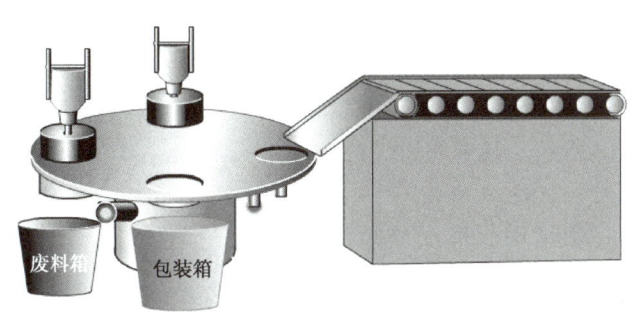

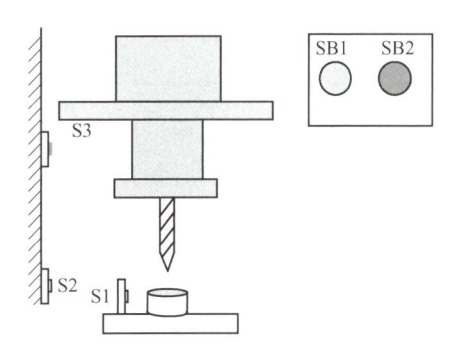

图 6-254　冲孔加工工艺图　　　　图 6-255　冲孔机控制系统示意图

1. 控制工艺分析

冲孔机的运动主要靠液压系统来驱动，采用一个双电控电磁阀控制上升和下降这两个动作；采用 1 个光电开关检测工件到位，2 个光电开关分别检测上升到位和下降到位，1 个动合按钮作为起动按钮，1 个动断按钮作为停止按钮。共 5 个输入信号，2 个输出信号，且都为数字量。选用 S7-1200 系列 CPU 1214C 作为控制器，其本地板载 I/O 为 14 点输入/10 点输出，满足冲孔机需求。控制系统元器件明细表见表 6-24。

表 6-24　冲孔机控制系统元器件明细表

序　号	符　号	名　称	规格与型号	数　量
1	CPU 1214C	CPU	6ES7 214-1BG31-0XB0	1
2	SB1	按钮绿色	WYQY LA128A	1
3	SB2	按钮绿色	WYQY LA128A	1
4	S1~S3	光电开关	OMKQN E3F-DS30P1	3
5	YV1、YV2	电磁阀	CWX-15Q	2

其工作过程为：①按下起动按钮 SB1，系统开始运行；②光电开关 S1 检测到工件到位，电磁阀 YV1 带动冲孔机整体下降；③行程开关 S2 检测到下降到位停止下降，同时延时保压进行冲孔；④延时时间到电磁阀 YV2 带动冲孔机整体上升；⑤行程开关 S3 检测到上升到位停止上升，等待下一次工件到位循环执行；⑥停止按钮按下停止全部工作。

2. I/O 分配和步标记分配

根据任务要求可知其稳定的工作状态为：①S1 检测到工件，YV1 控制冲孔机下降；②S2 检测到下降到位，YV1 停且启动定时器；③定时时间到，YV2 控制冲孔机上升；④上升到位停，等待 S1 检测到工件。其 I/O 分配和步标记分配表见表 6-25。

表 6-25 冲孔机控制系统 I/O 分配和步标记分配

符 号	地 址	注 释	步 标 记	步标记存储位
SB1	I0.0	起动按钮	0	M2.0
SQ1	I0.1	工件到位光电开关	1	M2.1
SQ2	I0.2	下降到位光电开关	2	M2.2
SQ3	I0.3	上升到位光电开关	3	M2.3
SB2	I0.4	停止按钮	4	M2.4
YV1	Q0.0	下降电磁阀		
YV2	Q0.1	上升电磁阀		

步标记存储区之所以用 MB2 是因为 S7-1200 系统中 CPU 属性已经预订过系统和时钟存储区，如图 6-17 所示。其中 MB0 为时钟存储区，分别存放频率不同的时钟信号；MB1 为系统存储区，存放特殊的标志位。当然，用户可以自由选用步标记存储区。为避免重复使用地址，需在软件用具界面的菜单和工具栏区域找到工具的下拉菜单，选择分配列表进行查看。

视频：顺控功能图法介绍

3. 硬件接线

冲孔机控制系统的硬件接线图如图 6-256 所示。

4. 绘制顺序控制功能图

根据控制任务绘制冲孔机顺序控制功能图如图 6-257 所示。

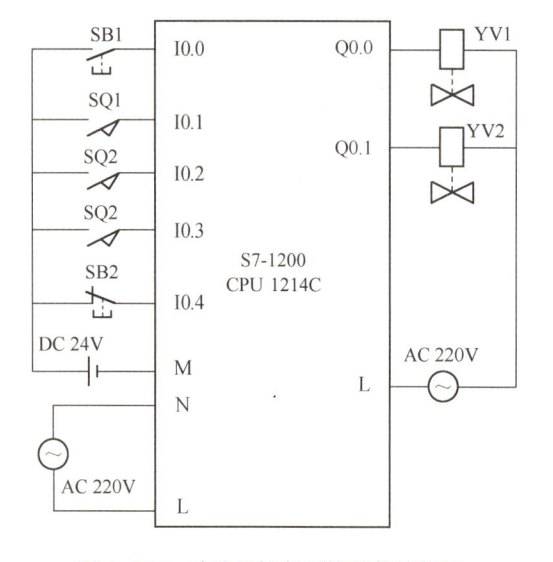

图 6-256 冲孔机控制系统硬件接线图

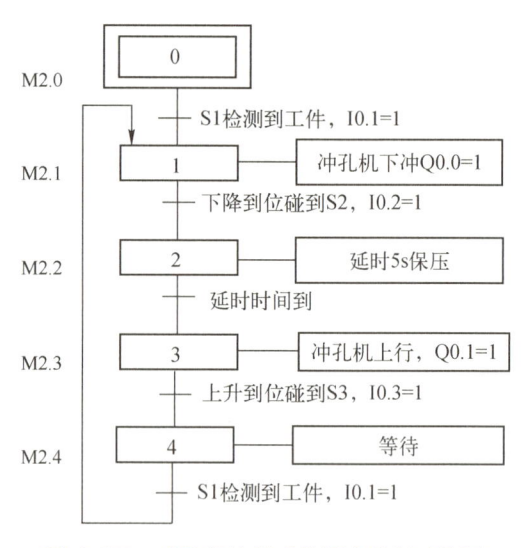

图 6-257 冲孔机控制系统顺序控制功能图

顺序功能图要转变成程序可以按照如下步骤处理：①先编写步标记的转移程序，再编写每步的输出；②步标记转移主要采用置位复位的编程方法实现，要执行第 i 步，必须将前一步复位；③编写每步输出时要注意，如果不同的步都要控制同一个输出设备，则把这些步并联作为该设备执行动作的条件，避免给一个线圈重复赋值。

5. 编程及调试

冲孔机顺控参考程序如图 6-258 所示。其中程序段 1 和 2 为顺控程序要执行的初始条件，按下起动按钮复位步标记 MB2，允许第 0 步 M2.0 执行。程序段 3~6 为步标记的转移程序，随着第 1、2、3 步条件的满足，依次执行 M2.1、M2.2、M2.3 和 M2.4。程序段 7~9 为每步的输出。

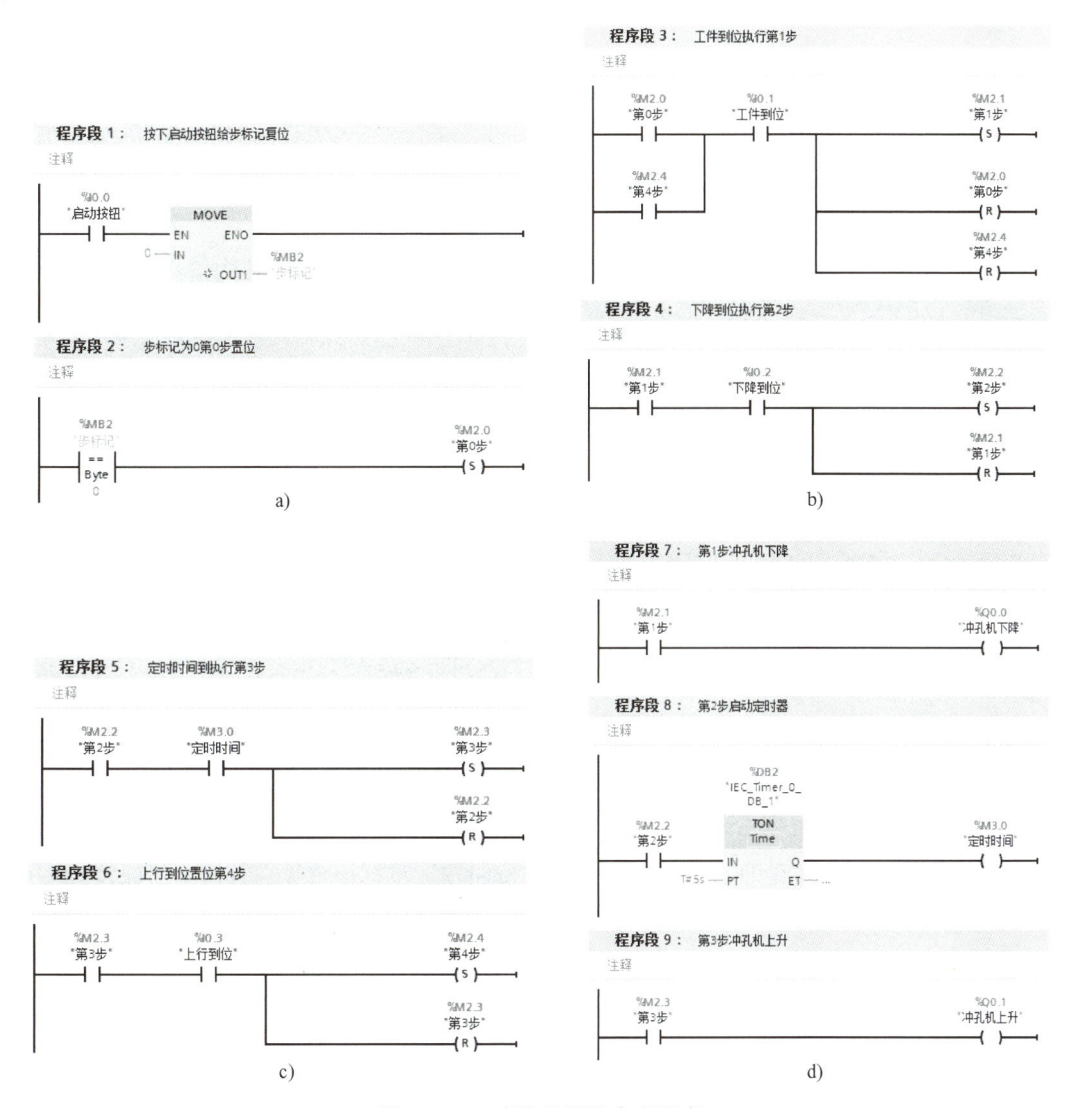

图 6-258 冲孔机顺控参考程序

a) 步标记清零并允许初始步 b) 步标记由初始步转移到第 1 步，再转移到第 2 步
c) 步标记转移到第 3 步满足条件第 4 步复位 d) 每一步执行的动作

正常情况下，上述设计能满足冲孔机的循环工作。但如果要系统停止工作如何处理呢？停止按钮的控制任务通常分为 3 种。

1) 停止全部设备，也就是步标记清零，所有输出清零。

2) 如冲孔机的控制，如果在工作过程中停止全部设备，则冲孔机可能不在最初的上升到位位置，不满足下次工作条件。因此要求执行完全部工作步骤再停。

3) 有的生产线可能有抓取工件的步骤，遇到这样的情况需要其他输出清零而让抓取工件的输出保持当前状态，待复位按钮按下恢复到初始状态。

下面分别介绍。

1) 停止全部设备的参考程序如图 6-259 所示。待启动按钮按下又可重新工作。

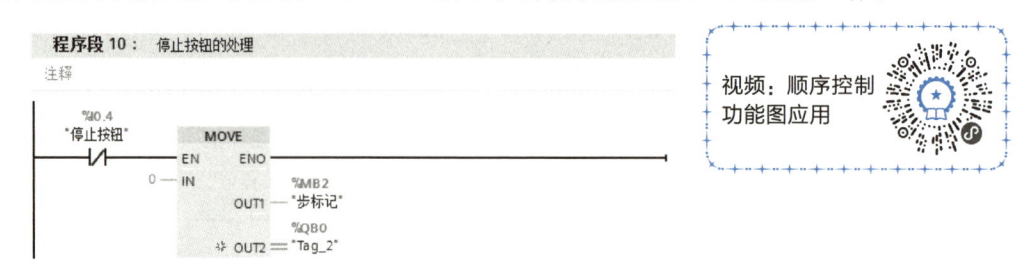

图 6-259　停止按钮的处理

2) 执行完全部步骤再停需要设置停止状态，其参考程序如图 6-260 所示。

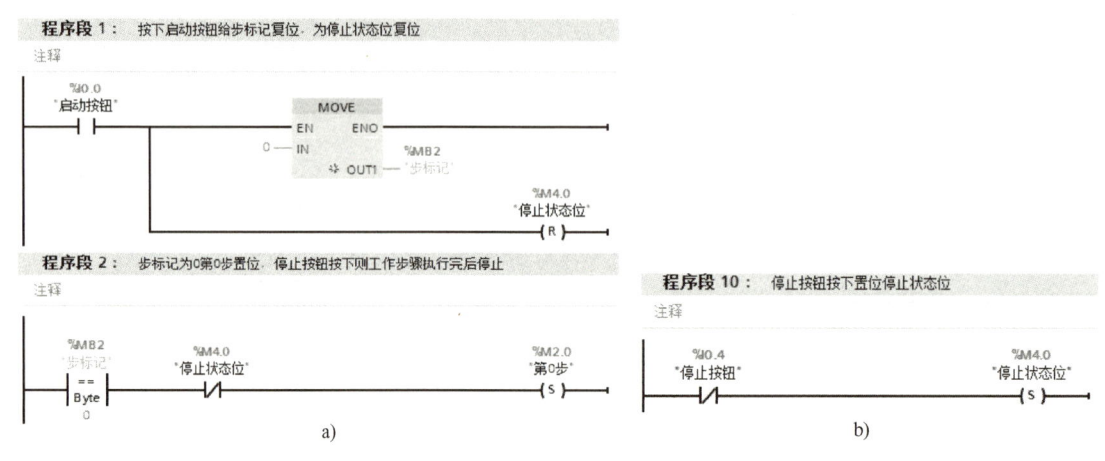

图 6-260　停止按钮按下执行完一个工作步骤再停止
a) 停止状态位复位　b) 停止状态位置位

3) 保持个别输出（假设 Q0.1 需保持），停止按钮按下步标记清零，其他不需保持的输出复位，需要保持的待复位按钮 I0.5 按下复位。实现此停止按钮功能的参考程序如图 6-261所示。

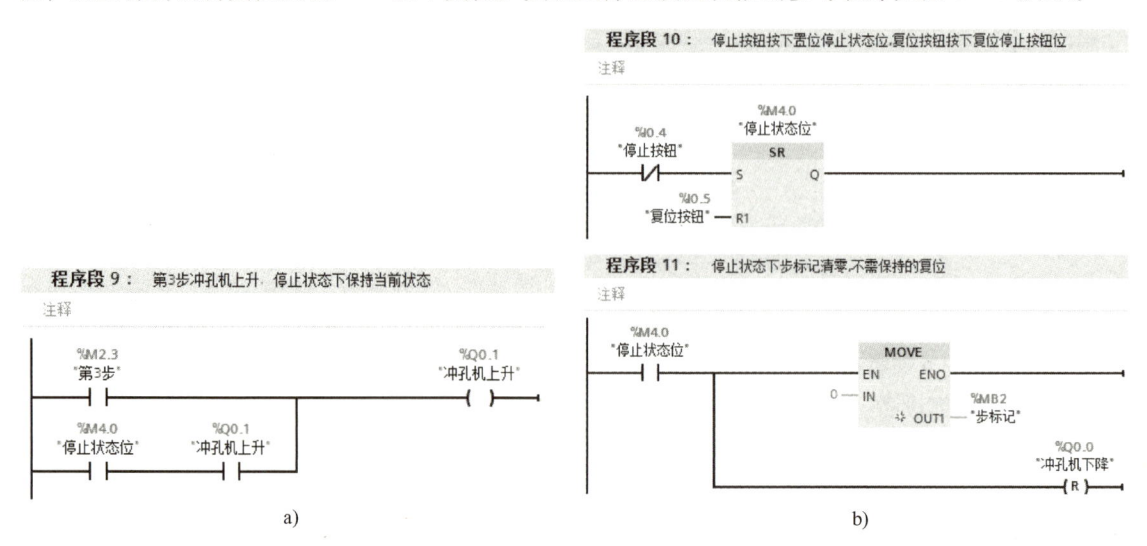

图 6-261　输出需要保持的停止按钮处理
a) 停止按钮按下将需要保持的输出状态读入赋值给输出　b) 停止状态位的定义和其余输出的处理

任务十二 灌装自动生产线顺序控制自动运行程序设计

1. 任务要求

应用顺序控制实现 FC30 中的功能，并编写在 FC35 中。
1）分析工作步，给每步分配步标记。
2）画出灌装自动生产线顺控图。
3）先编步标记转移，再编每步输出。
4）调试程序。
5）停止按钮的处理。

2. 解决方案示例

（1）分析工作步，给每步分配步标记

根据自动灌装生产线自动能够运行任务分析，可将其工作分为 4 步：
1）检测到空瓶，传送带正转。
2）到达灌装位置，传送带停，灌装阀门打开，启动灌装时间定时器。
3）灌装时间到，启动灌装延时定时器，等待灌装阀门关紧。
4）延时时间到，传送带继续正转。
5）到达满瓶位置，启动称重延时定时器且传送带继续正转并循环至第 2 步，等待空瓶到达灌装位置。步标记分配见表 6-26。

表 6-26 灌装自动生产线顺序控制步标记分配

步 标 记	步标记存储位	每步条件	每步执行	每步动作
0	M2.0	启动按钮按下 I0.0=1	初始步置位，M2.0=1	无
1	M2.1	检测到空瓶 I8.0=1	执行第 1 步，M2.1=1，M2.0=0	传送带正转
2	M2.2	到达灌装位置 I8.0=1；或执行第 5）步称重延时到	执行第 2 步，M2.2=1，M2.1=0，M2.5=0	灌装阀门打开，启动灌装定时器
3	M2.3	灌装定时器时间到	执行第 3 步，M2.3=1，M2.2=0	启动灌装延时定时器
4	M2.4	延时定时器时间到	执行第 4 步，M2.4=1，M2.3=0	传送带正转
5	M2.5	称重定时器时间到	执行第 5 步，M2.5=1，M2.4=0	启动称重延时定时器，传送带正转

（2）画出自动灌装生产线顺控图

顺控图如图 6-262 所示。

值得注意的是，从顺控图可看出，第 1 步、第 4 步和第 5 步的输出结果一样，都是要传送带正转。为避免给线圈重复赋值，需要将其条件并联。第 5 步要循环到第 2 步，也需要并联。

（3）先编步标记转移，再编每步输出

参考程序如图 6-263 所示。

（4）调试程序

这里容易出现的问题是线圈的重复赋值，可通过工具帮助找到问题自行解决。称重定时时间用于调用模拟量处理程序称量灌装满瓶的重量并进行处理。

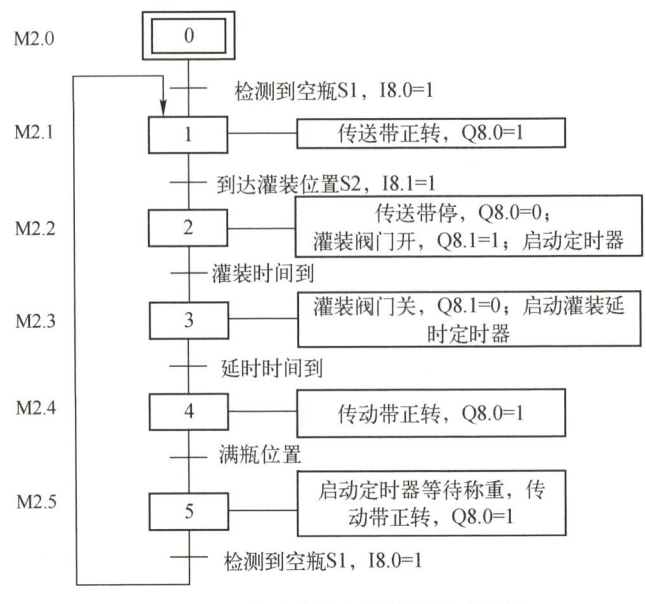

图 6-262 自动灌装生产线顺控功能图

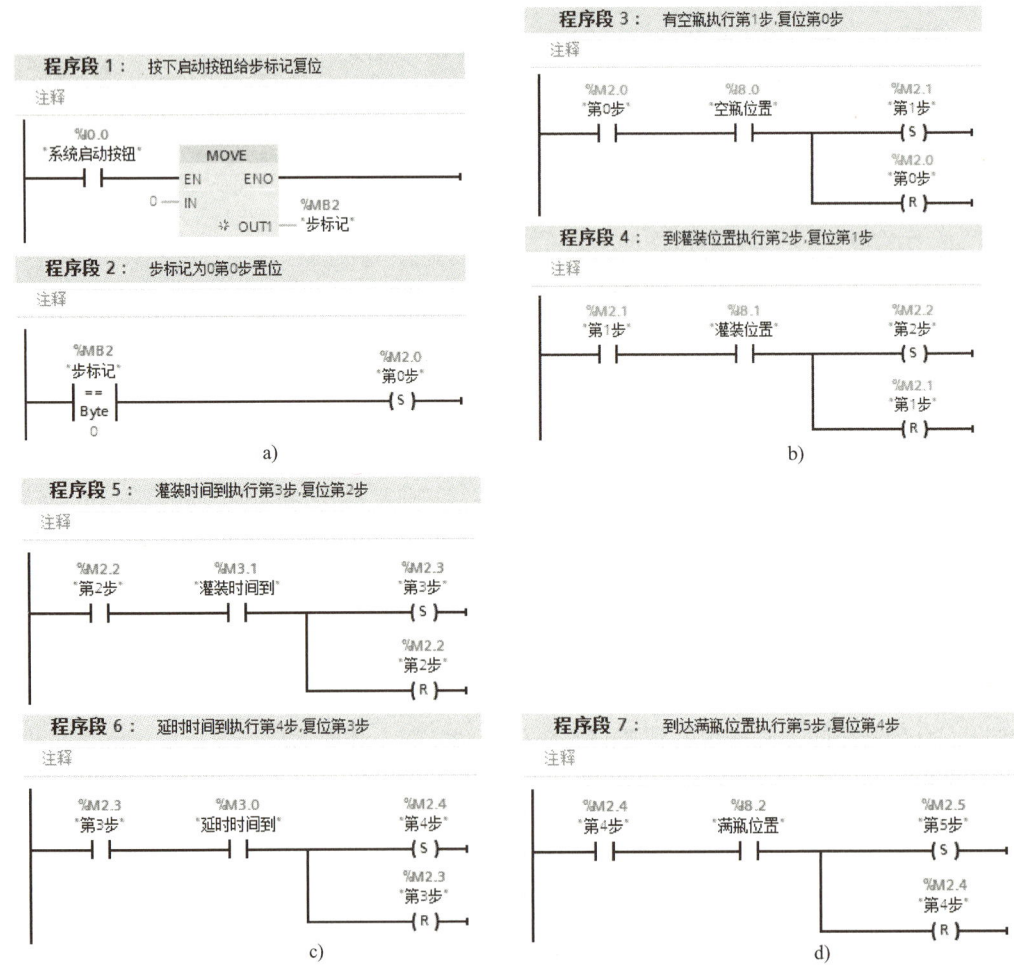

图 6-263 灌装自动生产线顺控程序
a) 启动初始步 b) 第1、2步步标记转移 c) 第3、4步步标记转移 d) 第5步步标记转移

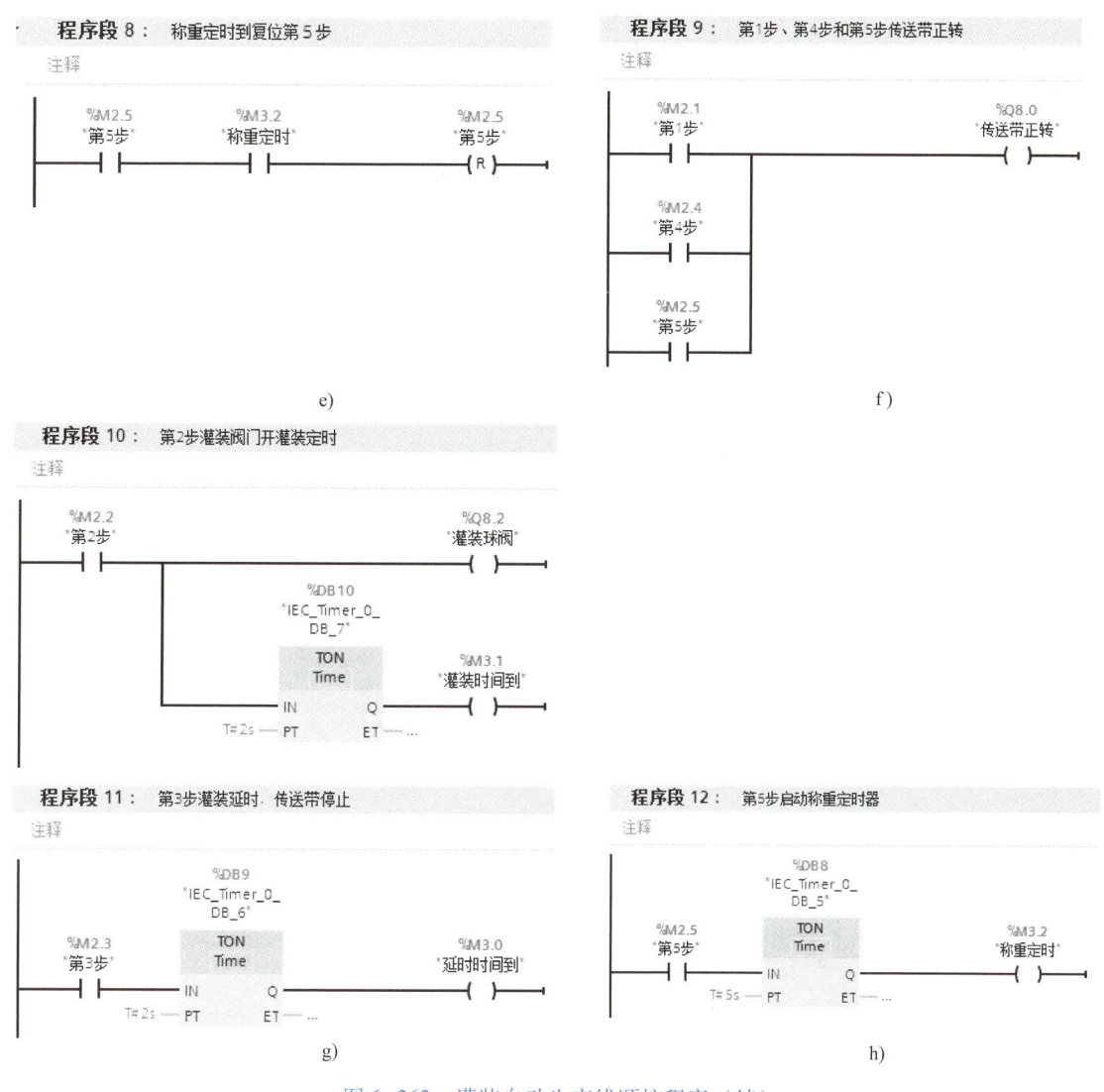

图 6-263 灌装自动生产线顺控程序（续）
e）第 5 步复位　f）第 1、4、5 步输出　g）第 2、3 步输出　h）称重定时

（5）停止按钮的处理

对于自动灌装生产线，希望停止按钮按下时不影响生产，要完成一个生产过程然后停止。停止按钮按下给停止状态置位，将其0闭合触点串在初始步置位处，启动按钮按下可为其复位。据此，修改程序段1、2，并增加程序段13，停止按钮置位停止状态。

6.12 使用 PLCSIM 软件进行程序调试

S7-PLCSIM V15 是西门子为 S7-1200 PLC 设计的一款仿真软件包。它能脱离 TIA 博途软件中的 STEP 7 独立运行，因此可以在计算机或者编程设备中模拟 PLC 运行和测试程序。如果 STEP 7 中已安装该仿真软件包，则工具栏中的"开始仿真" 按钮会显示为亮色，否则是灰色的，只有"开始仿真"按钮是亮色才可以用于仿真。

S7-PLCSIM 提供了简单的用户界面，用于监视和修改在程序中使用的各种参数（如开关量输入和开关量输出)。当程序由 S7-PLCSIM 处理时，也可以在 STEP 7 软件中使用各种软件功能，如使用变量表监视、修改变量等测试功能。需要注意的是，S7-1200 系列 CPU 只有固件版本为 4.0 以上的才能进行仿真，否则启动"开始仿真"时弹出如图 6-264 所示的窗口。此时应单击"确定"按钮并更换 CPU 为 4.0 或更高版本。

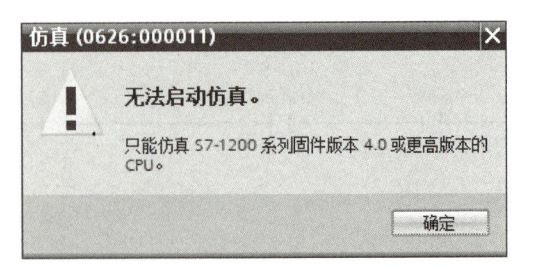

图 6-264　CPU 固件版本低会弹出提示窗口

下面使用 PLCSIM 软件进行程序调试。首先新建一个项目并进行硬件组态并保存项目，如图 6-265 所示，这里插入 CPU 1214C DC/DC/DC，订货号为 6ES7 214-1AG40-0XB0，固件版本为 V4.2。

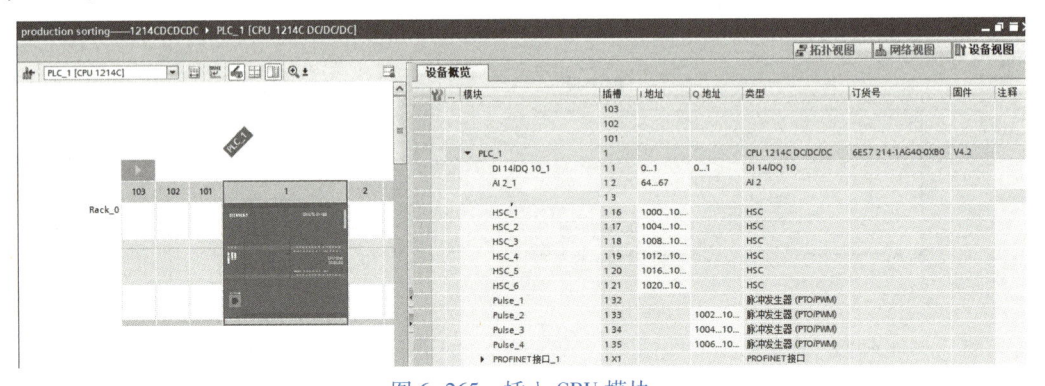

图 6-265　插入 CPU 模块

接下来完成程序的编辑，包括 OB1 组织块的编写及函数 FC 的调用，如图 6-266 所示。

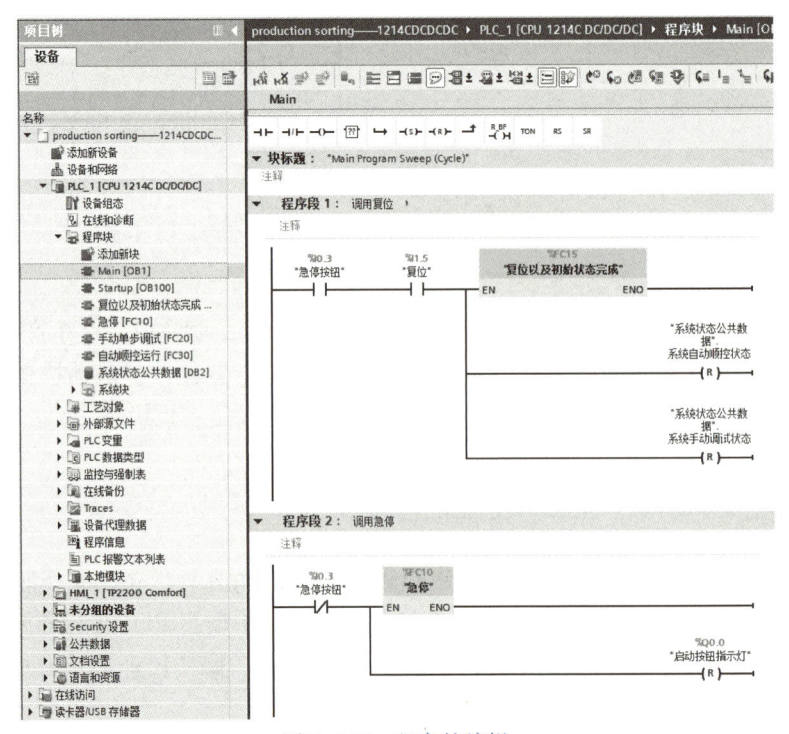

图 6-266　程序的编辑

然后开启仿真。在 TIA 博途软件项目视图界面中,单击工具栏上的"开始仿真"按钮,将弹出图 6-267 所示的提示对话框,单击"确定"按钮。

确定后将同时弹出仿真软件界面(见图 6-268)和"扩展的下载到设备"对话框。

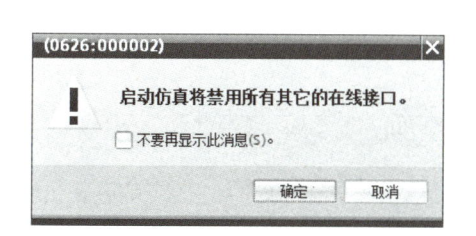

图 6-267 开始仿真并确定禁用所有其他在线接口 　　图 6-268 PLCSIM 仿真软件界面

"扩展的下载到设备"对话框中默认 PG/PC 接口类型为 PN/IE,PG/PC 接口为 PLCSIM,接口/子网的连接为 PN/IE_1。单击"开始搜索"按钮查找到兼容的设备,如图 6-269 所示,单击"下载"按钮。

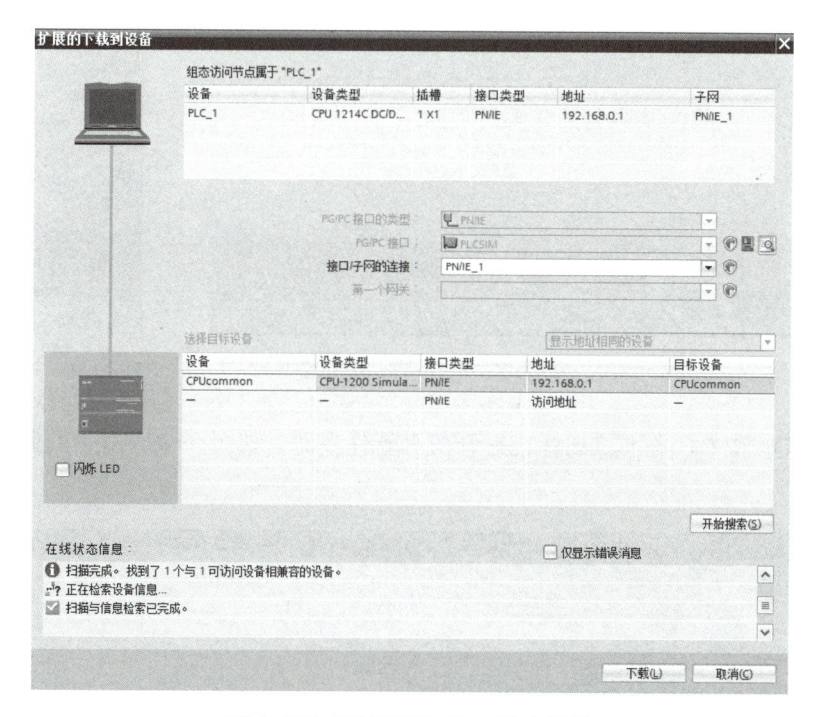

图 6-269 下载到 PLCSIM 仿真软件

出现"下载预览"对话框,进行下载前的检查,如图 6-270 所示。单击"装载"按钮,将程序下载到 PLCSIM 仿真软件中。

"下载结果"如图 6-271 所示,单击"完成"按钮,结束下载。PLCSIM 仿真软件中显示由图 6-268 中的"未组态的 PLC[SIM-1200]"变为图 6-272 中的"PLC_1[CPU 1214C DCDCDC]",与博途软件中的硬件组态一致。

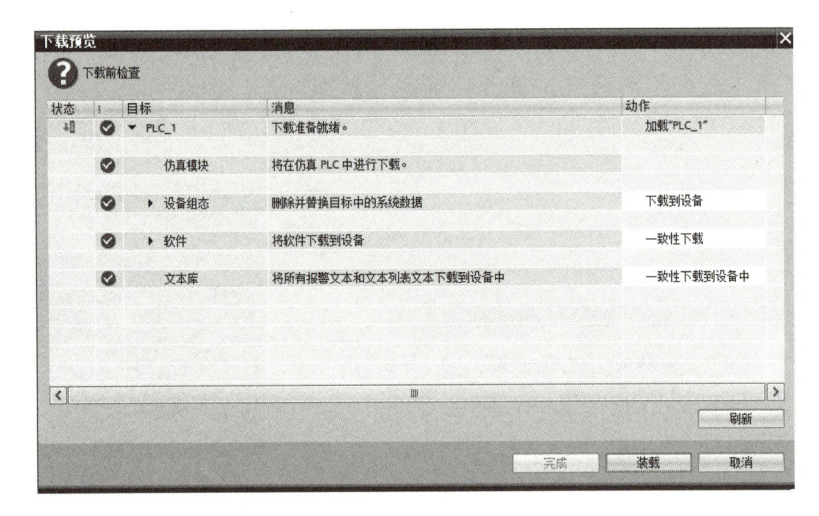

图 6-270　下载预览

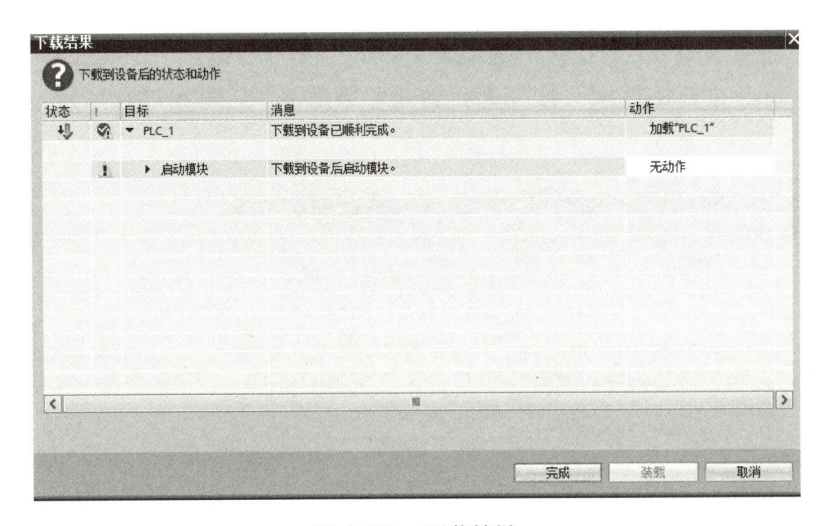

图 6-271　下载结果

图 6-272　PLCSIM 软件显示

单击 PLCSIM 软件上端的图标，打开仿真软件界面，如图 6-273 所示。此时软件中并没有项目。

图 6-273　PLCSIM 软件界面

单击"项目"→"新建"，则出现"创建新项目"对话框，如图 6-274 所示。创建完成后仿真软件中出现下载到 PLCSIM 软件中的项目，如图 6-275 所示。

第 6 章　工业自动化项目的 PLC 控制软件设计　209

图 6-274　创建新项目　　　　　　　　　　图 6-275　PLCSIM 软件中出现下载的项目

在 PLCSIM 软件中的项目树下选 SIM 表格，添加新的 SIM 表格_1，并在出现的表格中添加需要修改的地址和变量，如图 6-276 所示。

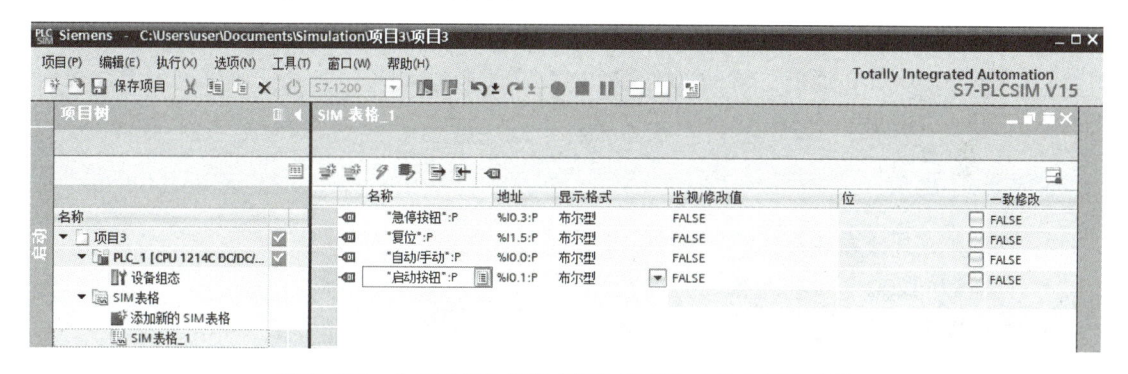

图 6-276　在 PLCSIM 软件中添加需要修改的变量和地址

将博途软件中的项目"转至在线"，修改 PLCSIM 软件 SIM 表格_1 中的变量，就可以监视博途软件中项目的运行情况，如图 6-277 所示。

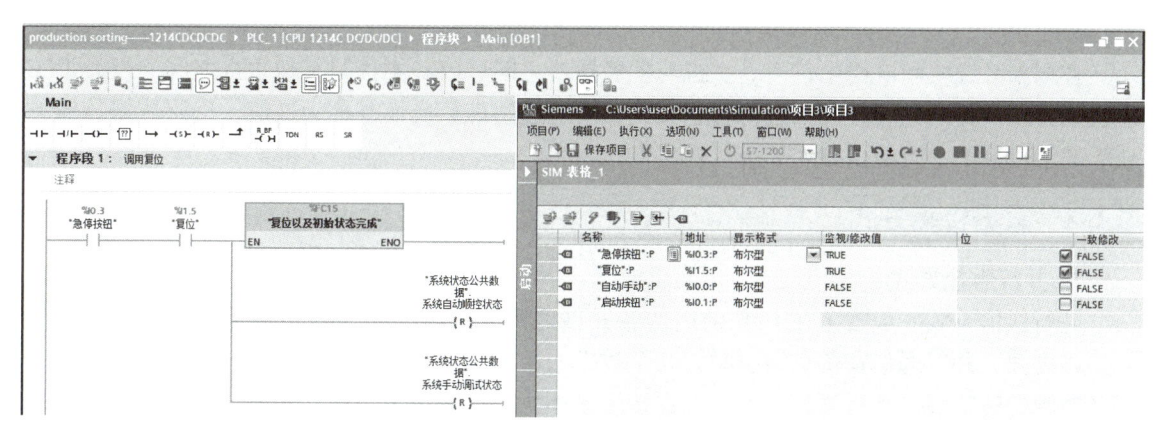

图 6-277　PLCSIM 软件中修改变量值则改变播图软件中的程序运行状态

项目成果演示视频：手动控制传送带灌装

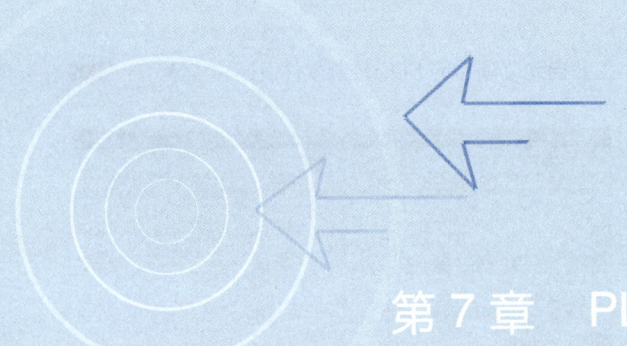

第 7 章　PLC 的网络通信技术及应用

本章主要介绍通信的基本知识以及 S7-1200 支持的通信，并以 S7-1200 系列 PLC 与 PM125 的 PROFIBUS DP 通信、S7-1200 系列 PLC 之间通过 MODBUS 通信协议进行无线通信为例介绍通信技术的应用。

本章学习要求：

1) 了解网络通信基础知识。
2) 了解 S7-1200 支持的通信。
3) 熟悉 PROFINET 通信。
4) 掌握 PROFIBUS 通信。
5) 掌握 MODBUS 无线通信。

7.1　通信基础知识

在控制系统实际应用中，PLC 主机与扩展模块之间、PLC 主机与其他主机之间，以及 PLC 主机与其他设备之间，经常要进行信息交换，所有这些信息交换都称为通信。按照数据传输方式，通信可分为并行通信方式和串行通信方式。

7.1.1　数据传输方式

1. 并行通信方式

并行通信方式一般发生在 PLC 的内部各元件之间、主机与扩展模块或近距离智能模板的处理器之间。并行通信在传送数据时，一个数据的所有位同时传送，因此，每个数据位都需要一条单独的传输线。并行通信的特点是：传送速率快，但硬件成本高，不适合远距离通信。

2. 串行通信方式

串行通信多用于 PLC 与计算机之间、多台 PLC 之间的数据传送。串行通信在传送数据时，数据的各个不同位分时使用同一条传输线，从低位开始一位接一位按顺序传送。串行通信的特点是：需要的信号线少，最少的只需要两根线（双绞线），适合远距离传送数据。

串行通信传输速率（又称波特率）即每秒传送的二进制位数，单位为 bit/s。

7.1.2　西门子工业网络通信

随着计算机网络技术的发展以及各企业对自动化程度要求的不断提高，自动控制从传统的集中式控制向多元化分布式方向发展。世界各 PLC 生产厂家纷纷给自己的产品增加了通信及联网的功能，并研制开发出自己的 PLC 网络系统。各厂家的网络结构大多采用了金字塔结构：上层负责生产管理，底层负责现场控制与检测，中间层负责生产过程的监控及优化。西门子公司的 SIMATIC NET 网络结构如图 7-1 所示。图中 MPI_Subnet 表示多点接口；PN_Subnet 表示工业以太网；DP_Subnet 表示现场总线网络；AS-i_Subnet 表示执行器-传感器接口。

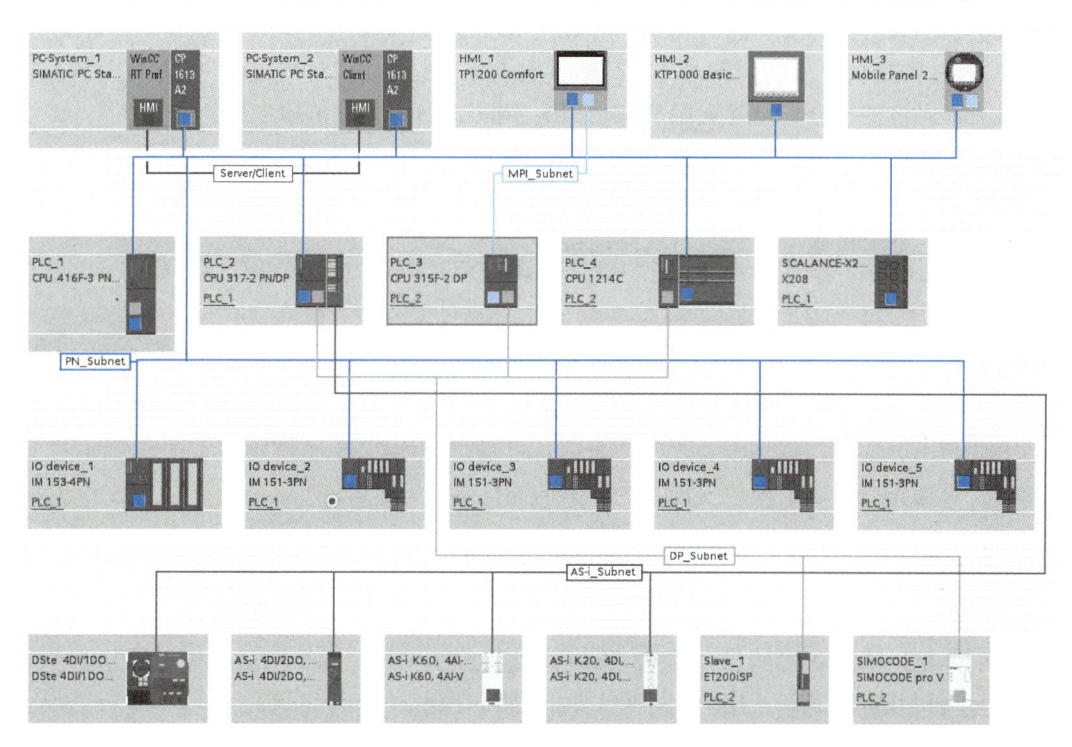

图 7-1　西门子工业网络

1. 多点接口（Multi-Point Interface，MPI）

MPI 是西门子的 S7-300/400 CPU、操作员面板（OP）和编程器上集成的通信接口。通过 MPI，不用附加 CP 模块即可实现网络化，MPI 网络可用于车间级通信，可以在少数 CPU 之间传递少量数据。

MPI 协议可以是主/主协议，也可以是主/从协议，这取决于网络中连接的设备类型。如果网络中只有 S7-300/400 CPU，则建立主/主连接。如果网络中有 S7-200 SMART CPU，因为 S7-200 SMART CPU 只能作从站，所以建立主/从连接。

2. 工业以太网（PROFINET Industrial Ethernet）

工业以太网是一个世界范围内认可的工业标准。它支持广域的开放型网络模型，采用多种传输介质（同轴电缆、工业双绞线和光纤电缆），均具有高的传输率，用于企业级和车间级的通信系统。工业以太网被设计为对实时性要求不严格、需要传输大量数据的通信系统，可以通过网关设备来连接远程网络。

3. 现场总线网络（PROFIBUS）

PROFIBUS 协议用于分布式 I/O 设备（远程 I/O）的高速通信。许多厂家生产的自动化控制设备都支持 PROFIBUS 协议。该协议使用 RS-485 串行口，通过屏蔽双绞线进行网络连接。PROFIBUS 网络中可以有若干个主站，每个主站配有属于自己的若干个从站。主站可以访问自己的从站，也可以有限地访问其他主站的从站。

现场总线通信方式彻底消除了拥挤、紊乱的接线，用一根总线电缆替代复杂而又价格昂贵的成束电缆，系统运行抗干扰能力增强，更安全可靠。

4. 执行器-传感器接口（Actuator-Sensor-Interface，AS-i）

执行器-传感器接口是位于自动控制系统最底层的网络，用于将二进制传感器和执行器连接到网络上，例如接近开关、阀门和指示灯等。

采用 AS-i 接口，二进制传感器和执行器就具有了通信能力，它适合于直接的现场总线连接不可取或不经济的场合。与强大的 PROFIBUS 不同，AS-i 只能传输少量的信息。

5. 点到点接口（Point-to-Point Interface，PPI）

PPI 接口是 S7-200 SMART CPU 上的通信口，PPI 协议是西门子公司专为 S7-200 PLC 开发的通信协议，通过屏蔽双绞线进行网络连接。

7.2 S7-1200 支持的通信

S7-1200 可通过 PROFINET 接口实现 CPU 与编程设备、HMI 和其他 CPU 之间的多种通信；可通过 PROFIBUS 实现与现场设备之间的通信；可通过 MODBUS 通信协议实现与 CPU 之间的无线通信；可通过简易通信模块实现与变频器的通信等。

7.2.1 PROFINET 通信

SIMATIC S7-1200 新 CPU 固件 2.0 版本支持与作为 PROFINET IO 控制器的 PROFINET IO 设备之间的通信。通过集成的 Web 服务器，可以通过 CPU 调用信息，通过标准网络浏览器处理数据，也可以在运行时间从用户程序中对数据进行归档。

利用已建立的 TCP/IP 标准，SIMATIC S7-1200 集成的 PROFINET 接口可用于编程或者与 HMI 设备和额外的控制器之间的通信。作为 PROFINET IO 控制器，SIMATIC S7-1200 现在支持与 PROFINET IO 设备之间的通信。

7.2.2 PROFIBUS 通信

PROFIBUS 系统使用总线主站来轮询 RS-485 串行总线上以多点方式分布的从站设备。PROFIBUS 从站可以是任何处理信息并将其输出发送到主站的外围设备（I/O 传感器、阀、电动机驱动器或其他测量设备）。该从站构成网络上的被动站，因为它没有总线访问权限，只能确认接收到的消息或根据请求将响应消息发送给主站。所有 PROFIBUS 从站具有相同的优先级，并且所有网络通信都源于主站。

PROFIBUS 主站构成网络的"主动站"。PROFIBUS DP 定义两类主站：第 1 类主站用于处理与分配给它的从站之间的常规通信或数据交换；第 2 类主站是主要用于调试从站和诊断的特殊设备。

7.2.3 简易通信模块

在 SIMATIC S7-1200 的 CPU 上最多可以增加 3 个通信模块。RS-485 和 RS-232 通信模块适用于串行、基于字符的点到点连接。在 SIMATIC STEP 7 工程系统内部已经包含了 USS 驱动器协议以及 Modbus RTU 主、从协议的库函数。

西门子 S7-1200 紧凑型 PLC 经常与 SINAMICSG120 系列变频器通过 USS 通信协议进行通信，并有着非常广泛的应用。

限于篇幅，本章主要介绍 S7-1200 的 PROFINET 通信和 PROFIBUS 通信。

7.3 PROFINET 通信

PROFINET 是由 PROFIBUS 国际组织（PROFIBUS International，PI）推出的新一代基于工业以太网技术的自动化总线标准。作为一项战略性的技术创新，PROFINET 为自动化通信领域提供了一个完整的网络解决方案，囊括了诸如实时以太网、运动控制、分布式自动化、故障安全以及网络安全等当今自动化领域的热门技术。并且，作为跨供应商的技术，可以完全兼容工业以太网和现有的现场总线技术（例如 PROFIBUS）。

响应时间是系统实时性的一个标尺，根据响应时间的不同，PROFINET 支持 TCP/IP 标准通信、实时（Real Time，RT）和等时同步实时通信（Isochronous Real-Time）三种通信方式。

7.3.1 PROFINET 简介

1. PROFINET 环境中的设备

在 PROFINET 环境中，"设备"是以下内容的统称：自动化系统（例如 PLC、PC）、分布式 I/O 系统、现场设备（例如液压设备、气动设备）、有源网络组件（例如交换机、路由器）、PROFIBUS 的网关、AS-Interface 或其他现场总线系统。

2. PROFINET IO 设备

PROFINET IO 设备包括 PROFINET IO 系统、I/O 控制器、编程设备/PC（PROFINET IO 监控器、PROFINET/工业以太网、HMI（人机界面）、I/O 设备和智能设备，表 7-1 列出了 PROFINET 网络中最重要的一些设备的名称和功能。

表 7-1 PROFINET IO 设备

序号	设备名称	说明
1	PROFINET IO 系统	
2	I/O 控制器	用于对连接的 I/O 设备进行寻址的设备。这意味着：I/O 控制器与现场设备交换输入和输出信号
3	编程设备/PC（PROFINET IO 监控器）	用于调试和诊断的 PG/PC/HMI 设备
4	PROFINET/工业以太网	网络基础结构
5	HMI（人机界面）	用于操作和监视功能的设备
6	I/O 设备	分配给其中一个 I/O 控制器（例如具有集成 PROFINET IO 功能的 Distributed I/O、阀终端、变频器和交换机）的分布式现场设备
7	智能设备	智能 I/O 设备

3. 经由 PROFINET IO 的通信

通过 I/O 通信，经由 PROFINET IO 来读取和写入分布式 I/O 设备的输入和输出数据，图 7-2 显示了经由 PROFINET IO 的 I/O 通信。

图中，A 代表 I/O 控制器与 I/O 控制器之间经由 PN/PN 耦合器的通信；B 代表 I/O 控制器与智能设备之间的通信；C 代表 I/O 控制器与 I/O 设备之间的通信。

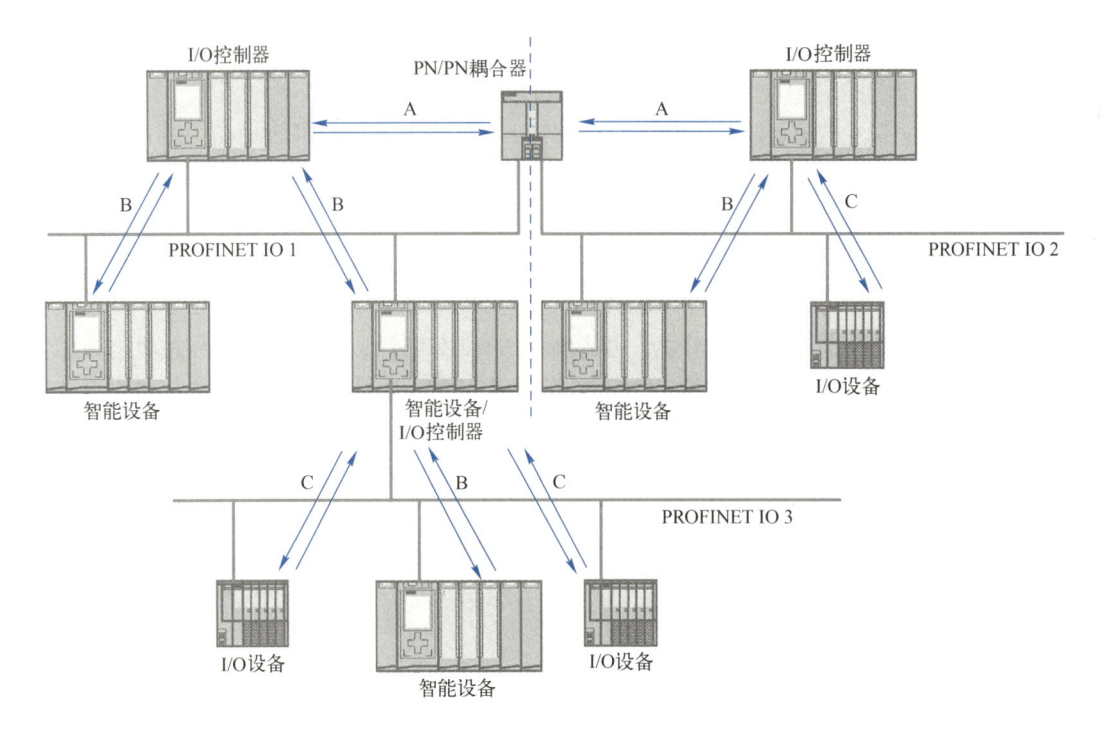

图 7-2 经由 PROFINET IO 的 I/O 通信

表 7-2 对这些 I/O 通信进行了详细的介绍。

表 7-2 经由 PROFINET IO 的 I/O 通信

通信类型	说　明
I/O 控制器和 IO 设备之间	I/O 控制器循环地将数据发送至其 PROFINETIO 系统的 I/O 设备并从这些设备接收数据
I/O 控制器和智能设备之间	在 I/O 控制器和智能设备的 CPU 中的用户程序之间循环传输固定数量的数据。I/O 控制器不会访问智能设备的 I/O 模块，但会访问已组态的地址范围，即传输范围，这可能在智能设备的 CPU 的过程映像内或外。如果将过程映像的某些部分用作传输范围，就不能将这些范围用于实际 I/O 模块。通过过程映像或通过直接访问，使用加载操作和传输操作可进行数据传输
I/O 控制器和 I/O 控制器之间	在 I/O 控制器的 CPU 中的用户程序之间循环传输固定数量的数据。需要将一个 PN/PN 耦合器作为附加硬件使用。I/O 控制器共同访问已组态的地址范围，即传输范围，这可能在 CPU 的过程映像内或外。如果将过程映像的某些部分用作传输范围，就不能将这些范围用于实际 I/O 模块。通过过程映像或通过直接访问，使用加载操作和传输操作可进行数据传输

4. PROFINET 接口

SIMATIC 产品系列的 PROFINET 设备具有一个或多个 PROFINET 接口（以太网控制器/接口），PROFINET 接口具有一个或多个端口（物理连接选件）。如果 PROFINET 接口具有多个端口，则设备具有集成交换机。对于其某个接口上具有两个端口的 PROFINET 设备，可以将系统组态为线形或环形拓扑结构；具有三个及更多端口的 PROFINET 设备也很适合设置为树形拓扑结构。

网络中的每个 PROFINET 设备均通过其 PROFINET 接口进行唯一标识。为此，每个 PROFINET 接口都具有 1 个 MAC 地址（出厂默认值）、1 个 IP 地址和 PROFINET 设备名称。

表 7-3 说明了 STEP 7 中 PROFINET 接口的命名属性和规则以及表示方式。

表 7-3　PROFINET 设备的接口和端口的标识

元　　素	符　　号	接口编号
接口	X	按升序从数字 1 开始
端口	P	按升序从数字 1 开始（对于每个接口）
环网端口	R	

在 STEP 7 拓扑概览中可找到 PROFINET 接口，如图 7-3 所示。
I/O 控制器和 I/O 设备的 PROFINET 接口在 STEP 7 中的表示方法见表 7-4。

表 7-4　STEP 7 中 PROFINET 接口的表示

编　　号	说　　明
①	STEP 7 中 I/O 控制器的 PROFINET 接口
②	STEP 7 中 I/O 设备的 PROFINET 接口
③	这些行表示 PROFINET 接口
④	这些行表示 PROFINET 接口的"端口"

适用于所有 PROFINET 设备的带集成交换机的 PROFINET 接口及其端口的表示方法如图 7-4 所示。

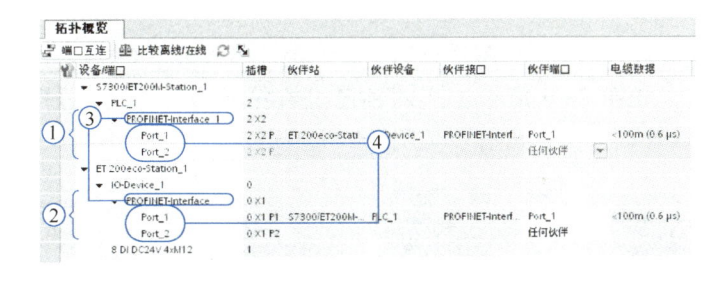

图 7-3　PROFINET 接口在 STEP 7 中的表示

图 7-4　带集成交换机的 PROFINET 接口

7.3.2　构建 PROFINET 网络

在工业系统中可以通过有线连接和无线连接两种不同的物理连接方式对 PROFINET 设备进行联网。其中有线连接可通过铜质电缆使用电子脉冲或通过光纤电缆使用光纤脉冲实现；无线连接可使用电磁波通过无线网络实现。

1. 有线连接的 PROFINET 网络

电气电缆和光纤电缆都可用于构建有线 PROFINET 网络，电缆类型的选择取决于数据传输需求和网络所处的环境。表 7-5 汇总了带有集成交换机或外部交换机以及可能传输介质的 PROFINET 接口的技术规范。

表 7-5　PROFINET 接口的技术规范

物理属性	连 接 方 法	电缆类型/传输介质标准	传输速率/模式	最大分段长度/m（两个设备间）	优　势
电气	RJ-45 连接器 ISO 60603-7	100Base-TX 2x2 双绞对称屏蔽铜质电缆，满足 CAT 5 传输要求 IEEE 802.3	100 Mbit/s，全双工	100	简单经济

(续)

物理属性	连接方法	电缆类型/传输介质标准	传输速率/模式	最大分段长度/m（两个设备间）	优势
光学	SCRJ 45 ISO/IEC 61754-24	100Base-FX POF 光纤电缆（塑料光纤，POF） 980/1000μm（纤芯直径/外径） ISO/IEC 60793-2	100 Mbit/s，全双工	50	电位存在较大差异，使用时对电磁辐射不敏感，线路衰减低，可将网段的长度显著延长
		覆膜玻璃光纤（聚合体覆膜光纤，PCF）200/230 μm（纤芯直径/外径） ISO/IEC 60793-2	100 Mbit/s，全双工	100	
	BFOC（Bayonet 光纤连接器）及 SC（用户连接器）ISO/IEC 60874	单模玻璃纤维光纤电缆 10/125μm（纤芯直径/外径） ISO/IEC 60793-2	100 Mbit/s，全双工	26	
		多模玻璃纤维光纤电缆 50/125μm 及 62.5/125 μm（纤芯直径/外径） ISO/IEC 9314-4	100 Mbit/s，全双工	3000	
电磁波	—	IEEE 802.11 x	取决于所用的扩展符号（a、g、h 等）	100	灵活性更高，联网到远程、难以访问的设备时成本较低

CPU 可以通过以太网口与网络上的 STEP 7 编程设备进行通信，如图 7-5 所示；CPU 可以通过以太网口与网络上的 WinCC 通信，如图 7-6 所示。这两种已经在第 6 章详细介绍过。CPU 与 CPU 通信之间可以通过以太网口互相通信，如图 7-7 所示。

图 7-5　STEP 7 编程设备与 CPU 通信　　图 7-6　CPU 与 WinCC 通信　　图 7-7　CPU 间通信

2. 无线连接的 PROFINET 网络

SIMATIC NET 工业无线网络除了符合 IEEE 802.11 标准的数据通信外，还提供大量的增强功能，这些功能为工业客户带来大量优势。IWLAN 尤其适用于需要可靠无线通信的高要求工业应用，因为工业无线网络具有以下特征：①在工业以太网连接中断时自动漫游（强制漫游）；②通过采用单一无线网络可靠地处理过程关键数据（例如报警消息）和非关键通信（例如服务和诊断），从而节约了成本；③可以高效地连接到远程环境中难以访问的设备；④可以预测数据流量（确定的）并确定响应时间；⑤可循环监视无线链路（链路检查）。

无线数据传输可实现以下目标：①通过无线接口将 PROFINET 设备无缝集成到现有总线系统中；②可以灵活使用 PROFINET 设备以完成各种与生产相关的任务；③根据客户要求灵活组态系统组件以进行快速开发；④通过节省电缆来最大限度降低维护成本。

工业无线网络在以下方面得到成功应用：①与移动用户（例如移动控制器和设备）、传送线、生产带、转换站以及旋转机之间的通信；②通信网段的无线耦合，用于在铺设线路非常昂贵的区段（例如公共街道、铁路沿线）进行快速调试或节约成本的联网；③栈式卡车、自动引导车系统和悬挂式单轨铁路系统。

在不允许全双工的情况下，工业无线网络的总数据传输速率为 11 Mbit/s 或 54 Mbit/s。使用 SCALANCE W（接入点），可以在室内和室外建立无线网络。可以安装多个接入点，以创建大型无线网络，在大型网络中，可以将移动用户从一个接入点无缝地传送到另一个接入点（漫游）。除无线网络外，也可以跨越远距离（数百米）建立工业以太网网段的点到点连接。在这种情况下，射频场的范围和特性取决于所使用的天线。

通过 PROFINET，还可以使用工业无线局域网（IWLAN）技术建立无线网络。因此，建议在构建 PROFINET 网络时使用 SCALANCE W 系列设备。

如果使用工业无线局域网建立 PROFINET，则必须为无线设备增加更新时间。IWLAN 接口的性能低于有线数据网络的性能：多个通信站必须共享有限的传输带宽，对于有线解决方案，所有通信设备均可使用 100 Mbit/s。可以在 STEP 7 中 I/O 设备巡视窗口的"实时设定"部分中找到"刷新时间"参数，如图 7-8 所示。

图 7-8　STEP 7 中设置刷新时间

7.4　PROFIBUS 通信

7.4.1　PROFIBUS 简介

PROFIBUS 是一种国际化、开放式、不依赖于设备生产商的现场总线标准。PROFIBUS 传送速度可在 9.6 kbit/s~12 Mbit/s 范围内选择且当总线系统启动时，所有连接到总线上的装置应该被设成相同的速度。PROFIBVS 广泛适用于制造业自动化、流程工业自动化和楼宇、交通电力等其他领域自动化。它是一种用于工厂自动化车间级监控和现场设备层数据通信与控制的现场总线技术，可实现现场设备层到车间级监控的分散式数字控制和现场通信网络，从而为实现工厂综合自动化和现场设备智能化提供可行的解决方案。

PROFIBUS 系统使用总线主站来轮询 RS-485 串行总线上以多点方式分布的从站设备。PROFIBUS 从站可以是任何处理信息并将其输出发送到主站的外围设备（I/O 传感器、阀门、电动机驱动器或其他测量设备）。该从站构成网络上的被动站，因为它没有总线访问权限，只能确认接收到的消息或根据请求将响应消息发送给主站。所有 PROFIBUS 从站具有相同的优先级，并且所有网络通信都源于主站。

PROFIBUS 主站构成网络的"主动站"。PROFIBUS DP 定义两类主站：第 1 类主站（通常是中央可编程控制器（PLC）或运行特殊软件的 PC）用于处理与分配给它的从站之间的常规通信或数据交换；第 2 类主站（通常是组态设备，如用于调试、维护或诊断的膝上型计算机或编程控制台）是主要用于调试从站和诊断的特殊设备。PROFIBUS 提供了三种标准和开放的通信协议：DP、FMS 和 PA。这里只介绍 PROFIBUS DP 通信协议及其应用。

7.4.2 PROFIBUS DP

PROFIBUS DP（Distributed Peripheral，分布式外设）使用了 ISO/OSI 网络模型的第一层和第二层，这种精简的结构保证了数据的高速传送，用于 PLC 与现场分布式 I/O 设备之间的实时、循环数据通信。

2015 年第九届西门子杯全国大学生自动化挑战赛应用型组要求实现对电梯仿真模型运行控制的模拟。其中工程师站采用 WinCC 监控系统运行，S7-1200 通过 PROFIBUS DP 与 PM125 建立通信，读取电梯仿真模型的状态并控制其运行。

WinCC 监控与 PLC 直接通过以太网连接，PLC 与电梯仿真模型之间采用 PROFIBUS DP 通信协议实现连接。CM1243-5 模块为 PROFIBUS DP 主站，PM125 模块为从站，PLC 与主站直接连接，仿真对象与从站直接连接，其网络拓扑关系如图 7-9 所示。

PM125 是串口/PROFIBUS DP 适配器，它在 PROFIBUS 侧是一个 PROFIBUS DP 从站，在串口侧是 MODBUS 主站或通用模式，如图 7-10a 所示。其顶部的按钮可用于修改 DP 地址，具体方法为：双击按钮进入设置 PROFIBUS DP 地址状态（数码管高位闪烁，低位常亮），单击按钮数字加一，长按按钮超过 2.5s 将切换到设置低位地址状态，单击按钮数字加 1，长按按钮超过 2.5s 将保存新地址并使新地址生效。

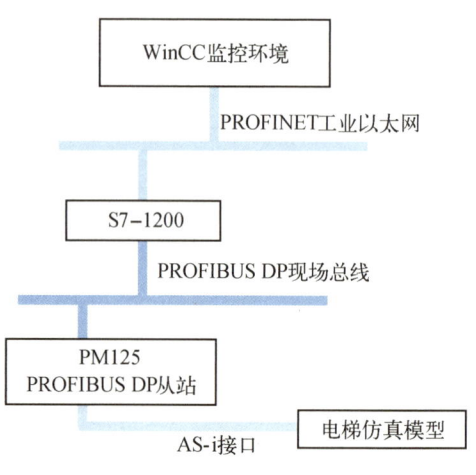

图 7-9 网络拓扑关系

对于 PLC 端的输入数据，首字节用于通信命令字，后续的字节是用户数据，其长度视实际情况而定；对于输出数据，除了首字节同样用于通信命令字外，其后的第二个字节用于定义 PLC 输出数据的长度值，接下来的字节才是用户数据。其格式如图 7-10b 所示。

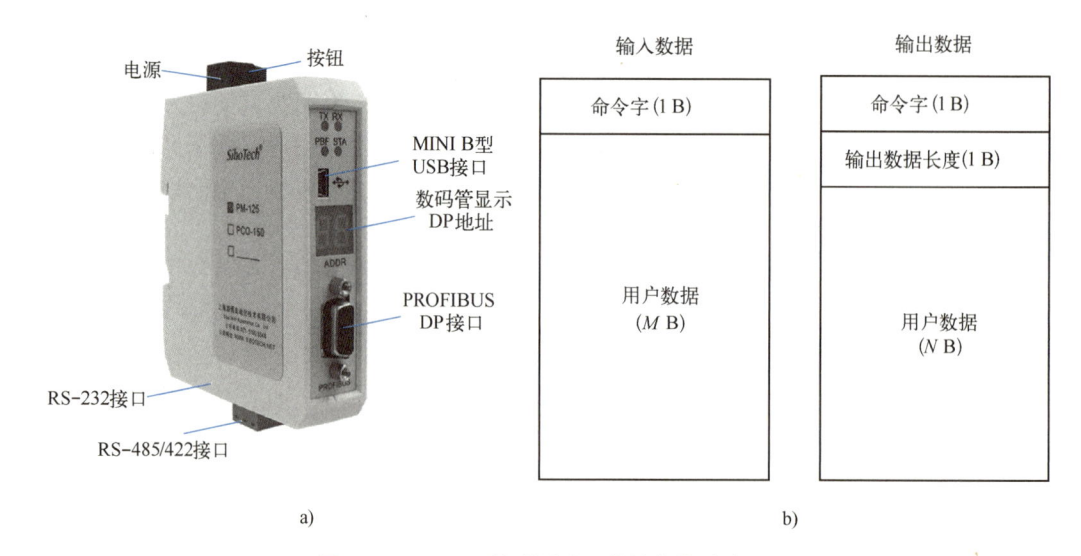

图 7-10 PM125 外形图及通信协议格式定义
a) PM125 外形图　b) PM125 通信协议格式定义

应用 PM125 组态 PROFIBUS DP 的步骤如下。

1. 硬件组态

1) 安装 GSD 文件：把 PM125V20.GSD 文件导入到博途 STEP 7 软件。

2) 在 STEP 7 软件中创建一个新项目，并分别添加 PLC 和通信模块 CM1243-5。硬件设备的添加已在第 6 章详述，这里不再重复。

3) PLC 的通信地址配置和 CM1243-5 的 PROFIBUS 地址配置。其中 PLC 通信地址配置已在第 6 章详述，这里不再重复。在设备视图中选中通信模块的"PROFIBUS 接口"，在"PROFIBUS 地址"选项中选择"添加新子网"，"地址"选择默认的"2"即可。设置过程如图 7-11 所示。

4) 添加 PM125 并联网。单击硬件目录/其他现场设备/PROFIBUS DP/常规/Shanghai Sibo/CONVERTER/PM125/PM125，如图 7-12 所示，拖入 PM125 模块至"网络视图"，与"PROFIBUS_1"相连接，并连至网络中，如图 7-13 所示。在"PROFIBUS 地址"选项中，子网选择已经建立好的"PROFIBUS_1"，"地址"选择"3"（与实际设备参数一致），如图 7-14 所示。

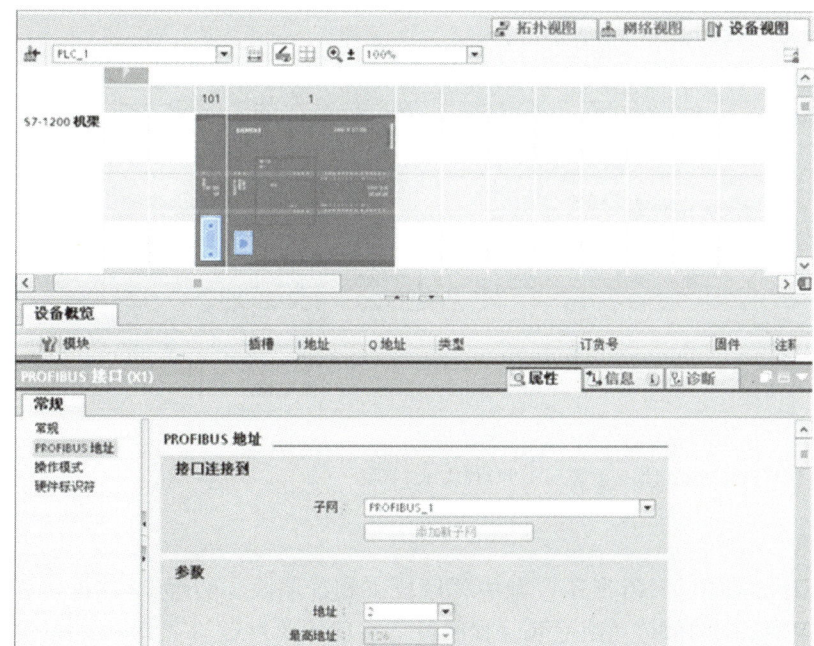

图 7-11　PROFIBUS 地址配置　　　　　　图 7-12　PM125 添加

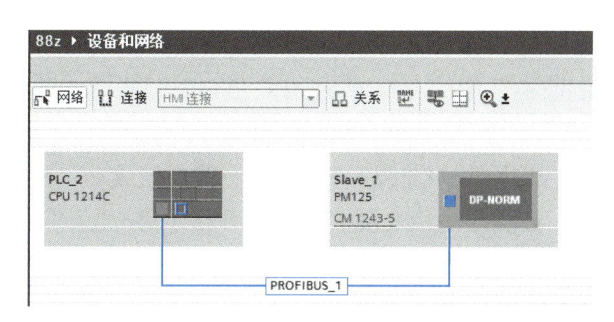

图 7-13　PM125 的连接

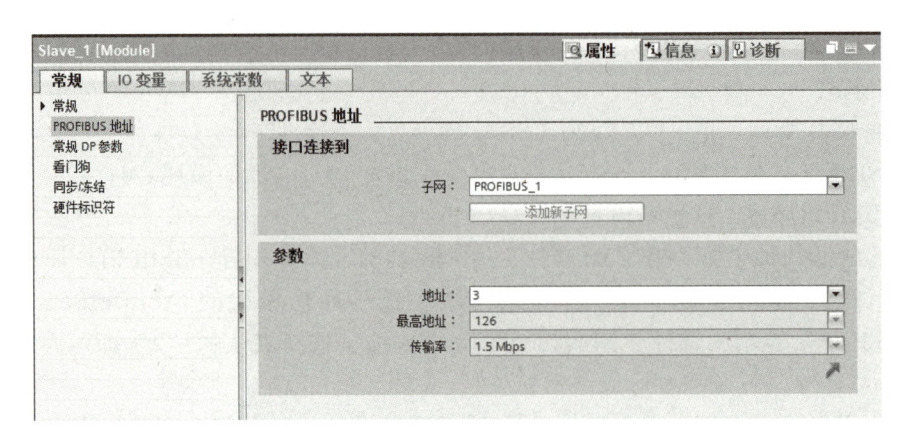

图 7-14　PM125 的 PROFIBUS 参数设置

5) 对 PM125 进行地址配置及 I/O 配置。双击"Slave_1 PM125",然后展开"设备视图"与"属性"窗口之间的"设备概览"窗口,进行 I/O 配置,从右侧"硬件目录"中拖入 2 个通用模块到"设备概览"区,依次进行 DI、DO 配置。DI 起始地址为 2,长度为 6;DO 起始地址为 2,长度为 7。其配置过程如图 7-15 所示。

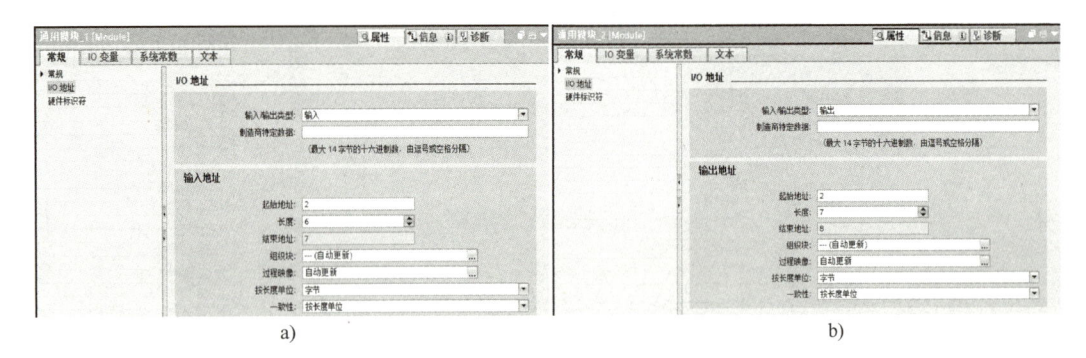

图 7-15　PM125 的参数设置
a) DI 模块地址设置　b) DO 模块地址设置

2. 通信程序

在 OB1 中编写通信程序,如图 7-16 所示。其中程序段 1 和程序段 3 实现 IO 数据传输,IB2 暂存入 MB300,再将 MB12 中的值传递给 QB6;程序段 2 实现所要发送的字节数设置,将数值 5 赋值给 QB3。

3. 通信测试

在将程序下载到设备之前需要确认计算机 IP 地址已改为"1192.168.0.1",子网掩码为"255.255.255.0";"控制面板"中的"设置 PG/PC 接口"已改为 CP-TCPIP 通信方式。将电梯仿真模型软件打开,完成 DP 通信配置,单击外控并运行即可。在 STEP 7 软件中打开 PLC 变量中的电梯 I/O,单击"启用/禁用监视"按钮,若通信成功,则变量表中显示电梯仿真软件中输入输出值的状态。如程序中给变量"一层外呼指示灯-上"Q5.1 赋值为 1,则变量表中该变量的监视值为"TRUE",表明与电梯仿真模型通信成功。其效果如图 7-17 所示。若通信不成功,则不能读取电梯 I/O 变量。

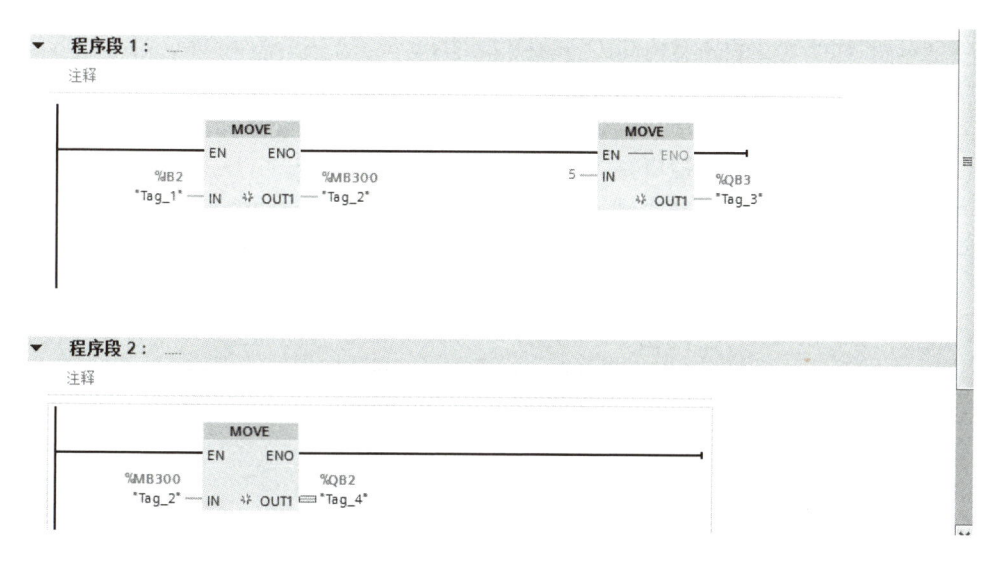

图 7-16　通信程序

图 7-17　通信成功标志

7.5　MODBUS 通信

7.5.1　MODBUS 简介

MODBUS 是一种串行通信协议，是工业电子设备之间常用的连接方式。串行通信也称为点对点（PtP）通信，在现场应用中，CPU 可通过 RS232C、RS485 等串行通信模块与第三方设备和仪表进行通信，也可作为 MODBUS 主站或从站。当 CPU 设置为在 MODBUS 网络上以 RTU 方式通信时，主站发送数据请求报文帧，从站回复应答数据报文帧。西门子 S7-1200 系列 PLC 可通过调用软件中的通信指令实现 MODBUS RTU 通信。当 CPU 作为 MODBUS RTU 主站运行时，可在远程 MODBUS RTU 从站中读/写数据和 I/O 状态，可以在用户程序中读取和处理远程数据。当 CPU 作为从站运行时，允许监控设备在远程 CPU 中读/写数据和 I/O 状态。监控设备可在远程 CPU 存储器中写入可在用户程序中处理的新值。

STEP 7 程序中的 MODBUS RTU 指令有以下 3 条。

1）MB_COMM_LOAD 指令。对用于 MODBUS 通信的每个通信端口，都必须执行一次 MB_COMM_LOAD 来组态，例如设置 PtP 端口参数（波特率、奇偶校验和流控制）。为 MODBUS RTU 协议组态 CPU 端口后，该端口只能由 MB_MASTER 和 MB_SLAVE 指令使用。

2）MB_MASTER 主指令。该指令使 CPU 充当 MODBUS RTU 主设备，并与一个或多个 MODBUS 从设备进行通信。

3）MB_SLAVE 从指令。该指令使 CPU 充当 MODBUS RTU 从设备，并与一个 MODBUS 主设备进行通信。MB_SLAVE 指令允许用户程序作为 MODBUS 从站通过 CM（RS485 或 RS232）和 CB（RS485）上的 PtP 端口进行通信。远程 MODBUS RTU 主站发出请求时，用户程序会通过执行 MB_SLAVE 进行响应。

7.5.2 MODBUS 无线通信实例

这里以一个自动分拣系统为例进行介绍。

1. 控制任务要求

自动分拣系统是现代化物流配送中心自动化设备的重要组成部分，主要完成零件的筛选和组装，主从站之间相距 100 m。主站用于完成零件的筛选，从站用于完成零件的组装。由于主从站之间距离较远，为避免电缆线容易磨损老化的问题要求采用主从站无线通信方式进行控制系统的设计。其中主站不仅要与从站 PLC 建立通信，还要完成零件的自动筛选任务要求。从站不仅要与主站 PLC 建立通信，还要完成零件的自动组装控制要求。为突出无线通信设计，节省篇幅，主从站的具体控制任务要求略去。

2. 总体方案设计

自动分拣系统项目要求设计自动分拣控制系统的主从站之间的无线通信，采用 DTD434MA 无线通信模块实现主从站之间的无线通信。DTD434MA 是西安达泰电子公司研发的一款专用于欧美系 PLC 的无线通信模块，其传输视距为 200 m，完全满足主从站之间无线传输距离需求。主从站均采用 S7-1200 系列 CPU，分别增加 CM1241 模块以为 CPU 扩展 RS-485 接口。其总控制系统结构图如图 7-18 所示。

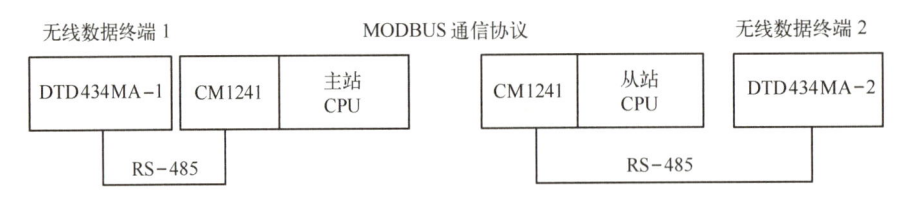

图 7-18 自动分拣主从站之间的总控制系统结构图

具体示例扫描二维码阅读。

MODBUS 无线通信实例具体步骤

第 8 章　工业自动化项目上位监控系统设计

PLC 控制系统设计包括系统硬件设计、软件设计、通信设计以及上位监控设计。第 5 章介绍了 PLC 控制系统的硬件设计，第 6 章介绍了 PLC 控制系统的软件设计，第 7 章介绍了 PLC 控制系统的通信设计，本章着重介绍 PLC 控制系统上位监控系统设计。其设计流程包括建立项目、建立变量、设计画面、组态报警和组态用户管理等，最后进行系统联调。

本章学习要求：

1) 理解上位监控系统设计需求。
2) 掌握 PLC 控制系统上位监控系统设计流程。
3) 熟练应用各种组态方法实现需要的功能。
4) 熟悉各种程序调试方法并会解决实际问题。

8.1　人机界面概述

8.1.1　HMI 的主要任务

对于一个有实际应用价值的 PLC 控制系统来讲，除了硬件和控制软件之外，还应有适于用户操作的方便的人机界面 HMI。HMI 系统承担的主要任务有：

1) 过程可视化。设备工作状态显示在 HMI 设备上，显示画面包括指示灯、按钮、文字、图形和曲线等，画面可根据过程变化动态更新。
2) 操作员对过程的控制。操作员可以通过图形用户界面来控制过程。例如，操作员可以通过数据、文字输入操作，预置控件的参数或者起动电动机。
3) 显示报警。过程的临界状态会自动触发报警，例如，当超出设定值时显示报警信息。
4) 归档过程值。HMI 系统可以连续、顺序记录过程值和报警，检索以前的生产数据，并打印输出生产数据。
5) 过程和设备的参数管理。HMI 系统可以将过程和设备的参数存储在配方中。例如，可以一次性将这些参数从 HMI 设备下载到 PLC，以便改变产品版本进行生产。

近年来，HMI 在控制系统中起着越来越重要的作用。用户可以通过 HMI 随时了解、观察并掌握整个控制系统的工作状态，必要时还可以通过 HMI 向控制系统发出故障报警，进行人工干预。因此，HMI 可以看成是人与硬件、控制软件的交叉部分，人可以通过 HMI 与 PLC 进行信息交换，向 PLC 控制系统输入数据、信息和控制命令，而 PLC 控制系统又可以通过 HMI 回送控制系统的数据和有关信息给用户。HMI 利用画面上的按钮和指示灯等来代替相应的硬件元件，以减少 PLC 需要的 I/O 点数，使机器的配线标准化、简单化，降低了系统的成本。

视频：HMI 的主要任务

8.1.2　HMI 项目设计方法

监控系统组态是通过 PLC 以"变量"方式实现 HMI 与机械设备或过程之间的通信。图 8-1 为监控系统组态的基本结构，过程值通过 I/O 模块存储在 PLC 中，HMI 设备通过变量通信访问 PLC 相应的存储单元。

HMI设备 ←通过变量通信→ PLC ←I/O模块→ 控制过程

图 8-1　监控系统组态的基本结构

根据工程项目的要求，设计 HMI 监控系统需要做的主要工作包括：

1）新建 HMI 监控项目。在组态软件中创建一个 HMI 监控项目。

2）建立通信连接。建立 HMI 设备与 PLC 之间的通信连接，HMI 设备与组态 PC 之间的通信连接。

3）定义变量。在组态软件中定义需要监控的过程变量。

4）创建监控画面。绘制监控画面，组态画面中的元素与变量建立连接，实现动态监控生产过程。

5）过程值归档。采集、处理和归档工业现场的过程值数据，以趋势曲线或表格的形式显示或打印输出。

6）编辑报警消息。编辑报警消息，组态离散量报警和模拟量报警。

7）组态配方。组态配方以快速适应生产工艺的变化。

8）用户管理。分级设置操作权限。

8.1.3　SIMATIC 的 HMI 设备

SIMATIC 提供一系列 HMI 设备，包括基本型 HMI 面板、增强型 HMI 面板和基于 PC 的增强型 HMI。基本型 HMI 面板包括按键式和精简面板，增强型 HMI 面板包括精智和移动式面板。其中，精简面板（Basic Panel）覆盖了人机界面的基本功能，是理想的入门级系列面板；精智面板（Comfort Panel）可满足设备级的各种高可视化要求，具有优异的功能性能与多样化的界面显示，适用于高端应用；移动面板（Mobile Panel）是高端移动应用，支持线缆或 Wi-Fi 通信，还可应用于故障安全设备和分布较广的工厂中。SIPLUS 在系列面板基础上扩展温度范围和特殊介质，适用于环境温度-25~70℃，支持冷凝环境，采用抗腐蚀保护性涂层用于空气中含有氯和硫等特殊介质的环境。如果生产过程对数量和待处理与记录的信息类型具有极高要求，则需要使用基于 PC 的系统。

（1）精简系列面板

在简单应用或小型设备中，成本是关键因素。此时，具备基本功能的操作面板即可完全满足使用需求，据此西门子公司推出了全新的 SIMATIC 精简系列面板，可以与 SIMATIC S7-1200 系列 PLC 无缝兼容，专注于简单应用，具有各种尺寸的屏幕可供选择，升级方便。SIMATIC S7-1200 与 SIMATIC HMI 精简系列面板的完美结合，为小型自动化应用提供了一种简单的可视化和控制解决方案。

每个 SIMATIC HMI 精简系列面板都具有一个集成的 PROFINET 接口或 DP 接口。通过它可以与控制器进行通信，并且传输参数设置数据和组态数据。

SIMATIC HMI 精简系列面板配有触摸屏，部分型号还带有可编程按键，操作直观方便。面板型号中带有 KTP 的表示触摸+功能键；仅带有 KP 的表示仅有按键功能，TP 表示仅有触摸功能。目前还在使用的有第一代的 KP300 Basic PN 和 KP400 Basic P，以及第二代的 6 款精简系列面板，如表 8-1 所示。

表 8-1 第二代 SIMATIC HMI 精简系列面板

型 号	操作方式	尺寸/in①	色彩	分辨率	功能键	接口	订货号
KTP400Basic PN	按键/触摸	4	64K	480×272	4	1×PROFINET，1×USB	6AV2123-2DB03-0AX0
KTP700Basic DP	按键/触摸	7	64K	800×480	8	1×RS 485/422，1×USB	6AV2123-2GA03-0AX0
KTP700Basic PN	按键/触摸	7	64K	800×480	8	1×PROFINET，1×USB	6AV2123-2GB03-0AX0
KTP900 Basic PN	按键/触摸	9	64K	800×480	8	1×PROFINET，1×USB	6AV2123-2JB03-0AX0
KTP1200Basic DP	按键/触摸	12	64K	1280×800	10	1×MPI/PROFIBUS DP，1×USB	6AV2123-2MA03-0AX0
KTP1200Basic PN	按键/触摸	12	64K	1024×768	10	1×MPI/PROFIBUS DP，1×USB	6AV6647-0AG11-3AX0

① 1 in = 2.54 cm。

（2）精智系列面板

精智系列面板带有归档、脚本、PDF/Word/Excel 查看器、Internet Explorer 浏览器、Media Player 播放器和 Web 服务器功能，支持硬件实时时钟功能。设备发生电源故障时，它能确保数据安全和 SIMATIC HMI 存储卡的数据安全，还能通过第二个 SD 卡进行自动备份。它支持配方管理、趋势显示和报警功能，支持 U 盘下载并能连接特定打印机，适用于条件极为恶劣的工业环境，可满足设备级的各种高可视化要求。目前，精智系列面板包括触摸面板 TP700、TP900、TP1200、TP1500、TP1900 和 TP2200，按键面板 KP400、KP700、KP900、KP1200 和 KP1500。其中触摸屏 TP2200 的技术参数为 22 in 的 TFT 显示屏，包含 1 个 DP 接口和 1 个 PROFINET 接口，2 个 SD 卡插槽，3 个 USB 接口。

（3）移动面板

移动面板适用于各种机器和设备需要现场移动控制和监视的场合，具有结构紧凑、易于操作的特点，并且符合人体工程学设计，一方面，可同时满足左右手习惯的工作人员长时间方便地操作，另一方面，它采用了适用于工业环境的双层结构和圆形外壳坚固设计，抗震性极强，STOP（停止）按键还特别增加了"防护圈"进行保护，从而在最大限度上降低误触发概率和设备掉落导致的损坏风险。移动面板对安全性考虑非常成熟。它具有两个三个开关档的确认按钮，可以在紧急情况下确保人员和机器的安全。同时，它的接线盒和电缆也满足对坚固性的高要求。早期的 SIMATIC 移动面板包括 170 和 270 系列。其中，270 系列中有两个无线通信移动式面板，277IWLAN 不带安全功能，277(F)IWLAN 带急停按钮和确认按钮。277(F)IWLAN 可作为 WLAN 客户机集成在无线局域网中，能够执行使用固定式或用电缆连接的设备无法执行的任务。第二代移动面板具有明亮的宽屏幕显示屏，配置十分简单，并具有独特的带灯急停按钮。它们是通过电缆连接的 SIMATIC HMI 移动式面板 x77 的后继产品，具体包括 KTP400F、KTP700 和 KTP700F 移动式面板，KTP700F Mobile HW、SIMATIC HMI KTP700F Mobile HW/

OR、KTP900、KTP900F 移动式面板和 TP1000F Mobile。

(4) 基于 PC 的系统

该系统具有充分的存储空间、处理器性能和数据连接方式，可提供一种可视化和 PC 组合在一个单元中的集中式解决方案。包括机架式、箱式、面板式、平板式和满足特殊要求等类型。其中，面板式工业 PC 属于整体式，可直接放置于控制柜上，适用于不需要硬件扩展性的较小的工程；箱式工业 PC 有一定可扩展性，放置在控制台上，适用于中型项目；机架式工业 PC 一般放在主控柜中，扩展性强，相当于机架式服务器，适用于大型项目。

其中，SIMATIC 工业平板 PC 将 SIMATIC 工业 PC 的性能带到平板 PC 上。例如 SIMATIC ITP1000（订货号 6AV7676-1AB00-0AS0）就是一款工业用坚固耐用的平板 PC。它具备高性能 Intel Core i5-6442EQ 或 Intel Celeron G3902E 笔记本计算机 CPU，内置 LAN、SD 读卡器、USB 接口、RS232、音频等多种接口，集成 WLAN 和蓝牙，具备 RFID、条码读码器（1D/2D）和摄像头，适合十分广泛的移动应用。为便于固定或者手持，可选用驳接站作为附件（订货号 6AV7676-1AB00-0AA0）。ITP1000 的外形如图 8-2 所示。

图 8-2 ITP1000 的外形

8.1.4 WinCC（TIA Portal）简介

WinCC（TIA Portal）是使用 WinCC Runtime Advanced 或 SCADA 系统 WinCC Runtime Professional 可视化软件组态 SIMATIC 面板、SIMATIC 工业 PC 以及标准 PC 的工程组态软件。WinCC（TIA Portal）有 4 种版本，具体使用哪个版本取决于可组态的操作员控制系统，如图 8-3 所示。

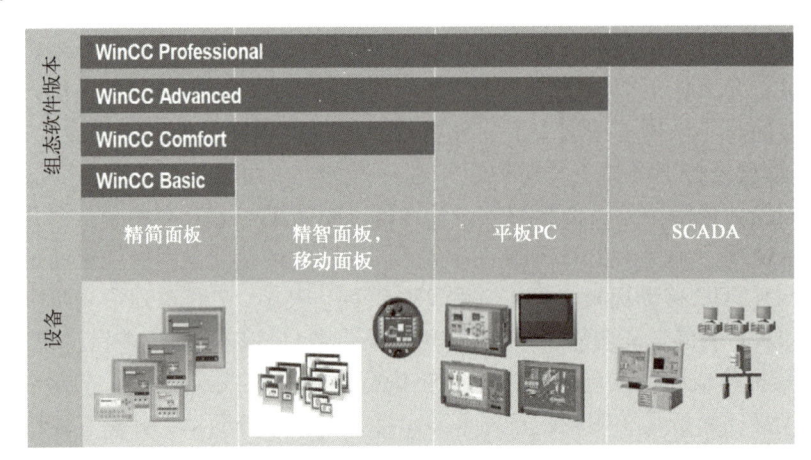

图 8-3 WinCC（TIA Portal）软件

TIA Portal V15 将 SIMATIC STEP 7 与 SIMATIC WinCC 集成在一起，在同一个项目下组态和编程，并且它们都采用以太网接口通信。后者简单、高效，易于上手，功能强大。基于表格的编辑器简化了变量、文本和报警信息等的生成和编辑。通过图形化配置，简化了复杂的组态任务。

所有的 SIMATIC HMI 精简系列、精智系列、移动系列面板都具备完整的相关功能，例如报警系统、配方管理、趋势功能和矢量图形等。工程组态系统还提供了一个具有各种图形和对象的库，同时还包括根据不同行业要求设计的用户管理功能，例如对用户 ID 和密码进行认证。但是对于面板的一些高级功能不予支持。WinCC Basic 的运行系统可以对 SIMATIC HMI 精简系列面板进行仿真，这种仿真功能对于学习使用 SIMATIC HMI 精简系列面板的组态方法是非常有用的。

而 WinCC Professional 可用于使用 WinCC Runtime Advanced 或 SCADA 系统 WinCC Runtime Professional 组态面板和 PC，在 Basic 基础上增加了更多的功能。例如：基本对象中增加了折线和多边形，元素中增加了符号库、滑块、量表和时钟，控件中增加了 HTML 浏览器、监视表、SmartClient 视图、f(x) 趋势视图、PLC 代码视图、GRAPH 概览、ProDiag 概览、条件分析视图、摄像机视图、PDF 视图等。

本书以自动灌装生产线项目为主线，应用西门子工业 PC 和组态软件 WinCC RT Advanced 来介绍 HMI 监控项目的建立过程。

S7-1200 的编程软件 STEP 7 与 SIMATIC HMI 精简系列面板的组态软件 WinCC Basic 集成在一起，后者简单、高效，易于上手，功能强大。基于表格的编辑器简化了变量、文本和报警信息等的生成和编辑。通过图形化配置，简化了复杂的组态任务。

S7-1200 与 SIMATIC HMI 精简系列面板用同一个软件，在同一个项目下组态和编程，它们都采用以太网接口通信，以上特点使 SIMATIC HMI 精简系列面板成为 S7-1200 的最佳搭档。

所有的 SIMATIC HMI 精简系列面板都具备完整的相关功能，例如报警系统、配方管理、趋势功能和矢量图形等。工程组态系统还提供了一个具有各种图形和对象的库，同时还包括根据不同行业要求设计的用户管理功能，例如对用户 ID 和密码进行认证。但是对于面板的一些高级功能不予支持。

WinCC Basic 的运行系统可以对 SIMATIC HMI 精简系列面板进行仿真，这种仿真功能对于学习使用 SIMATIC HMI 精简系列面板的组态方法是非常有用的。

8.2 建立一个 WinCC 项目

使用 TIA 软件，可以直接生成 HMI 设备，也可以使用设备向导生成 HMI 设备。

8.2.1 直接生成 PC 系统作为 HMI 设备

鉴于自动灌装生产线项目属于小型项目，可以选择工业平板作为 PC 系统。选择双击项目树中的"添加新设备"，单击打开的对话框中的"SIMATIC PC 系统"按钮，选择 SIMATIC Panel PC 系统中的工业平板 ITP1000，如图 8-4 所示。如果选择 HMI 设备和其他 PC 系统中的设备，设置方法类似。

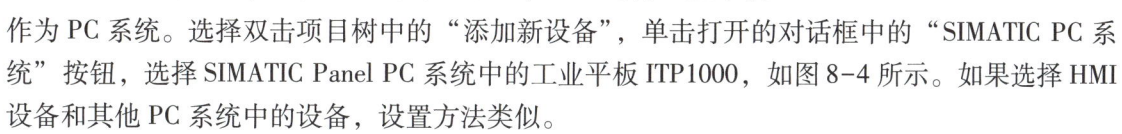

单击"确定"按钮，将生成名为"PC-System_1"的设备。为它选择 SIMATIC HMI 应用软件 WinCC RT Advanced 插入站点，如图 8-5 所示。

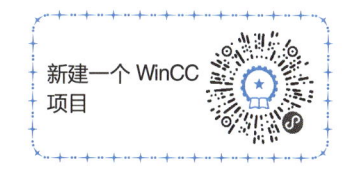

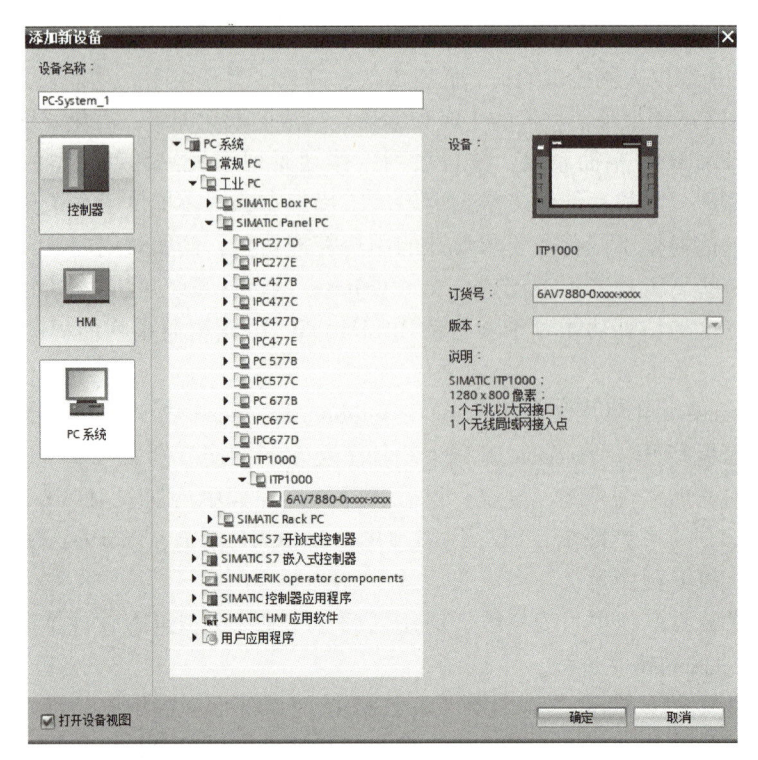

图 8-4　添加 PC 系统

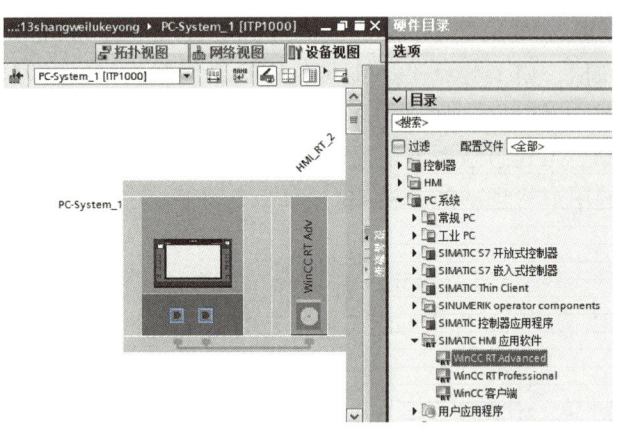

图 8-5　直接生成 PC 系统并添加 HMI 应用软件

8.2.2　建立 PLC 和 PC 站 HMI 设备之间的连接

单击项目树 PLC 下的设备组态，选择拓扑视图，显示添加的 PC-System_1 ITP1000，如图 8-6 所示。

网络视图下，单击 PLC_1 绿色的网口，出现黑色的连线，将 PLC 和 PC-System_1 之间的绿色网口连接起来，如图 8-7 所示。

松开鼠标之后，在 PLC 和 PC-System_1 之间出现绿色的连线则表示连接完成，接口类型为 PN/IE，如图 8-8 所示。

此时，从项目树下可看到 PC-System_1 下已出现 HMI_RT_1，表示可以进行上位监控画面的编辑，如图 8-9 所示。

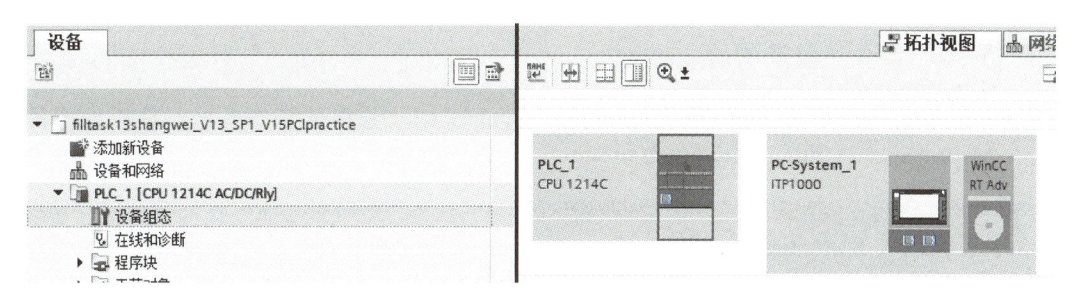

图 8-6　添加 PC 站之后的拓扑图

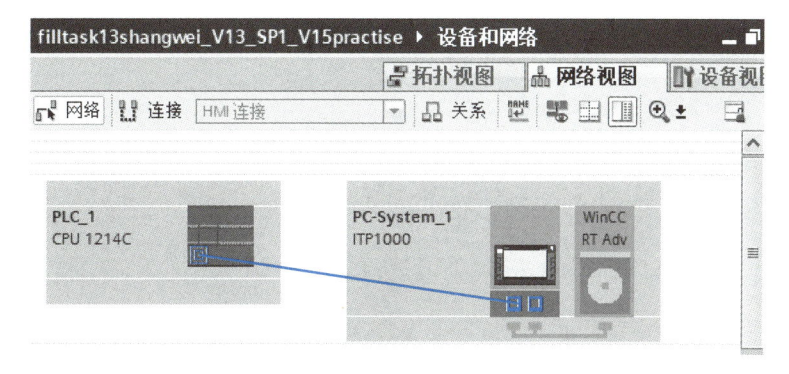

图 8-7　PLC 和 PC-System_1 之间连接

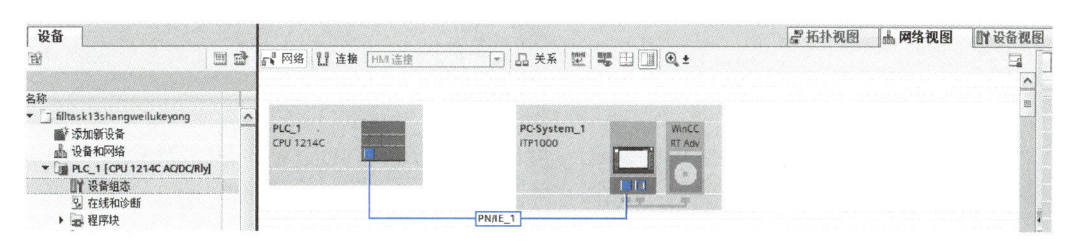

图 8-8　PC-System_1 与 PLC 连接完成

单击 HMI_RT_1 下的画面，出现"添加画面"和"画面_1"，其中带绿色三角的画面默认为初始画面。单击" 画面1 "，画面中出现 ITP1000 的外形，如图 8-10 所示。

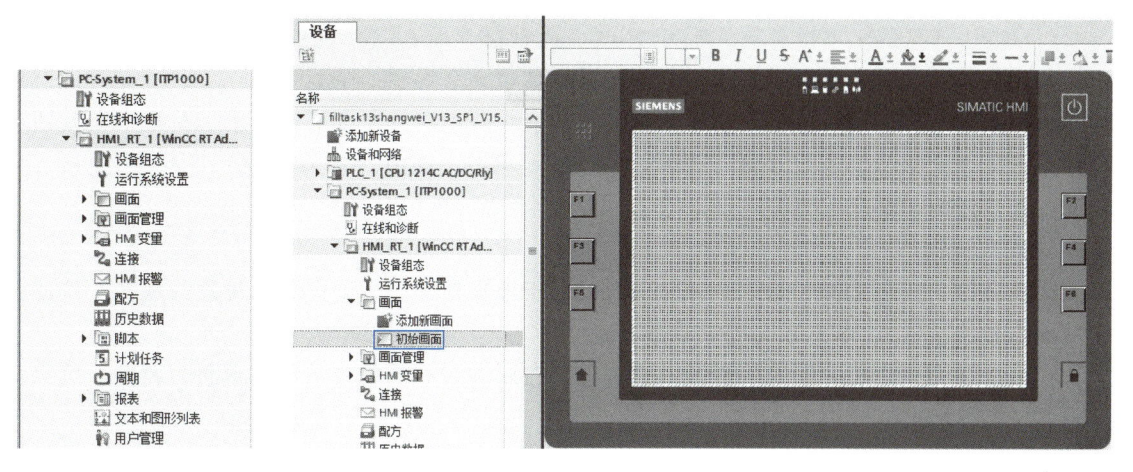

图 8-9　HMI_RT_1 出现

图 8-10　画面中出现 ITP1000 的外形

8.2.3 WinCC 项目组态界面

图 8-11 中显示的 WinCC 项目组态界面分为几个区域，分别是菜单栏、工具栏、项目树、工作区、巡视窗口、任务卡区和详细视图。

图 8-11 HMI 项目组态界面

（1）菜单栏和工具栏

菜单栏和工具栏是大型软件应用的基础，可以通过 WinCC 的菜单栏和工具栏访问它所提供的全部功能。当鼠标指针移动到一个功能上时，将出现工具提示。菜单栏中浅灰色的命令和工具栏中浅灰色的按钮表明该命令和按钮在当前条件下不能使用。

（2）项目树

图 8-11 画面的左边是项目树，该区域包含了可以组态的所有元件。项目中的各个组成部分在项目视图中以树形结构显示，分为四个层次，即项目名、**HMI** 设备、功能文件夹和对象。

（3）工作区

用户在工作区编辑项目对象，所有 WinCC 元素都显示在工作区的边框内。在工作区中可以打开多个对象，通常每次在工作区中只能看到其中一个对象。在编辑器栏中，所有其他对象均显示为选项卡。如果在执行某些任务时要同时查看两个对象，则可以使用工具栏中■按钮或■按钮，以水平或垂直方式平铺工作区；或单击选项卡中■按钮浮动停靠工作区的元素。如果没有打开任何对象，则工作区是空的。

（4）巡视窗口

巡视窗口一般在工作区的下面。巡视窗口用于编辑在工作区中选取的对象的属性，例如画面对象的颜色、输入/输出域连接的变量等。

在编辑画面时，如果未激活画面中的对象，在属性对话框中将显示该画面的属性，可以对画面的属性进行编辑。

（5）任务卡区

任务卡区中包含编辑用户监控画面所需的对象元素，可将这些对象添加到画面。工具箱提供的选件有基本对象、元素、控件和图形。不同的 HMI 设备可以使用的对象也不同。

(6) 详细视图

详细视图用来显示在项目树中指定的某些文件夹或编辑器中的内容。例如，在项目树中单击"画面"文件夹或"变量"编辑器，它们中的内容将显示在详细视图中。双击详细视图中的某个对象，将打开对应的编辑器。

(7) 组态界面设置

执行菜单命令"选项"→"设置"，在出现的对话框中，可以设置 WinCC 组态界面的一些属性，例如组态画面的常规属性、画面的背景颜色、画面编辑器网格、画面大小和位置等，如图 8-12 所示。

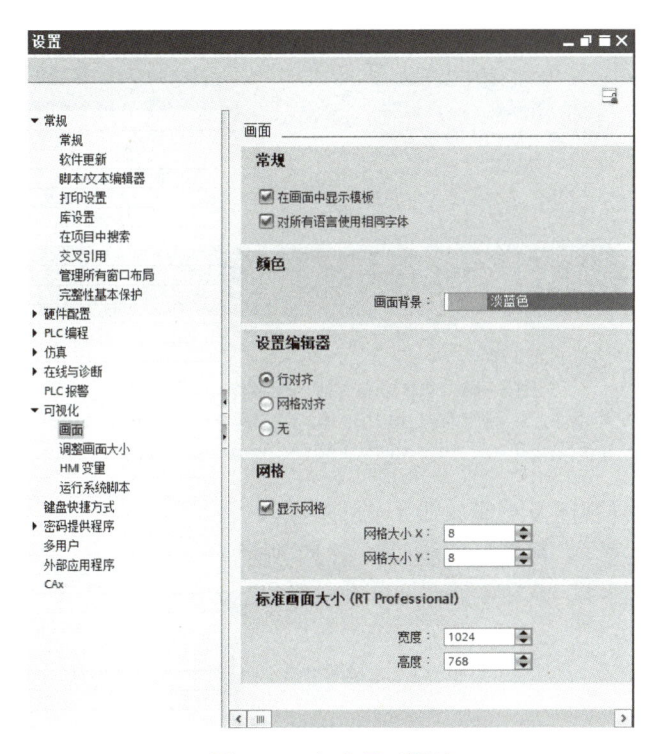

图 8-12　组态界面设置

(8) 帮助功能的使用

当鼠标指针移动到 WinCC 中的某个对象（例如工具栏中的某个按钮）上时，将会出现该对象最重要的提示信息。如果光标在该对象上多停留几秒，将会自动出现该对象的帮助信息。

8.3　ITP1000 平板 PC 的外观介绍及通信连接

8.3.1　ITP1000 平板 PC 的外观及接口

ITP1000 平板 PC 由于采用笔记本计算机 CPU，可安装 Windows 操作系统，有 1 个以太网接口和 2 个 USB 接口，其正面图及功能如图 8-13 所示。

ITP1000 平板 PC 背面图及功能如图 8-14 所示。

ITP1000 平板 PC 俯视图及功能如图 8-15 所示。

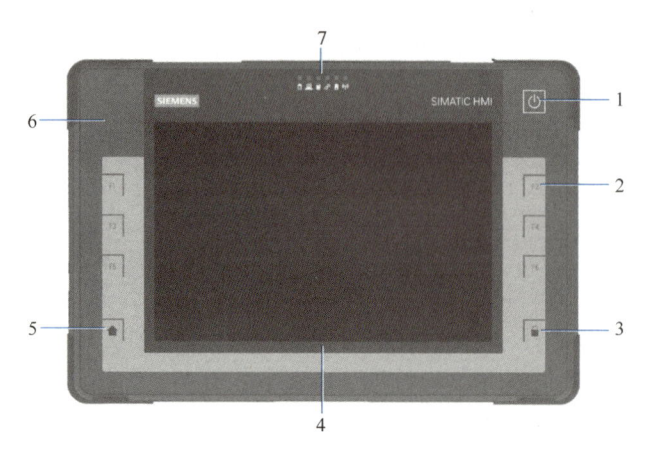

图 8-13 ITP1000 平板 PC 正面图及功能
1—电源 2—F1~F6 共 6 个功能键 3—锁定键
4—显示触摸屏 5—HOME 键 6—RFID 读卡器
（可选） 7—状态显示

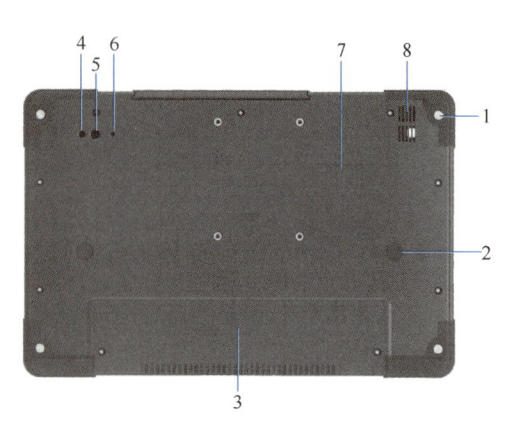

图 8-14 ITP1000 平板 PC 背面图及功能
1—4 个螺钉，用于紧固附件，例如背带 2—驳接站的
2 个支撑点 3—电池盖 4—摄像机照明/闪光灯
5—相机镜头（可选） 6—摄像头操作指示灯
（蓝色=摄像头正在运行） 7—通风槽 8—扬声器

图 8-15 ITP1000 平板 PC 俯视图及功能
1—读卡器用于：SD 卡（包括 SD UHS-II）和多媒体卡（MMC） 2—以太网口
3—2× USB 3.0 A 类 4—迷你显示端口 5—RS-232 接口 6—通风槽

ITP1000 平板 PC 仰视图及功能如图 8-16 所示。
ITP1000 平板 PC 左、右视图及功能如图 8-17 所示。

图 8-16 ITP1000 平板 PC 仰视图及功能
1—条码读码器 2—驳接站接口

图 8-17 ITP1000 平板 PC 左、右视图及功能
1—通用音频插孔（UAJ）音频设备连接
2—USB 3.0 C 型 3—用于连接电源的插座：直流输入 19 V

8.3.2　ITP1000 平板 PC 的驳接站外观及接口

驳接站为 SIMATIC 工业平板 PC 提供了一个对接站。除了能够为设备充电外，驳接站还具有一个以太网接口、一个 DisplayPort 接口和两个 USB 口。通过外置显示器、鼠标和键盘，SIMATIC ITP1000 可升级为与全面办公场所中的 PC 等同的 PC。它可进行单手对接，可方便地插入和卸下 SIMATIC ITP1000。其正视图及功能如图 8-18 所示。

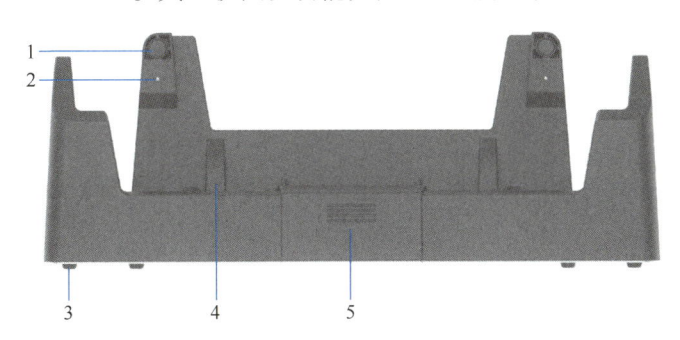

图 8-18　ITP1000 平板 PC 驳接站正视图及功能
1—2 个磁性闩锁　2—2 个停靠检测按钮　3—4 个支承脚　4—2 个滑动表面，用于对中设备　5—对接连接器盖

驳接站的接口如图 8-19 所示。

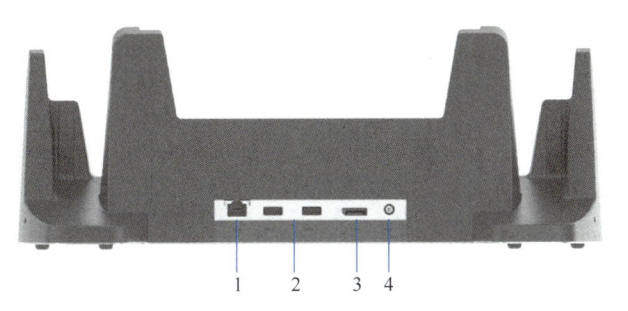

图 8-19　驳接站的接口
1—以太网口　2—2×USB 2.0 Type A　3—显示端口　4—用于连接电源的插座：直流输入 19 V

8.3.3　设置 ITP1000 平板 PC 的操作控制及状态显示

ITP1000 平板 PC 上的按钮和按键有具体的操作方法和功能，也能通过状态显示 LED 等确定当前状态。

（1）电源（开关）按钮

电源按钮 位于设备正面，如图 8-13 中的 1 所示。它具有以下功能：①按住按钮约 1 s，打开或者关闭设备；②发生故障时关闭设备（按住 5 s 以上）。

（2）按键

HOME 键 和锁定键 位于设备的正面，如图 8-13 中的 5 和 3 所示。

HOME（主页）键的功能是①打开 Windows "开始" 菜单；②〈主页键+电源按钮〉打开登录掩码，对应于 PC 的快捷方式〈Ctrl+Alt+Del〉。

锁定键可锁定显示器以防意外操作，再次按下锁定键可解锁。处于锁定状态时，显示器变暗，无法输入和显示。

(3) 功能键

ITP1000 平板 PC 上有〈F1〉~〈F8〉共 8 个功能键，可通过 SIMATIC IPC 配置中心自由配置。首先打开 IPC Configuration Center，选择并单击"Key definition"按钮，在打开的"Key definition"界面选择相应的功能，如图 8-20 所示。

ITP1000 平板 PC 上的状态显示 LED 位于设备的正面，如图 8-13 中的 7 所示。系统指示灯用于指示各种操作状态，具体如表 8-2 所示。

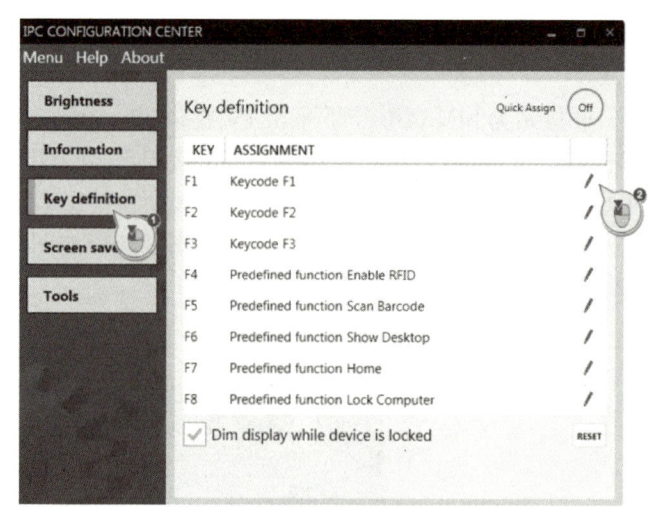

图 8-20 IPC 配置中心配置功能键

表 8-2 系统指示灯指示各种操作状态

符 号	含 义	颜 色	颜色的含义
（电池图标）	可充电电池	绿色 橙色 红色 关闭	电池已充电 电池正在充电 电池容量过低（仅在电池运行时操作） 没有可用的电池
ON	操作	绿色 橙色 绿色闪烁 橙色闪烁 关闭	电源操作 蓄电池操作 电源操作，设备处于睡眠模式 电池工作，设备处于睡眠模式 设备已关闭
（存储图标）	大容量存储	绿色	访问外部存储器（硬盘等）
（齿轮图标）	用户程序	红色 绿色	状态显示不可通过用户程序控制 状态显示可以通过用户程序控制
（卡图标）	读卡器	绿色	SD 卡和多媒体卡读卡器处于工作状态

8.3.4 设置 ITP1000 平板 PC 的通信参数

(1) 接通电源启动 ITP1000

ITP1000 内有锂电池，一旦设备连接到电源就会充电。当设备关闭时，充电过程大约需要 2 h 时长。当设备打开时，充电过程的持续时间在很大程度上取决于系统负载，并且可以相应地延长。充电完成可进行系统的初始通电。首先按下 ON/OFF（打开/关闭）按钮约 1 s，"操作"状态显示点亮，设备进行自检，接下来按照屏幕上的说明进行操作。设备首次打开时处于工厂设置状态，可指定所需的区域和语言设置，并根据需要键入产品密钥。操作系统设置完成后，设备就可以重新启动，随后打开计算机，操作系统的用户界面是上次完成的例程。

(2) 博途软件设置 WinCC 的通信参数

组态 PG/PC 接口。打开 Windows 系统的控制面板，双击控制面板中的 "Set PG/PC I 接口"图标，设置 PG/PC 接口，如图 8-21 所示。

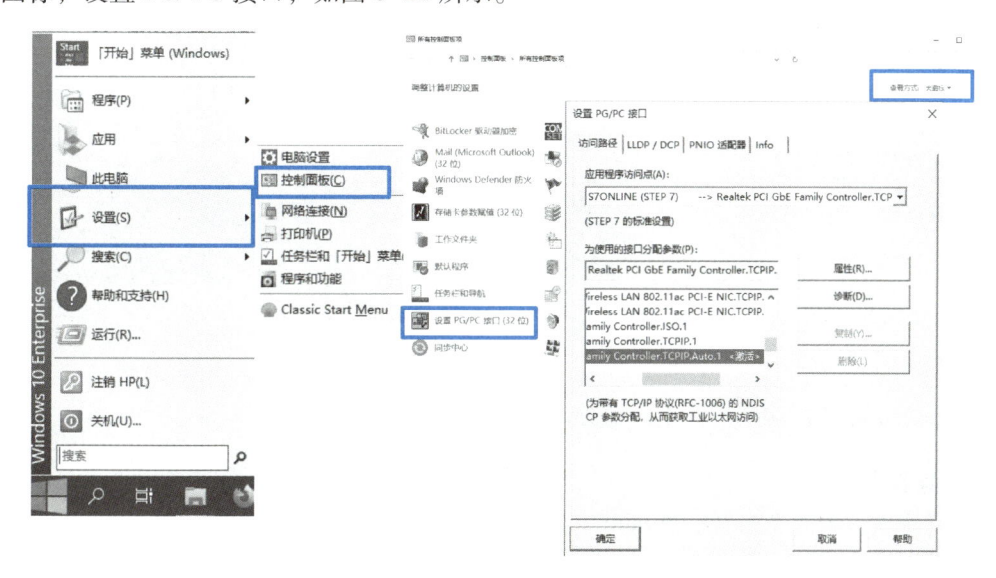

图 8-21 通过 Windows 系统的控制面板设置 PG/PC 接口

在设置 PG/PC 接口对话框中，为使用的接口分配参数，如图 8-22 所示。注意：此处所用的网卡不同，显示不同。可通过项目树下在线访问寻找连接 PLC 的网卡，在设置 PG/PC 接口处选择同样的网卡。随后可进行诊断测试，测试结果为 OK 表示通信通畅。

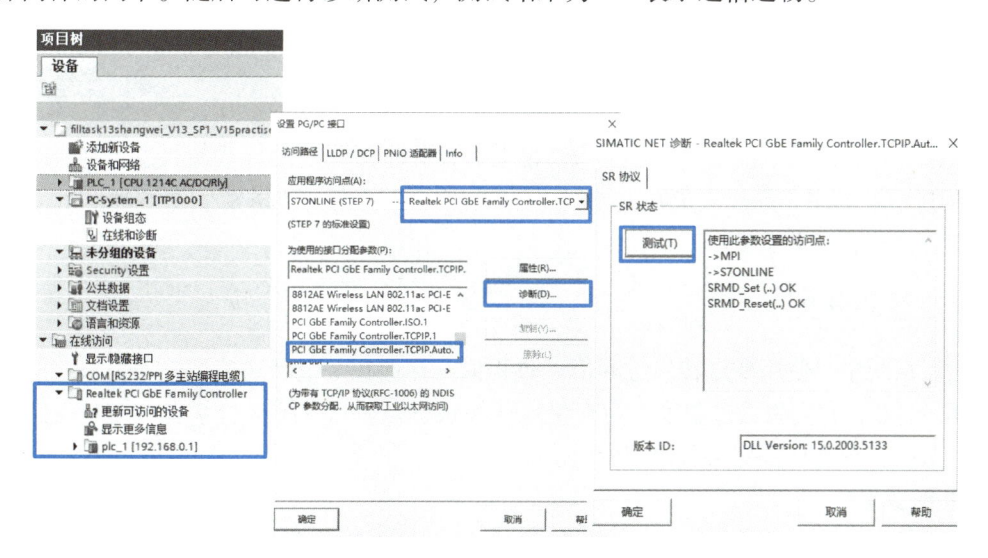

图 8-22 网卡查询及测试

在项目中，打开 PC-System_1 的设备组态，在常规选项卡的 "PROFINET onboard[X1]接口"属性中，对其以太网地址进行设置。在以太网地址下，将接口连接到 "PN/IE_1"，IP 协议下在项目中设置 IP 地址为 192.168.0.2，子网掩码为 255.255.255.0。注意：这里设置的 IP 地址要与 ITP1000 设备上设置的 IP 地址一致，也要与 PLC 的地址在一个网段，如图 8-23 所示。

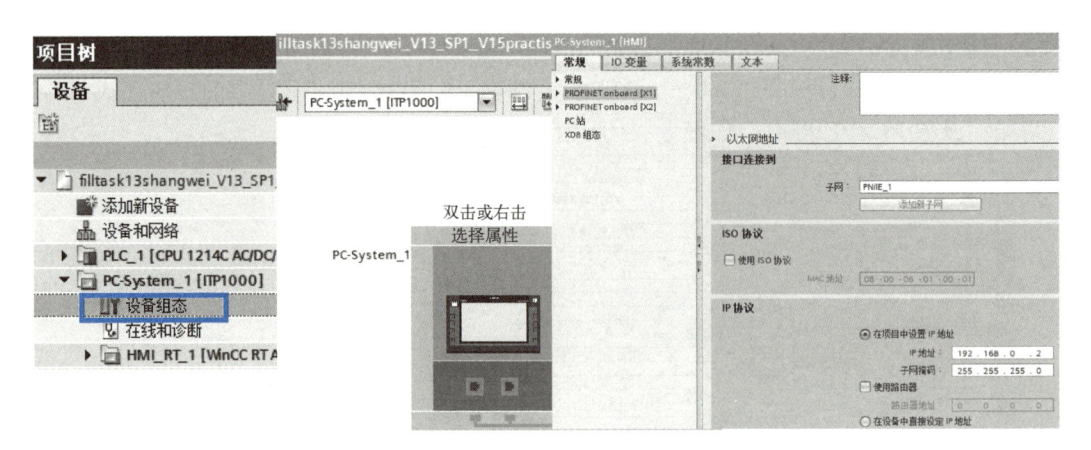

图 8-23　设置 PC-System_1 的以太网地址

任务十三　建立灌装自动生产线上位监控项目

1. 任务要求

应用博途软件中的 WinCC，在灌装自动生产线项目中添加上位监控设备，并实现监控设备与 PLC 的通信。

2. 分析与讨论

要完成此任务，需要弄清楚灌装生产线项目需要实现哪些监视和控制需求，实现哪些可视化功能。如果没有 ITP1000 平板 PC，可以在添加新设备中添加 SIMATIC 精智系列面板中的任一款，参照 8.2 节和 8.3 节的内容完成灌装自动生产线上位监控项目。

8.4　定义变量

变量系统是组态软件的重要组成部分。灌装自动化生产线的运行状况通过变量实时地反映在 HMI 的过程画面中，操作人员在 HMI 上发布的指令通过变量传送给生产现场。因此在组态画面之前，首先要定义变量。

8.4.1　变量的分类

在运行系统中，使用变量转发过程值。过程值是存储在某个已连接到自动化系统的存储器中的数据。例如，它们将通过温度、填充量或开关状态来表示系统运行状态。变量由符号名和数据类型组成，分为外部变量和内部变量。

1. 外部变量

外部变量——与外部控制器（例如 PLC）具有过程连接的变量。必须指定与 HMI 相连接的 PLC 的内存位置，其值随 PLC 程序的执行而改变，HMI 和 PLC 都可以对其进行读写访问，是 HMI 与 PLC 进行数据交换的桥梁。最多可使用的外部变量数目与授权有关。

2. 内部变量

内部变量——与外部控制器没有过程连接的变量。其值存储在触摸屏的存储器中，不用分配地址，只有 HMI 能够访问内部变量，用于 HMI 内部的计算或执行其他任务。内部变量没有数量限制，可以无限制地使用。

8.4.2 变量的数据类型

变量的基本数据类型见表 8-3。

表 8-3 变量的基本数据类型

变量类型	符 号	位数/bit	取 值 范 围
字符	Char	8	—
字节	Byte	8	0~255
有符号整数	Int	16	-32 768~32 767
无符号整数	Uint	16	0~65 535
长整数	Long	32	-2 147 483 648~2 147 483 647
无符号长整数	Ulong	32	0~4 294 967 295
浮点数（实数）	Float	32	$1.175\ 495\times10^{-38}$ ~ $3.402\ 823\times10^{38}$ $-1.175\ 495\times10^{-38}$ ~ $-3.402\ 823\times10^{38}$
双精度浮点数	Double	64	
布尔（位）变量	Bool	1	True（1）、False（0）
字符串	String		
日期时间	Date Time	64	日期/时间值

8.4.3 编辑变量

1. 定义变量

项目的每个 HMI 设备都有一个默认变量表。该表无法删除或移动。默认变量表包含 HMI 变量和系统变量（是否包含系统变量则取决于 HMI 设备）。可在标准变量表中声明所有 HMI 变量，也可根据需要新建用户定制的变量表。在项目树中打开"HMI 变量"文件夹，然后双击默认变量表，默认变量表即打开，如图 8-24 所示。也可以创建一个新变量表并将其打开。也可以单击"添加新变量表"并将其打开。

图 8-24 默认变量表

在变量表的"名称"列中双击"添加"，可以创建一个新变量，设置变量的名称、数据类型、连接、PLC 名称、PLC 变量、地址和采集周期等参数。

(1) 输入变量的名称

在"名称"列中输入变量名称,此变量名称在整个设备中必须唯一。在"连接"列下拉菜单中,显示所有在通信连接时建立的"PLC 连接"和<内部变量>。如果是内部变量,选择<内部变量>。本例中,选择"HMI_连接_1"连接,如图 8-25 所示。

图 8-25 连接内部变量

如果需要的连接未显示,则必须先创建与 PLC 的连接。在"连接"编辑器中创建与外部 PLC 的连接,如图 8-26 所示。

图 8-26 创建与 PLC 的连接

如果项目包含 PLC 并支持集成连接,则也可以自动创建连接。为此,在组态 HMI 变量时,只需选择现有的 PLC 变量来连接 HMI 变量。之后,系统会自动创建集成连接。

(2) 定义变量的数据类型

在默认变量表中的"数据类型"下拉菜单中,显示所有可用的数据类型,如图 8-27 所示。对于外部变量,定义的数据类型一定要与该变量在 PLC 中的类型相一致。

(3) 设置变量地址

如果使用非集成连接,在默认变量表中的"访问模式"中选择<绝对访问>,在"地址"下拉菜单

图 8-27 定义变量的数据类型

中输入 PLC 地址,单击 ✓ 按钮以确认所做的选择,如图 8-28 所示。"PLC 变量"自动保持为空。

图 8-28 设置变量对应的 PLC 地址

如果使用集成连接，在默认变量表中的"访问模式"中选择<符号访问>，则单击"PLC 变量"中的 按钮并在对象列表中选择已创建的 PLC 变量。单击 按钮以确认所做的选择，如图 8-29 所示。

图 8-29 在集成项目中定义变量

（4）设置变量的采集周期

在过程画面中显示或记录的过程变量值需要实时进行更新，采集周期用来确定画面的刷新频率。设置采集周期时应考虑过程值的变化速率。例如，烤炉的温度变化比电气传动装置的速度变化慢得多，如果采集周期设置得太小，将显著地增加通信的负荷。HMI 采集周期最小值为 100 ms，如图 8-30 所示。

2. 设置变量的属性

（1）变量的采集模式

图 8-30 设置采集周期

用户可以选择系统运行时变量的更新方式，如图 8-31 所示。

（2）变量的线形标定

PLC 中的过程变量的数值可以被线性地转换为 HMI 项目中的数值并显示出来。

对变量进行线性转换时，应在 PLC 和 HMI 上各指定一个数值范围。例如现场过程值 0~10 MPa 的压力值输入到 S7-1200 模拟量输入模块后转换为 0~27 648 的数值，为了在 HMI 设备上显示出压力值，可以直接用 HMI 中变量的线性转换功能来实现。在变量"压力"的"属性"视图窗口的"属性"选项卡的"线形标定"界面中，激活"线形标定"，将 PLC 和 HMI 的数值范围分别设置为 0~27648 和 0~10000（kPa），如图 8-32 所示。

图 8-31　设置变量的"采集模式"

图 8-32　组态变量的线形转换

(3) 变量的起始值

项目开始运行时变量的值称为变量的起始值。在变量的"属性视图"窗口的"属性"选项卡的"值"对话框中，可以为每个变量组态一个起始值。运行系统启动时变量将被赋值为起始值，这样可以确保项目在每次启动时均按定义的状态开始运行。例如，将流量的起始值设置为100，如图 8-33 所示。

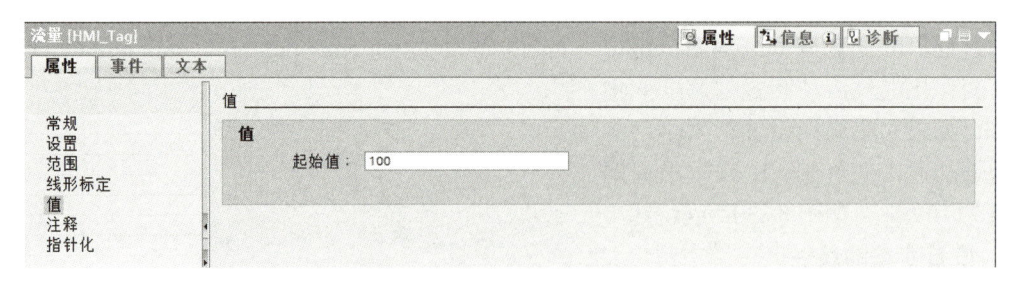

图 8-33　组态变量的起始值

8.5　组态画面

8.5.1　设计画面结构与布局

1. 设计画面结构

工程项目一般是由多幅画面组成的，各个画面之间应能按要求互相切换。根据控制系统的要求，首先需要对画面进行总体规划，规划创建哪些画面、每个画面的主要功能。其次需要分析各个画面之间的关系，应根据操作的需要安排切换顺序，各画面之间的相互关系应层次分明、操作方便。

由于任务中的灌装自动化生产线系统所需要的画面数不多，可以采用以初始画面为中心，"单线联系"的切换方式，如图 8-34 所示。开机后显示初始画面，在初始画面中设置切换到其他画面的切换按钮，从初始画面可以切换到所有其他画面，其他画面只能返回初始画面。初始画面之外的画面不能相互切换，需要经过初始画面的"中转"来切换。这种画面结构的层次少，除初始画面外，其他画面只需使用一个画面切换按钮，操作比较方便。如果需要，也可以建立初始画面之外的其他画面之间的切换关系。

图 8-34　画面结构

经过分析，任务中的灌装自动化生产线系统需要设置 6 幅过程监控画面，在项目视图"画面"文件夹中添加 6 幅画面，分别命名为初始画面、运行画面、参数设置画面、报警画面、趋势视图画面和用户管理画面。初始画面是开机时显示的画面，从初始画面可以切换到所有其他画面。运行画面可以显示现场设备工作状态、对现场设备进行控制，系统有上位控制和下位控制两种运行方式，由控制面板上的选择开关设置，当运行方式为上位控制时，可以通过画面中的按钮启动和停止设备运行。参数设置画面用于通过触摸屏来设置现场中根据工艺的不同需要修改变化的参数，如限制值、设备运行时间等参数。报警画面实时显示当前设备运行状态的故障消息文本和报警记录。趋势视图画面用于监视现场过程值的变化曲线，如物料温度的变化、流量的变化以及液罐中液位的变化等。用户管理画面可以对使用触摸屏的用户进行管理，在用户管理画面中，设置各用户的权限，只有具有权限的人员才能进行相应操作，如修改工艺参数等。

2. 设计画面布局

画面绘图区的任何区域都可以组态各种对象和控件。通常，为了方便监视和控制生产现场的操作，将画面的布局分为 3 个区域：总览区、现场画面区和按钮区。总览区通常包括在所有画面中都显示的信息，例如项目标志、运行日期和时间、报警消息以及系统信息等。现场画面区用于组态设备的过程画面，显示过程事件。按钮区显示可以操作的按钮，例如画面切换按钮、调用信息按钮等。按钮可以独立于所选择的现场画面区域使用。

常用的画面布局如图 8-35 所示。

图 8-35　常用的画面布局

8.5.2　创建画面

在 HMI 中的画面是由画面编辑器来组态的。双击项目视图中的"添加新画面"，在工作区会出现 HMI 的外形画面，画面被自动指定一个默认的名称，例如"画面_2"，可以修改画面的名称。此外，也可以通过 HMI 向导生成画面。根画面是通过 HMI 设备向导生成的，可以在根画面处添加其他的画面，其他画面是以此根画面为根进行扩展的。

画面是过程的映像。可以在画面上显示生产过程的状态并设定过程值。图 8-36 显示了灌装自动化生产线运行过程。画面上方显示系统运行时间和画面切换按钮。画面中间显示生产线运行情况，通过指示灯可以看到现场的工作状态。启动按钮和停止按钮可以控制设备的运行。

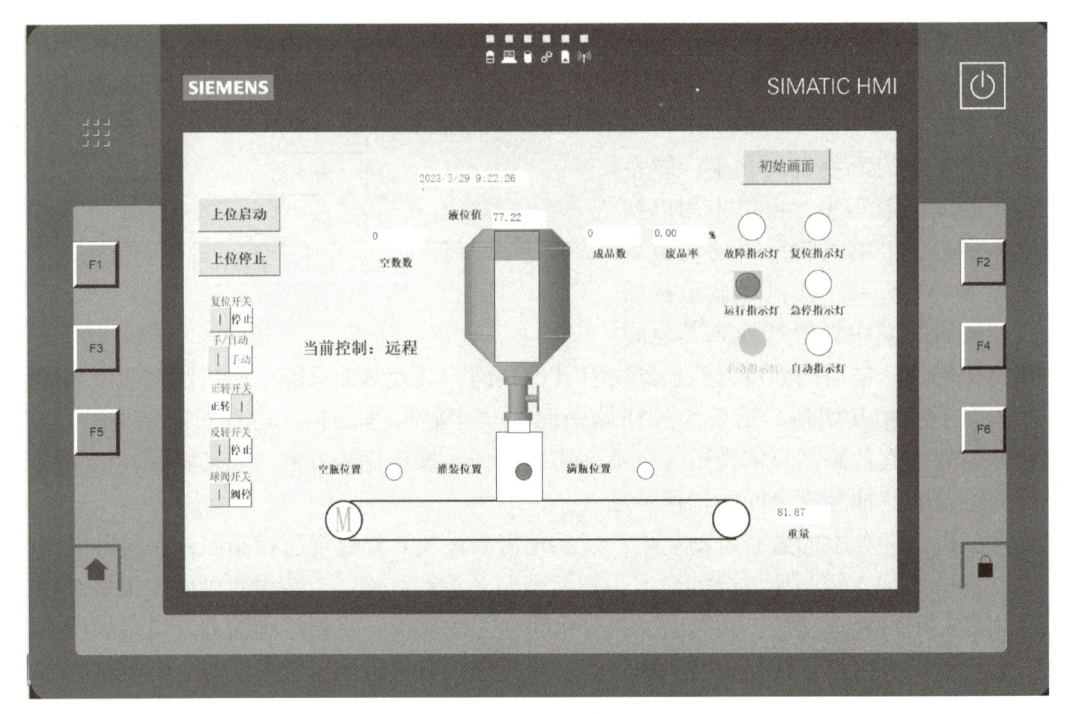

图 8-36 灌装自动化生产线运行画面

从图 8-36 可以看到，画面中的元素是由静态元素和动态元素组成的。静态元素（例如文本或图形对象）用于静态显示，在运行时它们的状态不会变化，不需要连接变量。

动态元素的状态受变量的控制，需要设置与它们连接的变量，用图形、I/O 域、按钮、指示灯和棒图等画面元素来显示变量的当前状态或当前值。PLC 通过变量与动态元件交换过程值和操作员输入的数据，动态元件的状态随 PLC 程序的运行而实时更新。

带有功能键的 HMI 设备，用户可以为其分配一个或多个功能。当操作员在 HMI 设备上按下该键时，会触发相应的功能。以工业平板 PC ITP1000 为例，该 HMI 设备有 6 个功能键，如图 8-36 所示。

8.5.3 画面管理

在 HMI 设备上可以显示系统画面、全局画面、画面与模板，如图 8-37 所示。系统画面是不可组态的，全局画面位于画面和模板之前，画面位于模板之前。

1. 模板

在对 HMI 设备进行画面组态时，可以使用模板。模板是具有特殊功能的一个画面，在模板中组态的画面和对象属

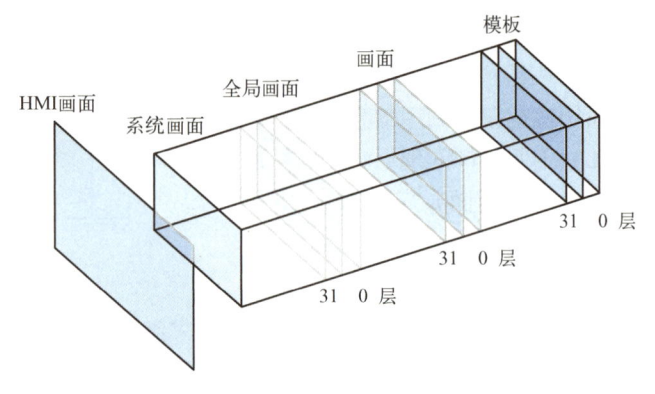

图 8-37 HMI 设备上可显示画面

性可以应用到其他画面，对模板的改动将立即在所有使用模板的画面中生效，可以将需要在所有画面中显示的画面对象放置在模板中。组态好的模板可以在本项目或其他项目中多次使用，这样可以保证项目设计的一致性，减少组态的工作量。

注意：一个模板不仅适用于一个画面。一个画面始终只能基于一个模板。一个 HMI 设备可以创建多个模板。一个模板不能基于另一个模板。

（1）组态模板

双击项目树中的"添加新模板"，在工作区会出现 HMI 的外形画面，模板被自动指定一个默认的名称，例如"模板_2"，可以修改模板的名称。采用 HMI 向导生成的项目，以"模板_1"模板名称命名。

进行画面结构设计时，采用的是"单线联系"的切换方式，从初始画面可以切换到其他画面，其他画面需要返回到初始画面。因此，在所有其他画面中都要设置一个切换到"初始画面"的按钮。如果将该按钮放置在模板中，并且在所有其他画面都使用这个模板，这样"初始画面"按钮就会出现在所有其他画面中，而不需要在每个画面中都进行设置。

使用工具箱中的元素，单击"按钮"，将其放入模板，通过拖动鼠标可以调整按钮的大小。在按钮的属性视图的"属性"选项卡中的"常规"对话框中，输入相应的文字来提示操作人员该按钮的功能，例如，当操作人员单击"初始画面"按钮时，画面将会从任一画面切换到初始画面。那么在按钮"未按下"时状态文本中可以输入切换到下一幅监控画面的名称"初始画面"，如图 8-38 所示。

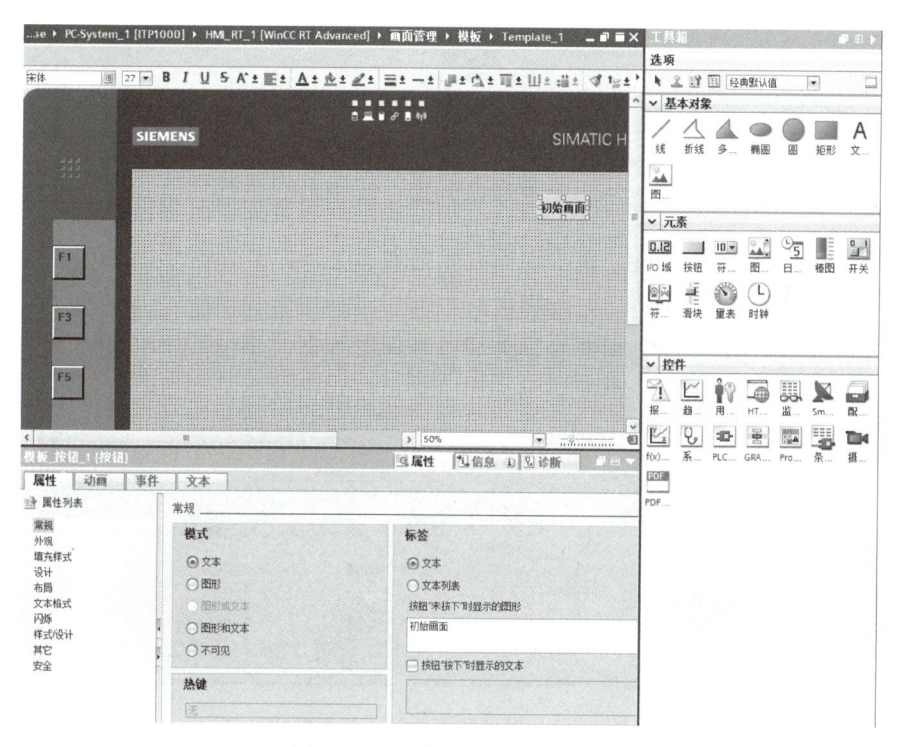

图 8-38 组态按钮的常规属性

输入相应的文本后还需要为按钮单击事件选择功能。功能的执行总是与指定的事件相连接的。只有当该事件发生时，才触发功能。例如，当单击"初始画面"时，这个按钮事件触发画面切换的功能。

在按钮的属性视图的"事件"选项卡的"单击"对话框中，单击函数列表最上面一行右侧的下拉箭头 ▼，在出现的系统函数列表中选择"画面"文件夹中的函数"激活屏幕"，如图 8-39 所示。

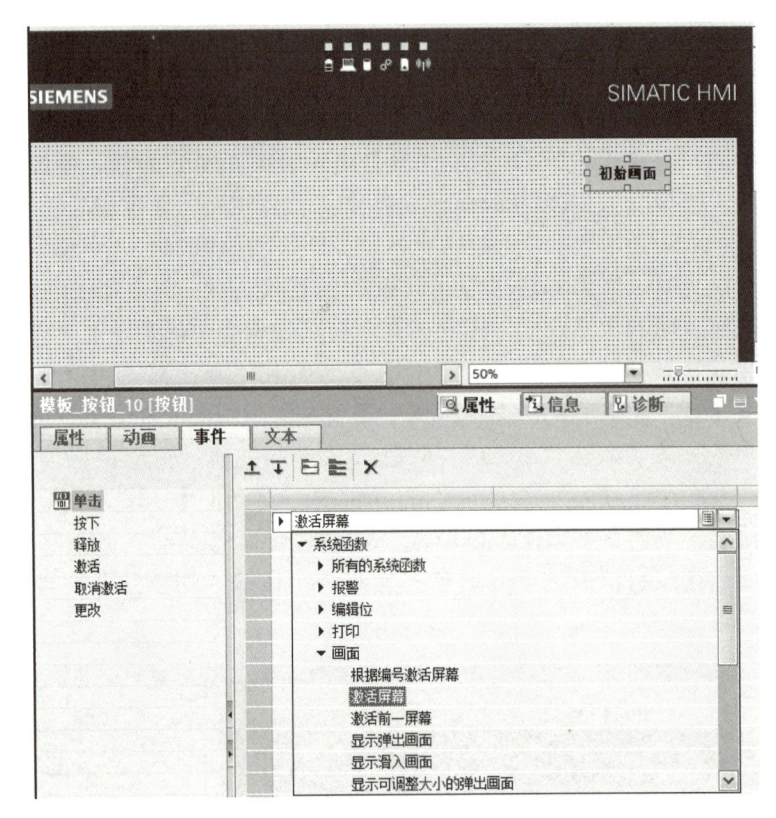

图 8-39　组态单击按钮时执行的函数

单击画面名称右侧的按钮…，在出现的画面列表中选择需要切换的画面名，在本例中选择"初始画面"，如图 8-40 所示。

图 8-40　组态单击按钮切换的画面

进行画面布局设计时，如果希望在每幅监控画面都可以显示日期与时间，这样就需要把日期与时间放在模板中。

使用工具箱中的元素，单击"日期/时间域"，将其放入模板中。组态"日期/时间域"的属性。在属性视图中，单击"属性"选项卡的"常规"选项，如图 8-41 所示。类型模式如果组态为"输出"，则只用于显示；如果组态为"输入/输出"，还可以作为输入来修改当前的时间。可以选择只显示时间或只显示日期。可以使用系统时间作为日期和时间的数据源。如果选择使用"变量"，日期和时间则由一个 DATA_AND_TIME 类型的变量提供，该变量值可以来自 PLC。

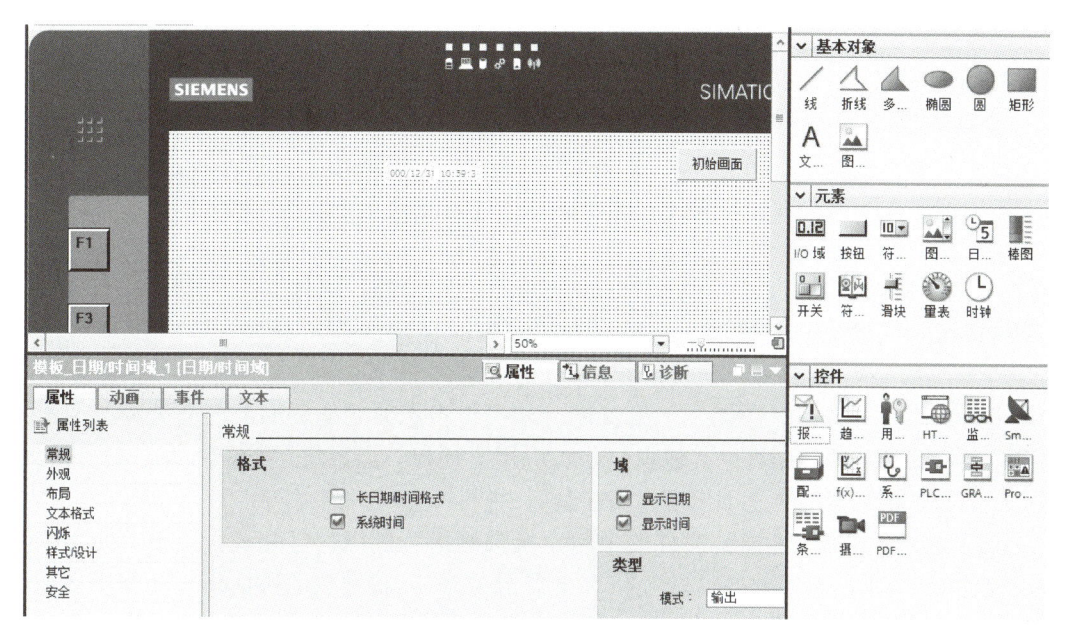

图 8-41　组态"日期/时间域"

（2）模板的使用

在组态其他画面时，可以选择是否应用画面模板，如图 8-42 所示。如果使用模板"Template_1"，则画面中会出现回到初始画面的按钮和日期时间域。来自画面模板的对象的颜色看上去比实际颜色浅。

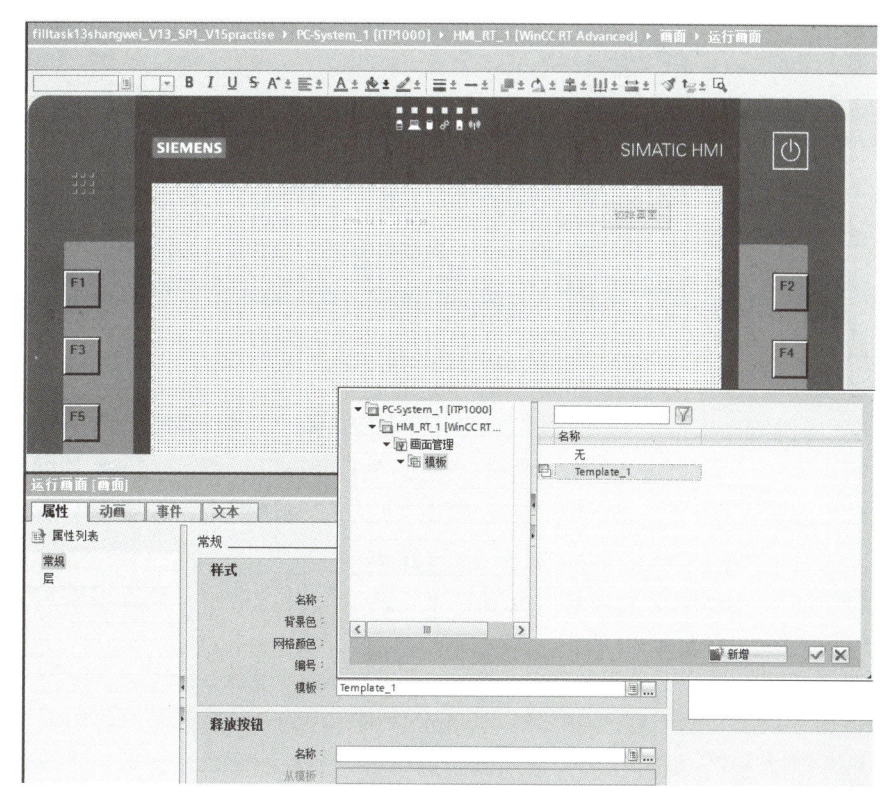

图 8-42　选择是否应用模板

这样在监控系统运行时，运行画面中将会显示模板中组态的"初始画面"按钮和"日期/时间域"。通过单击运行画面中的"初始画面"按钮，画面将会切换到初始画面。

2. 全局画面

无论使用哪个模板，都可为 HMI 设备定义用于所有画面的全局元素。可以在全局画面中定义独立的元素，这些元素独立于 HMI 设备中所有画面模板。

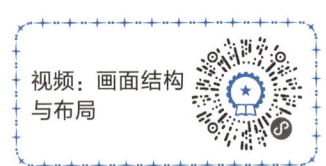

视频：画面结构与布局

（1）组态报警窗口

系统运行时如果出现了错误或故障，希望在当时显示的任一画面中立即出现报警提示信息。

在全局画面的"选件"中提供了报警窗口和报警指示器功能。如果在全局画面中组态了报警窗口和报警指示器，则无论其他画面是否应用了模板，当系统运行中出现了报警信息时，报警窗口和报警指示器都会立即出现在当前画面中。

双击项目视图"画面管理"文件夹中的"全局画面"图标，打开画面模板。使用工具箱中的"控件"，分别单击"报警窗口"和"报警指示器"，将其放入画面模板的基本区域。通过鼠标的拖曳可以调整报警窗口的大小，或移动报警指示器的位置，如图 8-43 所示。

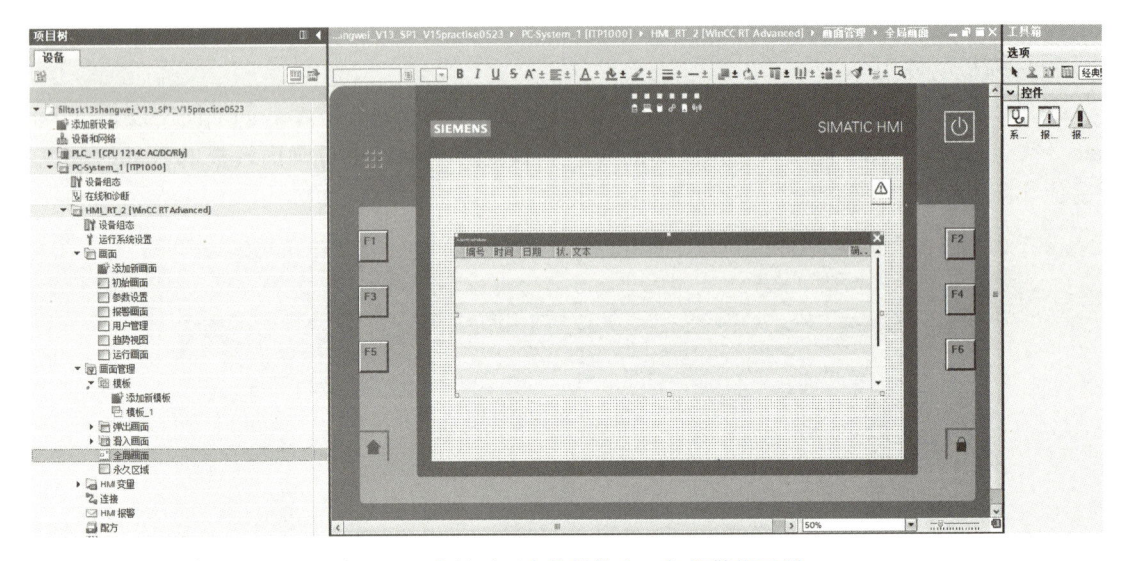

图 8-43　全局画面中的报警窗口与报警指示器

在报警窗口的属性视图的"常规"对话框中，选择显示"当前报警状态"的"未决报警"和"未确认的报警"，也可以激活全部报警类别，如图 8-44 所示。

在报警窗口的属性视图的"属性"选项卡的"显示"对话框中，设置报警窗口显示的状态，是否激活垂直滚动和水平滚动条，如图 8-45 所示。

在报警窗口的属性视图的"属性"选项卡的"窗口"对话框中，设置报警窗口是否自动显示、是否可以关闭，如图 8-46 所示。

（2）组态报警指示器

组态"报警指示器"的属性。如图 8-47 所示选中"常规"，激活全部报警类别。在"事件"属性中选中"单击"，设置在报警指示器通过单击打开报警窗口，如图 8-48 所示。

图 8-44 设置报警窗口的"常规"属性

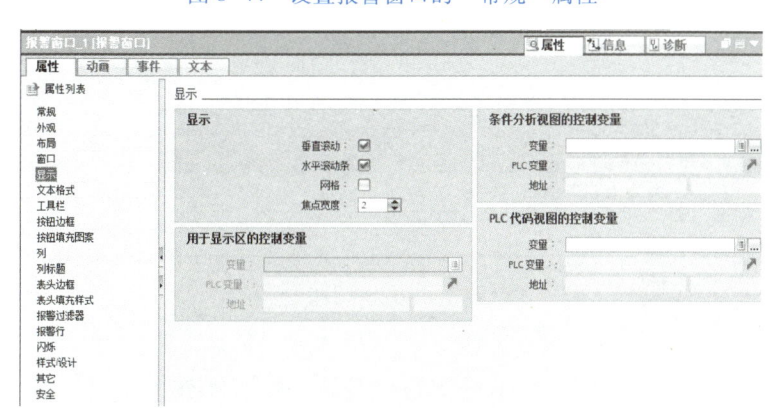

图 8-45 设置报警窗口的"显示"属性

图 8-46 设置报警窗口的"窗口"属性

图 8-47 设置报警指示器的"常规"属性

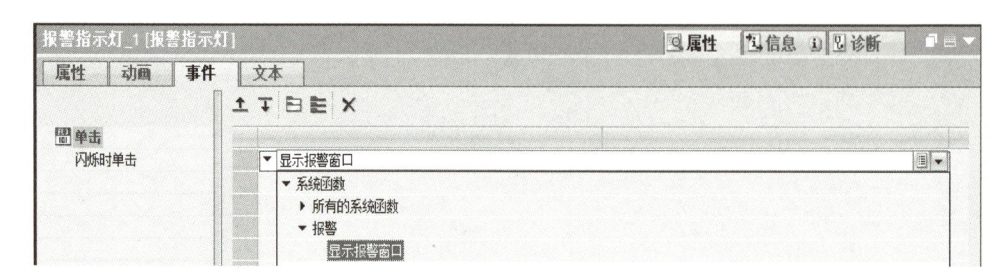

图 8-48 设置报警指示器的"事件"属性

当监控系统运行中出现了报警信息时，将显示图 8-49 所示的画面。报警指示器显示的数字表示当前系统中存在的报警事件的个数，报警指示器闪烁表示至少存在一条未确认的报警；报警指示器不闪烁表示报警已被确认，但是至少有一条报警事件尚未消失。单击报警指示器可以打开报警窗口。报警窗口中显示预先编辑的报警文本信息。确认的故障被排除后，报警指示器和报警窗口同时消失。在 8.6 节中将详细介绍编辑报警消息的方法。

8.5.4 组态初始画面

1. 定义起始画面

起始画面是监控系统启动时打开的画面，双击 HMI 项目中"运行系统设置"中的"常规"属性，定义起始画面，如图 8-50 所示。在本例中，选择"初始画面"为起始画面。

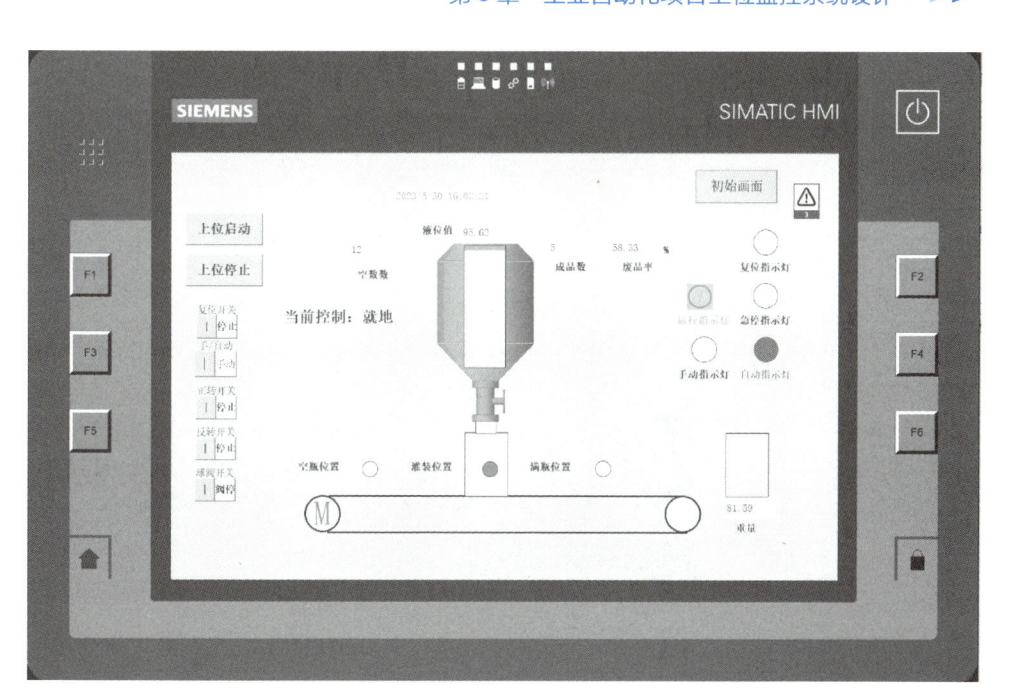

图 8-49 报警事件到来时显示的画面

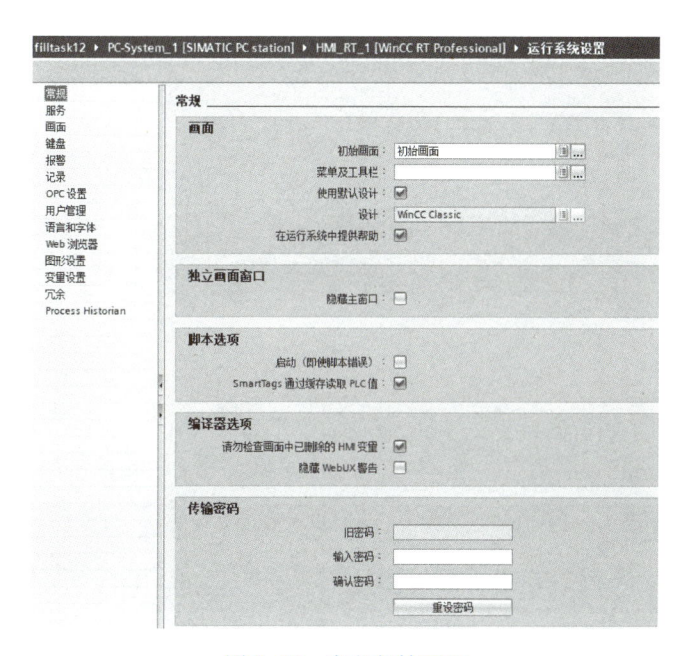

图 8-50 定义起始画面

此外，也可在项目树中选择画面，单击鼠标右键通过快捷菜单选择"定义为起始画面"，如图 8-51 所示。

2. 组态画面元素

设计的初始画面如图 8-52 所示，在初始画面中放置文本、图形和画面切换按钮。

（1）文本域

初始画面是监控系统启动后首先进入的画面。在画面中可以对所控制的系统作简单的描述，这时就需要放置文本域。

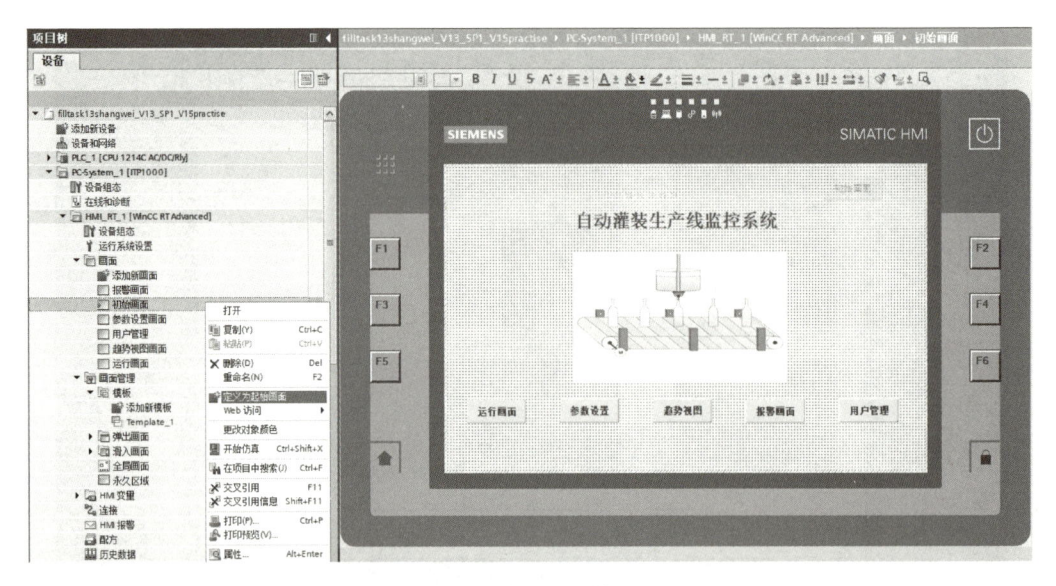

图 8-51 定义为起始画面

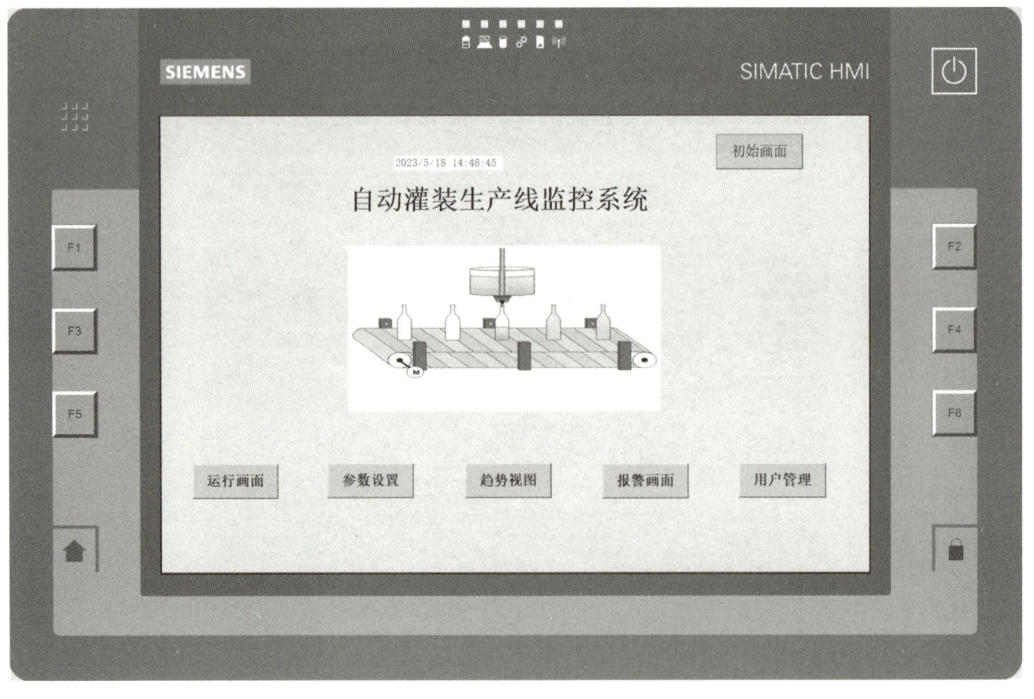

图 8-52 初始画面

静态文本不与变量连接,运行时不能在操作单元上修改文本内容。

使用工具箱中的基本对象,单击"文本域",将其放入初始画面的基本区域中,输入文字"自动灌装生产线监控系统",在属性视图中可以组态文本的颜色、字体大小和闪烁等属性。

(2) 图形视图

为了更加形象地描述系统的设备,可以在画面中使用图形。图形是没有连接变量的静态显示元素。

使用工具箱中的基本对象,单击"图形视图",将其放入初始画面的基本区域中,如图 8-53

所示。单击图中![图标]，选择一张图片插入到初始画面中。

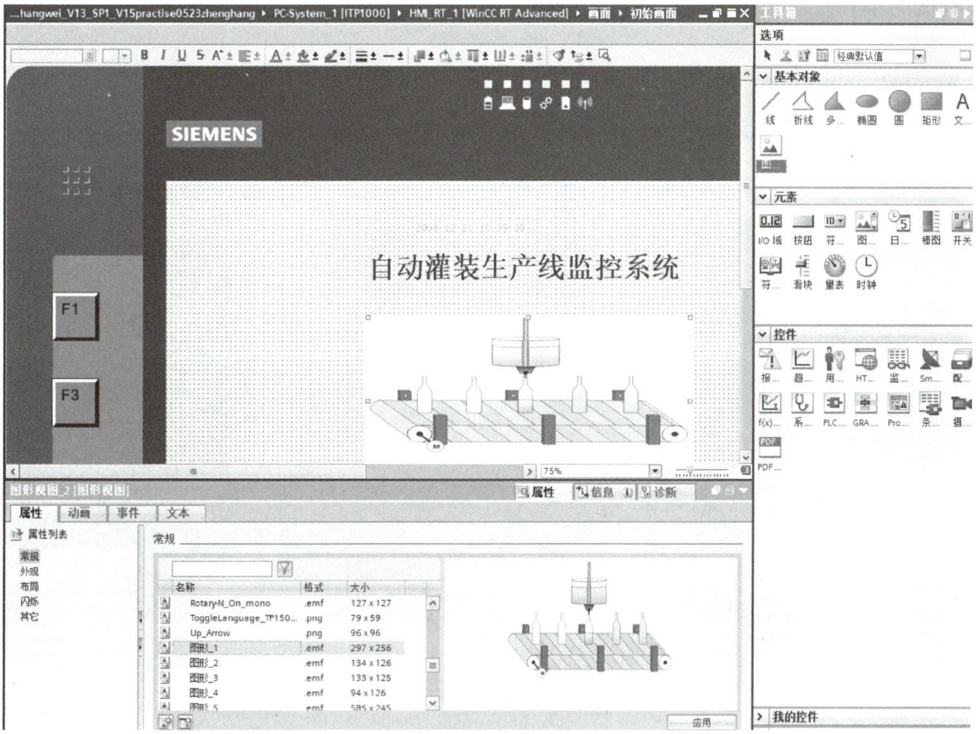

图 8-53 插入"图形视图"

（3）画面切换按钮

在使用 HMI 对生产线进行监控时，往往需要多幅画面，画面之间的切换就是通过按钮来实现的。

使用工具箱中的元素，单击"按钮"，将其放入初始画面的基本区域，通过鼠标的拖曳可以调整按钮的大小。在按钮的属性视图的"属性"选项卡中的"常规"对话框中，输入相应的文字来提示操作人员该按钮的功能，例如，当操作人员单击运行画面按钮时，画面将会从初始画面切换到运行画面。那么在按钮"未按下"时状态文本中可以输入切换到下一幅监控画面的名称"运行画面"，如图 8-54 所示。

输入相应的文本后还需要为按钮单击事件选择功能。功能的执行总是与指定的事件相连接的。只有当该事件发生时，才触发功能。例如，当单击"运行画面"时，这个按钮事件触发画面切换的功能。

在按钮的属性视图的"事件"选项卡的"单击"对话框中，单击函数列表最上面一行右侧的下拉箭头![图标]，在出现的系统函数列表中选择"画面"文件夹中的函数"激活屏幕"，如图 8-55 所示。

单击画面名称右侧的按钮![图标]，在出现的画面列表中选择需要切换的画面名，在本例中选择运行画面，如图 8-56 所示。

这样在系统运行时，通过单击初始画面中的"运行画面"按钮，画面将会从初始画面切换到运行画面。

按照同样的方法在初始画面中添加其余四个画面的切换按钮。在工具栏中可以对五个按钮的布局进行设置，如图 8-57 所示。同时选中 5 个按钮单击 设置宽高相等，并单击 设置顶端对齐和横向等距离分布。

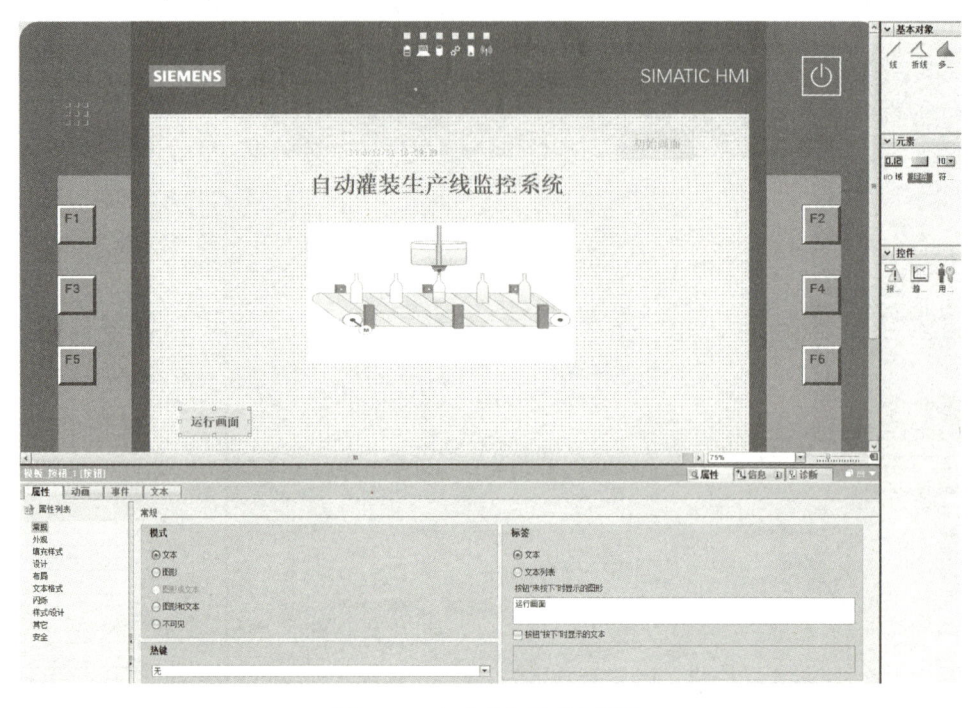

图 8-54　组态按钮的常规属性

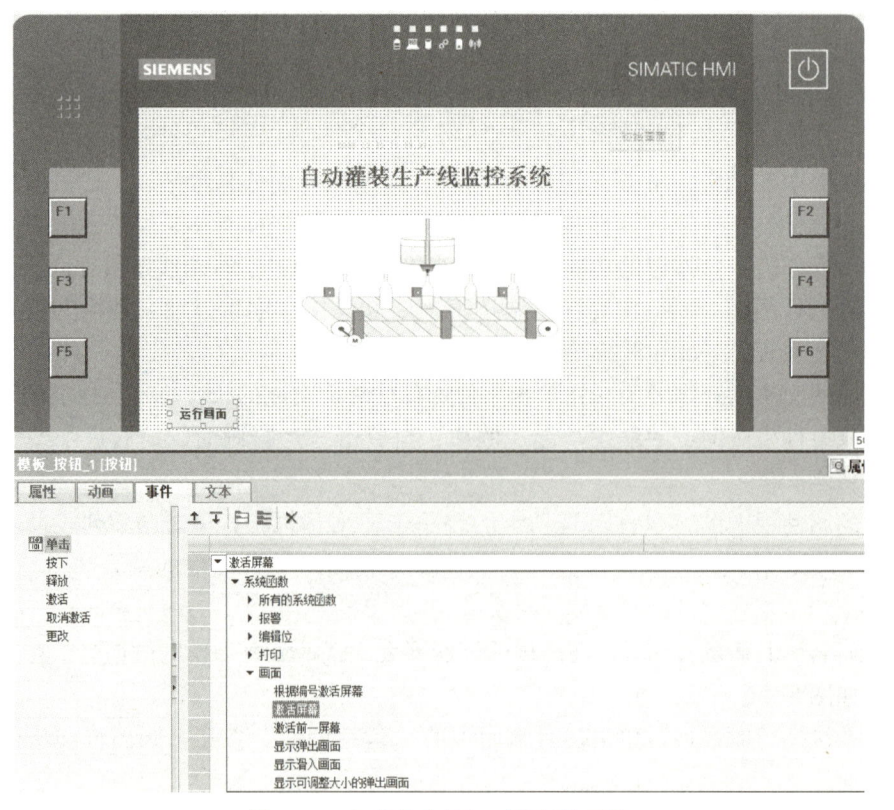

图 8-55　组态单击按钮时执行的函数

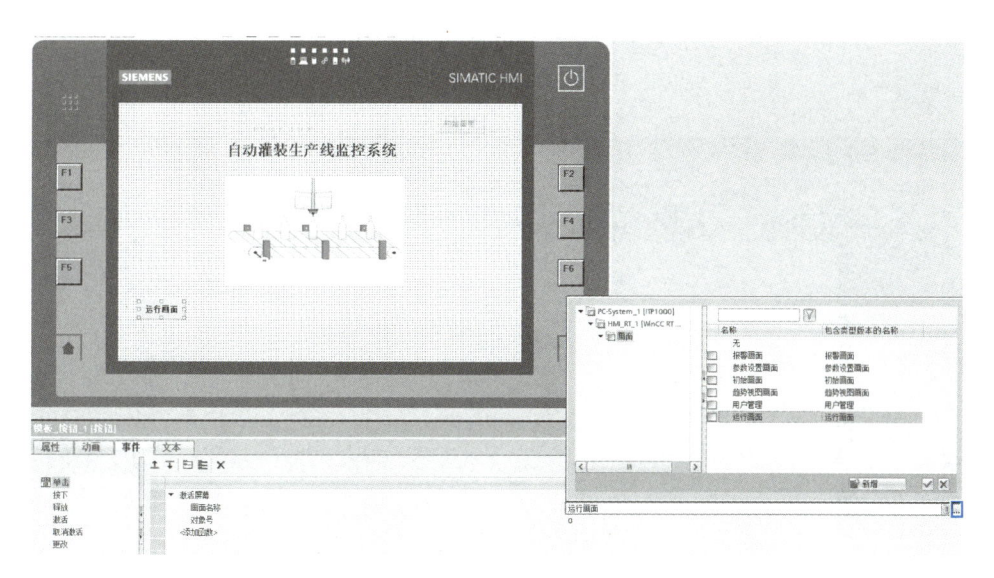

图 8-56　组态单击按钮切换的画面

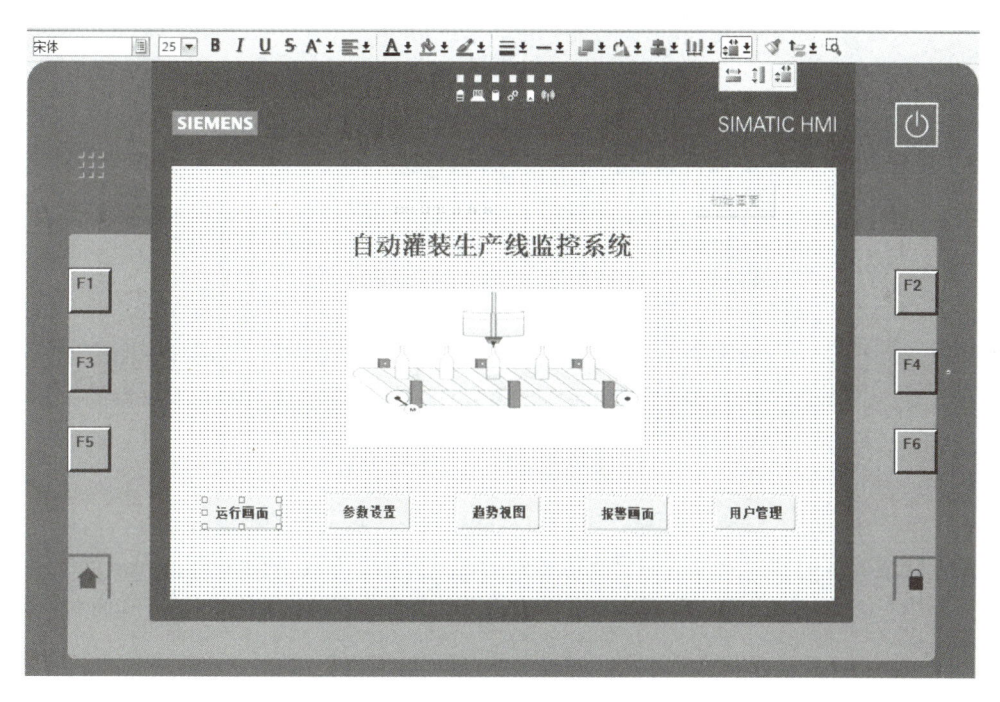

图 8-57　设置 5 个按钮的布局

8.5.5　组态运行画面

设计的运行画面如图 8-58 所示，在运行画面中放置画面切换按钮、灌装生产线图形、显示现场数据的 I/O 域、工作状态指示灯、控制设备运行的启/停按钮、显示液位的棒图和一些文本信息。

视频：组态初始画面

1. "初始画面"切换按钮

在进行画面规划时，采用的是"单线联系"的切换方式，从初始画面可以切换到其他画面，其他画面需要返回到初始画面。因此，在所有其他画面中都要设置一个切换到"初始画面"的按钮。如果将该按钮放置在模板中,并且每个画面都使用模板,就不需要在每个画面中都进行设置。

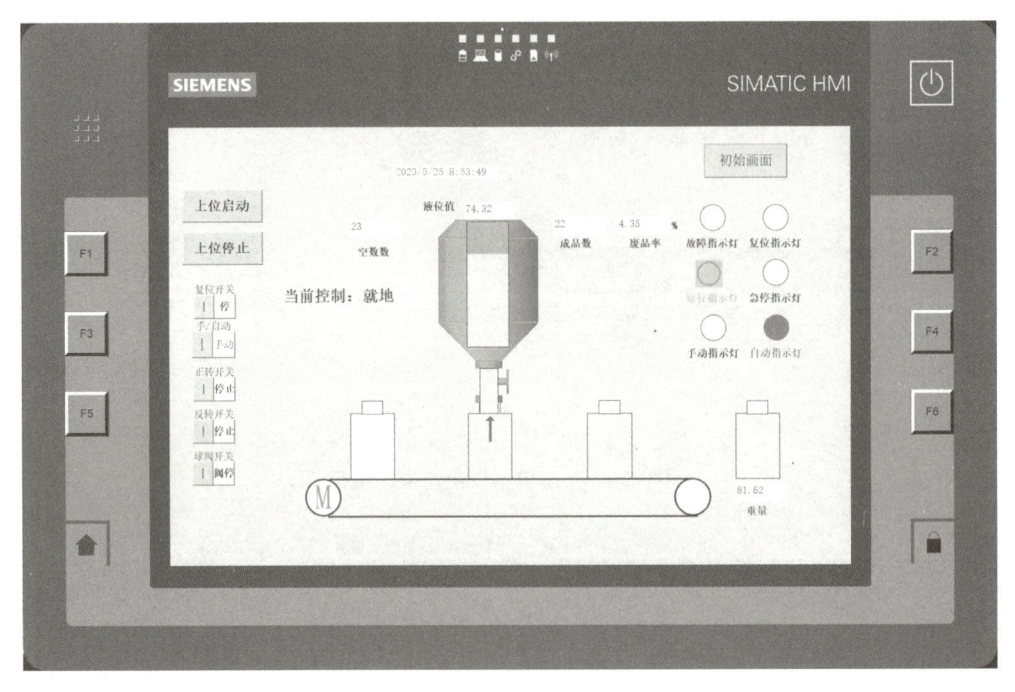

图 8-58 运行画面

2. 基本对象

基本对象包括一些简单几何形状的基本向量图形,如直线、折线、多边形、圆和矩形等。通过使用基本对象,可以在图中直接画一些简单的矢量图形,而不必使用外部图形编辑器。

为了清楚地了解灌装生产线上设备的运行状态,可以利用工具箱中基本对象的图形元素来绘制生产线运行图。

(1) 传送带

使用工具箱中的基本对象,单击"圆"和"线",将其放入初始画面的基本区域。利用两个圆和两条直线组成传送带。同时选中组成传送带的四个元素,单击鼠标右键,在出现的下拉菜单中选择"组合"命令,如图 8-59 所示,这样传送带变为一个整体,可以一起在画面中移动。

(2) 瓶子

使用工具箱中的基本对象,利用两个"矩形"画一个空瓶子的外形,通过复制、粘贴在传送带上放置一排空瓶子。

为了表现灌装后的满瓶子,对于灌装位置右侧的瓶子,设置矩形的"外观"属性中背景颜色为黄色,如图 8-60 所示。

为了表现生产线的瓶子的流向,可以设置每个瓶子的动画属性。例如,组态空瓶位置处"瓶子"的显示功能,在"瓶子"的属性视图的"动画"类的"显示"对话框中,该对象可用的动画即显示出来,单击"使可见性动态化"按钮,将显示其动画参数。矩形 1 和矩形 2 连接相应的变量"空瓶位置",当该变量为 1 时,使其瓶子可见,如图 8-61 所示。

(3) 指示灯

在运行画面中用指示灯表明生产线的运行状态。简单的指示灯可以用圆表示。

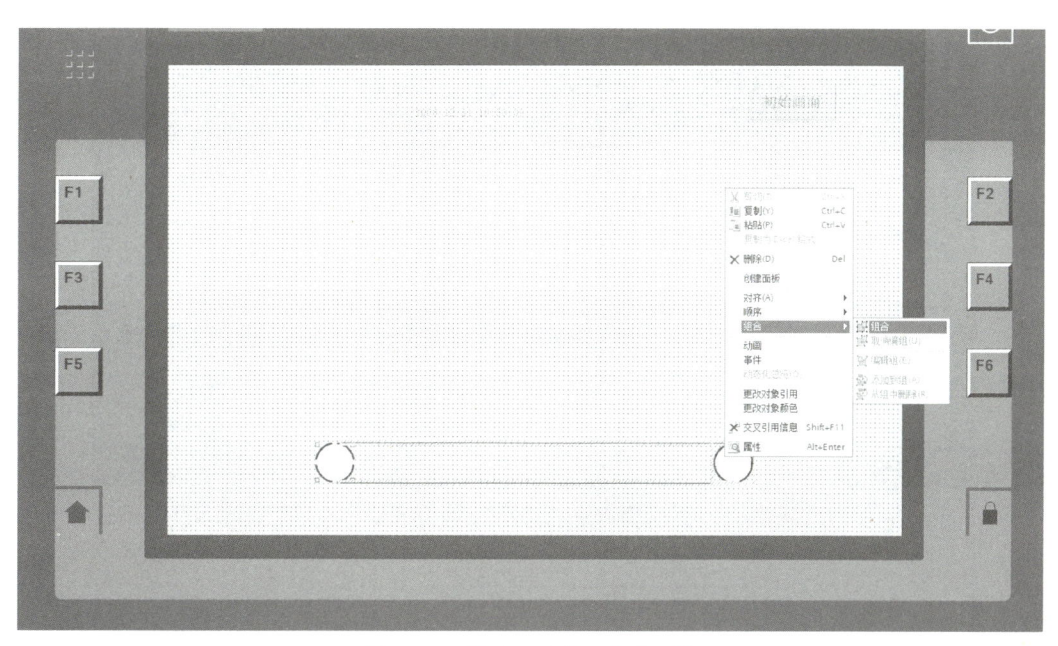

第 8 章　工业自动化项目上位监控系统设计　▶▶　255

图 8-59　将画面元素组合成一体

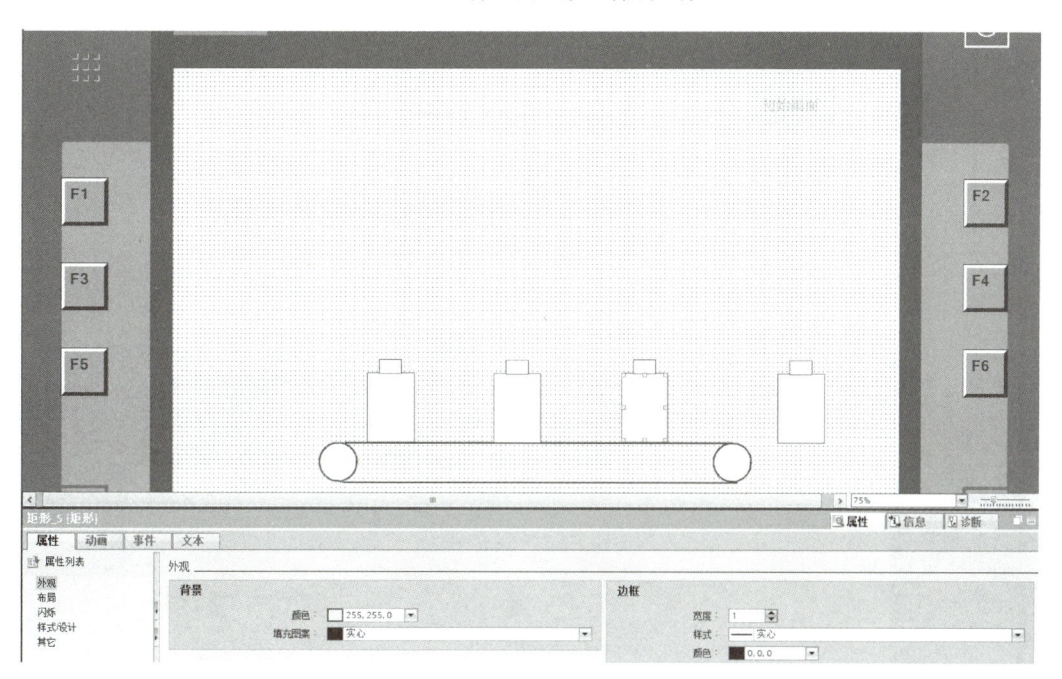

图 8-60　组态矩形的外观属性

例如，组态"故障"指示灯，在圆的属性视图的"动画"类的"显示"对话框中，该对象可用的动画即显示出来，单击"动态化颜色和闪烁" ■按钮，将显示其动画参数。连接相应的变量"报警指示灯"（Q0.2），在类型中选择"范围"，在表中单击"添加"。在"范围"列中输入变量范围，当为 0 时，设置背景色和边框颜色均为灰色，无闪烁，表示系统处于无报警状态；当为 1 时，设置背景色和边框颜色均为黄色，有闪烁，表示系统中有报警，如图 8-62 所示。文字"故障指示灯"和其他指示灯也可按同样的方式处理。

视频：组态运行画面——基本对象

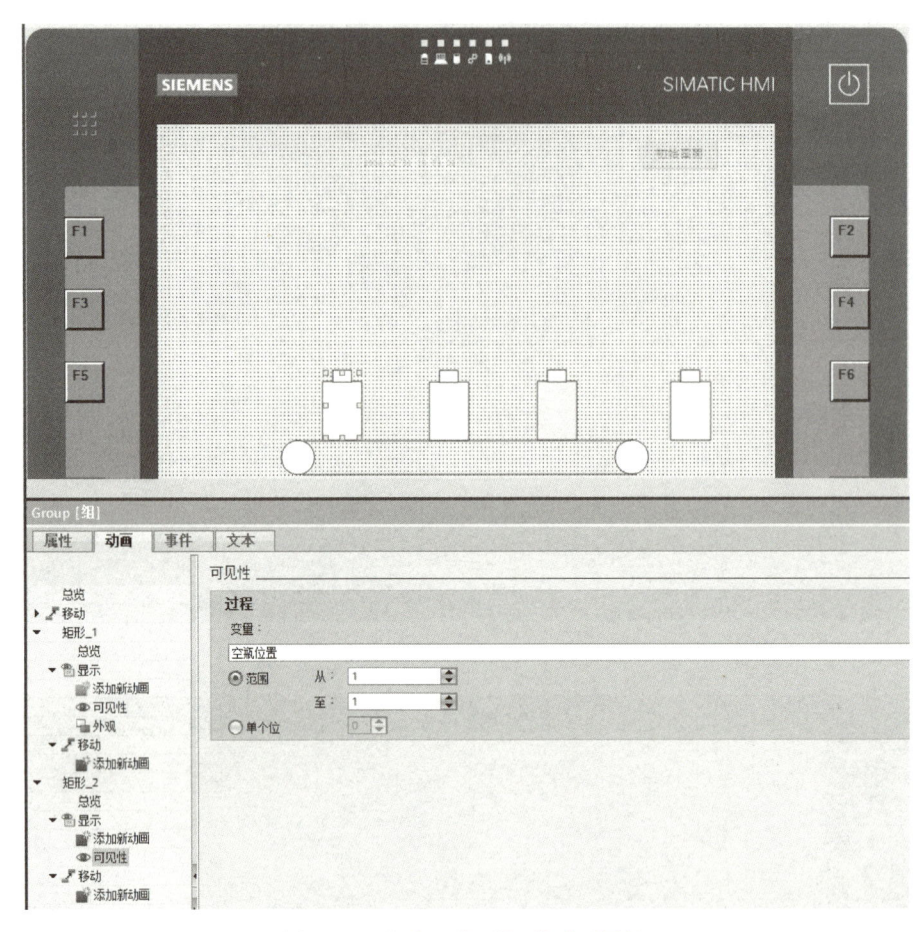

图 8-61 组态"瓶子"的动画属性

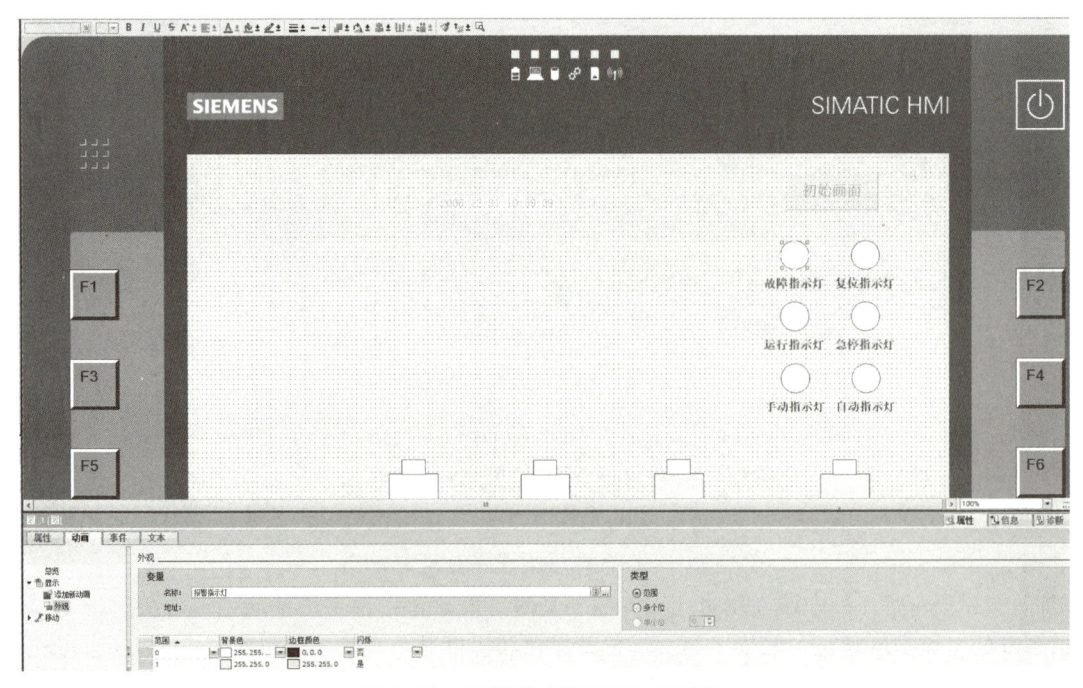

图 8-62 组态圆(指示灯)的属性

3. 库和图形的使用

设计生产线监控画面需要绘制复杂图形时，可以利用 WinCC Basic 软件提供的图形库。在工具窗口的库和图形中，存储了各种类型的常用图形对象供用户使用。运行画面中的灌装液罐、阀门和指示灯等图形都可以直接从库中选取。

（1）灌装液罐

单击工具窗口中的"图形"，依次打开"WinCC 图形文件夹"→"Equipment"→"Automation[EMF]"→"Tanks"，选中图 8-63 所示的罐并将其拖入画面。

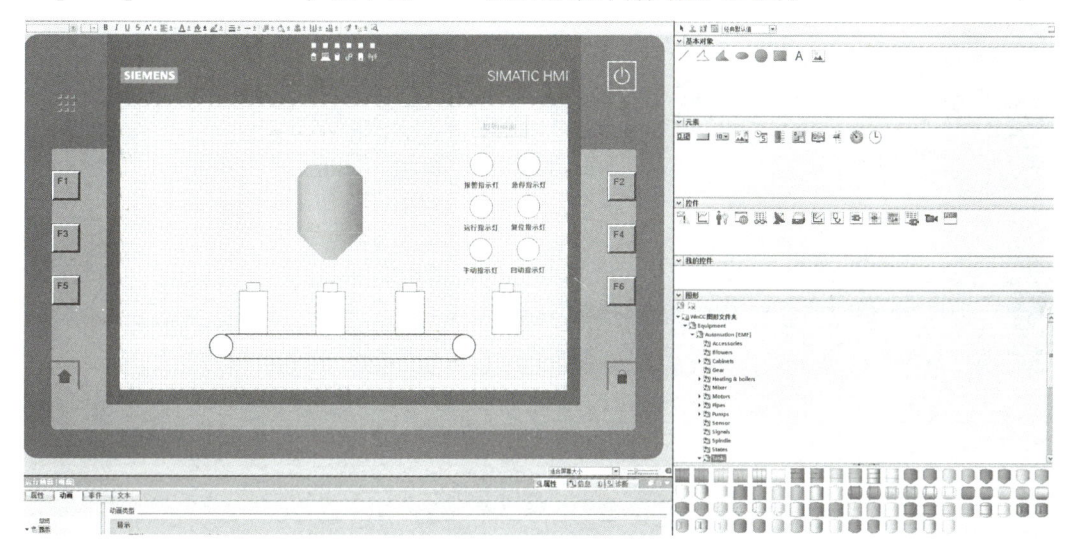

图 8-63　放置灌装液罐

（2）阀门

单击工具窗口中的"图形"，依次打开"WinCC 图形文件夹"→"Equipment"→"Automation[EMF]"→"Valves"，选中图 8-64 所示的阀门将其拖入画面。调整阀门的大小和位置，放置在液罐下方。

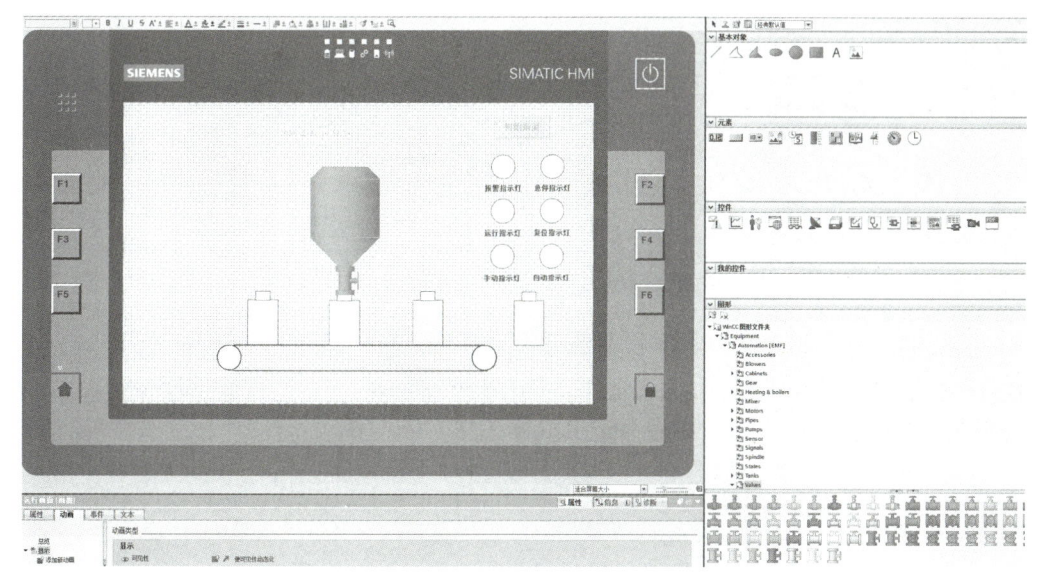

图 8-64　添加阀门

(3) 库中的指示灯

用几何图形圆作指示灯画面比较单调，可以从库中选取更形象的指示灯。

单击库的"全局库"，依次打开"Button_and_switches"→"主模板"→"PilotLights"→"PlotLight_Round_G"，选中图 8-65 所示的指示灯并将其拖入画面。

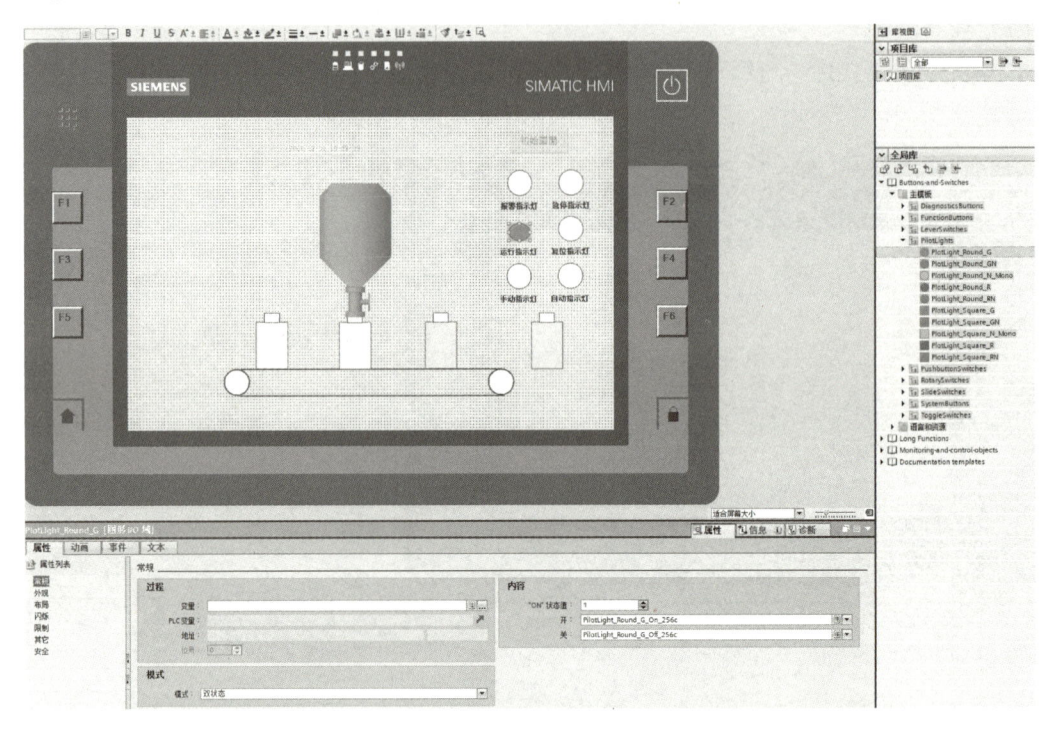

图 8-65 从库中添加指示灯对象

例如，组态"自动模式"运行指示灯的属性，如图 8-66 所示。在"常规"界面中，连接过程变量选择"系统运行指示灯"。

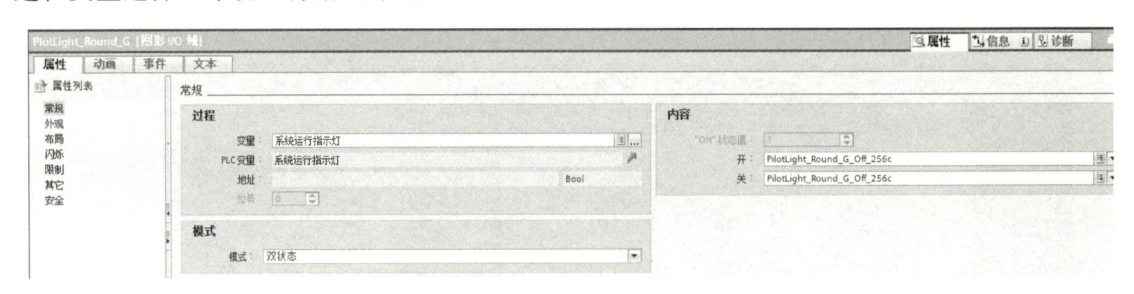

图 8-66 组态指示灯的常规属性

当"运行指示灯"为 1 时，选择状态图形为绿灯亮，当"运行指示灯"为 0 时，选择状态图形为红灯亮，如图 8-67 所示。

如果在下拉列表中找不到"PlotLight_Round_G"，可以按照"Button_and_switches"→"主模板"→"PilotLights"→"PlotLight_Round_R"拉到画面中再删掉。

视频：组态运行画面——库和图形

4. 棒图

棒图用类似于温度计的方式形象地显示数值的大小，是一种动态显示元素。棒图以矩形区域显示来自 PLC 的数值。也就是说,在 HMI 上可以一眼就看出当前数值与限制值相差多远,或者是否已经到达指定的设定值。用户可以自由定义棒图的方向、标尺、刻度、背景颜色以及 Y 轴的标签,可以显示限制值线以指示限制值。

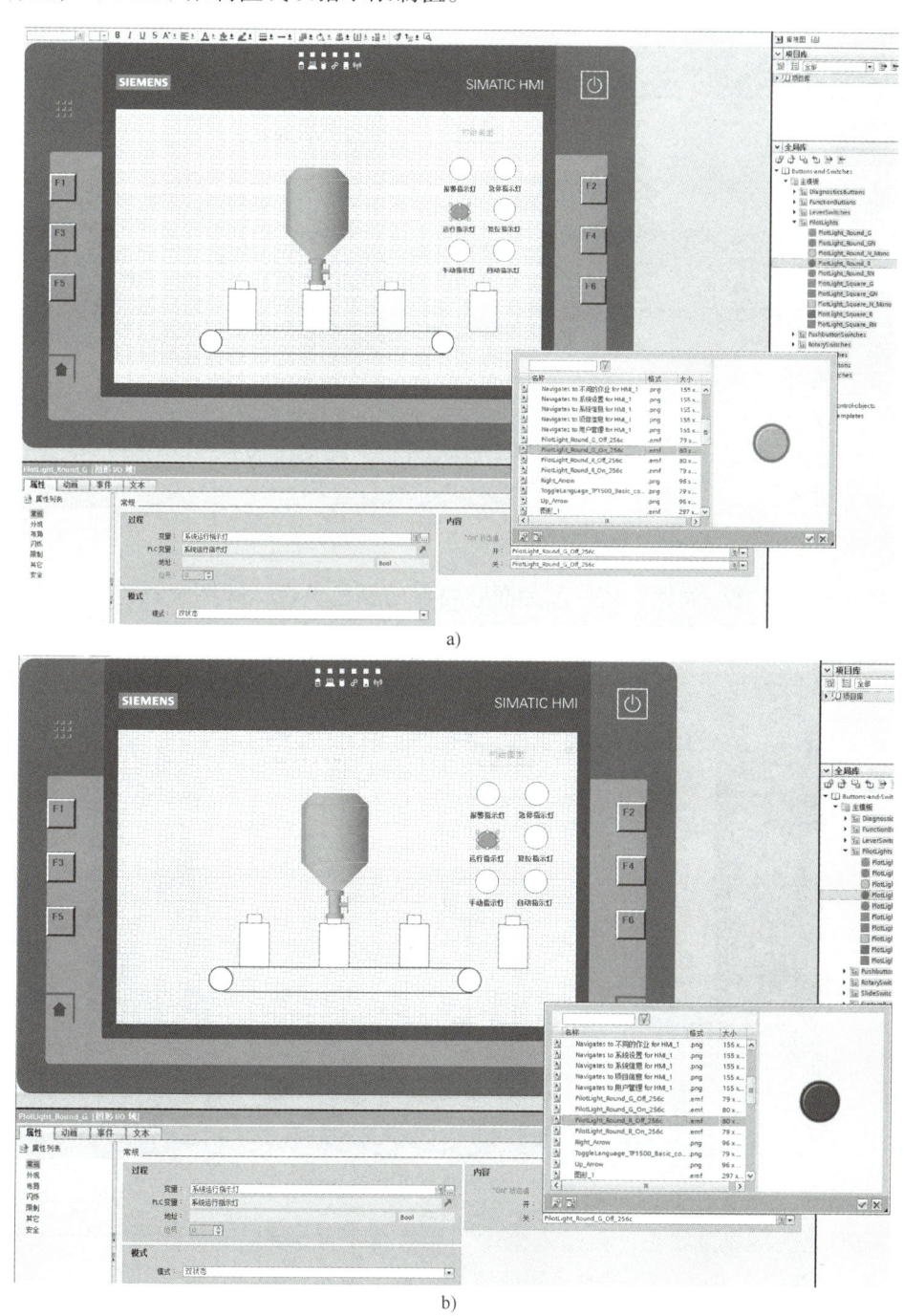

a)

b)

图 8-67　组态指示灯的属性
a)"运行指示灯"为 1　b)"运行指示灯"为 0

例如,为了显示灌装液罐中实际液位的变化,在罐子的中间添加一个棒图。使用工具箱中的元素,单击"棒图",将其放在液罐的上面。

设置棒图的"常规"属性。如图 8-68 所示，设置液位的最大值为 100，最小值为 0。选择连接的过程变量为"混料罐液位（MD72）"。当实际液位发生变化时，棒图的液位状态跟随上下移动。

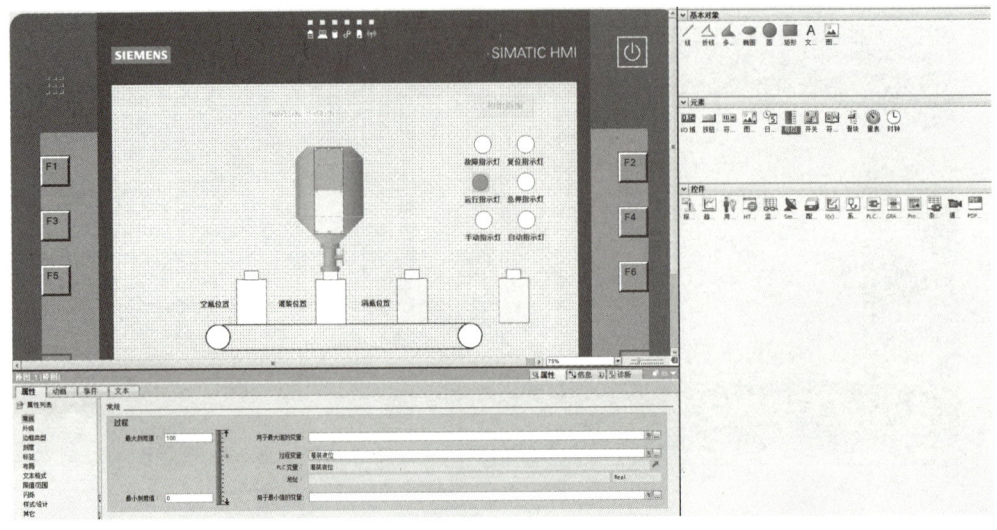

图 8-68 棒图的"常规"属性

设置棒图的"外观"属性，前景色为灌装物料的颜色黄色，棒图背景色为灰色。还可以设置是否显示"线"和"刻度"，如图 8-69 所示。

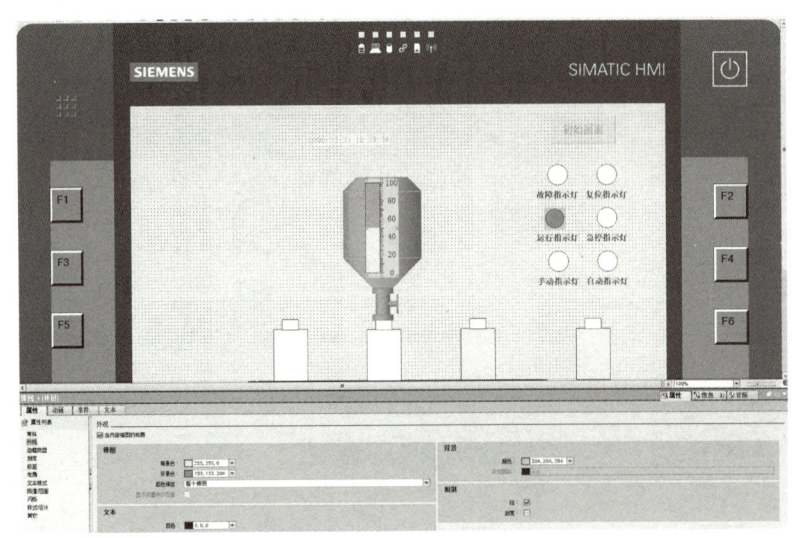

图 8-69 棒图的"外观"属性

为了清晰地观察液位状态，设置"刻度"元素为不显示刻度，如图 8-70 所示。可以在棒图的一侧放置输出域来显示液罐中的实际液位值。这样，棒图是液罐液位的图形显示，输出域是液罐液位的数字显示。

视频：组态运行画面——棒图

5. I/O 域

I 是输入（INPUT）的简称，O 是输出（OUTPUT）的简称，输入域与输出域统称为 I/O 域。I/O 域分为 3 种模式：只显示变量的数值，不能修改数值；用于操作员输入要传送到 PLC

的数字、字母或符号,将输入的数值保存到指定的变量中;同时具有输入和输出的功能,操作员可以用它来修改变量的数值,并将修改后的数值显示出来。

图 8-70 棒图的"刻度"属性

输出域可以在 HMI 上显示来自 PLC 的当前值,可以选择以数字、字母数字或符号的形式输出数值。例如将已经灌装的满瓶数量显示在 HMI 上。

使用工具箱中的元素,单击"I/O 域",将其放入运行画面,拖动鼠标调整输出域的大小。为了清晰地说明输出域显示的数据,在其旁边放置文本域"成品数"。

在 I/O 域的属性视图的"常规"对话框中,选择 I/O 域的类型为"输出"模式。选择这个输出域所要连接的过程变量为"合格产品数(MW40)"。选择显示数据的格式类型为"十进制"。根据实际生产情况满瓶的数量统计到千位,选择格式样式为 99,不带小数,如图 8-71 所示。

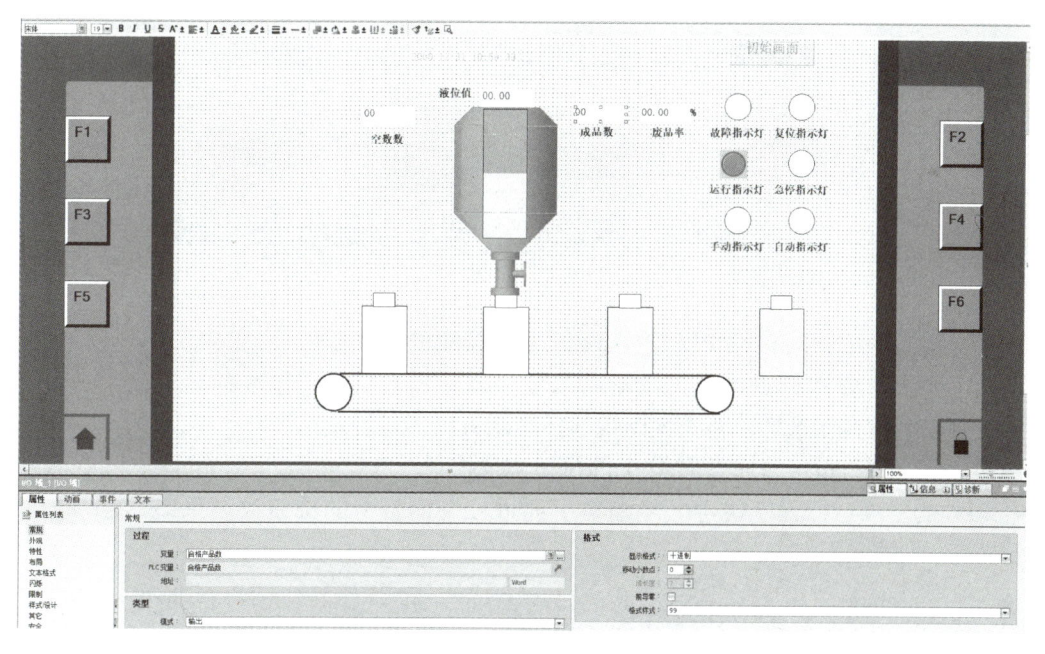

图 8-71 组态输出域"成品数"的常规属性

在 PLC 中编写了统计成品数的程序,如图 8-72 所示。合格产品数保存在 CPU 的存储单元 MW40 中,通过 HMI 的输出域与变量"合格产品数(MW40)"连接,实现了在 HMI 上显示成品数量的功能。

应用同样的方法,在画面中设置"空瓶数""液位值"和"废品率"的输出域,分别连接相应的变量。注意"液位值"和"废品率"的数据格式样式要有两位小数部分,将文本域"%"放置在"废品率"的右侧表示百分数,如图 8-73 所示。

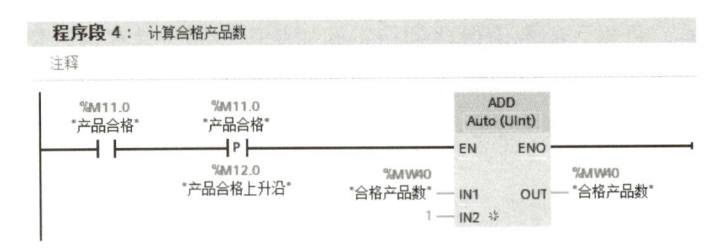

图 8-72 统计合格产品数的 PLC 程序

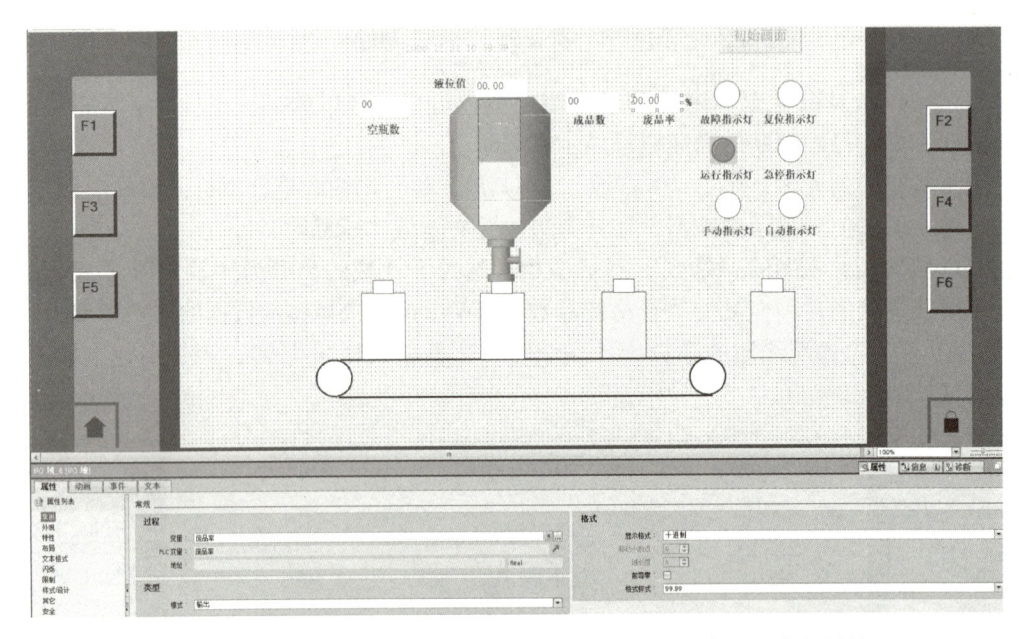

图 8-73 组态输出域"空瓶数""液位值"和"废品率"的常规属性

6. 按钮

HMI 上组态的按钮与接在 PLC 输入端的物理按钮的功能是相同的，主要用来给 PLC 提供开关量输入信号，通过 PLC 的用户程序控制生产过程。这样，整条生产线的控制既可以通过控制面板中的按钮实现，也可以通过 HMI 上的按钮实现控制。

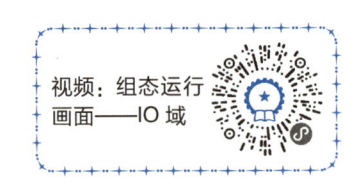

在 PLC 的自动运行程序块中已经编写了通过控制面板上的按钮控制系统启动/停止的程序，如图 8-74 所示。

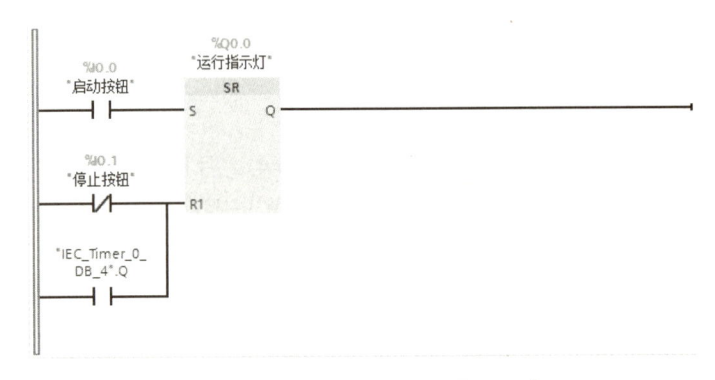

视频：组态运行画面——IO 域

图 8-74 PLC 的系统启动/停止程序

画面中的按钮元件是 HMI 画面上的虚拟键。为了模拟按钮的功能，可以组态按下该键使连接的变量"置位"，释放该键使连接的变量"复位"。

现在的问题是该变量不能是实际的启动按钮或停止按钮的输入地址 I0.0 或 I0.1。因为 I0.0 或 I0.1 是输入过程映像区的存储位，每个扫描周期都要被实际按钮的状态所刷新，使上位控制所做的操作无效。因此，必须将画面按钮连接的变量保存在 PLC 的 M 存储器区或数据块区。本例中设 M4.0 为"上位启动按钮"变量的地址，M4.1 为"上位停止按钮"变量的地址。

（1）组态画面中的按钮

使用工具箱中的元素，单击"按钮"，将其放入运行画面，通过鼠标的拖曳可以调整按钮的大小。

1）组态按钮文本。为了提示操作人员该按钮的功能，在按钮的属性视图的"常规"对话框中，输入相应的文字"上位启动"，如图 8-75 所示。

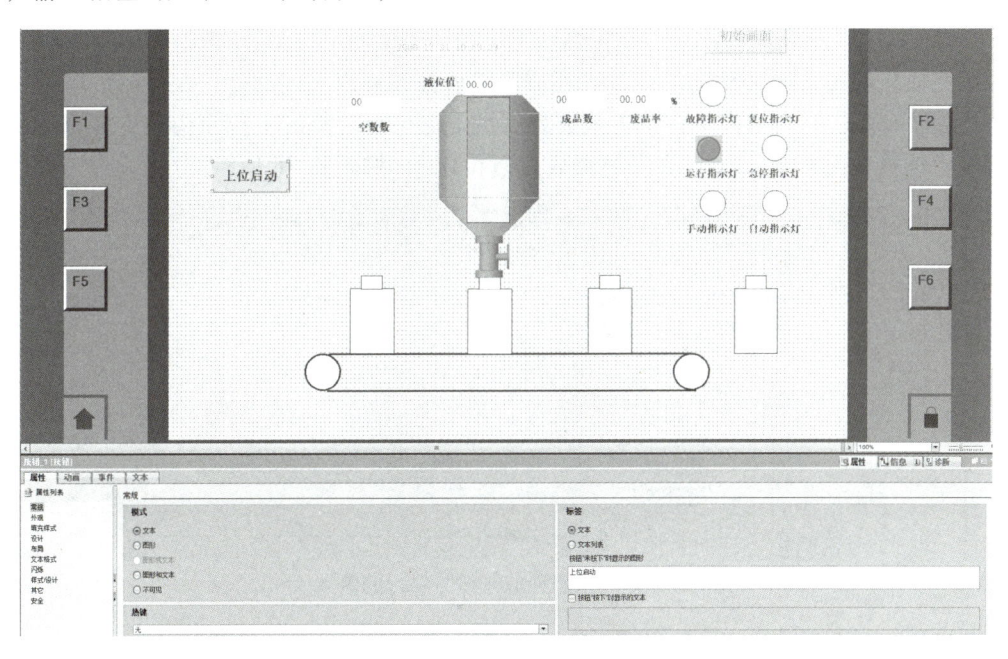

图 8-75　组态按钮文本

2）组态按钮事件，为按钮操作事件选择功能。功能的执行总是与指定的事件相连接的。只有当该事件发生时，才触发功能。例如，通过"上位启动"按钮控制现场设备。当"上位启动"按钮按下时，系统启动。

在按钮的属性视图的"事件"选项卡的"按下"对话框中，单击函数列表最上面一行右侧的下拉箭头，在出现的系统函数列表中选择"编辑位"文件夹中的函数"置位位"，如图 8-76 所示。

单击函数列表中"变量（输入/输出）"右侧的按钮，在出现的变量列表中选择变量

图 8-76　组态按钮按下时执行的函数

"上位启动按钮"（M4.0），如图 8-77 所示。在运行时按下该"启动"按钮，相应的变量"上位启动按钮"位 M4.0 就会被置位。

图 8-77　组态按下按钮时操作的变量

除了完成按钮按下时的功能的设置，还需要设置按钮释放时的功能。在按钮的属性视图的"事件"类的"释放"对话框中，单击函数列表最上面一行右侧的下拉箭头，在出现的系统函数列表中选择"编辑位"文件夹中的函数"复位位"，如图 8-78 所示。

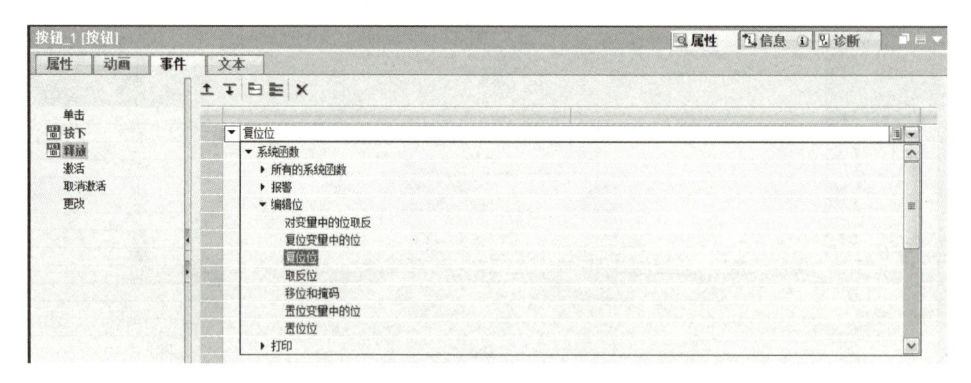

图 8-78　组态释放按钮时执行的函数

变量同样连接到"上位启动按钮"（M4.0），如图 8-79 所示。这样，当"上位启动"按钮被释放时，相应的变量"上位启动按钮"位 M4.0 就会被复位。

图 8-79　组态释放按钮时操作的变量

按照上面介绍的方法，再放置一个"上位停止"按钮。编辑按钮文本为"上位停止"。组态按钮操作事件，按下按钮时执行"置位位"函数，连接变量为"上位停止按钮"（M4.1）；

释放按钮时执行"复位位"函数，连接变量同样为"上位停止按钮"（M4.1）。这样，当"停止"按钮按下时，相应的变量"上位停止按钮"位 M4.1 就会被置位。当"停止"按钮被释放时，相应的变量"上位停止按钮"位 M4.1 就会被复位，如图 8-80 所示。按照上面介绍的方法，再组态"复位"按钮、"M 正"按钮、"M 反"按钮和"球阀"按钮。

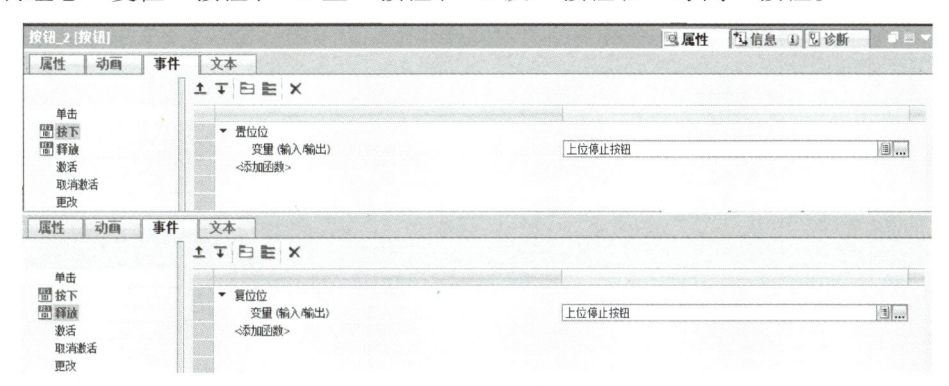

图 8-80　组态"上位停止按钮"

（2）编写 PLC 程序

通过 HMI 上的按钮实现生产线的控制，不仅要在画面上组态相应的按钮，同时还需要编写 PLC 程序，在 PLC 中增加相应的控制指令。

视频：组态运行画面——按钮

1）修改手动程序。为了避免下位（控制面板）与上位（HMI）同时操作产生不安全因素，需要在控制面板上设置一个"就地/远程"模式选择开关（I0.2），由开关的状态决定哪个开关或按钮的操作有效。

增加上位/下位控制模式选择的程序，如图 8-81 所示。当 I0.2 = 1 时上位控制有效，M21.2 = 1；当 I0.2 = 0 时下位控制有效，M21.3 = 1。

图 8-81　上位/下位控制模式选择的程序

2）修改自动运行程序。修改后的控制系统启动/停止的程序如图 8-82 所示。下位模式有效时，控制面板上的启动按钮（I0.0）和停止按钮（I0.1）可以控制系统的运行。上位模式有效时，HMI 上的启动按钮（M4.0）和停止按钮（M4.1）可以控制系统的运行。

7. 开关

HMI 上组态的开关与接在 PLC 输入端的物理开关的功能是相同的，主要用来给 PLC 提供开关量输入信号，通过 PLC 的用户程序控制生产过程。这样，整条生产线的控制既可以通过控制面板中的开关实现，也可以通过 HMI 上的开关实现控制。

在 PLC 的自动运行程序块中已经编写了通过控制面板上的开关控制系统手动/自动的程序，如图 8-83 所示。

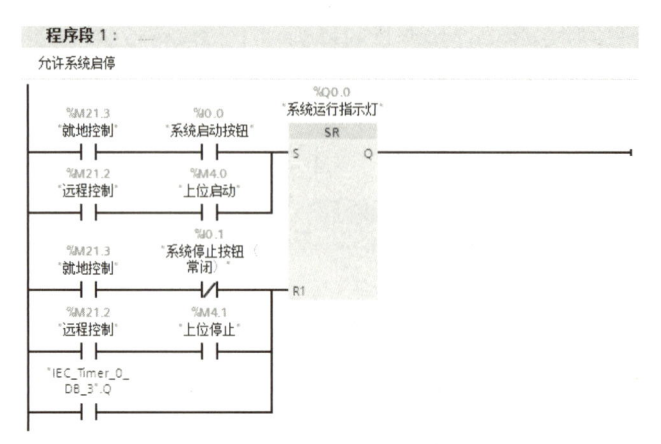

图 8-82　上位/下位均可控制系统启动/停止的程序

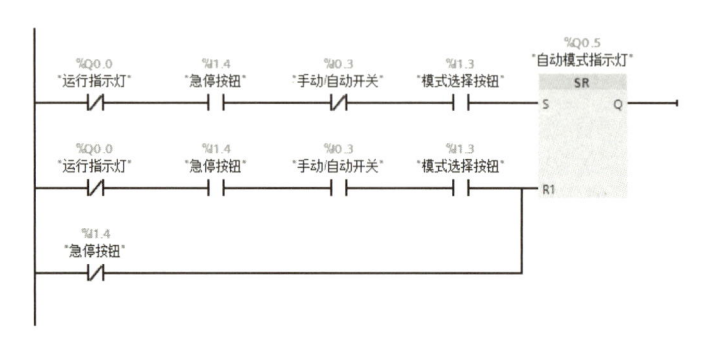

图 8-83　控制面板上的开关控制系统手动/自动的程序

画面中的开关元件是 HMI 画面上的虚拟键。为了模拟开关的功能，可以组态按下该开关使连接的变量"取反"。

与按钮组态相同，该变量不能是实际的手动/自动选择开关的输入地址 I0.3。因为 I0.3 是输入过程映像区的存储位，每个扫描周期都要被实际开关的状态所刷新，使上位控制所做的操作无效。因此，必须将画面开关连接的变量保存在 PLC 的 M 存储器区或数据块区。本例中设 M5.0 为"上位手/自动选择"变量的地址。

（1）组态画面中的开关

使用工具箱中的元素，单击"开关"，将其放入运行画面，通过鼠标的拖曳可以调整开关的大小。

1）组态开关文本。为了提示操作人员该开关的功能，在开关的属性视图的"常规"对话框中，选择这个开关"ON"的状态值为"1"。格式选择"通过文本切换"。输入"ON"相应的文字"自动"，"OFF"相应的文字"手动"，如图 8-84 所示。

2）组态开关事件，为开关操作事件选择功能。功能的执行总是与指定的事件相连接的。只有当该事件发生时，才触发功能。例如，通过"手/自动"开关来进行模式选择。

在开关的属性视图的"事件"选项卡的"更改"对话框中，单击函数列表最上面一行右侧的下拉箭头 ▼，在出现的系统函数列表中选择"编辑位"文件夹中的函数"取反位"，如图 8-85 所示。

单击函数列表中"变量（输入/输出）"右侧的按钮，在出现的变量列表中选择变量"上位手动"（M5.0），如图 8-86 所示。在运行时更改该开关的状态，相应的变量"上位手自动选择"位 M5.0 就会被取反。

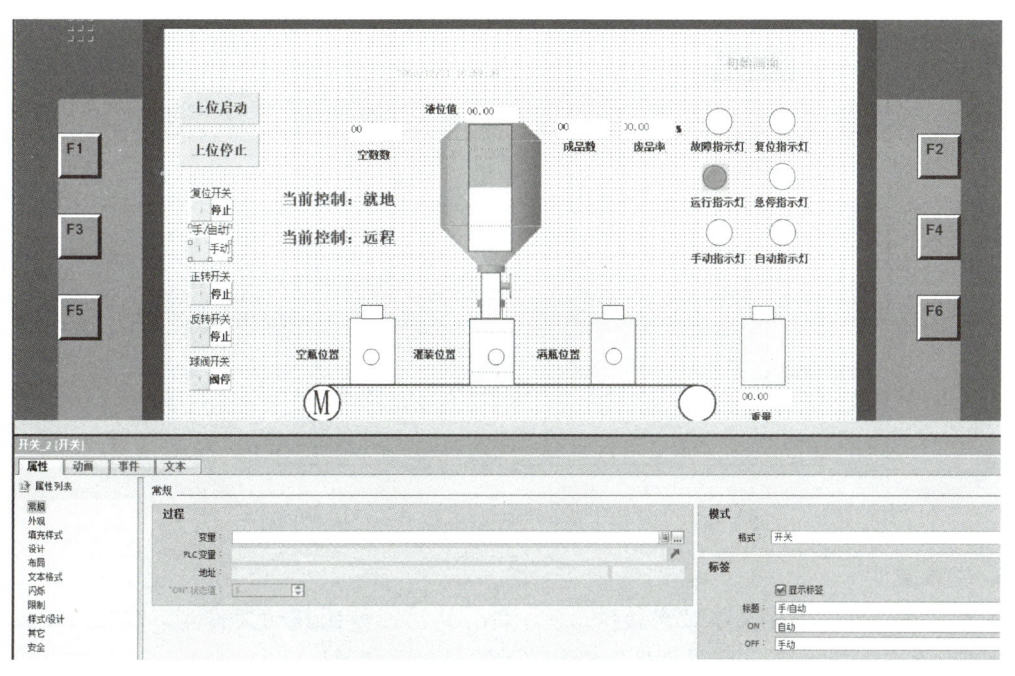

图 8-84 组态开关的"常规"属性

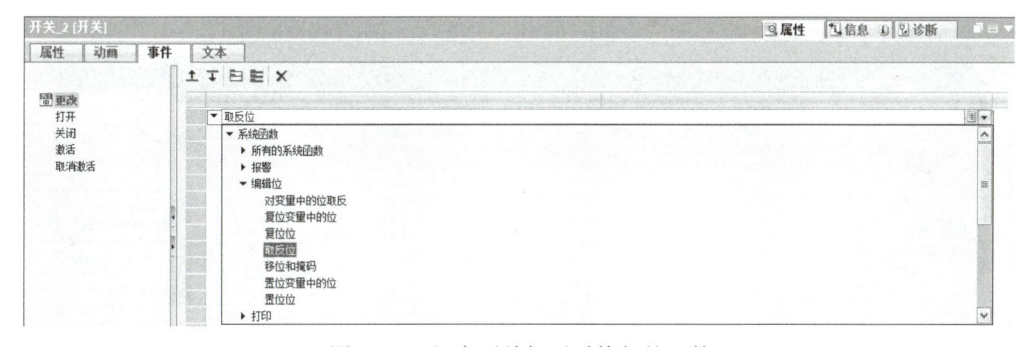

图 8-85 组态开关打开时执行的函数

图 8-86 组态更改开关状态时操作的变量

（2）编写 PLC 程序

通过 HMI 上的开关实现生产线的控制，不仅要在画面上组态相应的开关，同时还需要编写 PLC 程序，在 PLC 中增加相应的控制指令，如图 8-87 所示。

视频：组态运行
画面——开关

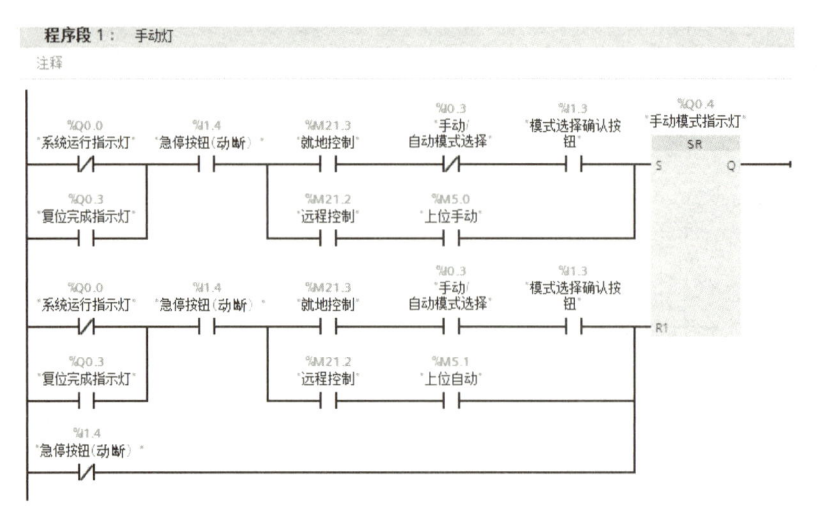

图 8-87 上位/下位均可控制系统手动/自动的程序

8. 文本域

在 HMI 上，除了使用文本域来做静态显示外，还可以使用其动画属性。例如，在 HMI 上显示当前设备的控制状态，是"就地"控制还是"远程"控制。

使用工具箱中的基本对象，单击"文本域"，将其放入运行画面。在文本域的属性视图的"常规"对话框中，输入显示的文本"当前控制：远程"，如图 8-88 所示。

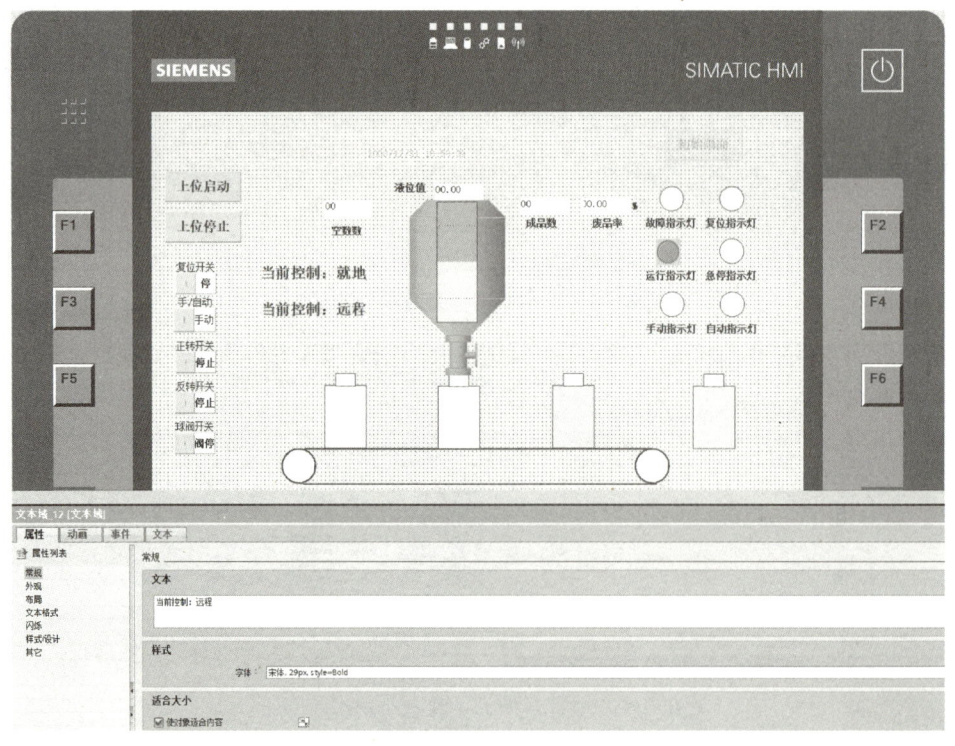

图 8-88 "远程"文本域的"常规"属性

组态"当前控制：远程"文本域，在文本域的属性视图的"动画"类的"显示"对话框中，该对象可用的动画即显示出来，单击"使可见性动态化"按钮，将显示其动画参数。连接相应的变量"远程控制"（M21.2），当该变量为 1 时，使其可见，如图 8-89 所示。

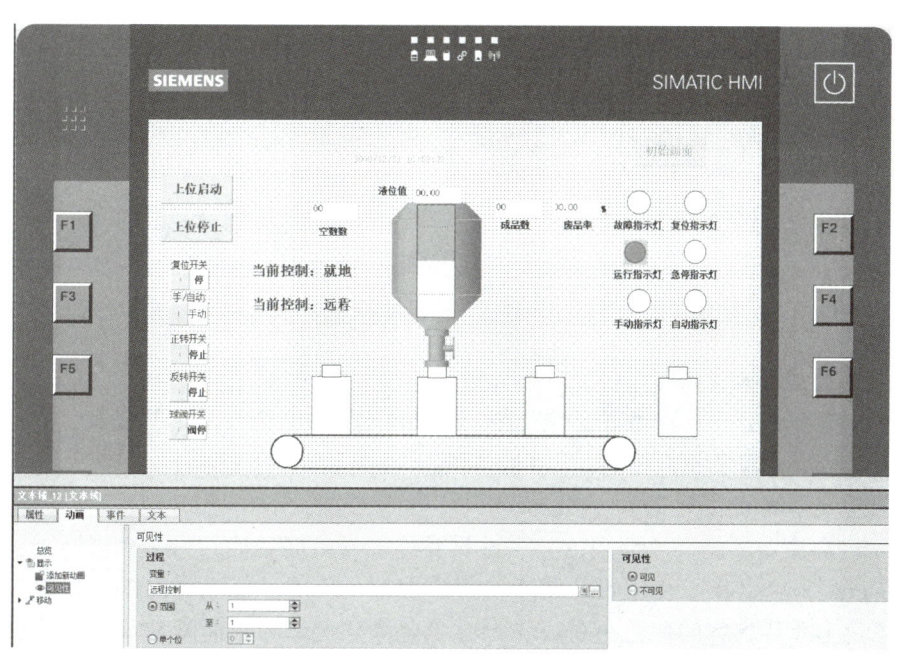

图 8-89 "当前控制:远程"文本域动画的"可见性"属性

使用工具箱中的基本对象,单击"文本域",将其放入运行画面。在文本域的属性视图的"常规"对话框中,输入显示的文本"当前控制:就地",如图 8-90 所示。

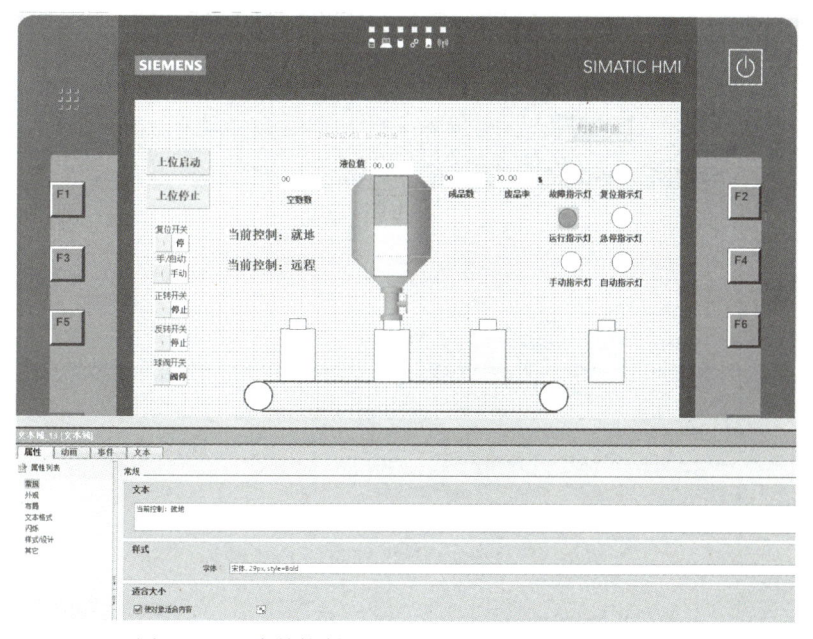

图 8-90 "当前控制:就地"文本域的"常规"属性

组态"当前控制:就地"文本域,在文本域的属性视图的"动画"类的"显示"对话框中,该对象可用的动画即显示出来,单击"使可见性动态化"按钮,将显示其动画参数。连接相应的变量"就地控制"(M21.3),当该变量为 1 时,使其可见,如图 8-91 所示。

视频:组态运行画面——文本域

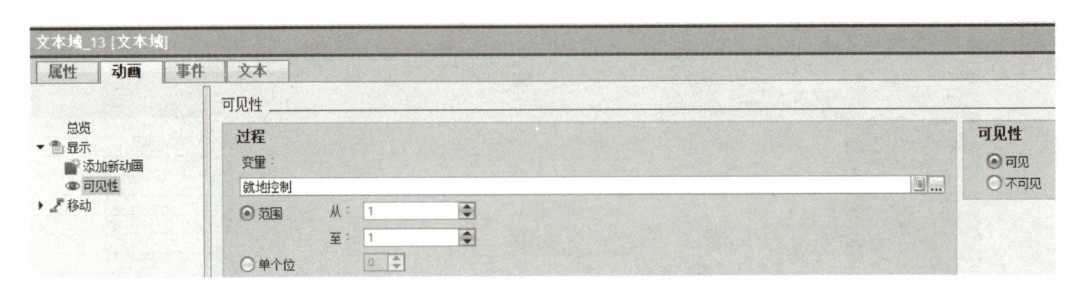

图 8-91 "当前控制：就地"文本域动画的"可见性"属性

9. 灌装生产线动态运行

为了形象地表现生产线的动态运行过程，可以在程序中人为设计一些变量，通过这些变量使画面中的元素运动起来。

(1) 模拟显示灌装过程

由于 WinCC 中矩形的"填充颜色"属性没有连接变量的功能，为了表现瓶子到达灌装位置时的灌装过程，可以在灌装位置的瓶子内部添加一个棒图。与液罐的棒图相同，设置"外观"的前景色为灌装物料的颜色黄色，棒图背景色为灰色。为了清晰地观察液位状态，设置"刻度"元素为不显示刻度。

因为没有传感器对瓶子的灌装液位进行检测，所以要在 PLC 的程序中为棒图的填充过程设计一个变量"灌装计数"（MW110）。要求：当瓶子到达灌装位置时变量值开始增加，灌装完毕时变量值刚好等于棒图的上限值。

"灌装计数"变量的 PLC 程序如图 8-92 所示。利用 2 Hz 的时钟信号 M0.3 作为计数器的加脉冲输入信号，在系统运行过程中（Q0.0＝1），当瓶子到达灌装位置时灌装阀门打开（Q8.2＝1），计数器开始计数，灌装结束（Q8.2＝0）时计数器清零。

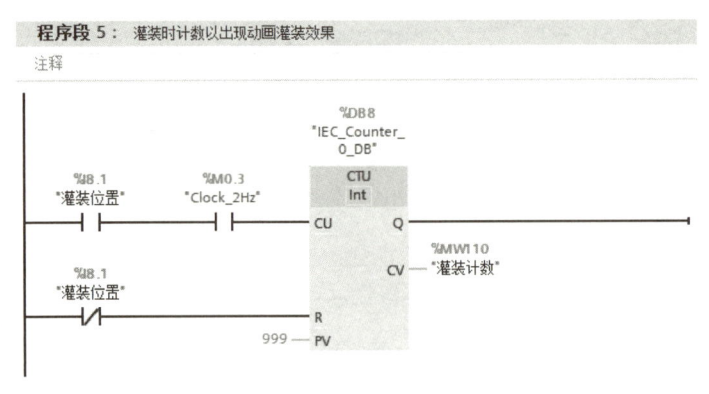

图 8-92 "灌装计数"变量的 PLC 程序

组态"棒图"的"常规"属性如图 8-93 所示。过程值连接变量"灌装计数"（MW110）。对于 2 Hz 的时钟信号，在灌装时间 5 s 内计数器最多计 10 个数，所以设置过程值的最小值为 0，最大值为 10。单击变量右侧的编辑图标，打开变量"常规"属性设置的对话框，将采样周期修改为 500 ms，使灌装过程看上去更流畅。

组态"棒图"的"动画"属性的"可见性"如图 8-94 所示。在"棒图"的属性视图的"动画"类的"显示"对话框中，该对象可用的动画即显示出来，单击"使可见性动态化"按钮，将显示其动画参数。变量连接到"球阀"（Q8.2），当"球阀"（Q8.2）位为 1 时

"棒图"可见,显示瓶子的灌装过程;当"球阀"(Q8.2)位为0时隐藏棒图。

图 8-93 组态"棒图"的"常规"属性

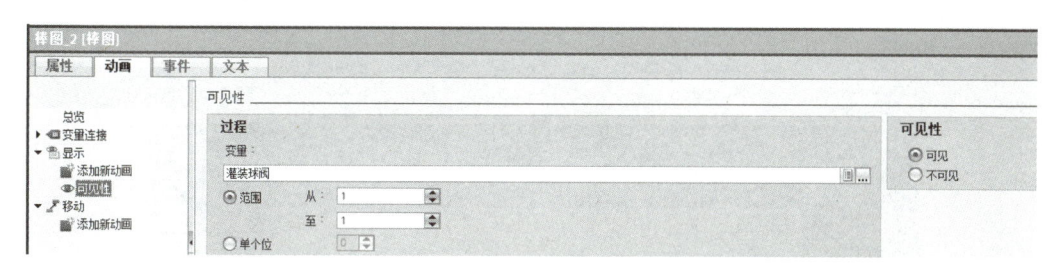

图 8-94 组态"棒图"的"动画"属性的"可见性"

(2)模拟灌装阀门开闭

利用阀门的颜色表示阀门的闭合/开启状态。

使用工具箱中"矩形",将其放入运行画面中,其位置与阀门的位置重合。组态矩形的"外观"属性,使其背景颜色为黄色,如图 8-95 所示。

组态矩形的"动画"属性的"可见性"如图 8-96 所示。在矩形的属性视图的"动画"类的"显示"对话框中,该对象可用的动画即显示出来,单击"使可见性动态化"按钮,将显示其动画参数。将其变量连接在"球阀"(Q8.2)上。当 Q8.2=0 时,该矩形不显示,表示阀门关闭;当 Q8.2=1 时,该矩形显示,表示阀门打开,有黄色的物料流过。

(3)模拟显示传送带运行状态

在运行画面中用闪烁文本"M"表明生产线的传送带正处于运行状态。使用工具箱中的基本对象,利用"文本域"在传送带左侧添加一个电动机的符号"M",如图 8-97 所示。

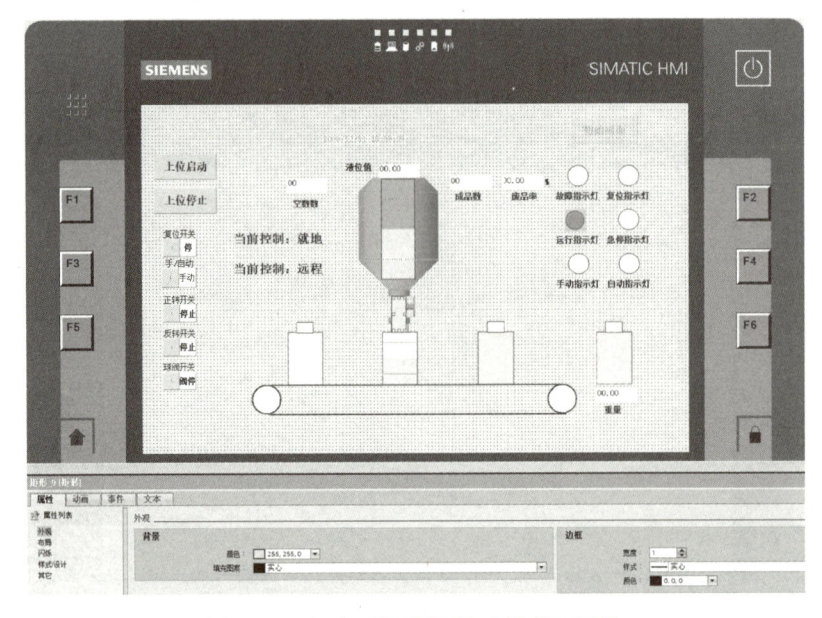

图 8-95 组态"矩形"的"外观"属性

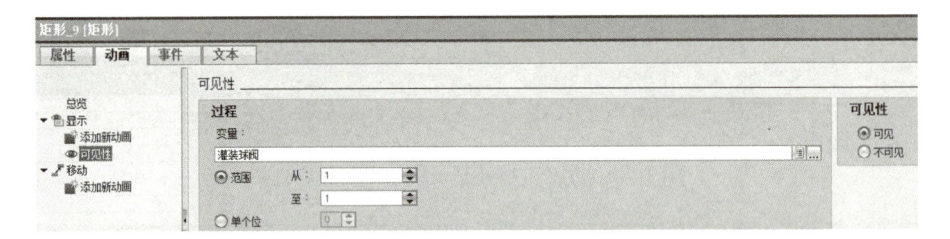

图 8-96 组态矩形的"动画"属性的"可见性"

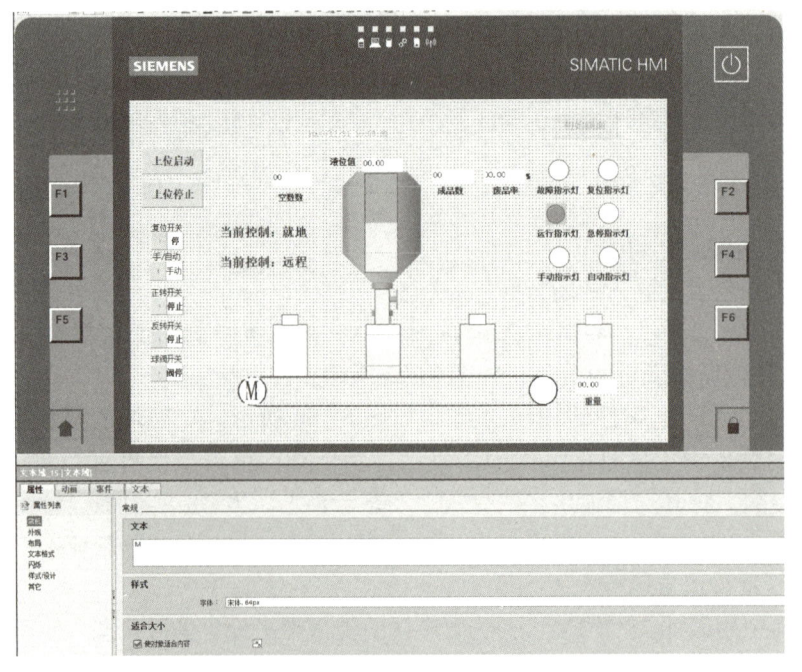

图 8-97 组态"文本域"的"常规"属性

在文本域的属性视图的"动画"类的"显示"对话框中，该对象可用的动画即显示出来，单击"动态化颜色和闪烁"按钮，将显示其动画参数。连接相应的变量"传送带正转"（Q8.0），在类型中选择"范围"，在表中单击"添加"。在"范围"列中输入变量范围，当为 0 时，设置背景色和边框颜色均为红色，无闪烁；当为 1 时，设置背景色和边框颜色均为绿色，闪烁属性打开，如图 8-98 所示。这样，在生产线自动灌装过程中，当传送带运行时"M"文本会变成绿色并不断地闪烁；到达灌装位置传送带停止运行时，"M"文本会变成红色且不闪烁。

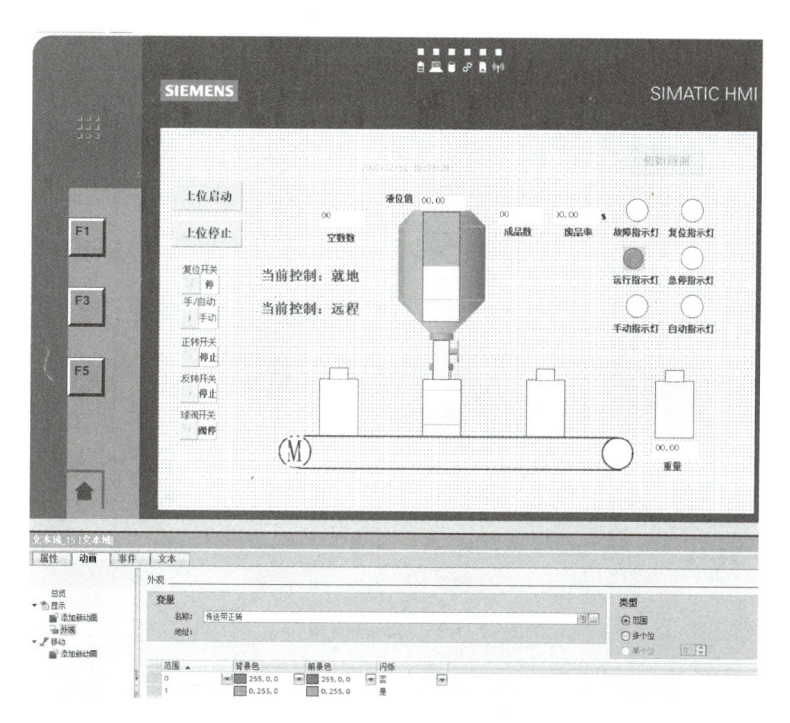

图 8-98 组态文本域的"外观"属性

8.5.6 组态参数设置画面

在生产线运行过程中，为了适应不同的工艺流程，操作人员需要输入一些设定的参数，例如设备运行时间、过程值控制的上下限值等。

视频：组态运行画面——动态运行

在本例中，为了使生产线适应灌装大小不同规格的瓶子，需要相应修改灌装时间的参数。灌装小瓶子时，灌装时间为 1 s；灌装大瓶子时，灌装时间为 2 s。

下面介绍三种方法实现不同灌装时间的设置。

1. 图形列表

图形显示通常比抽象的数值更生动、更易于理解。因此，WinCC 允许用户组态图形列表，在图形列表中用户给每个变量值分配不同的图形，在运行时，由变量值确定显示列表中的哪个图形。在本例中，用两个图形符号分别表示灌装大瓶或小瓶的选择开关的状态。

（1）编辑图形列表

双击项目树中的"文本和图形列表"，选择"图形列表"选项卡，打开图形列表编辑器，添加一个图形列表，默认名称为"Graphic_list_1"，如图 8-99 所示。对该图形列表条目进行设置，当变量值为 0 时显示"Rotary_N_Off_mono"的图形，当变量值为 1 时显示"Rotary_N_On_mono"的图形。若首次使用找不到相应的图形，单击库的"全局库"，依次打开"Button_and_switches"→"主模板"→"RotarySwitchs"→"Rotary_RG_Off_256c"，将选中的图片拖入参数设置画面即可在图形列表中显示。

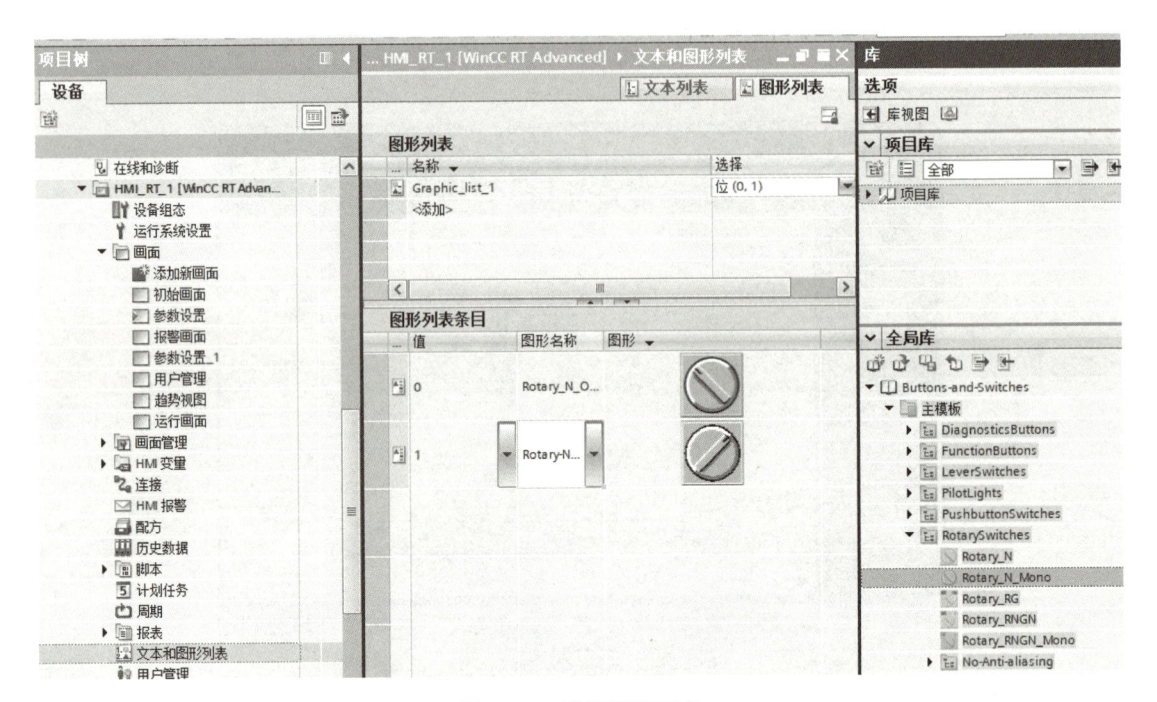

图 8-99 编辑图形列表

（2）组态图形 I/O 域

使用工具箱中的元素，单击"图形 I/O 域"，将其放入参数设置画面，通过鼠标的拖曳可以调整图形 I/O 域的大小。

在图形 I/O 域的属性视图的"属性"类的"常规"对话框中，连接相应的变量"大小瓶选择"（M126.0），在模式中选择"输入"，图形列表选择"Graphic_list_1"，如图 8-100 所示。这样，当选择灌装小瓶时（M126.0=0），显示图形列表"Graphic_list_1"中的"Rotary_RG_Off_256c"图形。当选择灌装大瓶时（M126.0=1），显示图形列表"Graphic_list_1"中的"Rotary_RG_On_256c"图形。

在图形 I/O 域的属性视图的"事件"选项卡的"激活"对话框中，选择系统函数"取反位"，将函数变量同样连接到"大小瓶选择"（M126.0），如图 8-101 所示。这样，在 HMI 的画面上，将对变量值 M126.0 做取反操作，在大小瓶之间进行切换。

（3）编写 PLC 程序

在参数设置画面中，通过单击图形 I/O 域选择灌装大瓶（M126.0=1）还是灌装小瓶（M126.0=0）。同时要在 PLC 控制程序中编写对应的指令，设置不同的灌装时间，如图 8-102 所示。

系统运行后的状态如图 8-103 所示。

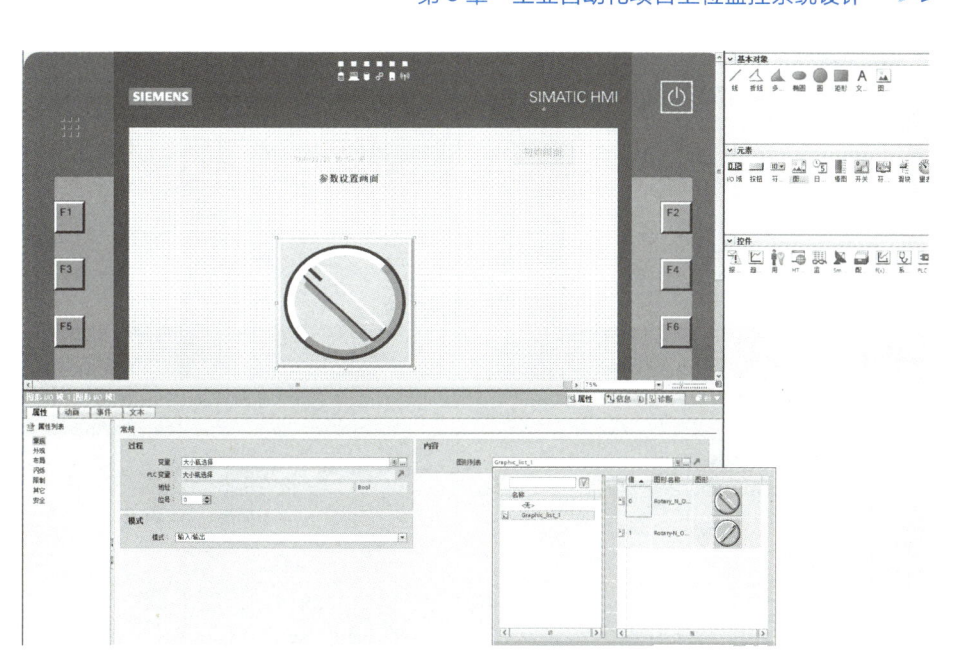

图 8-100　图形 I/O 域的"常规"属性

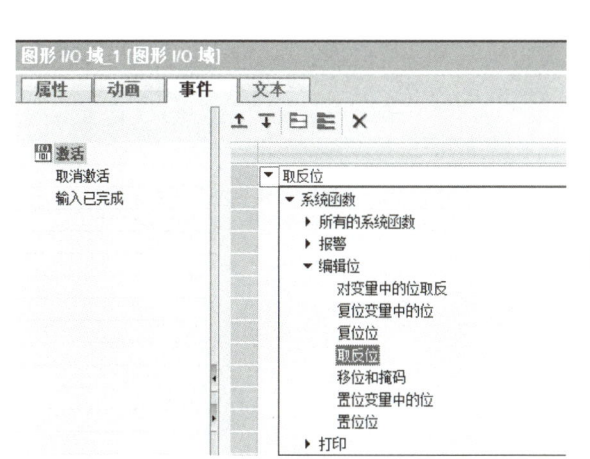

图 8-101　图形 I/O 域的"激活"属性 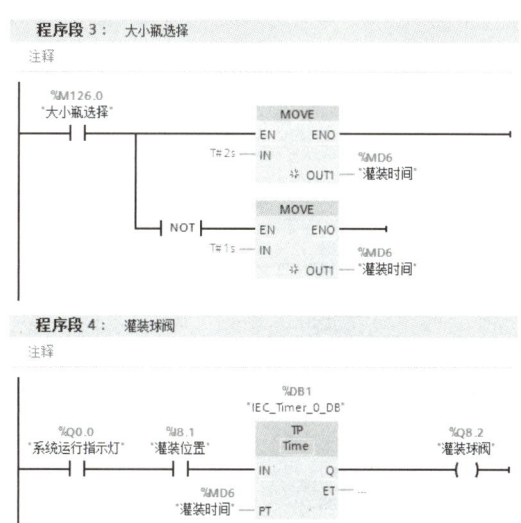　　　　图 8-102　设置灌装时间的程序

2. 文本列表

利用 WinCC 提供的文本列表工具，用户可以做多种操作模式的选择。在本例中，选择灌装模式。

（1）编辑文本列表

双击项目树中的"文本和图形列表"，选择"文本列表"选项卡，打开文本列表编辑器，添加两个文本列表。

编辑"灌装时间"文本的变量值为 0 时显示"灌装时间 1 s"，变量值为 1 时显示"灌装时间 2 s"，如图 8-104 所示。

编辑"灌装类型"文本的变量值为 0 时显示"灌装小瓶"，变量值为 1 时显示"灌装大瓶"，如图 8-105 所示。

选择小瓶时的图形状态显示 　　　　　　　选择大瓶时的图形状态显示

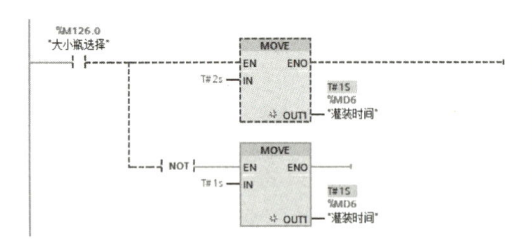

选择小瓶时的程序状态 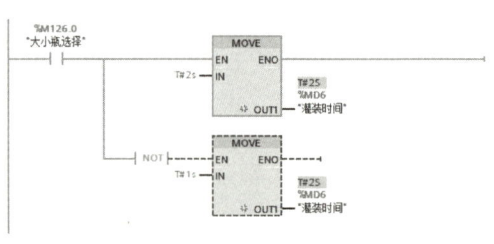　　　　　　　　　　选择大瓶时的程序状态

图 8-103　系统运行后图形 I/O 域的状态

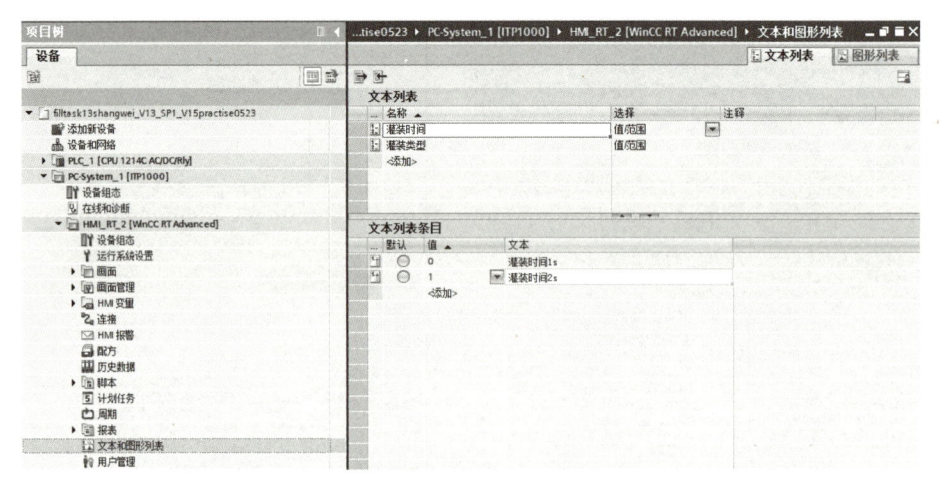

图 8-104　编辑文本列表"灌装时间"

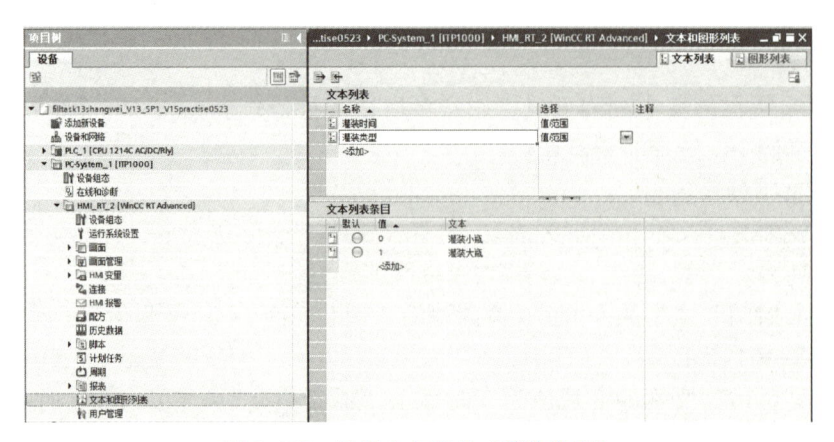

图 8-105　编辑文本列表"灌装类型"

（2）组态符号 I/O 域

使用工具箱中的元素，单击"符号 I/O 域"，放入两个符号 I/O 域到参数设置画面。

组态灌装类型的符号 I/O 域的"常规"属性如图 8-106 所示。选择设置模式为"输入/输出"，则可以在操作员修改变量的数值后将数值显示出来。文本列表选择"灌装类型"，过程变量连接到外部变量"大小瓶选择"（M126.0）。系统运行时符号 I/O 域下拉菜单可以看到"灌装小瓶"和"灌装大瓶"两个选项。当选择的文本为"灌装小瓶"时，M126.0=1；当选择符号 I/O 域的文本为"灌装大瓶"时，M126.0=0。

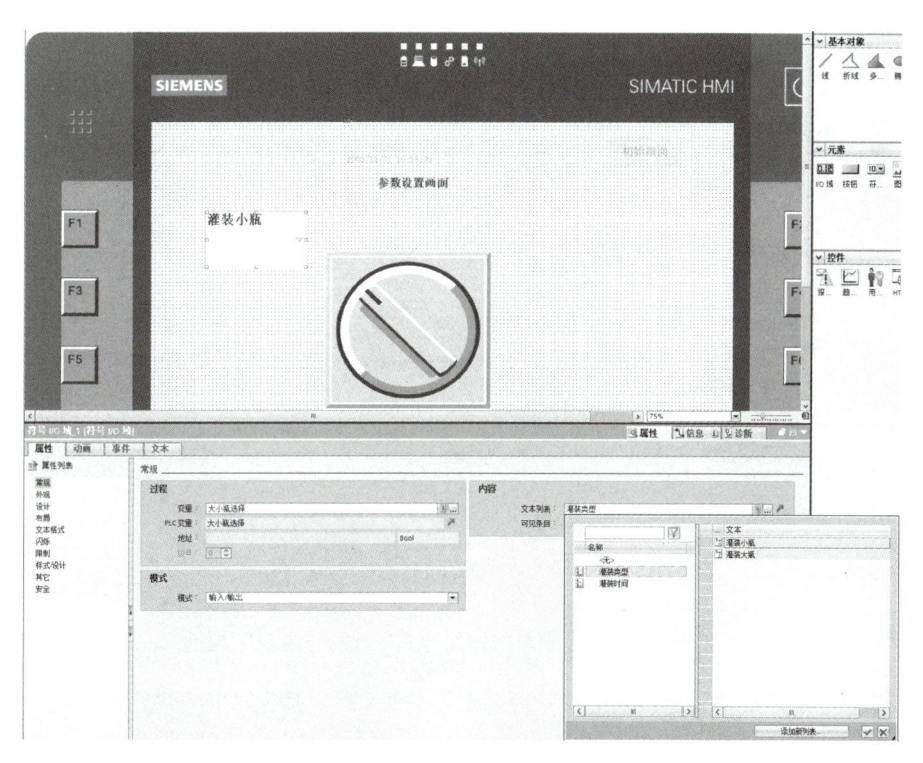

图 8-106　组态灌装类型的符号 I/O 域的"常规"属性

组态灌装时间的符号 I/O 域的"常规"属性如图 8-107 所示，选择设置模式为"输出"，则只能显示灌装时间，不可以在此修改数值。文本列表选择"灌装时间"，过程变量连接到外部变量"大小瓶选择"（M126.0）。系统运行时，如果选择"灌装小瓶"，则变量值 M126.0=1，显示"灌装时间 1 s"；如果选择"灌装大瓶"，则变量值 M126.0=0，显示"灌装时间 2 s"。

（3）编写 PLC 程序

PLC 的灌装时间选择程序与采用"图形列表"设置灌装时间的方式相同，如图 8-102 所示。系统运行后的状态如图 8-108 所示。

3. 开关

使用工具箱中的元素，单击"开关"，将其放入运行画面，通过鼠标的拖曳可以调整开关的大小。

（1）组态开关图形

为了提示操作人员该开关的功能，在开关的属性视图的"常规"对话框中，选择这个开关所要连接的过程变量为"大小瓶选择（M126.0）"。格式选择"通过图形切换"。选择

"ON"相应的图形"Rotary_RG_On_256c","OFF"相应的图形"Rotary_RG_Off_256c",如图 8-109 所示。

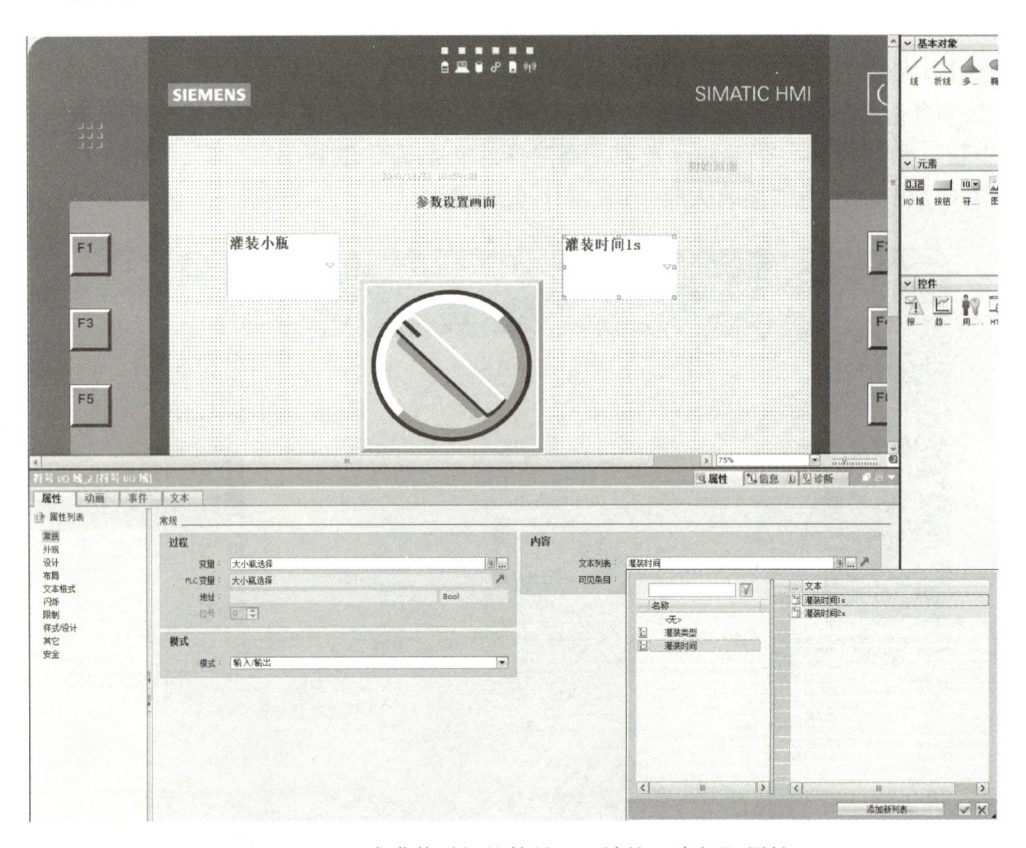

图 8-107 组态灌装时间的符号 I/O 域的"常规"属性

选择小瓶时的状态　　　　　　　　　选择大瓶时的状态

图 8-108 系统运行后符号 I/O 域的状态

（2）编写 PLC 程序

PLC 的灌装时间选择程序与采用"图形列表"设置灌装时间的方式相同，如图 8-102 所示。系统运行后的状态如图 8-110 所示。

4. I/O 域

输入域是最常用的参数设置工具，操作员输入的数值通过输入域传送到 PLC，并保存到指定的变量中。数值可以是数字、字母数字或符号。如果为输入域变量定义了限制值，则操作员在触摸屏上输入超出指定范围值的数值将被拒绝。

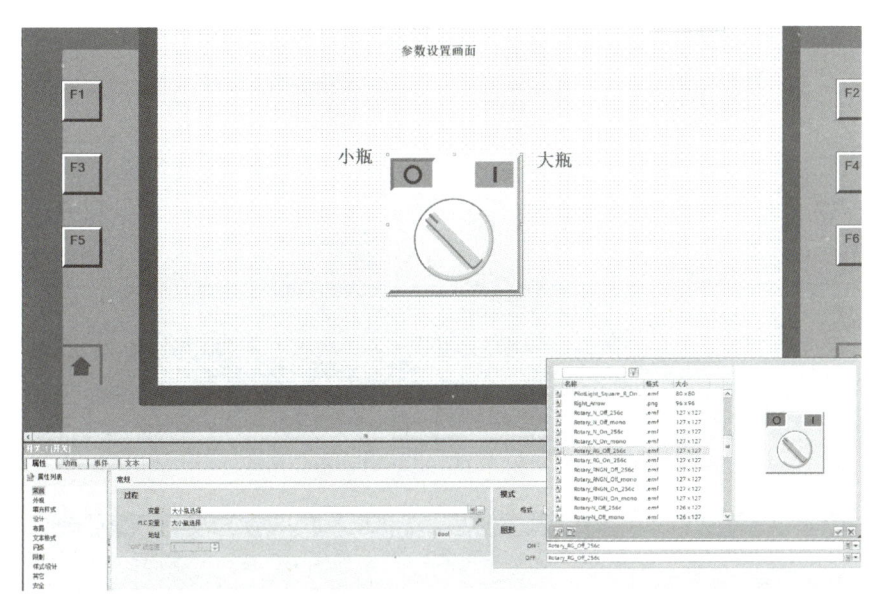

图 8-109 组态开关的"常规"属性

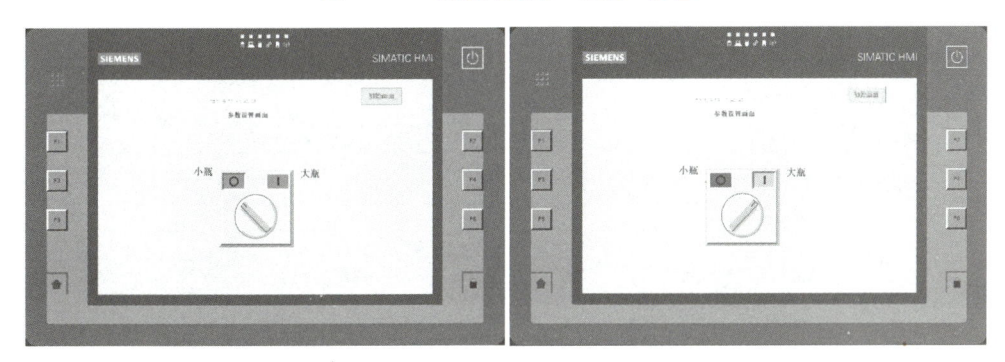

图 8-110 系统运行后开关的状态

如果灌装瓶子的规格较多,需要随时变更不同的灌装时间,可以使用 I/O 域输入时间值。
(1) 组态 I/O 域

使用工具箱中的元素,单击"I/O 域",将其放入参数设置画面,在 I/O 域的左侧放一个文本域显示"灌装小瓶时间值设定:",在 I/O 域的右侧放一个文本域显示灌装时间的单位"(ms)"。

在 I/O 域的属性视图的"常规"对话框中,选择 I/O 域的类型为输入。选择这个输入域所要连接的变量为"上位设定灌装小瓶时间"(MW46)。选择要显示的数据格式为十进制。选择格式样式为 999,如图 8-111 所示。

灌装时间的设置是有一定范围的,如果定时器的时间基准定为 100 ms,则输入的数据值范围应在 0~999 之间(即 0~39.9 s 之间)。这样就需要对输入的数据做出相应的限制,操作员必须在限制的范围内进行输入,当输入的数据超出范围时,该数据是无效的。

打开变量表,对变量"上位设定灌装时间"的"范围"属性进行编辑。上限设为 999,下限设为 0,如图 8-112 所示。

系统运行后,单击 I/O 域会出现一个如图 8-113 所示的数字键盘,键盘上方显示了该数值允许的最大值和最小值。

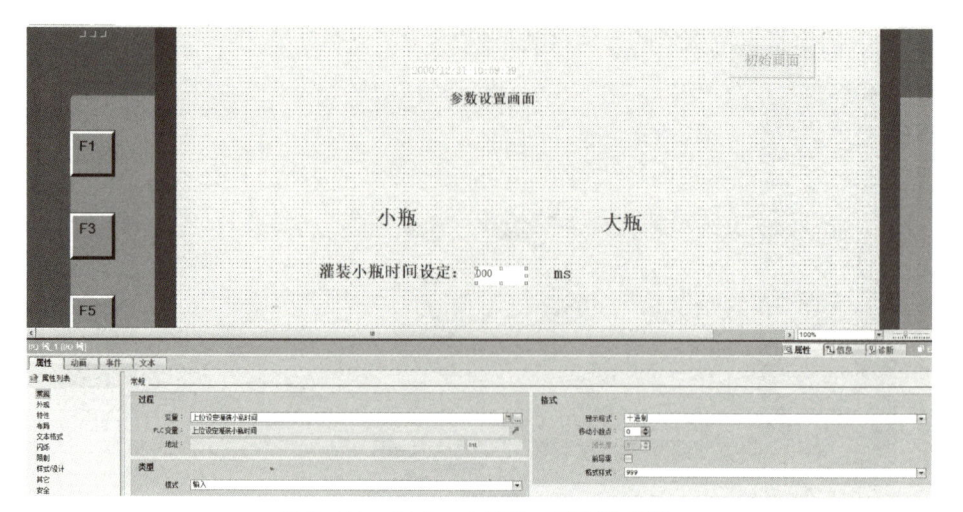

图 8-111 组态 I/O 域的"常规"属性

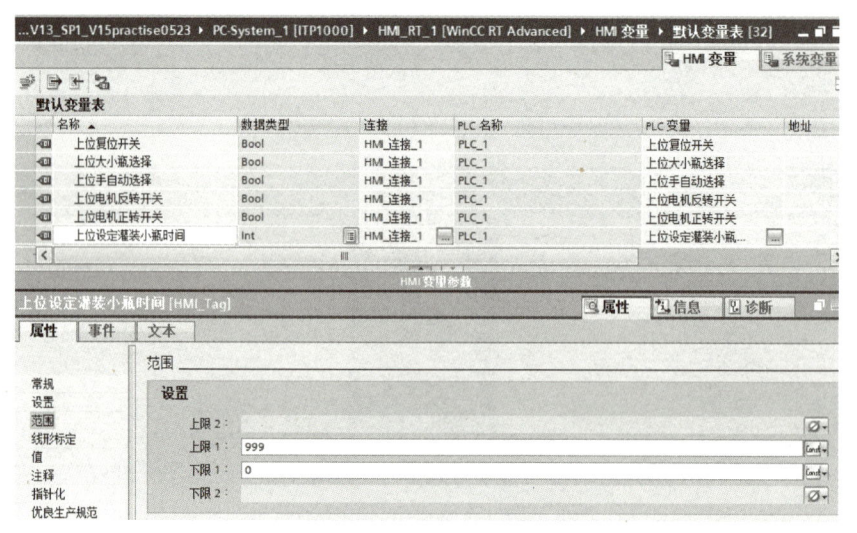

图 8-112 设置"上位设定灌装时间"的上限和下限

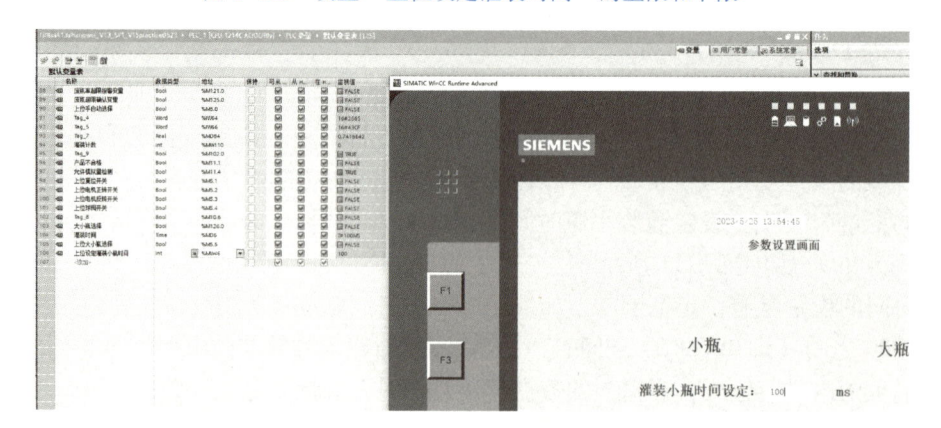

图 8-113 系统运行后 I/O 域的状态与默认变量表中的变量值

(2) 编写 PLC 程序

从 HMI 输入的灌装时间值是 MW46，PLC 的程序如图 8-114 所示。

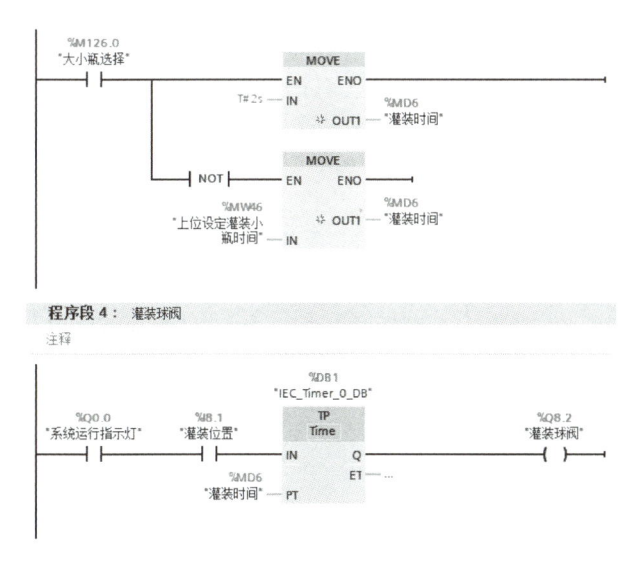

图 8-114　PLC 程序

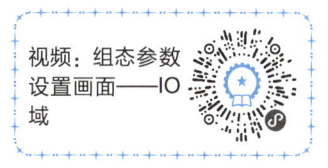

视频：组态参数设置画面——IO 域

8.5.7　组态趋势视图画面

趋势是变量在运行时的值的图形表示。趋势视图是一种动态显示元件，以曲线的形式连续显示过程数据。一个趋势视图可以同时显示多个不同的趋势。例如，根据控制任务的要求，可以将混料设备的液罐 1、液罐 2 与混料罐的实际液位通过趋势视图同时显示出来。

1. 添加趋势视图

使用工具箱中的控件，单击"趋势视图"，将其放入趋势视图画面中，通过鼠标的拖曳可以调整趋势视图的大小，如图 8-115 所示。

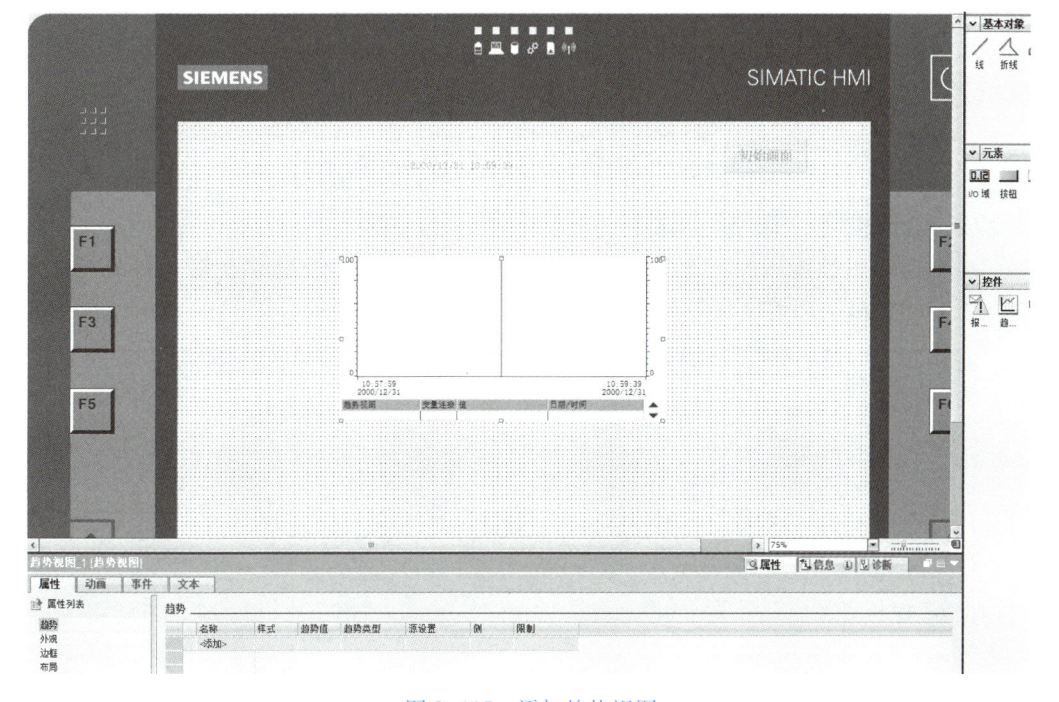

图 8-115　添加趋势视图

2. 组态趋势视图的"趋势"属性

在趋势视图的属性视图的"属性"类的"趋势"对话框中，单击一个空的行创建一个新趋势，设置相应的参数。单击"源设置"连接相应的趋势变量。图中的"样式"列可以设置曲线的样式，可以为不同的变量趋势设置不同的曲线颜色，如图 8-116 所示。

图 8-116 组态趋势视图的"趋势"属性

3. 组态趋势视图的"外观"属性

在趋势视图的属性视图的"外观"对话框中，可以设置轴颜色、背景颜色和趋势方向。趋势视图中有一根垂直线称为标尺，趋势视图下方的数值表动态地显示趋势曲线与标尺交点处的变量值和时间值。可以显示或隐藏标尺，如图 8-117 所示。

图 8-117 组态趋势视图的"外观"属性

4. 组态趋势视图的"表格"属性

在趋势视图的属性视图的"表格"对话框中，可以设置是否显示表格及可见行的数量。趋势视图下方的表格动态地显示趋势曲线所连接的变量值和时间值，如图 8-118 所示。

图 8-118 组态趋势视图的"表格"属性

5. 组态趋势视图的"时间轴"属性

如图 8-119 所示,在趋势视图的属性视图的"属性"类的"时间轴"对话框中,可以设置是否显示时间轴,以及时间间隔和标签等。

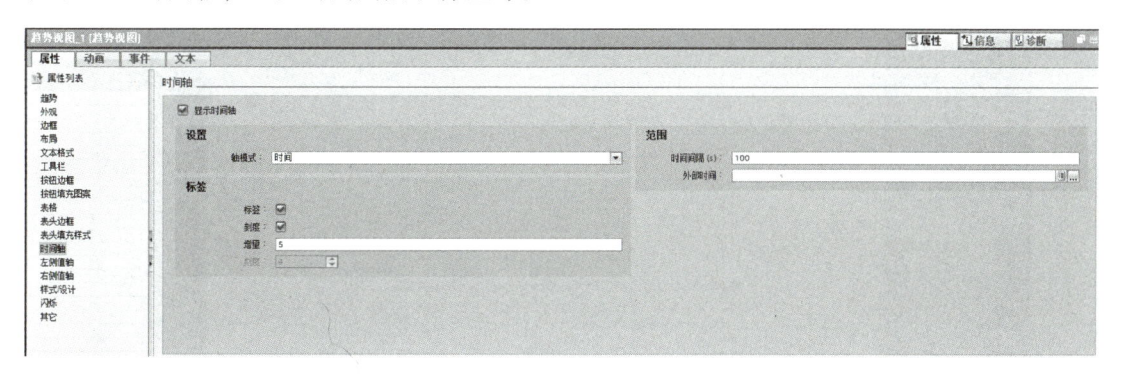

图 8-119 组态趋势视图的"时间轴"属性

6. 组态趋势视图的"左侧值轴"属性和"右侧值轴"属性

在趋势视图的属性视图的"属性"类的"左侧值轴"与"右侧值轴"对话框中,分别用于设置左 Y 轴和右 Y 轴的范围和标签等,如图 8-120 所示。

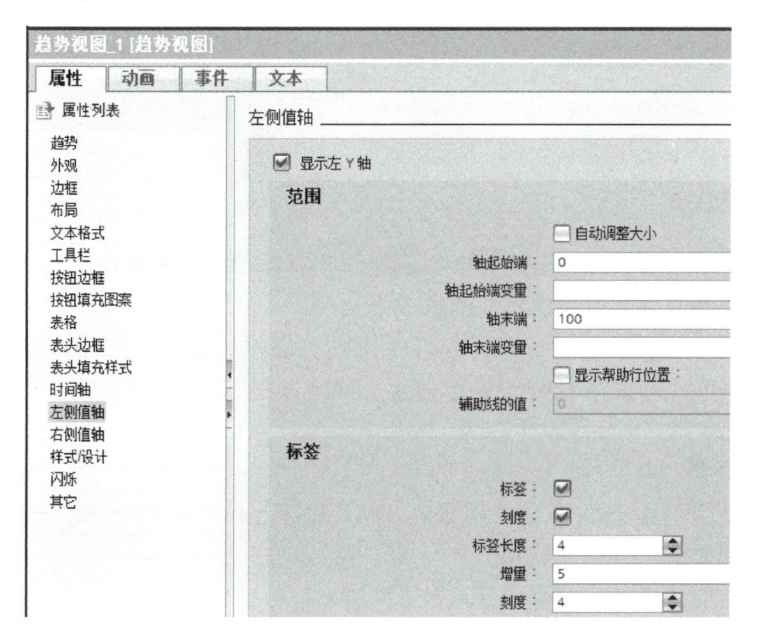

图 8-120 组态趋势视图的"左侧值轴"属性

系统运行时,三个液罐中液位的变化将会以曲线的方式进行显示,如图 8-121 所示。

任务十四 组态灌装自动生产线监控画面

任务要求

根据灌装自动生产线监控系统的要求,设计过程监控画面。

视频:组态趋势视图画面

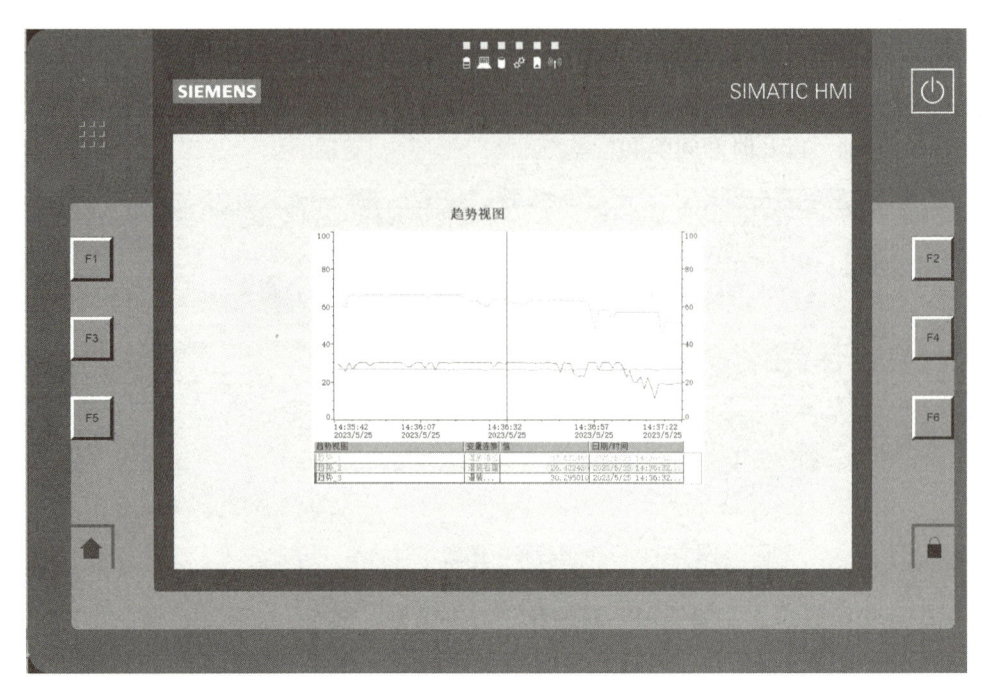

图 8-121　三个液罐中液位的变化曲线

8.6　报警

8.6.1　报警的概念

报警是用来指示控制系统中出现的事件或操作状态，可以用报警信息对系统进行诊断。有的资料或手册将报警消息简称为信息、消息或报文。

报警事件可以在 HMI 设备上显示，或者输出到打印机。也可以将报警事件保存在报警记录中，记录的报警事件可以在 HMI 设备上显示，或者以报表形式打印输出。

1. 报警的分类

（1）自定义报警

自定义报警是用户组态的报警，用来在 HMI 设备上显示过程状态，或者测量和报告从 PLC 接收到的过程数据。

根据信号的类型，自定义报警可分为以下两种：

1）离散量报警。离散量（开关量）对应于二进制数的一位，离散量的两种相反的状态可以用二进制数的 0、1 状态来表示。例如，发电机断路器的接通与断开、各种故障信号的出现和消失，都可以用来触发离散量报警。

2）模拟量报警。模拟量的值（例如温度值）超出上限或下限时，将触发模拟量报警。

根据报警的种类，自定义报警可分为以下三种：

1）错误。用于离散量和模拟量报警，指示紧急的或危险的操作和过程状态，这类报警必须确认。

2）诊断事件。用于离散量和模拟量报警，指示常规操作状态、过程状态和过程顺序，这类报警不需要确认。

3）警告。用于离散量和模拟量报警，指示不是太紧急的或危险的操作和过程状态，这类报警不需要确认。

(2) 系统报警

系统报警用来显示 HMI 设备或 PLC 中特定的系统状态，系统报警是在这些设备中预定义的。自定义报警和系统报警都可以由 HMI 设备或 PLC 来触发，在 HMI 设备上显示。

系统报警向操作员提供 HMI 设备和 PLC 的操作状态，系统报警的内容可能包括从注意事项到严重错误。如果在某台设备中或两台设备之间的通信出现了某种问题或错误，HMI 设备或 PLC 将触发系统报警。

系统报警由编号和报警文本组成，报警文本中可能包含更准确说明报警原因的内部系统变量，只能组态系统报警的某些特定的属性。

有如下两种类型的系统报警：

1）HMI 设备触发的系统报警。如果出现某种内部状态，或者与 PLC 通信时出现错误，由 HMI 设备触发 HMI 系统报警。

2）PLC 触发的系统报警。这类系统报警由 PLC 触发，不能在 WinCC flexible 中组态。

在报警系统的基本设置中，可以指定要在 HMI 设备上显示的系统报警的类型，以及系统报警将显示多长时间。在 HMI 设备上用报警视图和报警窗口来显示系统报警。HMI 设备的操作手册中有系统报警列表，以及产生报警的原因和解决的方法。

2. 报警组成

(1) 报警文本

报警文本包含了对报警的描述。可使用相关 HMI 设备所支持的字符格式来逐个字符地处理报警文本的格式。

操作员注释可包含多个输出域，用于变量或文本列表的当前值。报警缓冲区中保留报警状态改变时的瞬时值。

(2) 报警编号

报警编号用于识别报警。每个报警编号在下列类型的报警中都是唯一的：离散量报警、模拟量报警、HMI 系统报警，以及来自 PLC 的 CPU 内的报警。

(3) 报警的触发

对于离散量报警，报警的触发为变量内的某个位。对于模拟量报警，报警的触发为变量的限制值。

(4) 报警类别

报警的类别决定是否必须确认该报警。还可通过它来确定报警在 HMI 设备上的显示方式。报警组还可确定是否以及在何处记录相应的报警。

3. 报警的显示

WinCC 提供在 HMI 设备上显示报警的下列图形对象。

(1) 报警画面

报警画面主要由报警视图组成，较大尺寸的报警视图可以同时显示多个元素。可以在不同的画面中为不同类型的报警组态多个报警视图。

(2) 报警窗口

在画面模板中组态的报警窗口将成为项目中所有画面上的一个元件，较大尺寸的报警窗口可以同时显示多个报警。可以用事件触发的方式关闭和打开报警窗口。报警窗口保存在它自己的层上，在组态时可以将它隐藏。

（3）报警指示器

报警指示器是组态好的图形符号，在画面模板上组态的报警指示器将成为项目中所有画面上的一个元件。报警出现时它将显示在画面上，报警消失时它也随之消失。

4. 报警的状态与确认

（1）报警的状态

离散量报警和模拟量报警有下列报警状态：

1）满足了触发报警的条件时，该报警的状态为"已激活"，或称"到达"。操作员确认了报警后，该报警的状态为"已激活/已确认"，或称"（到达）确认"。

2）当触发报警的条件消失时，该报警的状态为"已激活、已取消激活"，或称"（到达）离开"。如果操作人员确认了已取消激活的报警，该报警的状态为"已激活/已取消激活/已确认"，或"（到达确认）离开"。

（2）报警的确认

有的报警用来提示系统处于关键性或危险性的运行状态，要求操作人员对报警进行确认。操作人员可以在 HMI 设备上确认报警，也可以由 PLC 的控制程序来置位指定的变量中的一个特定位，以确认离散量报警。在操作员确认报警时，指定的 PLC 变量中的特定位将被置位。操作员可以用下列元件进行确认：

1）某些操作员面板（OP）上的确认键（ACK）。

2）HMI 画面上的按钮，或操作员面板的功能键。

3）通过函数列表或脚本中的系统函数进行确认。

报警类别决定了是否需要确认该报警。在组态报警时，既可以指定报警由操作员逐个进行确认，也可以对同一报警组内的报警集中进行确认。

5. 报警属性的设置

在项目树中双击"运行系统设置"，然后选择"报警"，可以进行与报警有关的设置，如图 8-122 所示。一般可以使用默认的设置。

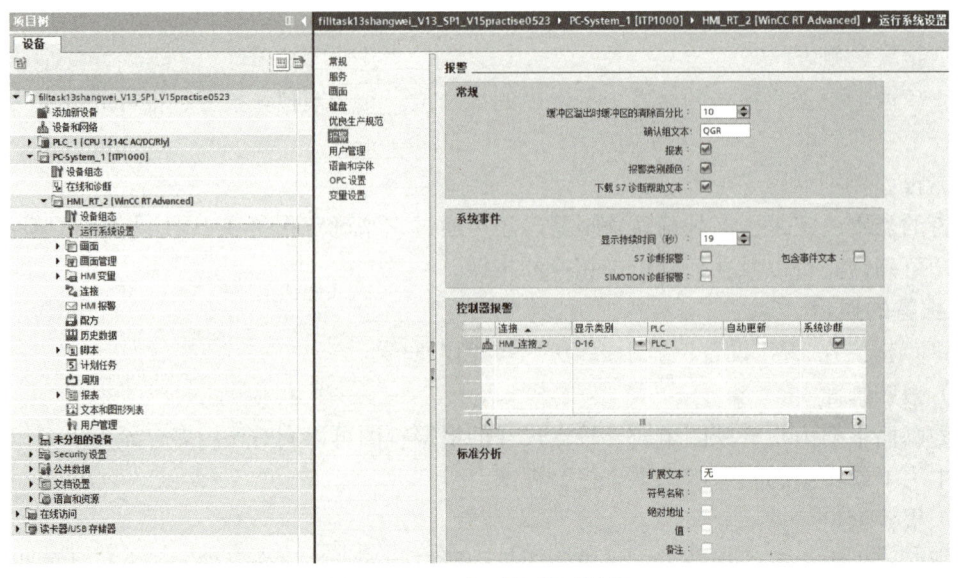

图 8-122 运行系统设置报警

使用"报警组"功能，可以通过一次确认操作，同时确认属于某个报警组中的全部报警。在项目树中双击"HMI 报警"，选择"报警组"选项卡，可以修改报警组的名称，报警组的编号由系统分配，如图 8-123 所示。

图 8-123　报警组的设置

在项目树中双击"HMI 报警"，选择"报警类别"选项卡，可以在表格单元或属性视图中编辑各类报警的属性，如图 8-124 所示。

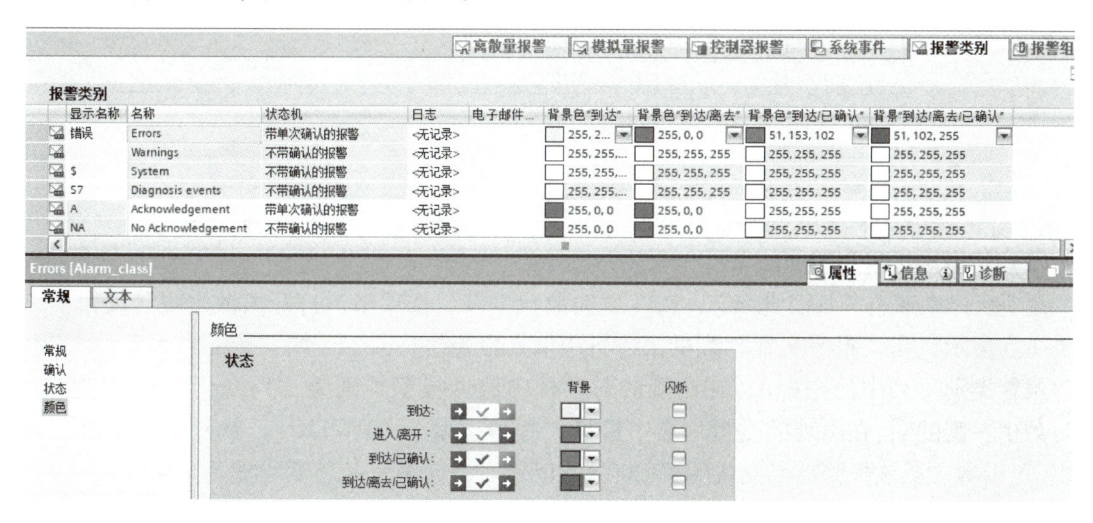

图 8-124　报警类别编辑器

例如，将系统默认的"错误"类的"显示名称"字符"！"修改为"错误"，"系统"类的"显示名称"字符"$"修改为"系统"，"警告"类没有"显示名称"，设置"警告"类的显示为"警告"。在报警窗口被激活时将会显示这些类别。

为了清楚明了地知道报警的状态，还可以将系统默认的"已激活"对应的文本"C"修改为"到来"，"已取消"对应的文本"D"修改为"已取消"，"已确认"对应的文本"A"修改为"已确认"。在报警窗口被激活时将会显示这些状态信息。

在报警类别编辑器中，还可以设置报警在不同状态时的背景色。例如，对于"错误"类别，"到达"的背景色设置为黄色，"进入/离开"的背景色设置为红色，"到达/已确认"的背景色设置为绿色，"到达/离去/已确认"的背景色设置为蓝色，如图 8-124 所示。

8.6.2 组态报警

1. 组态离散量报警

(1) 触发变量

离散量报警是用指定的字变量内的某一位来触发的。在本例中,将离散量报警的触发变量定义为MW120,这样MW120中的每一位都将与一条报警信息所对应并显示在触摸屏上,见表8-4。当PLC中M121.0被置位,触摸屏上将显示一条报警信息。用户可以根据生产现场的情况输入相应的文本。

表8-4 离散量报警触发变量的信息表

触发变量	触发器位号	触 发 位	文 本 内 容
MW120	0	M121.0	废品率大于10%
	1	M121.1	
	2	M121.2	
	3	M121.3	
	4	M121.4	
	5	M121.5	
	6	M121.6	
	7	M121.7	
	8	M120.0	
	9	M120.1	
	10	M120.2	
	11	M120.3	
	12	M120.4	
	13	M120.5	
	14	M120.6	
	15	M120.7	

(2) 编辑离散量报警

在项目树中双击"HMI报警",选择"离散量报警"选项卡,打开离散量报警编辑器,如图8-125所示。在"报警文本"列的第一行中输入报警信息文本,如"废品率大于10%"。单击"报警类别"列中的 ▼ 按钮,在出现的对话框内选择报警类别为"Errors"。单击"触发变量"列中右侧的 ▼ ,在出现的变量列表中选择"报警变量"(MW120)。单击"触发位"列中的 ▲ ,可以增、减该报警在字变量MW120中的位号。根据表8-4将其设置为"0"。

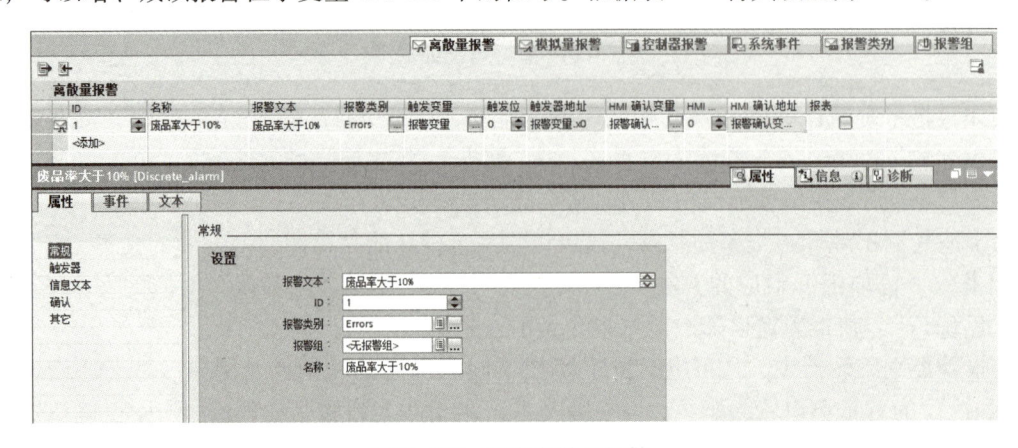

图8-125 组态离散量报警

在本例中，将离散量报警的确认变量定义为"报警确认"（MW124），如图 8-125 所示。则 MW124 中的每一位都将与一条消息所对应，见表 8-5。例如，M125.0 对应 M121.0，即 0001 号消息。当 0001 号故障出现时，HMI 上显示相关文本后，操作人员在 HMI 上确认该故障，这时相应确认的确认变量 M125.0 将为 1 信号。

表 8-5 离散量报警的确认变量的信息表

消 息 号	触发变量	文本内容	确认变量
1	M121.0	废品率大于 10%	M125.0
2	M121.1		M125.1
3	M121.2		M125.2
4	M121.3		M125.3
5	M121.4		M125.4
6	M121.5		M125.5
7	M121.6		M125.6
8	M121.7		M125.7
9	M120.0		M124.0
10	M120.1		M124.1
11	M120.2		M124.2
12	M120.3		M124.3
13	M120.4		M124.4
14	M120.5		M124.5
15	M120.6		M124.6
16	M120.7		M124.7

（3）编写 PLC 程序

将 ITP1000 平板 PC 上的消息设置完成后，还需要编写 PLC 程序。

修改带形参的故障报警程序块，在变量表中增加了与平板 PC 上位控制有关的形参"Fault_Flag"和"Fault_Ack"，如图 8-126 所示。

图 8-126 故障报警程序块中的形参

增加了程序段 3 和 4 实现与平板 PC 操作的连接，如图 8-127 所示。

组态完第一个报警后，单击第二行，将会自动生成第二个报警，报警的编号和位号自动加 1，在本例中只需要输入文本即可。

视频：组态报警画面

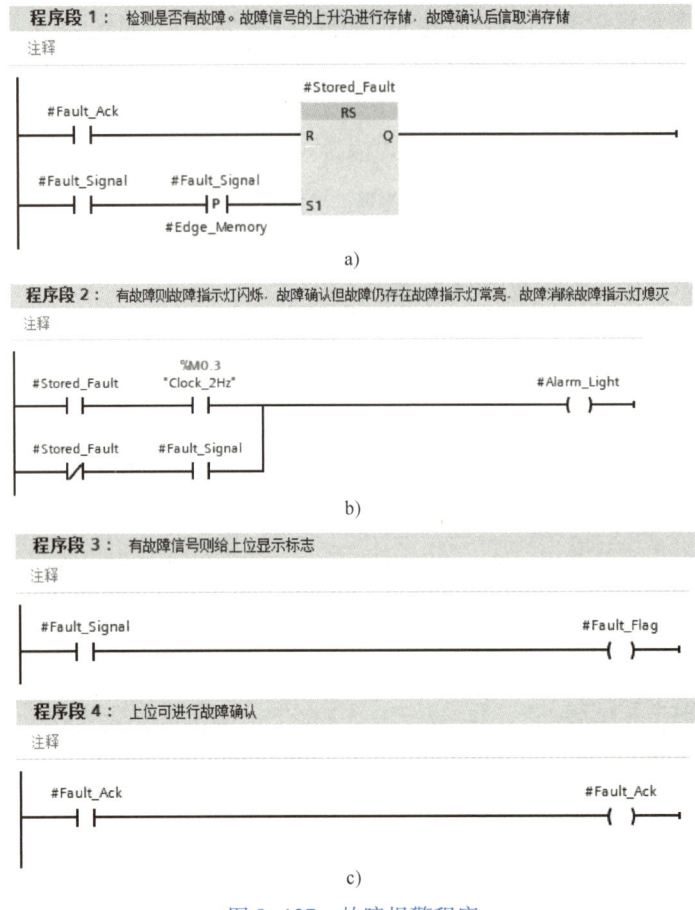

图 8-127 故障报警程序

a) 检测是否故障 b) 故障指示灯 c) 故障确认

2. 组态模拟量报警

模拟量报警时通过过程值的变化触发报警系统。在本例中，监测灌装罐的液位值，如果灌装罐的液位在 80~90 L 之间应发出警告信息"灌装罐液位升高！"；大于 90 L 应发出错误信息"灌装罐液位过高！"；如果灌装罐的液位在 20~10 L 之间应发出警告信息"灌装罐液位降低！"；小于 10 L 应发出错误信息"灌装罐液位过低！"。

在项目树中双击"HMI 报警管理"，选择"模拟量报警"选项卡，打开模拟量报警编辑器。单击第 1 行，输入报警文本"灌装罐液位过低！"。报警编号是自动生成的，用户也可以修改。根据报警的严重程度选择类别是"Warnings"还是"Errors"。单击"触发变量"，在出现的变量列表框中选择连接的变量为"混料罐液位"（MD72）。单击"限制"列输入需要的限制值。在"限制模式"列中选择是"大于"或"小于"报警。组态完成的模拟量报警如图 8-128 所示。

ID	名称	报警文本	报警类别	触发变量	限制	限制模式	报表
1	模拟量报警1	灌装罐液位升高！	Errors	灌装液位	80	大于	
2	模拟量报警2	灌装罐液位降低！	Errors	灌装液位	20	小于	
3	模拟量报警3	灌装罐液位过低！	Errors	灌装液位	10	小于	
4	模拟量报警4	灌装罐液位过高！	Errors	灌装液位	90	大于	

图 8-128 组态模拟量报警

注意：如果过程值在限制值周围波动，则可能由于该错误而导致多次触发相关报警。在这种情形下，需组态延时时间，如图 8-129 所示。

图 8-129　组态延时时间

8.6.3　显示报警信息

8.5.3 节介绍了在全局画面中组态"报警窗口"和"报警指示器"的方法，本节介绍组态报警视图。

1. 添加报警视图

使用工具箱中的控件，单击"报警视图"，将其放入报警画面中，通过鼠标的拖曳调整报警视图的大小，如图 8-130 所示。

图 8-130　添加报警视图

2. 组态报警视图的"常规"属性

在报警视图的属性视图的"属性"类的"常规"对话框中，可以设置该报警视图是显示当前报警状态还是报警缓冲区，如图 8-131 所示。"报警缓冲区"显示所有确认和未确认的报警。"当前报警状态"不显示确认的报警，可以在报警类别中选择在该报警视图中显示哪些类别的报警信息。

3. 组态报警视图的"布局"属性

在报警视图的属性视图的"属性"类的"布局"对话框中，可以设置该报警视图的位置和大小，设置每个报警的行数和可见报警的个数，如图 8-132 所示。

4. 组态报警视图的"显示"属性

在报警视图的属性视图的"属性"类的"显示"对话框中，可以设置该报警视图是否垂直滚动，是否显示垂直滚动条，借助初始值采集和条件分析功能，可在发生错误时记录相应值并可使用"条件分析视图"对象快速识别出错误操作数,如图 8-133 所示。

图 8-131　组态报警视图的"常规"属性

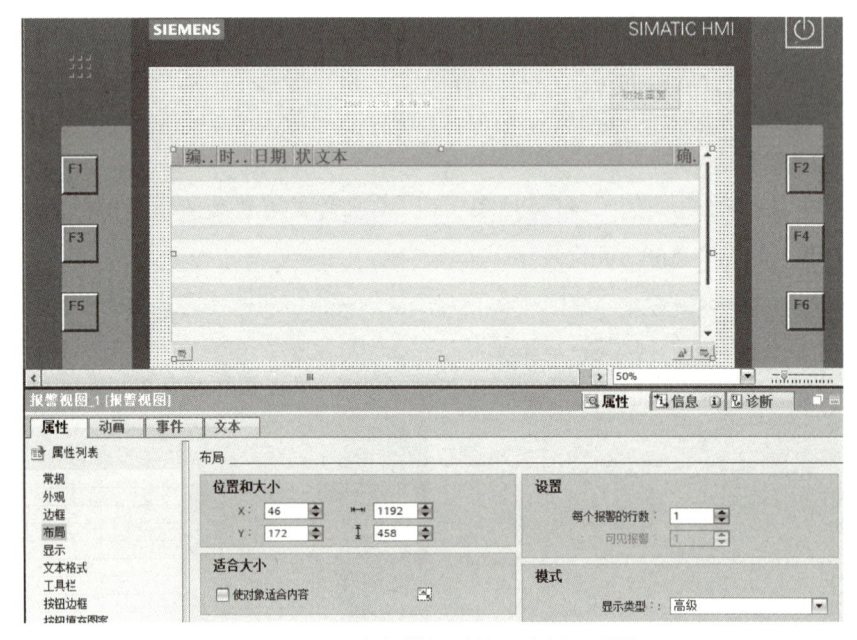

图 8-132　组态报警视图的"布局"属性

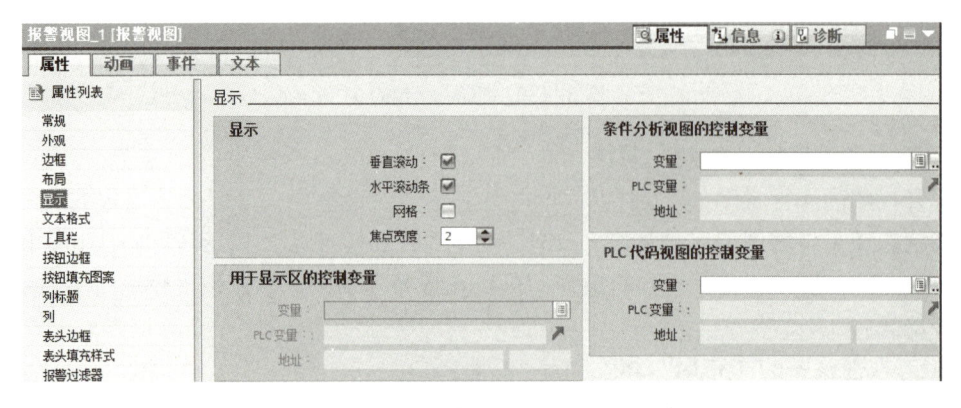

图 8-133　组态报警视图的"显示"属性

5. 组态报警视图的"工具栏"属性

在报警视图的属性视图的"属性"类的"工具栏"对话框中,可以设置该报警视图的工具栏,是否使用"信息文本""确认"和"报警循环",如图 8-134 所示。

第 8 章　工业自动化项目上位监控系统设计　　293

图 8-134　组态报警视图的"工具栏"属性

6. 组态报警视图的"列"属性

在报警视图的属性视图的"属性"类的"列"对话框中，可以设置该报警视图的可见列，如图 8-135 所示。

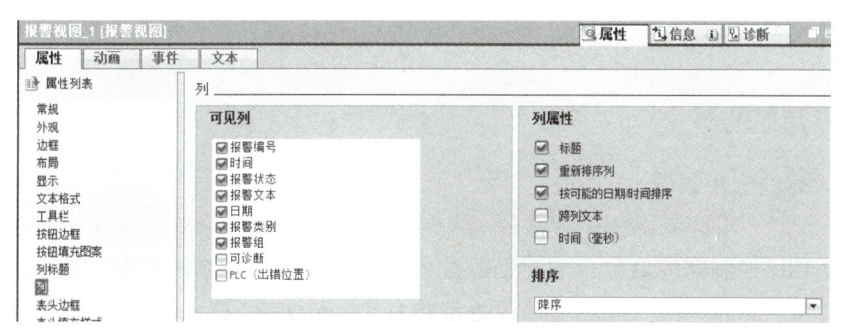

图 8-135　组态报警视图的"列"属性

系统运行时，在报警画面将显示报警信息，如图 8-136 所示。

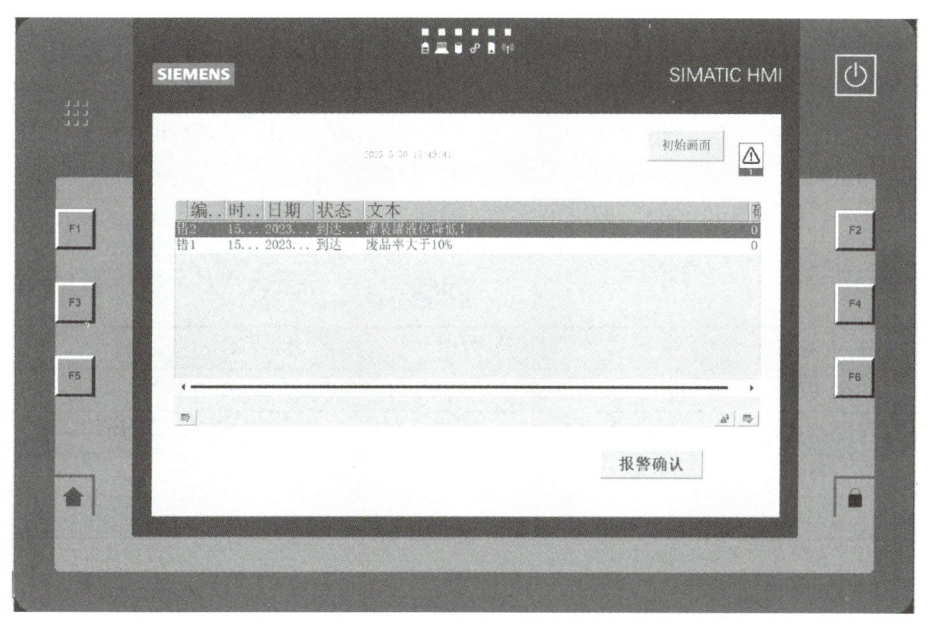

图 8-136　报警画面

当有故障报警时，无论 HMI 上正在显示哪幅画面，都将会弹出"报警指示器△"，如图 8-136 所示。

"报警指示器"不停地闪烁提醒操作人员有故障存在，且报警信息未被确认，"报警指示器"下方的数字表示仍然存在的报警事件的个数。全部故障排除后,"报警指示器"消失。

重复单击"报警指示器"可以打开/关闭"报警窗口"。

"报警窗口"显示报警信息的类型、文本、编号、发生的时间和日期,以及当前的状态。状态显示"到达"表示报警事件发生,显示"到达/已消失"表示报警事件到来后未经确认就已经消失了,显示"到达/已确认"表示报警事件到来经过确认但仍然存在,并没有消失。

任务十五 组态灌装自动生产线中的报警

任务要求

组态废品率超限报警和液位值超限报警。

8.7 用户管理

8.7.1 用户管理的概念

1. 用户管理的应用领域

在系统运行时,可能需要创建或修改某些重要的参数,例如修改温度设定值、修改设备运行时间、修改 PID 控制器的参数、创建新的配方数据记录,或者修改已有的数据记录中的条目等。显然,这些重要的操作只能允许某些指定的专业人员来完成。因此,必须防止未经授权的人员对这些重要数据的访问和操作。例如,调试工程师在运行时可以不受限制地访问所有的变量,而操作员只能访问指定的输入域和功能键。

2. 用户管理的结构

用户管理分为对"用户组"的管理和对"用户"的管理。

在用户管理中,权限不是直接分配给用户,而是分配给用户组。同一个用户组中的用户具有相同的权限。组态时需要创建"用户组"和"用户",在"组"编辑器中,为各用户组分配特定的访问权限。在"用户"编辑器中,将各用户分配到用户组,并获得不同的权限。

在本例中,根据现场的生产与调试的需要,可以将用户分为表 8-6 所示的 4 个组。组的编号越大,权限越高。

表 8-6 用户组分类

组的显示名称	编号
操作员	1
班组长	2
工程师	3
管理员	9

8.7.2 用户管理的组态

1. 用户组的组态

双击项目树中的"用户管理",选择"用户组"选项卡,打开用户组管理编辑器。如图 8-137 所示,"组"编辑器显示已存在的用户组的列表,其中"管理员"组和"用户"组是自动生成的。"权限"编辑器,显示为该用户组分配的权限。用户组和组权限的编号由用户管理器自动指定，名称和描述则由组态者指定。组的编号越大，权限越低。

图 8-137　用户组管理编辑器

可以在"组"编辑器列表中添加用户组并在"权限"编辑器中设置其权限。如图 8-138 所示，双击已有组下面的空白行，将生成一个新的组，双击显示名称列，可以修改运行时显示的名称。例如，生成"组_1""组_2"和"组_3"，将其显示名称分别设置为"班组长""工程师"和"操作员"。选中某一用户组后，通过勾选右侧"组权限"列表中的复选框，可以为它们分配权限。除了自动生成的"操作""管理"和"监视"权限外，用户可以生成其他权限，例如生成"访问参数设置画面"或者"操作上位系统运行画面"权限。

在图 8-138 中，"管理员"组的权限最高，拥有所有的操作权限，可以在运行时不受限制地访问用户视图中的所有对象。"班组长"组拥有的权限为操作和访问参数设置画面。"工程师"组的权限为操作、监视、访问参数设置画面和操作上位系统运行画面。"操作员"组的权限最低，只有操作权限。

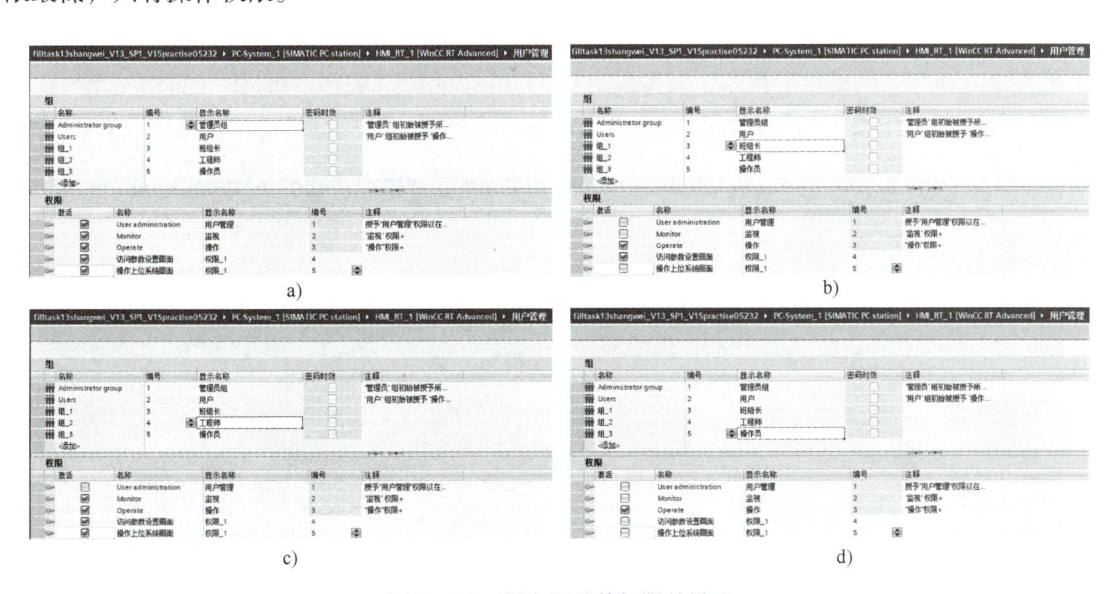

图 8-138　用户组及其权限的设置

a)"管理员"组的权限设置　b)"班组长"组的权限设置　c)"工程师"组的权限设置　d)"操作员"组的权限设置

2. 用户的组态

创建一个"用户",使用户可以用此用户名称登录到运行系统。登录时,只有输入的用户名与运行系统中的"用户"一致,输入的密码也与运行系统中的"用户"的密码一致时,登录才能成功。

双击项目树的"用户管理"文件夹中的"用户"图标,选择"用户"选项卡,如图 8-139 所示。"用户"工作区域以表格的形式列出已存在的用户及其被分配的用户组。双击已有用户下面的空白行,将生成一个新的用户。用户的名称只能使用数字和字符,不能使用汉字。在密码列输入登录系统的密码,为了避免输入错误,需要输入两次,两次输入的值相同才会被系统接收。口令可以包含数字和字母,设置"zhanglan"的口令为 111,"liyong"的口令为 222,"wangming"的口令为 333,Admin 的口令为 999。注销时间是指在设置的时间内没有访问操作时,用户权限将被自动注销的时间,默认值为 5 min。

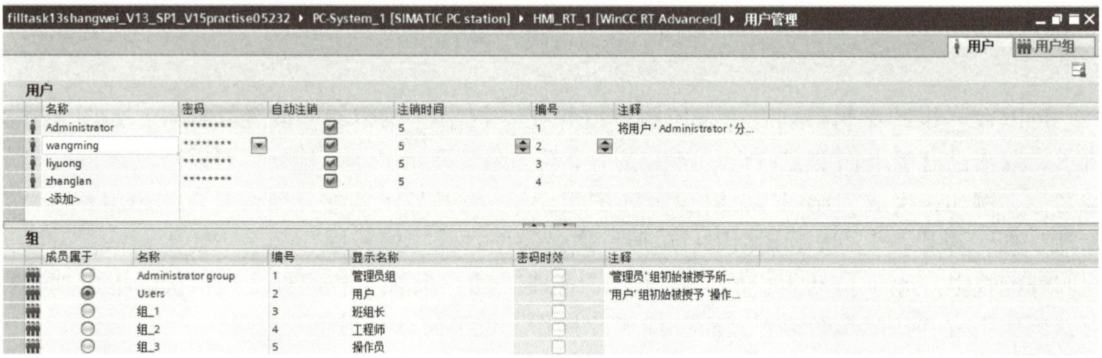

图 8-139 用户编辑

在"用户"表中选择某一用户,为该用户在"组"表中分配用户组,于是用户便拥有了该用户组的权限。一个用户只能分配给一个用户组。用户"Administrator"是自动生成的,属于管理员组,用灰色表示,是不可更改的。

在图 8-140 所示的用户编辑器中创建新用户。"zhanglan"分配到"组_1"(班组长用户组),"liyong"分配到"组_2"(工程师用户组),"wangming"分配到"组_3"(操作员用户组)。

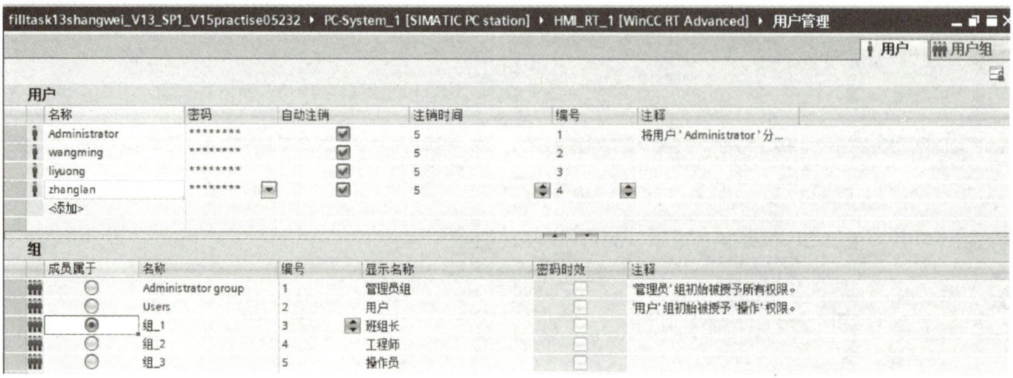

a)

图 8-140 设置用户的组别

a) zhanglan 分配

b)

c)

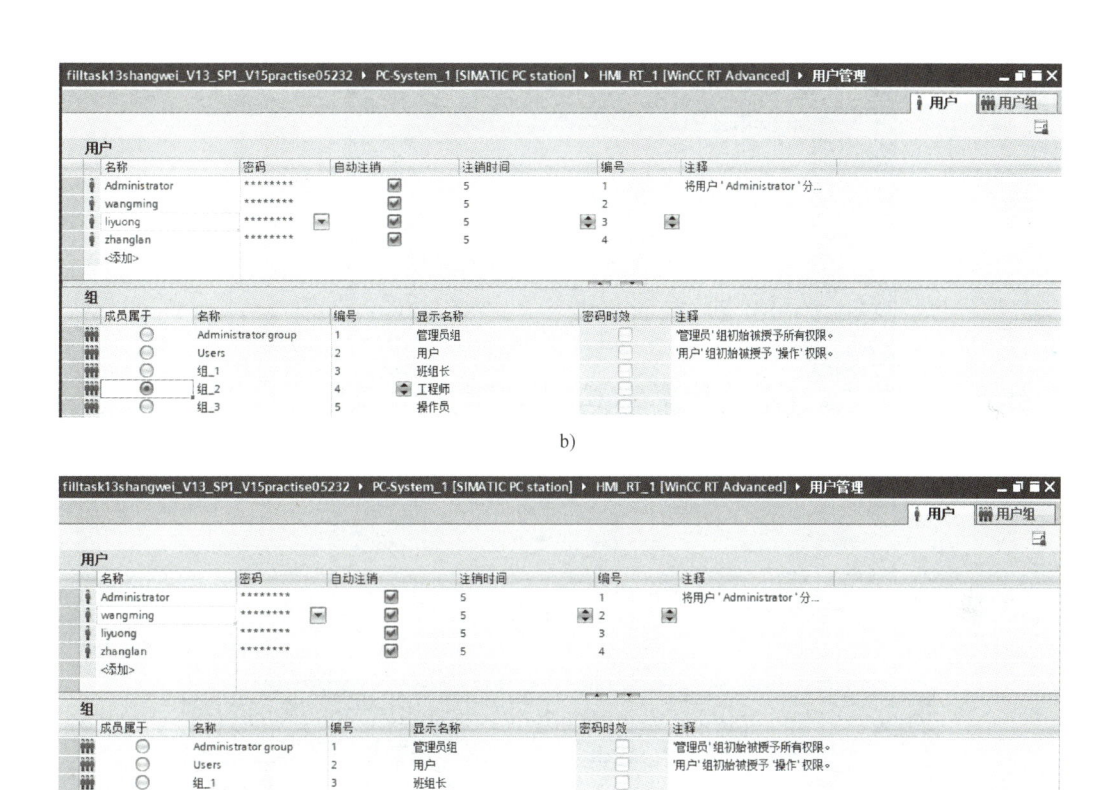

图 8-140　设置用户的组别（续）
b) liyong 分配　c) wangming 分配

8.7.3　用户管理的使用

1. 组态用户视图

使用工具箱中的控件，单击"用户视图"，将其放入用户管理画面中，通过鼠标的拖曳可以调整用户视图的大小。在用户视图的属性视图的"显示"对话框中，设置显示行数为 10，还可以设置是否使用滚动条，如图 8-141 所示。

在用户管理画面中放入两个按钮"登录"和"注销"。

在"登录"按钮的属性视图的"事件"选项卡的"按下"对话框中，单击函数列表最上面一行右侧的下拉箭头，在出现的系统函数列表中选择"用户管理"文件夹中的函数"显示登录对话框"，如图 8-142 所示。

在"注销"按钮的属性视图的"事件"选项卡的"按下"对话框中，单击函数列表最上面一行右侧的下拉箭头，在出现的系统函数列表中选择"用户管理"文件夹中的函数"注销"，如图 8-143 所示。

当按下"登录"按钮时显示登录对话框，如图 8-144 所示。当单击"注销"按钮时，当前登录的用户被注销，以防止其他人利用当前登录用户的权限进行操作。

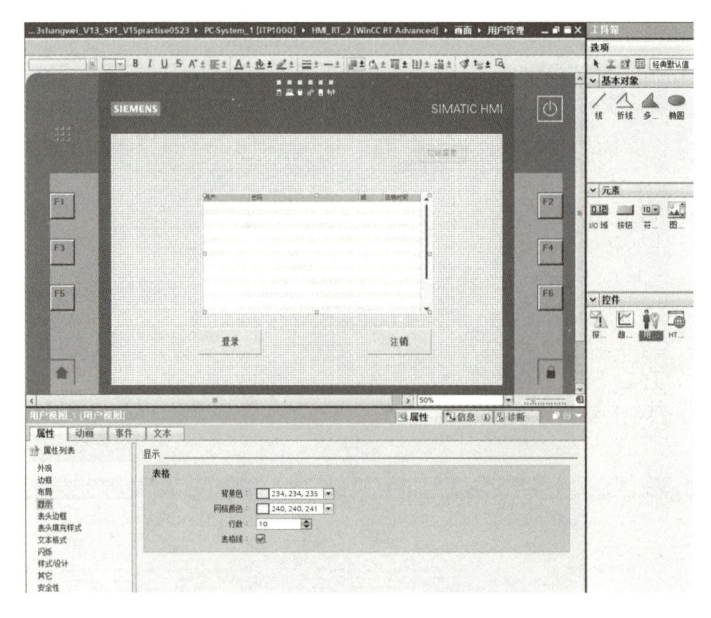

图 8-141　组态用户视图的"显示"属性

图 8-142　组态登录按钮执行的函数

2. 访问保护

访问保护用于控制对函数的访问。在系统中创建用户组和用户，并为其分配权限后，可以对画面中的对象组态权限。将组态传送到 HMI 设备后，所有组态了权限的画面对象会得到保护，以避免在运行时受到未经授权的访问。

图 8-143　组态注销按钮执行的函数

图 8-144　登录对话框

在运行时用户访问一个对象，例如单击一个按钮，系统首先判断该对象是否受到访问保护。如果没有访问保护，则操作被执行。如该对象受到保护，系统首先确认当前登录的用户属于哪一个用户组，并将该用户组的权限分配给用户，然后根据拥有的权限确定操作是否有效。

以本例的是否允许"访问参数设置画面"为例，说明用户管理的应用。

如图 8-145 所示，初始画面中的按钮"参数设置"用于切换到"参数设置"画面。在该按钮的属性视图的"属性"选项卡的"安全"对话框中，单击"权限"选择框的▼按钮，在出现的权限列表中选择"访问参数设置画面"权限。勾选复选框"允许操作",才能在运行系统时对该按钮进行操作。

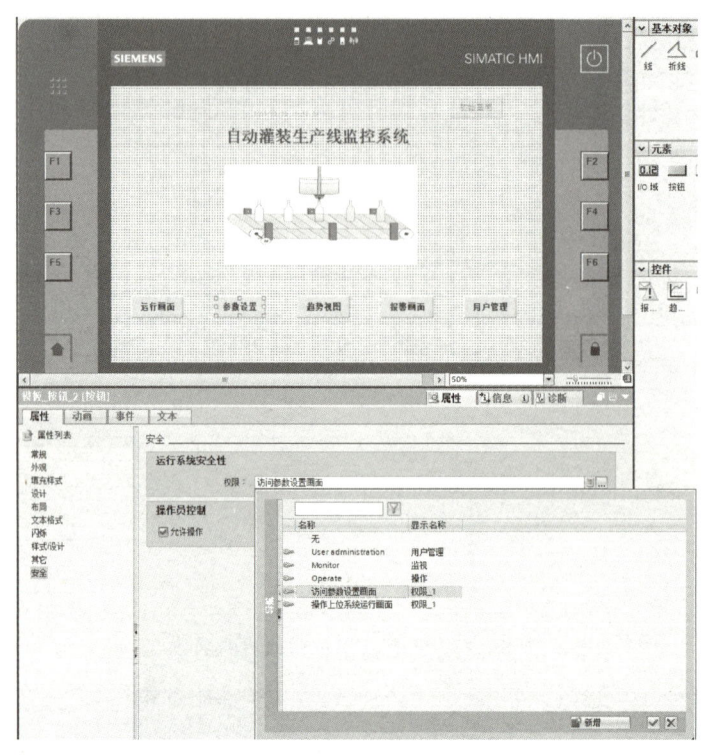

图 8-145　设置"参数设置"按钮的"安全"属性

运行系统时单击"参数设置"按钮,弹出如图 8-146 所示的登录对话框,请求输入用户名和密码。只有用户名和密码都正确,且具有相应的权限,才能单击"参数设置"按钮,进入"参数设置"画面,修改系统的参数。否则,再次弹出登录对话框,请求输入正确的用户名和密码。

在"用户管理"画面,显示当前有效的用户名和分配的组,如图 8-147 所示。单击画面中的"注销"按钮,可以立即注销当前的用户权限,以防止其他人利用当前登录用户的权限进行操作。

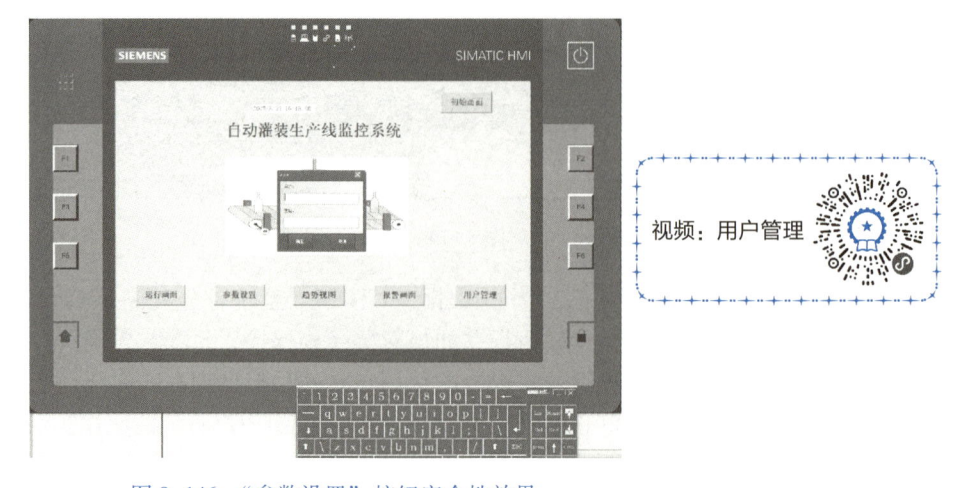

视频:用户管理

图 8-146　"参数设置"按钮安全性效果

"用户管理"画面登录按钮效果　　　　　　　　　　"用户管理"画面注销按钮效果画面

图 8-147　"用户管理"画面

任务十六　组态用户管理系统

任务要求

组态灌装自动生产线的用户管理系统，设置操作人员的权限。需要设置管理员组、工程师组和操作员组 3 个用户组，每组最少一个用户。为不同用户设置不同权限。

8.8　组态功能键

功能键是 HMI 设备上实际按键，可以对这些键的功能进行组态，可为"按下按键"和"释放按键"事件组态函数列表，可以为功能键分配全局或局部功能。并不是所有的 HMI 设备都有功能键。

在组态中，各功能键的使用情况见表 8-7。

表 8-7　功能键的使用情况

功　能　键	描　述
F1	未分配
F2	全局分配
F6	在模板中局部分配
F3	局部分配
F8	局部分配（模板的局部分配可覆盖全局分配）
F4	局部分配（局部分配可覆盖全局分配）
F6	局部分配（局部分配可覆盖模板的局部分配）
F8	局部分配（局部分配可覆盖模板的局部分配，模板的局部分配已覆盖全局分配）
F5	使用画面浏览分配按钮

（1）全局功能键

全局功能键始终触发同样的操作，而不管所显示的画面为何。在"全局画面"编辑器中组态全局功能键。全局分配适用于设定的 HMI 设备的所有画面。全局功能键可极大地减少设计工作量，这是因为无须为各个画面分配这些全局功能键。

例如，无论 HMI 上显示画面为何，只要按下〈F6〉功能键，就退出运行系统。具体的组态步骤如下：

1）在"全局画面"编辑器中统一分配功能键〈F6〉，其功能为退出运行系统。该〈F6〉键的功能适用于该 HMI 设备的所有画面。选中〈F6〉功能键，在其属性视图的"事件"选项卡中打开"键盘按下"对话框，添加系统函数"停止运行系统"，如图 8-148 所示。

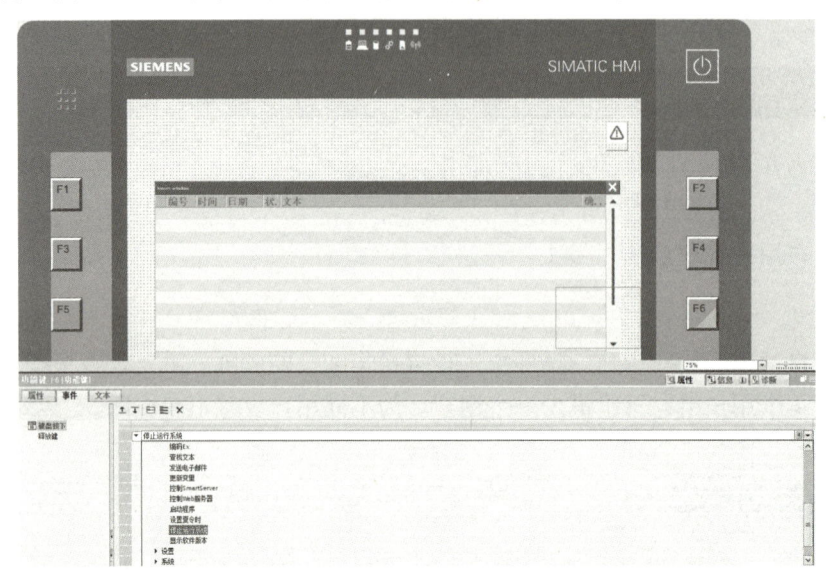

图 8-148　组态全局画面中〈F6〉功能键的事件属性

此外，还可为功能键分配图形，以使功能键的功能更为清晰，如图 8-149 所示。如果屏幕较小，可以不使用该项功能。

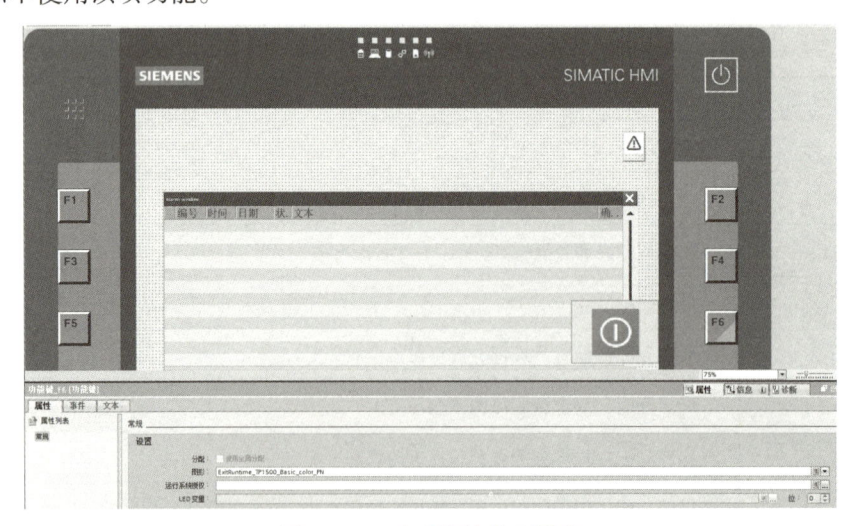

图 8-149　为功能键分配图形

2）不基于模板的画面选择"使用全局分配"。打开"画面_1"，该画面的属性视图的"属性"选项卡的"常规"对话框中，没有使用任何模板，如图 8-150 所示。打开"画面_1"，选中〈F6〉功能键，在其属性视图的"属性"选项卡的"常规"对话框中，勾选"使用全局分配"，如图 8-151 所示。按照这样方法设置，不基于"模板 1"模板的画面，按下〈F6〉功能键，都将退出运行系统。

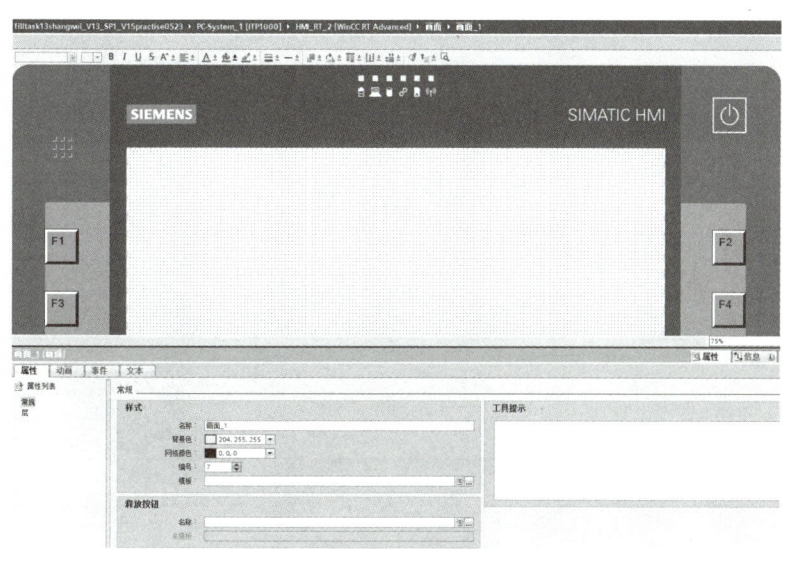

图 8-150 组态画面的常规属性

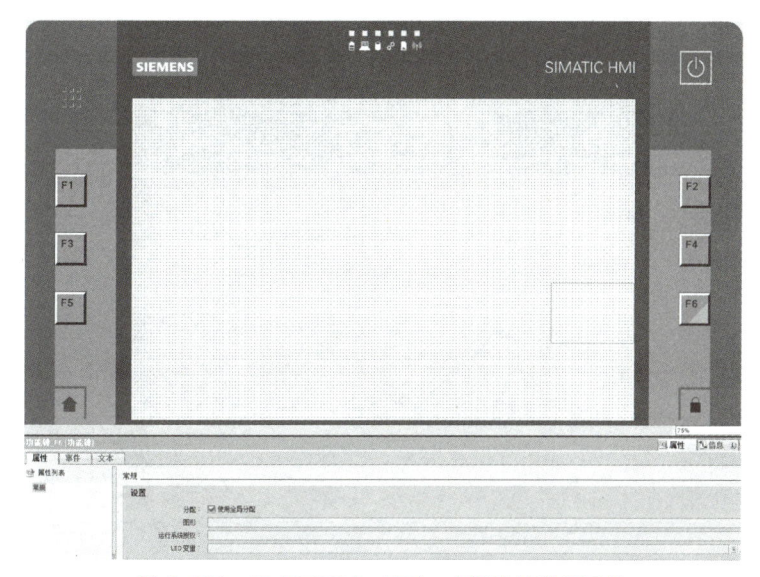

图 8-151 组态画面中〈F6〉功能键的常规属性

3）基于模板的画面选择"使用本地模板"。打开"模板 1"模板，选中〈F6〉功能键，在其属性视图的"属性"选项卡的"常规"对话框中，勾选"使用全局分配"，如图 8-152 所示。打开参数设置画面，选中〈F6〉功能键，在其属性视图的"常规"对话框中，勾选"使用本地模板"，如图 8-153 所示。按照这样方法设置，只要是基于"模板 1"模板的画面，按下〈F6〉功能键，都将退出运行系统。

（2）画面中的局部功能键

画面中的局部功能键可触发各画面中不同的操作。这种分配只适用于那些已在其中定义了功能键的画面。在一个画面中，一个功能键只能对应一个函数分配，全局函数或局部函数皆可。

例如，在参数设置画面，按下〈F2〉功能键，用户注销。具体的组态步骤如下：

1）打开参数设置画面，选中〈F2〉功能键，在其属性视图的"常规"对话框中，不勾选"使用本地模板"，如图 8-154 所示。

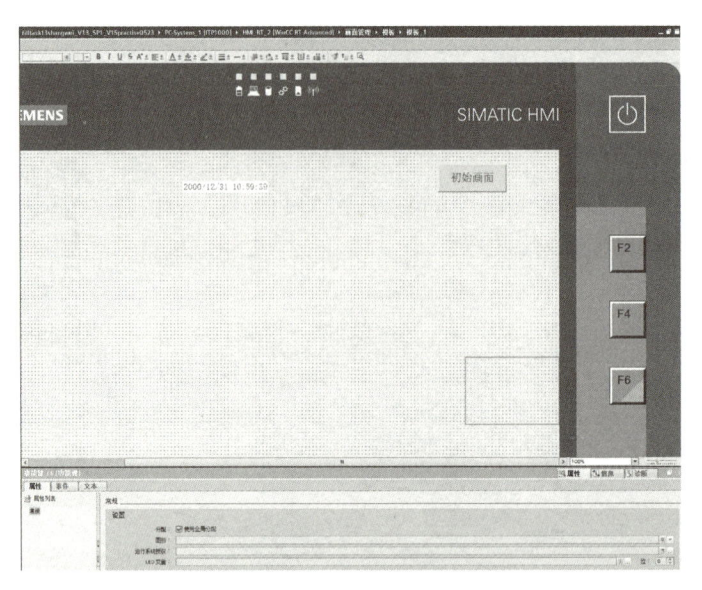

图 8-152 组态模板中〈F6〉功能键的常规属性

图 8-153 组态画面中〈F6〉功能键的常规属性

2) 在其属性视图的"事件"选项卡的"键盘按下"对话框中,添加函数,选择"注销",如图 8-155 所示。这样,只有打开参数设置画面,按下〈F2〉功能键,才可以注销用户。

(3) 模板中的局部功能键

在模板中分配的局部功能键对基于该模板的所有画面有效。在每个画面中,这些功能键可触发不同的操作。在"画面"编辑器模板中分配模板的功能键。在一个模板中,一个功能键只能对应一个函数分配,全局函数或局部函数皆可。

例如,只有基于"模板1"的画面,按下〈F1〉功能键,画面才切换到报警画面。具体组态步骤如下:

1) 打开"模板1"模板,选中〈F1〉功能键,在其属性视图的"属性"选项卡的"常规"对话框中,不勾选"使用全局分配",如图 8-156 所示。

图 8-154　组态画面中〈F2〉功能键的常规属性

图 8-155　组态画面中〈F2〉功能键的键盘按下属性

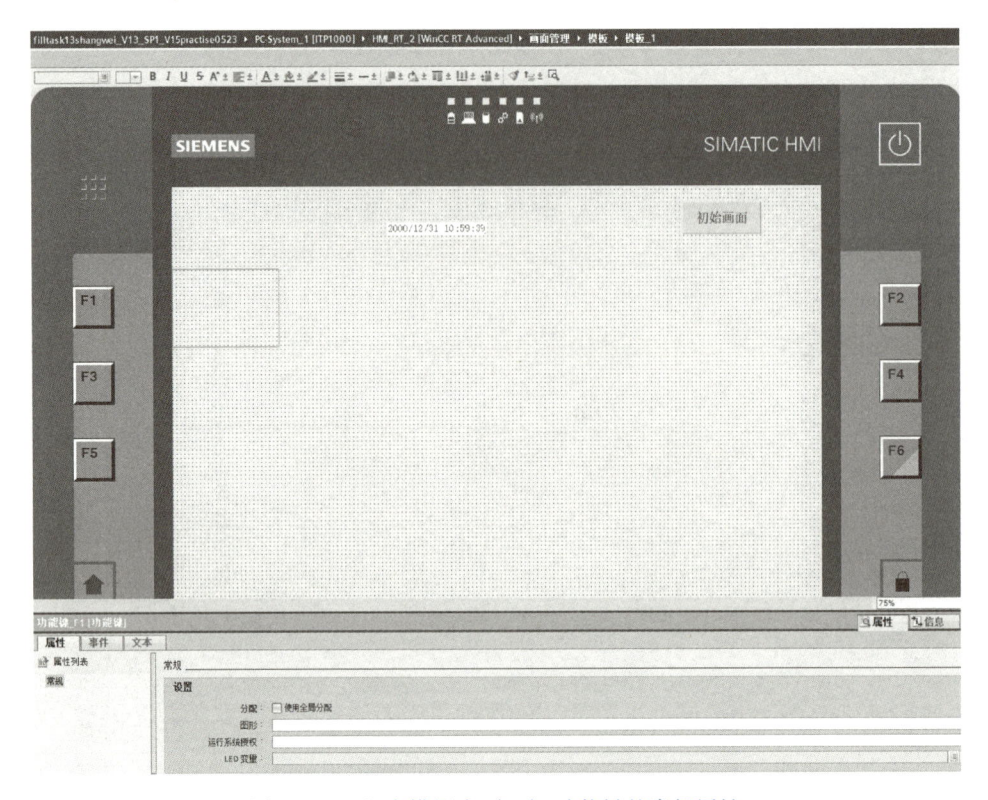

图 8-156 组态模板中〈F1〉功能键的常规属性

2) 在其属性视图的"事件"选项卡的"键盘按下"对话框中,添加函数,选择"激活屏幕",画面名称选择"报警画面",如图 8-157 所示。这样,只有基于"模板 1"的画面,按下〈F1〉功能键,才可以切换至报警画面。

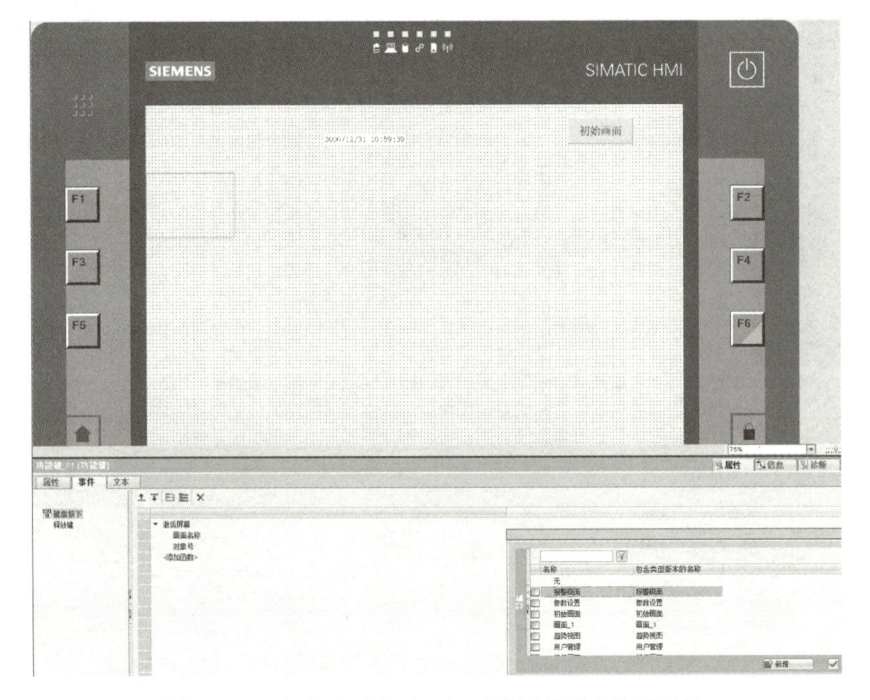

图 8-157 组态画面中〈F1〉功能键的键盘按下属性

(4) 热键分配

可以为控制对象分配热键，如按钮。可用热键取决于 HMI 设备。

例如，在初始画面中，为"运行画面"按钮设置热键。具体组态步骤如下：

打开"初始画面"，选中"运行画面"按钮，在其属性视图的"属性"选项卡的"常规"对话框中，为其设置热键。由于功能键〈F1〉和〈F6〉已被设置，这里只能从〈F2〉~〈F4〉功能键中选择，如图 8-158 所示。这样，在初始画面中，〈F2〉功能键与"运行画面"按钮的功能一致。

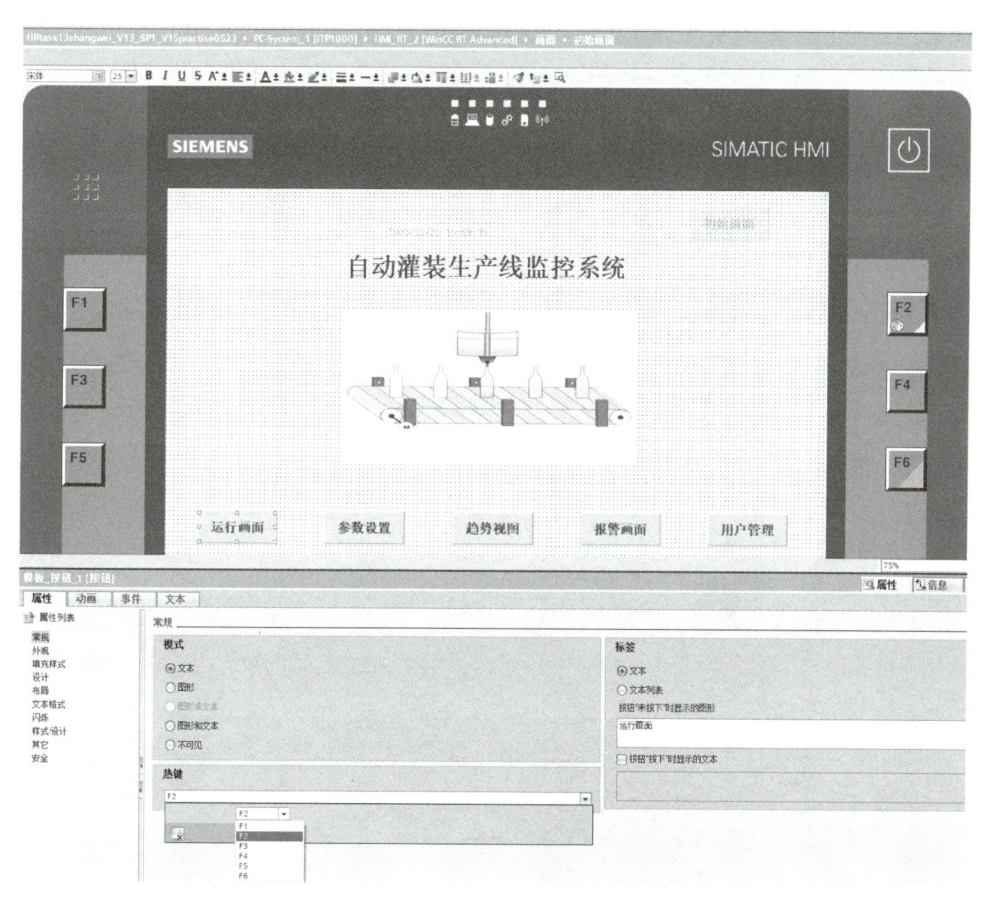

图 8-158 组态"运行画面"按钮的热键

任务十七　组态画面中的功能键

任务要求

为画面中的〈F1〉~〈F6〉功能键设置不同的功能，其中〈F2〉为注销，〈F6〉为退出运行系统。其余功能键可自行设计。

视频：组态功能键

8.9　WinCC 项目的模拟调试

WinCC 提供了一个模拟器软件，在没有 HMI 设备的情况下，可以用 WinCC 的运行系统模拟 HMI 设备，用它来测试项目，调试已组态的 HMI 设备功能。

用户手中既没有 HMI 设备，也没有 PLC，可以用运行模拟器来检查人机界面的功能。这种模拟称为离线模拟，可以模拟画面的切换和数据的输入过程，还可以运用模拟器来改变 HMI 显示变量的数值或位变量的状态，或者用运行模拟器读取来自 HMI 的变量的数值和位变量的状态。因为没有运行 PLC 用户程序，所以离线模拟只能模拟实际系统的部分功能。

在 WinCC 的项目组态界面，通过从菜单中选择"在线"→"仿真"→"使用变量仿真器"，可直接从正在运行的组态软件中启动运行模拟器，如图 8-159 所示。如果启动模拟器之前没有预先编译项目，则自动启动编译，编译的相关信息将被显示，如图 8-160 所示。如果编译中出现错误，则用红色的文字显示出错信息。编译成功后才能模拟运行。

图 8-159　启动运行模拟器

图 8-160　编译选项卡

启动带模拟器的运行系统后，将启动"WinCC Runtime Advanced"和"WinCC Runtime Advanced 仿真器"两个画面。

WinCC Runtime Advanced 画面相当于真实的 HMI 设备画面，可以用鼠标单击操作，如图 8-161 所示。

"WinCC Runtime Advanced 仿真器"画面是一个模拟表，如图 8-162 所示。在模拟表的"变量"列中输入用于项目调试的变量。

在"模拟"列中可以选择如何对变量值进行处理。可用的仿真模式如下：

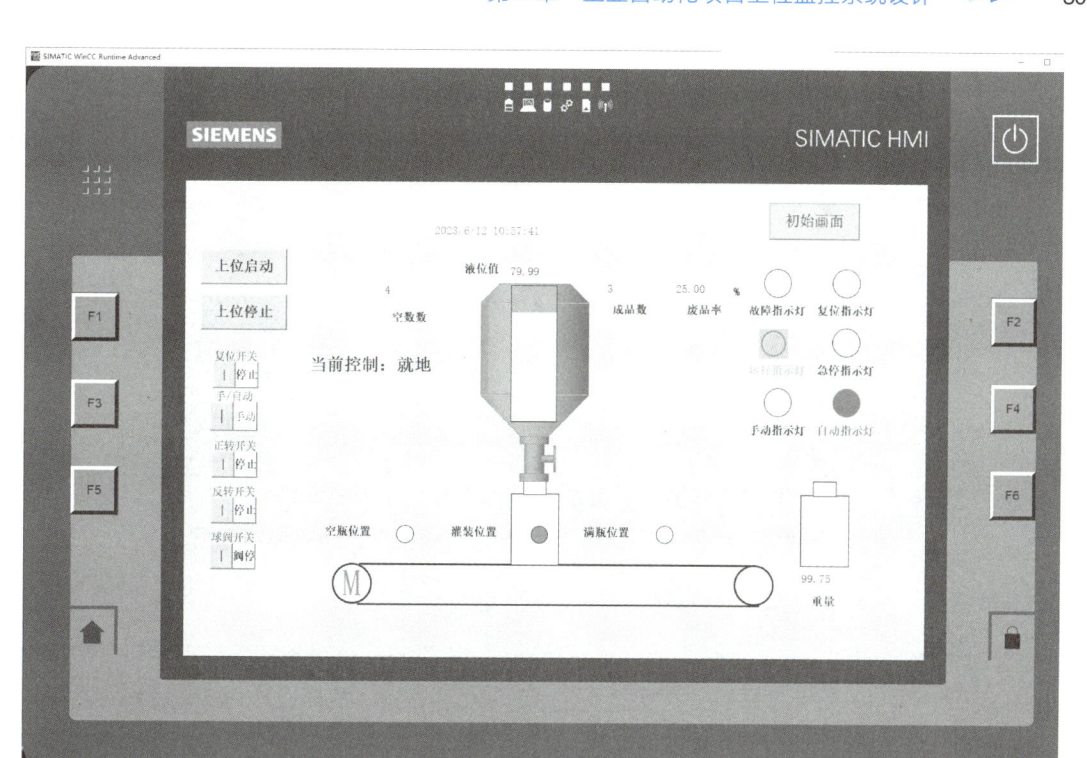

图 8-161　WinCC Runtime Advanced 画面

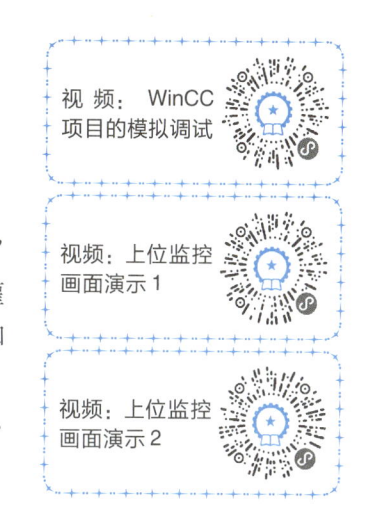

图 8-162　WinCC Runtime Advanced 仿真器

1）Sine　以正弦函数的方式改变变量值。
2）随机　以随机函数的方式改变变量值。
3）增量　持续一步步地增加变量值。
4）减量　持续一步步地减小变量值。
5）<显示>　显示当前变量值。

在"设置数值"中为相关变量设置一个值，激活"开始"复选框，就可以模拟 PLC 上的变量进行项目的调试了。设置灌装液位为"显示"时，可用画面弹出的键盘设置具体参数，如图 8-163 所示。

设置灌装液位为"Sine""随机""增量"和"减量"时，趋势视图画面中灌装液位趋势如图 8-164 所示。

视频：WinCC 项目的模拟调试

视频：上位监控画面演示 1

视频：上位监控画面演示 2

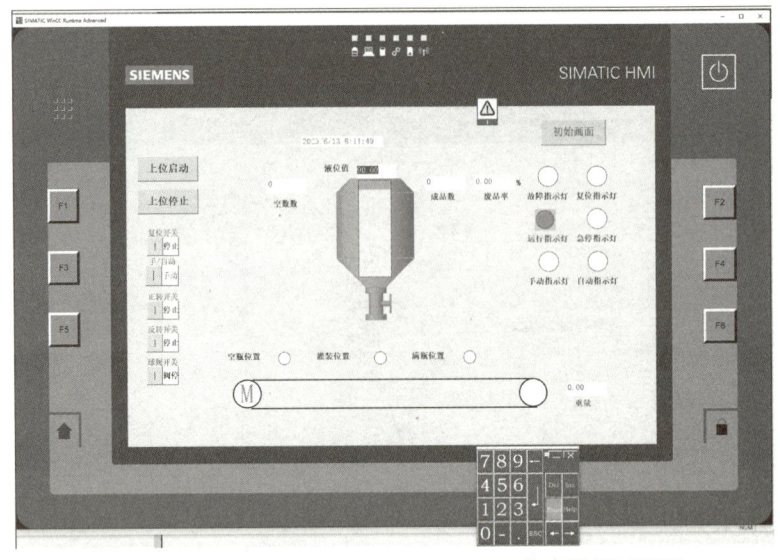

图 8-163　采用 WinCC Runtime Advanced 仿真器调试画面

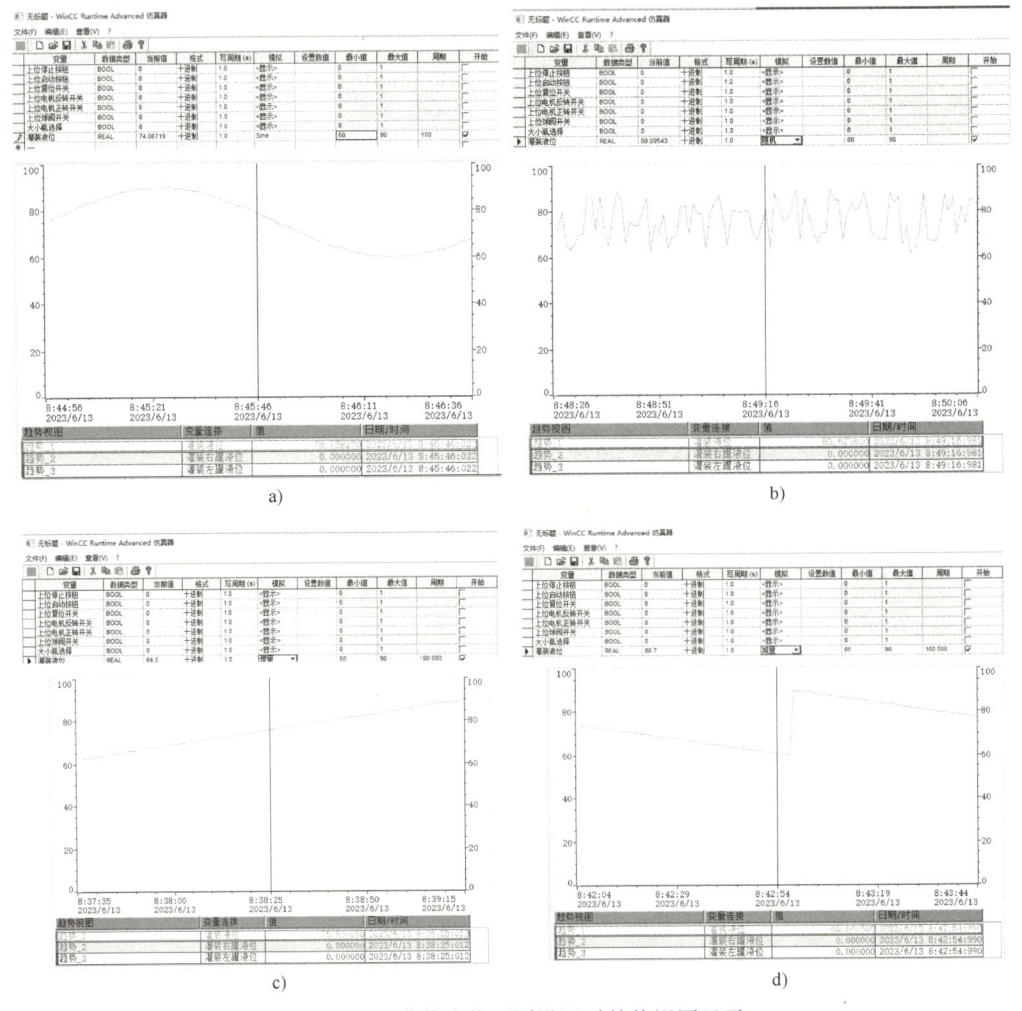

图 8-164　灌装液位不同设置时趋势视图显示
a) Sine　b) 随机　c) 增量　d) 减量

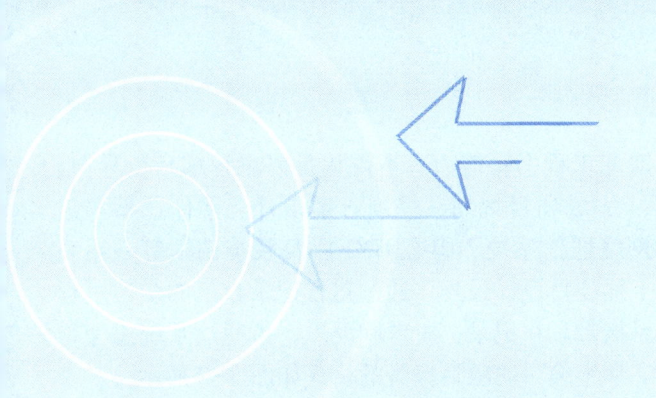

第 9 章　项目文件整理

项目移交甲方后,需要为甲方调试测试,明确性能满足合同需求,得到甲方认可方可结题。即使结题后仍有技术咨询、售后维护维修等工作要做。作为工程技术人员,必须编写一份清晰完备的技术文档以便将来的检修维护等工作。同时要为甲方准备用户使用手册以便甲方的现场工作人员参照查询。因此,完成一个项目后要提供项目报告和项目使用说明书。

9.1　灌装自动生产线项目报告

鉴于本书基本按照项目实现过程编写,其 1 级目录基本可以作为项目报告提纲。作为项目报告,图样是必不可少的,这里给出典型的图样供参考。包括灌装自动生产线项目图样目录、元件明细表、电气原理图和控制面板布局图。项目使用说明书是甲方拿到项目后可按照使用说明书进行项目的操作,出现问题可到说明书中查找问题根源及解决方法。

对于工程技术人员而言,项目报告的主要目的是留底备用。其项目报告格式可以参考图 9-1。

"工程项目名称" 项目报告

设计单位＿＿＿＿＿
项目设计组＿＿＿＿＿
设计组成员＿＿＿＿＿

一、　工程项目描述

二、　项目设计要求

三、　项目设计整体方案
　　　控制系统框图
四、　电气控制设计
　　　电气控制图纸
五、　PLC 控制系统设计
　　　包括硬件设计和软件设计。其中硬件设计包括硬件选型、I/O 分配、硬件接线;软件设计包括程序结构,程序流程图)
六、　上位监控系统设计
　　　画面及介绍
七、　附件(包括标准图纸和程序清单)

图 9-1　工程技术人员工程项目报告格式

对于本科学生而言，项目报告的目的是锻炼工程书写能力。本课程是以工程项目为导向，在理论课程学习的同时，要求学生自己动手，完成项目规划、控制方案设计、硬件选型与组态、电气原理图绘制、控制程序编写、构建网络通信系统、组态 HMI 以及系统调试等一系列任务。学生在完成课程的学习后要提交一份工程项目设计报告，通过报告记录自己的学习过程以及学习中出现的问题和解决方案。因此项目报告重在记录、思考和反思，拟通过系统思考帮助学生建立工程意识、质量标准和创新意识。学生编写的项目报告的格式如图 9-2 所示。

图 9-2　学生工程项目报告格式

任务十八　灌装生产线项目报告撰写

任务要求

根据工程项目报告大纲编写灌装生产线项目报告。

9.2　灌装自动生产线项目使用说明书

项目移交后，甲方可以操作的有控制面板和上位监控 PC 站操作面板。因此，灌装自动生产线使用说明主要由 2 部分组成：①控制面板使用说明；②上位监控 PC 站操作面板使用说明。

任务十九　灌装生产线项目使用说明书撰写

一、任务要求

撰写使用说明书。

二、分析与讨论

撰写使用说明书一定要站在用户立场。

三、解决方案示例

1. 灌装生产线控制面板使用说明

控制面板使用主要包括控制面板区域说明和操作步骤说明。

(1) 控制面板区域说明

控制面板由指示灯区、普通按钮区、选择开关区、急停蘑菇头和蜂鸣器组成。其中指示灯区包括 8 个指示灯，普通按钮区包括 10 个按钮，选择开关区包括 2 个选择开关，急停蘑菇头是 1 个急停按钮，以及 1 个蜂鸣器。指示灯区分布在控制面板的左边，由 4 行 2 列指示灯组成，其中 5 个绿色指示灯，2 个黄色指示灯，1 个红色指示灯。第 1 行 2 个指示灯的功能为指示系统运行和系统急停；第 2 行 2 个指示灯的功能为指示系统报警和复位完成；第 3 行 2 个指示灯的功能为指示手动模式指示灯和自动模式指示灯；第 4 行 2 个指示灯的功能为指示手动时电动机正转和手动时电动机反转。普通按钮区分布在控制面板的中间和右边 1 列，由 5 行 2 列按钮组成，其中 3 个绿色、3 个黄色、1 个红色、1 个蓝色、2 个白色。第 1 行 2 个按钮的功能为系统起动和系统停止；第 2 行 4 个按钮的功能为备用、系统复位、备用和手动球阀；第 3 行 2 个按钮的功能为手动模式中正向点动和反向点动；第 4 行 2 个按钮的功能为报警确认和模式选择确认。选择开关区分布在控制面板右上角，由 1 行 2 列选择开关组成，其功能分别为就地/远程选择和手动/自动模式选择。急停蘑菇头放在控制面板右部的中间区域，为红色的蘑菇头，鲜艳醒目，功能为急停。面板右侧中部布置了 1 个蜂鸣器。控制面板功能图如图 9-3 所示。

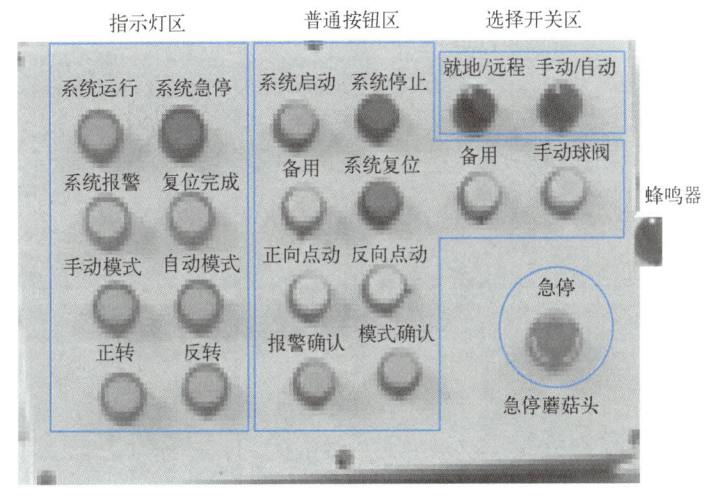

图 9-3 控制面板功能图

(2) 操作步骤说明

系统上电，PLC 处于待机状态。灌装自动生产线的操作步骤为先手动调试，再自动运行测试，最后测试远程控制。

手动调试：就地/远程控制的选择开关在 0 位，表示就地控制。手动/自动选择开关在 0 位，按下模式选择确认按钮，手动指示灯亮，表明手动模式选择成功。按下正向点动按钮，传送带电动机正转，正转指示灯亮，松开按钮电动机停止；按下反向点动按钮，传送带电动机反转，反转指示灯亮，松开按钮电动机停止；灌装位置放置空瓶，按下手动球阀按钮开始灌装，松开按钮灌装阀门关闭。手动测试完成。

自动运行测试：就地/远程控制的选择开关在 0 位，表示就地控制。手动/自动选择开关在 1 位，按下模式选择确认按钮，自动指示灯亮，表明自动模式选择成功。按下系统起动按钮，系统运行指示灯亮，传送带正向转动，在空瓶位置放置空瓶，传送带电动机带着空瓶到灌装位置，传送带停止，灌装阀门打开进行灌装，灌装时间到则灌装阀门关闭。灌装阀门关闭后传送带电动机正转，经过满瓶位置到达称重传感器上进行重量检测。若灌装不合格产品则蜂鸣器报警 1 s。连续放置空瓶，传送带连续运行。若经过满瓶位置后 10 s 内无空瓶放置在传送带空瓶位置，则传送带停止运行以节能。下次在空瓶位置放置空瓶后按下系统起动按钮则重新执行上述过程。在运行过程中可随时按下停止按钮，系统运行指示灯灭，传动带电动机停止，灌装阀门关闭。若系统运行中按下急停按钮，则急停指示灯亮，拔出急停按钮，则急停指示灯灭。按下复位按钮，则系统复位完成指示灯亮。重新选择手动/自动模式，相应的模式指示灯亮，复位完成指示灯灭。

远程控制测试：系统停止运行时，就地/远程控制的选择开关在 1 位，表示远程控制。可通过触摸屏面板进行上位起动和上位停止控制，以及灌装瓶大小的参数设置。具体操作见触摸屏操作面板使用说明。

2. 上位监控 PC 站使用说明

上位监控 PC 站的使用主要包括触摸屏画面说明和操作步骤说明。

(1) 平板 PC 画面说明

平板 PC 画面由 6 个画面组成，分别是初始画面、运行画面、参数设置画面、趋势视图画面、报警画面和用户管理画面。其中初始画面为启动画面，由它可进入其余 5 个画面；这 5 个画面也能退回到初始画面，如图 9-4 所示。

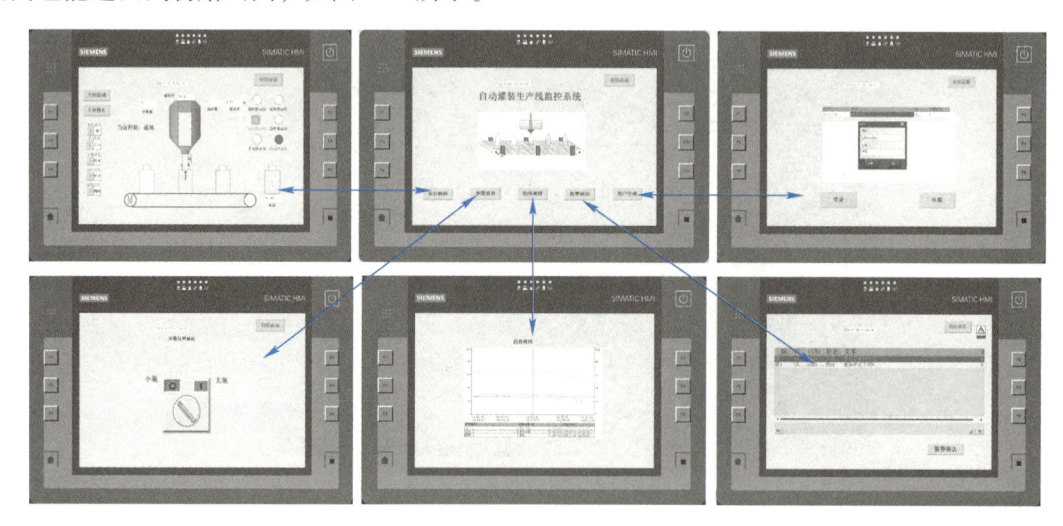

图 9-4 平板 PC 画面说明

(2) 上位监控 PC 站的使用

触摸屏中设计了 6 个画面。每个画面都会显示当前时间。功能键 F1 可以切换至报警画面，F2 执行注销功能，F6 为全局功能键，执行退出运行系统功能。每个画面的右上角都有"初始画面"按钮，按下则可返回初始画面。

其中初始画面的主要功能是说明项目名称并可通过 5 个按钮切换到其他 5 个画面。

运行画面主要显示系统运行中的各种状态，并可通过上位进行控制。其中可显示运行状态和运行数据。运行状态包括当前控制方式（就地/远程）、系统运行、故障报警、手动指示、自动指示、复位状态和急停状态等。运行数据包括空瓶数、成品数、废品率、灌装重量和液位值等信息，如图9-5所示。

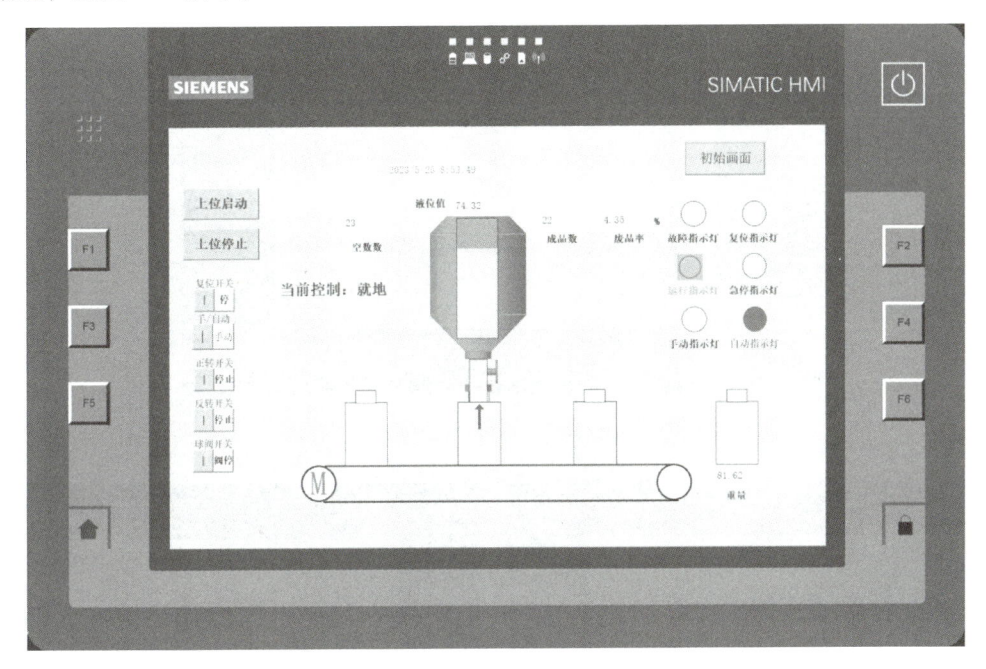

图 9-5　运行画面

参数设置画面可进行灌装瓶大小的设置，从而满足灌装生产线多样化需求。通过鼠标单击画面中的开关进行灌装瓶大小的选择，如图9-6所示。

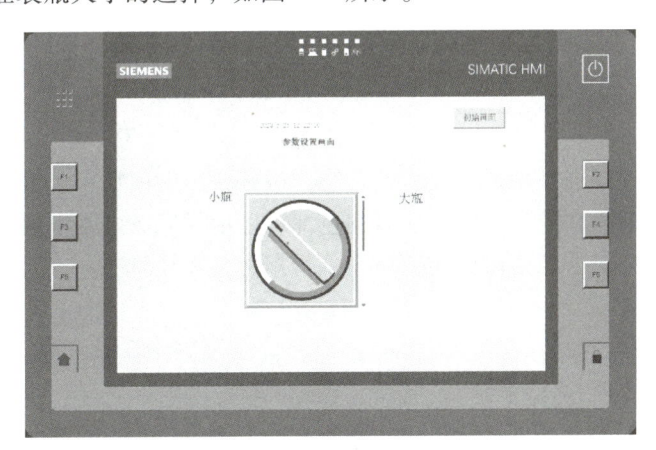

图 9-6　参数设置画面

趋势视图画面中显示了液罐1、液罐2以及混料罐中的液位趋势图，用户可根据液位值自行调节液罐中的液体以保证顺利灌装，如图9-7所示。

报警画面中设置了废品率超限报警和灌装罐液位超限报警。如果有报警信息出现，无论当前在哪个画面都会弹出报警指示器，显示当前报警信息，如图9-8所示。

用户管理画面中设置了3个用户。"zhanglan"分配到"组_1"（班组长用户组），"liyong"

分配到"组_2"(工程师用户组),"wangming"分配到"组_3"(操作员用户组)。"zhanglan"的口令为 111,"liyong"的口令为 222,"wangming"的口令为 333,Admin 的口令为 999。按下登录按键可进入用户登录对话框,要求输入用户名、密码才能登录,如图 9-9 所示。

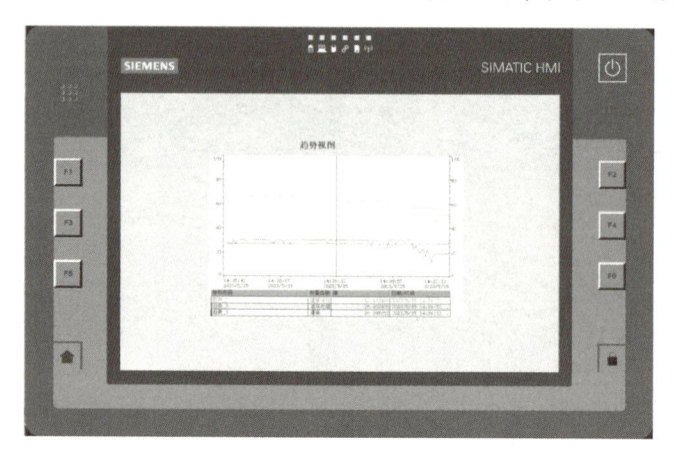

图 9-7 趋势视图画面

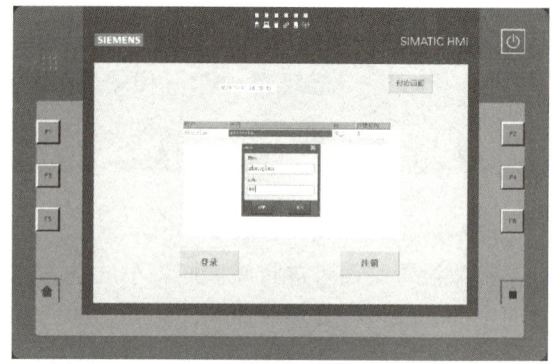

图 9-8 报警画面   图 9-9 用户管理画面

四、项目反思

项目报告和项目说明书是项目完成后的总结,最好一边做项目一边书写。项目完成则项目报告基本内容也完成,再在语言文字上加以润色即可。项目完成过程中可能会有很多新的想法没来得及实现,可以记录下来为以后的项目完善积累思路和经验。

参 考 文 献

[1] 廖常初. S7-1200 PLC 编程及应用 [M]. 4 版. 北京：机械工业出版社，2020.
[2] 芮庆忠. 西门子 S7-1200 PLC 编程及应用 [M]. 北京：电子工业出版社，2020.
[3] 张硕. TIA 博途软件与 S7-1200/1500 PLC 应用详解 [M]. 北京：电子工业出版社，2017.
[4] 向晓汉. 西门子 S7-1500 PLC 完全精通教程 [M]. 北京：化学工业出版社，2018.
[5] 廖常初. S7-1200/1500 PLC 应用技术 [M]. 2 版. 北京：机械工业出版社，2019.
[6] 黄永红. 电气控制与 PLC 应用技术 [M]. 北京：机械工业出版社，2020.
[7] 廖常初，陈晓东. 西门子人机界面（触摸屏）组态与应用技术 [M]. 4 版. 北京：机械工业出版社，2025.
[8] SIEMENS AG. S7-1200 系统手册 [Z]. 2019.
[9] SIEMENS AG. S7-1200 可编程控制器产品样本 [Z]. 2019.
[10] SIEMENS AG. S7-1200 Easy Plus V3.8 [Z]. 2019.
[11] SIEMENS AG. S7-1200 入门手册 [Z]. 2015.
[12] SIEMENS AG. TIA 博途与 SIMATIC S7-1500 可编程控制器样本 [Z]. 2021.